普通高等教育“十一五”国家级规划教材
高等职业教育建筑装饰工程技术专业系列教材

建筑装饰构造

（第二版）

主　编　周英才　吉龙华　李　霞
副主编　赵连平　赵　莹　聂丽云
参　编　吕　萌　郝　津　张昀琪　刘　叶
主　审　李立峰

科学出版社
北　京

内 容 简 介

本书主要介绍建筑物内外墙面、顶棚以及室内外地面的装饰构造做法，并在此基础上阐述了装饰构造设计原理。此外，书中还介绍了特殊装饰工程、特殊部位装饰工程的构造原理和方法，以及典型装饰工程构造实例。本书每章设置课程思政元素，同时正文中附有大量的二维码资源，包括随堂测试、施工视频、教学讲解等。

本书可作为高等职业教育建筑装饰工程技术专业教学用书，也可供相关从业人员参考。

图书在版编目(CIP)数据

建筑装饰构造/周英才，吉龙华，李霞主编．—2版．—北京：科学出版社，2023.3

(普通高等教育“十一五”国家级规划教材·高等职业教育建筑装饰工程技术专业系列教材)

ISBN 978-7-03-070144-2

Ⅰ.①建… Ⅱ.①周… ②吉… ③李… Ⅲ.①建筑装饰-建筑构造-高等职业教育-教材 Ⅳ.①TU767

中国版本图书馆CIP数据核字(2021)第214039号

责任编辑：万瑞达/责任校对：马英菊

责任印制：吕春珉/封面设计：曹 来

科学出版社 出版

北京东黄城根北街16号

邮政编码：100717

http://www.sciencep.com

北京九州迅驰传媒文化有限公司 印刷

科学出版社发行　各地新华书店经销

*

2011年4月第 一 版　开本：787×1092　1/16

2023年3月第 二 版　印张：20 1/4

2023年3月第七次印刷　字数：465 000

定价：65.00元

(如有印装质量问题，我社负责调换〈九州迅驰〉)

销售部电话 010-62136230　编辑部电话 010-62130874（VA03）

高等职业教育建筑装饰工程技术专业系列教材
编写指导委员会

第二版前言

教育是国之大计、党之大计。教育、科技、人才是全面建设社会主义现代化国家的基础性、战略性支撑。全面建设社会主义现代化国家，必须坚持科技是第一生产力、人才是第一资源、创新是第一动力，深入实施科教兴国战略、人才强国战略、创新驱动发展战略。高等教育人才培养要树立质量意识、抓好质量建设、全面提高人才自主培养质量。

本书第一版是普通高等教育“十一五”国家级规划教材，第二版在内容的编选上充分考虑了建筑装饰行业最新的发展趋势，采纳新的、成熟的构造方法，同时保留了一些目前在实际中仍然使用的传统构造做法，以适应不同的需要。书中设置了相应的课程思政元素，并附有大量随堂测试、施工视频、教学讲解等二维码资源，为教师的教与学生的学提供方便。

本书编写依据两条原则。一是试图说明构造在装饰工程中应做什么和怎样做，还原“构造是设计”的本来面目。建筑装饰要求越高时，构造设计就越有意义、越有价值。精益求精是构造设计的最终目的。二是强调了对学生实践能力的培养，因此，本书内容适当地细化到了实际工作所要求的深度，相应地增加了篇幅。教学中应有重点地将最基本和最常用的内容讲透、讲活，激发学生学习兴趣。其他内容可结合参观、实习、大作业、自习等安排学生自学讨论。

本书有以下几个特点：

1. 以二十大精神构建课程思政内容。根据立德树人的根本要求，专业课融入思政元素以达到育人授业的目标，引导青年学生“怀抱梦想又脚踏实地，敢想敢为又善作善成”。

2. 所修订内容尽可能紧跟建筑装饰行业发展的步伐，积极介绍成熟的新材料、新构造、新技术。

3. 书中内容基本上涉及建筑装饰的方方面面，以适应各院校教学中的不同需要，也为学生将来就业拓宽领域。

4. 叙述平实、深入，贴近实际工程需要，便于学生学习与应用。

本书由山西工程职业学院周英才、吉龙华、李霞担任主编，赵连平、赵莹、聂丽云担任副主编，吕萌、郝津、张昀琪和太原市建筑设计研究院刘叶参与了编写工作。具体分工如下：第 1 章由吉龙华编写；第 2 章由赵莹编写；第 3 章由李霞编写；第 4 章由赵连平编写；第 5 章由郝津编写；第 6 章由吕萌编写；第 7 章由聂丽云编写；第 8 章由张昀琪编写；第 9 章由周英才、刘叶编写。全书由周英才统稿，由山西建筑工程集团有限公司高级工程师李立峰主审。

我们的努力是否达到预期的目标，有待广大师生和读者的检验。限于时间的仓促和经验不足，书中难免有不妥之处，敬请不吝指正，以期进一步修订完善。

第一版前言

本书是普通高等教育“十一五”国家级规划教材，可供建筑装饰及相近专业学生学习使用，亦可供建筑装饰行业从业人员参考。

全书共分九章：概论；楼地面装饰构造；墙体装饰构造；顶棚装饰构造；门窗装饰构造；楼梯、电梯、自动扶梯装饰构造；屋顶装饰构造；其他装饰构造；建筑装饰构造典型实例。在内容的编选上充分考虑了建筑装饰行业最新发展趋势，国家有关规范、标准，学生的入学水平和参加工作后的需要等因素，较全面地覆盖了建筑装饰的各个方面，各地区、各院校可根据实际需要选择讲授，其余内容作为自学内容。

本书编写中有两个想法。一是试图说明构造在装饰工程中应做什么和怎样做，还原“构造是设计”的本来面目。建筑装饰要求越高时，构造设计就越有意义、越有价值。精益求精是构造设计的座右铭。二是强调了对学生实践能力的培养，因此，本书内容适当地细化到了实际工作所要求的深度，相应地增加了篇幅。教学中不宜平均用力，应有重点地将最基本、最常用的内容讲透、讲活，激起学生学习兴趣。其他内容可结合参观、实习、大作业、自习等安排学生自学讨论。

本书有以下三个特点：

1. 新。所编入内容尽可能紧跟建筑装饰行业发展的步伐，积极介绍成熟的新材料、新构造、新技术。

2. 全。书中内容基本上涉及建筑装饰的方方面面，以适应各院校教学中的不同需要，也为学生将来就业拓宽领域。

3. 实。叙述平实、深入，贴近实际工程需要，使学生学了就会用。

本书由山西工程职业技术学院周英才教授担任主编。具体分工如下：第 1、9 章由周英才编写；第 2 章由赵鑫编写；第 3 章由吉龙华编写；第 4 章由李仲编写；第 5、6 章由张学著编写；第 7 章由周青编写；第 8 章由王治宪编写；全书由周英才统稿。本书由太原理工大学朱向东教授、王金平教授主审。

我们的努力是否达到预期的目标，有待广大师生和读者的检验。限于时间的仓促和经验不足，书中难免有不妥之处，敬请不吝指正，以期进一步修订完善。

目　　录

第1章 建筑装饰构造概述

教学目标 ☞

1. 掌握建筑装饰构造的概念。
2. 重点掌握建筑装饰构造的组成、作用和分类。
3. 掌握装饰构造设计的原则。

课程思政 ☞

本章引入课程思政案例“房屋结构安全——家庭装修不可逾越的红线”，通过建筑装饰涉及的一些结构变动的不同情景讲解，学生了解到建筑装饰构造中应注意的安全问题，并学习如何避免这些问题的发生。通过讲解装饰构造中结构安全的重要性，学生对建筑装饰构造的设计原则中的“确保受力、防火、环保等方面安全可靠”这一点有更深刻的理解。

思维导图

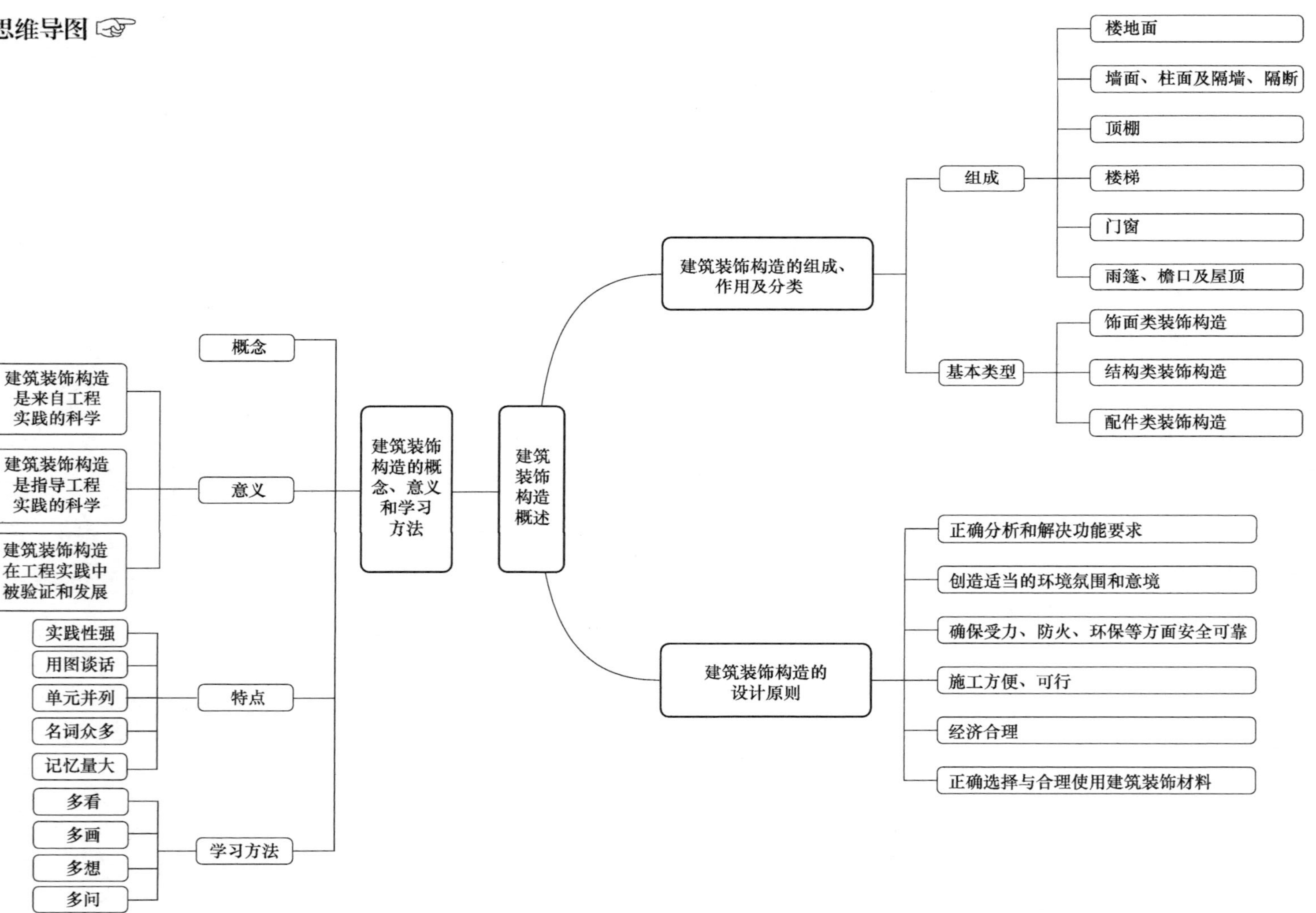
建筑装饰构造概述
建筑装饰构造的概念、意义和学习方法
概念
意义
建筑装饰构造是来自工程实践的科学
建筑装饰构造是指导工程实践的科学
建筑装饰构造在工程实践中被验证和发展
特点
实践性强
用图谈话
单元并列
名词众多
记忆量大
学习方法
多看
多画
多想
多问
建筑装饰构造的组成、作用及分类
组成
楼地面
墙面、柱面及隔墙、隔断
顶棚
楼梯
门窗
雨篷、檐口及屋顶
基本类型
饰面类装饰构造
结构类装饰构造
配件类装饰构造
建筑装饰构造的设计原则
正确分析和解决功能要求
创造适当的环境氛围和意境
确保受力、防火、环保等方面安全可靠
施工方便、可行
经济合理
正确选择与合理使用建筑装饰材料

1.1　建筑装饰构造的概念、意义和学习方法

1.1.1　建筑装饰与建筑装饰构造的概念

1. 建筑的定义

建筑是人造的非移动的空间。建筑空间是由一定数量的实体围合而成的。形成建筑空间的实体部分一般称为建筑主体，如墙体、柱子、楼板、屋顶、楼梯等都是建筑主体的一部分。

2. 建筑装饰的定义

建筑装饰是在已有的建筑主体上覆盖新的表面的过程。这个“新的表面”可能是点状、线状或面状的材料或物品，也可能是有一定尺度的（甚至是较大尺度的）立体造型物。建筑装饰是对已有建筑空间效果的进一步设计和强化；是对原空间不足之处的改进和弥补；是让旧有空间具有时代感，焕发青春的最佳手段；是使空间更具个性、更适应需求的必经之路。建筑装饰除带来人所共知的视觉触觉享受外，尤其对改善建筑物理（即声、光、热）性能有不可替代的作用。建筑装饰是创造满意的建筑空间效果的最后的、也是最直观的一个环节。如果把建筑物的柱子、墙体、楼板等构件看作建筑空间构成的骨骼和框架，建筑装饰即空间中必不可少的血肉和肌肤。

建筑装饰实施前需完成以下两部分设计。

1）建筑装饰方案设计。包括效果图、平面图、立面图等。侧重表达设计构思特点及总体效果。

2）建筑装饰构造设计（即施工图设计）。包括平面图、立面图、剖面图以及大量的节点构造图。侧重表达具体的材料要求、连接方法、细部尺寸等，以保证施工有依据、不走样，深入表达设计构思所追求的效果。

3. 建筑装饰构造的定义

建筑装饰构造，是落实建筑装饰设计构思的具体技术措施。没有建筑装饰构造设计，再好的方案构思也仅仅能停留在效果图的层面，而效果图也只是一张画而已。一般说，建筑装饰构造中核心的问题是——采取什么方式将饰面的装饰材料或制品连接固定到建筑主体上，以及互相之间的衔接、收口、饰边、填缝等问题。有时也可能需要新建造一个以装饰为目的的承力骨架，然后在其上再覆盖饰面。

建筑装饰构造是一门综合性的工程技术科学。它涉及建筑结构和力学、建筑材料和设备、建筑施工及造价、建筑艺术及人文、社会、哲学等领域，更需要一定的实践。建筑装饰构造一般可分为构造原理和构造做法两大部分内容。

建筑装饰构造原理是建立在以上各学科基础平台之上的设计理论或实践经验。建筑装饰构造做法需要在众多考虑因素中，抓住主要矛盾，结合客观实际，确定一个切合实际的、能实施的构造设计方案。构造原理体现在构造做法中，构造做法以构造原理为指导。构造原理是抽象了的构造做法；构造做法是具象了的构造原理。由于构造原理和构造做法的关系紧密，大多数教材和专著在叙述时没有刻意地把它们分开。

1.1.2 建筑装饰构造在工程实践中的意义

1. 建筑装饰构造是来自工程实践的科学

不少成熟构造做法的雏形都源于工人和技术人员在工程实践中的大胆尝试。新材料的不断出现，使这种尝试成为必需的过程。尝试的成功与失败都积累了使用这种新材料的知识。有了来源于实践的知识对形成合理的构造做法具有极大的推动作用。即使是已普遍使用的传统材料，也会由于时代等其他方面的技术进步（胶黏剂、施工机具的改进）而改变其构造做法。

2. 建筑装饰构造是指导工程实践的科学

在工程实践中，某一位置的某一饰面都可能有多种构造方法。毫无例外地要比较各种构造做法的优劣，以及经济上、材料供应上、施工人员技术水平及机具使用上的可能性，从而选择确定采用其中综合最优的一种构造做法。仅凭一张精美的效果图是无法完成一项装饰工程的。如果技术人员没有给工人建筑装饰构造设计的图纸，那么，工人就只能依赖于个人已有的经验，自己设计确定构造做法，然后施工。这样虽也能完成工作，但对结果是失去控制的。当施工人员经验丰富、素质良好、工作积极主动时，虽然也能很好地完成工作，但对大多数工程而言，若干影响因素都达到很好的状态是不现实的，也是不可靠的。同时，没有装饰构造设计的施工图指导施工，会给竣工资料的整理、结算等工作带来不便，也不利于进一步提高施工工艺水平。尤其当设计造型、选材较为新颖超前时，没有构造设计，根本就无法施工。

3. 建筑装饰构造在工程实践中被验证和发展

作为一门科学，应用建筑装饰构造的原理可以举一反三地设计节点详图、指导工程实践。但设计一定要在工程实践中经受考验，以确定是否与实际需要相吻合。有意识地总结设计经验，观察并改进实践中的问题是发展和提高建筑装饰构造设计水平的途径。工程实践中许多独特的要求和限制条件，也促使建筑装饰构造不断面临新的挑战和发展。

认真学习建筑装饰构造原理，掌握建筑装饰构造设计的基本方法和技能，能使方案设计中每一处新颖动人之处完美体现；能使设计者的得意之作，最终按预想的效果展现出来。

1.1.3 建筑装饰构造课程的特点及学习方法

1. 本课程的特点

（1）实践性强

学习本课程必须经常作图，包括使用制图工具完成的大型作业和平时徒手绘制的节点构造图。只听课和看书一般还不足以解决实际问题，学生在完成作图作业过程中可理解掌握不少内容。只有在直接经验的基础上才便于发现和纠正问题，理解和掌握有关理论。故需要平常配合讲课完成一定的构造设计练习。学习本课程还需要一定的施工现场的知识、经验，建议除了教师安排的课内参观外，学生应主动地、有意识地获取施工现场的知识、经验。尽可能多地阅读实际工程的图纸也是增加实践经验的有效途径。

（2）用图说话

图纸是工程师的语言。建筑装饰工程中的许多内容用文字表达远不如用投影图表达更直观、准确。平、立、剖及节点详图都是设计人员设计思想的表述。必须从图中读懂他要求怎样做，以及他为什么要这样做。

（3）单元并列

本书各章基本上自成单元，各章之间单元并列，且具有相对的独立性。这主要是由于本书是直接服务于工程实践的专业课。课程内容针对墙体、地面或顶棚等具体的建筑构配件讨论更方便学习后的使用，讲述中所举例子多为成熟的做法，均可直接搬用，或结合实际稍加改造即可使用。但是，这样的安排相对地削弱了构造原理的逻辑性，使构造原理隐含在构造做法中，学生应注意比较各章中相同、相似的构造做法，并从中归纳出构造原理来。

（4）名词众多

讲述中涉及许多学科中的名词概念、专业术语。尤其建筑装饰品种繁多，新材料、新品种不断涌现，加上各地又有一些习惯性叫法，还有些材料商品名、俗名和学名等诸多叫法，初学者必须有意识区分和归纳、记忆、避免混淆，引起误解。

（5）记忆量大

除上述的名词术语需要记忆外，更应该记忆一批常用的、典型的构造做法。一些基本数据也都必须记熟。在此基础之上，才能得心应手、举一反三地设计新的构造节点。

有人曾总结该课程的特点是“一看就懂、一过就忘、一做就错、一生在学”。由于该课程内容表述平实直白，没有数学和力学等公式推导，所以看懂字面意思非常容易。但对于教材中所有的图都能“一看就懂”却不容易。大体上一看，似乎懂了，深入一看就能发现不少问题。“一过就忘”的原因是并没有真正明白。在这种情况下，“一做就错”自然就不奇怪了。许多学生错在不能理解为什么这样做，只是机械地、照猫画虎地把书上的例图画到作业中去，当然会有许多考虑不周的问题。不少建筑设计人员甚至是大师级的建筑专家都曾感叹过，在学生时代未学好构造是一大遗憾。在工程实践中，大家的一个共识是：再好的构思也必须有良好的构造设计才能得以实现。构造是一门终生学习却无法穷尽的学问。

2. 本课程的学习方法

怎样学好建筑装饰构造这门课程呢？有以下几点建议。

（1）多看

要尽可能多参观正在装饰施工的工地。多留心已完成的建筑空间里各处构造做法。多翻阅课外资料（施工图纸、标准图集、杂志、图片等）。多琢磨教材的插图和附图，以拓宽接触面。如同只读语文课本写不好文章一样，只学构造教材也不能真正掌握建筑装饰构造的实质。构造其实是活生生的不断发展的，只有广见博识的人才能学活、学实在。

（2）多画

要习惯于徒手按比例画草图。徒手画图速度快，节省时间，便于利用较少的时间掌握更多的内容。一是要临摹教材上或资料上的图。在临摹的过程中能更深刻地感知图中蕴涵的信息，还能学到正确规范的图面表达方式。二是在做构造设计作业时要首先完成徒手草图。三是有条件时，从施工现场或已竣工的建筑内发现好的构造处理手法，画草图记录下来。由于是徒手作图，思想集中在解决构造问题上。不必去顾及图面清洁等问题，还可以快速地不断修改图面内容，使自己的构造设计达到成熟和实用的水平。

(3) 多想

任何事物都有自己的规律。了解并把握住事物的规律，就有助于学懂了这些内容。建筑装饰构造这门课，尽管讲完地面讲墙面，讲完墙面讲顶棚，各章内容相对独立，联系不多，但也是有规律可循的。我们提倡在学习的过程中有意识地归纳抽象出构造理论来。比如“连接”的问题，就是一个普遍存在于各章中的重要问题。分析其在各个部位的不同处理方式，分析其对不同材料的不同处理方式，就能把建筑装饰构造这样一门课程归纳成简单的几句话。

(4) 多问

学问学问，边学边问。施工人员、管理人员、投资者、使用者等都会从不同角度提出对构造的意见，多问就能充分吸收合理意见，不断改进。

1.2 建筑装饰构造的组成、作用及分类

1.2.1 建筑装饰构造的部位组成及作用

建筑装饰工程涉及建筑室内外各个部位，包括建筑构件（结构构件或填充构件等）在空间所形成的各个界面，如地面、墙面、顶棚等，以及一些独立构件，如柱子、楼梯等。因此，建筑装饰构造即由楼地面、内外墙面、屋面、顶棚、柱面、楼梯、门窗、隔墙与隔断等组成。有的工程还包括阳台、雨篷、台阶、坡道等（图 1.1）。

1. 楼地面

楼地面是建筑物底部地坪层和楼板层上的表面装饰，它承接人或家具等荷载，并将荷载传给楼板或地坪结构层。楼地面构造应注意考虑其隔声、耐磨、防潮、防水和保温等特点，并根据房间的不同用途，结合地区条件，合理地选择装饰材料、构造方案及施工方法。

2. 墙面、柱面及隔墙、隔断

墙面是建筑物墙体表面装饰，有内墙面和外墙面两种。墙面处在人们的正常视线范围，因此是建筑室内外装饰工程中的重点部位。墙面除具有保护墙体的作用外，主要是起装饰作用，还具有调节声、光、热、防水等性能。柱面是指建筑物中的结构柱表面装饰，因柱子是建筑空间中独立性较强的构件，柱面装饰可以起到点缀空间的作用。

隔墙与隔断在建筑空间中属于非结构构件，它们的作用是分隔与装饰空间，装饰构造应考虑其隔声、防火及视觉艺术等方面的问题。

3. 顶棚

顶棚是楼板层下部，室内顶部的表面装饰。顶棚主要起装饰作用，同时也具有隔声、反射、保温、隔热、调整空间比例关系和掩藏水、暖、电管线等作用。

4. 楼梯

楼梯装饰包括楼梯构件的造型和构件表面的装饰。由于楼梯是建筑物的垂直交通构件，疏散功能强，装饰构造设计应考虑防滑、防火以及其他安全方面的问题。

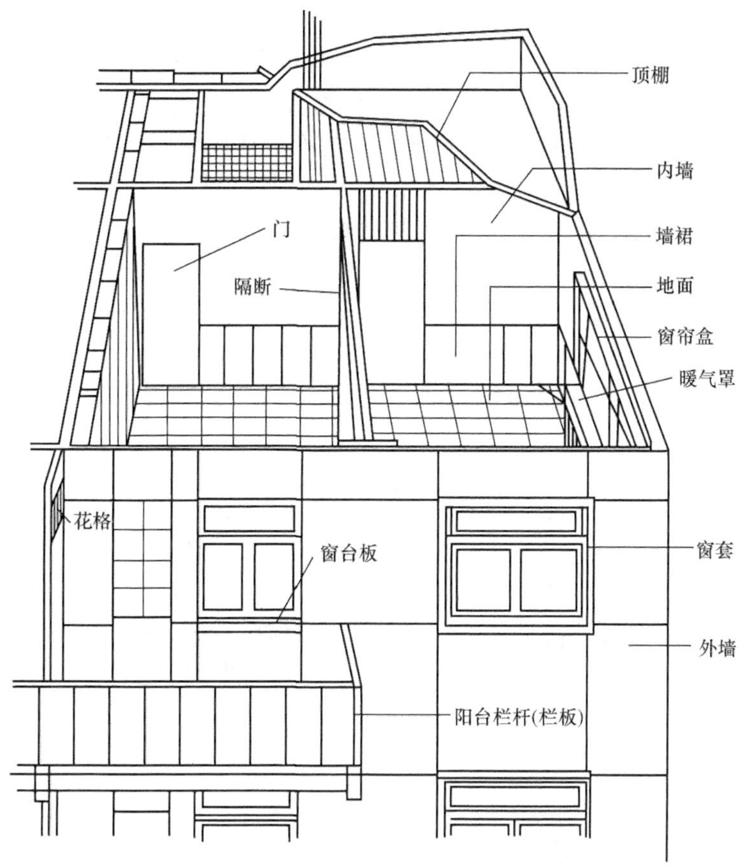

图 1.1　建筑装饰构造的部位组成

5. 门窗

门是建筑空间与空间之间的分隔与联系的配件；窗是采光、通风及内外空间的分隔配件。门窗配件的装饰性很强，在工程中所占位置比较重要。对于一些有特殊要求的房间，其装饰构造还应考虑保温、隔热、防火、隔声等问题。

6. 雨篷、檐口及屋顶

雨篷是建筑物主要入口上方遮雨的构件；檐口是建筑外墙与屋顶相交处的构件；屋顶是建筑物顶层上部的围护构件，屋顶上部的外表面叫作屋面。雨篷、檐口及屋顶等均是室外构件，对室外的空间环境起着重要的装饰作用，它们的造型及防水等问题是装饰构造设计的重点。

1.2.2　建筑装饰构造的基本类型

建筑装饰构造的基本类型可分为三种：一种是面层直接覆盖于主体结构之上的饰面类装饰构造；一种是通过骨架结构方式将表面构造层与主体结构构件等相连的结构类装饰构造；还有一种是通过各种加工工艺，将装饰材料做成可以满足使用和装饰要求的制品，并能使之现场组装的配件类装饰构造。

1. 饰面类装饰构造

在可以作为装饰基层的建筑构件（承重结构主体或填充墙、分隔墙等间接主体）表面覆盖装饰面层，这种构造称为饰面类装饰构造。该构造的基本问题是处理两个层面的连接问题，如在楼板层上做水磨石地面、在砖墙面上做木护壁板等。

（1）饰面方向对构造的影响

装饰面层附着于建筑构件的表面，随着构件部位的不同，饰面所朝方向也不相同，如顶棚处在屋盖或楼盖的下部，墙面位于垂直墙体的两侧，二者都有防止饰面剥落的问题，而地面铺设在地坪或楼板层之上，较为安全，但磨损问题比较突出。同一种饰面材料，由于部位不同，构造做法也将改变，如大理石墙面要求采用钩挂式的构造方法，而大理石地面则采用铺贴式构造。各饰面部位及其构造要求见表1.1。

表1.1　饰面部位及其构造要求

名称		部位	构造要求	饰面作用和特征
顶棚		下位	防止剥落	顶棚对室内声音有反射或吸收的作用；对室内照明起反射作用；对屋顶有保温隔热及隔声的作用；吊顶内可藏匿设备管线等
墙面（柱面）	室外	侧位	防止剥落	外墙面有保护主体不受外界因素直接侵害的作用。要求耐气候、耐污染、易清洁等
	室内			内墙面对声音有吸收或反射的作用；对光线有反射作用；要求不挂灰、易清洁、有良好的接触感；室内温湿度大时应考虑防潮
楼地面		上位	耐磨损等	楼地面是直接接触最频繁的面，要求脚感舒适，有良好的消声、隔声性能，且耐冲击、耐磨损、不起尘、易清洁。特殊用途地面还要求具有防水、耐酸、耐碱等性能

（2）饰面类装饰构造的分类

饰面类装饰构造根据材料的加工性能和饰面部位的特点可分为三类，即罩面类、贴面类和钩挂类。饰面构造的分类见表1.2。

表 1.2　饰面构造的分类

构造类型		图形示意		构造特点
		墙面	地面	
罩面	涂料		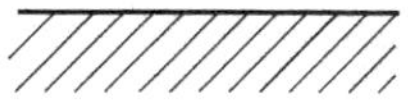	将液态涂料喷涂固着成膜于材料表面。常用涂料有油漆及白灰、大白浆等水性涂料
罩面	抹灰	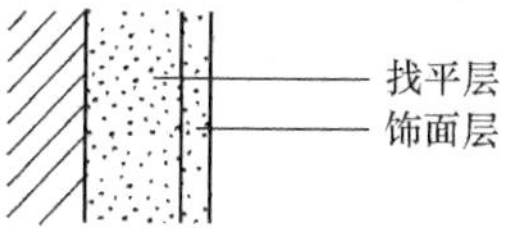 找平层 饰面层	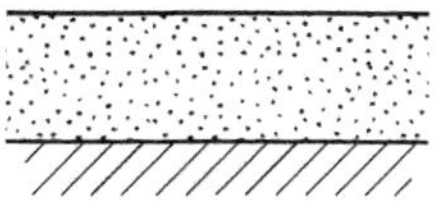	抹灰砂浆是由胶凝材料、细骨料和水（或其他溶液）拌和而成，常用的材料有石膏、白灰、水泥、镁质胶凝材料等，以及砂、细炉渣、石屑、陶瓷碎料、木屑、蛭石等骨料
贴面	铺面	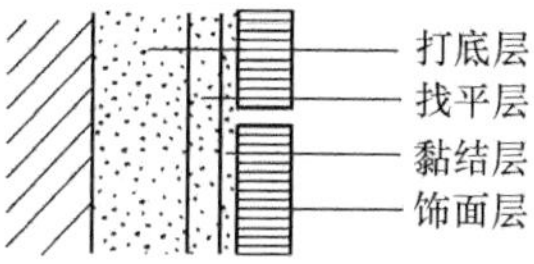 打底层 找平层 黏结层 饰面层	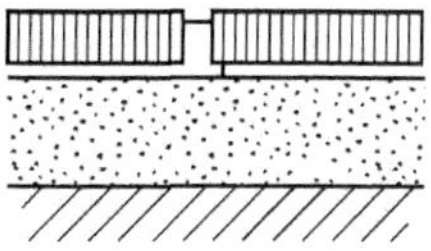	各种面砖、缸砖、瓷砖等陶土制品，厚度小于 12mm，规格尺寸繁多，为了加强黏结力，在背面开槽用水泥砂浆粘贴在墙上。地面可用 20mm×20mm 小瓷砖至 1000mm 见方大型石板，用水泥砂浆铺贴
贴面	粘贴	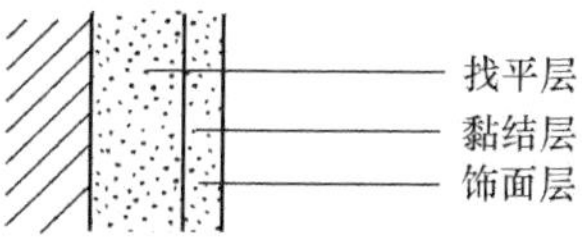 找平层 黏结层 饰面层	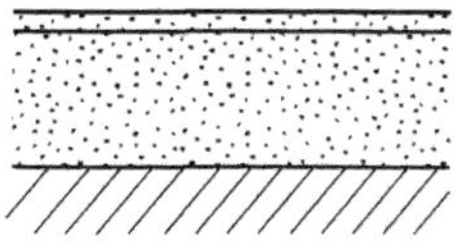	饰面材料呈薄片或卷材状，厚度在 5mm 以下，如粘贴于墙面的各种壁纸、玻璃布
贴面	钉嵌	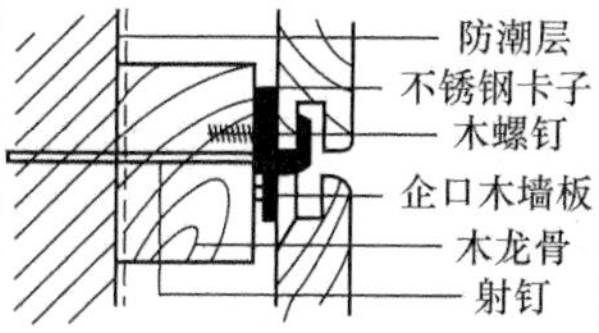 防潮层 不锈钢卡子 木螺钉 企口木墙板 木龙骨 射钉	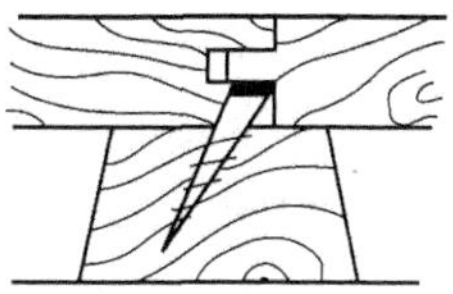	饰面材料自重轻或厚度小、面积大，如木制品、石棉板、金属板、石膏、矿棉、玻璃等制品，可直接钉固于基层，或借助压条、嵌条、钉头等固定，也可用涂料粘贴
钩挂	湿挂	ϕ6竖钢筋 绑扎铜丝或不锈钢丝 石材开槽孔 预埋ϕ6横钢筋		用于饰面厚度为 20～30mm、面积约 1m^2 的石料或人造石等，可在板材上方两侧钻小孔，用铜丝或镀锌铁丝将板材与结构层上的预埋铁件连接，板与结构间灌砂浆固定
钩挂	干挂	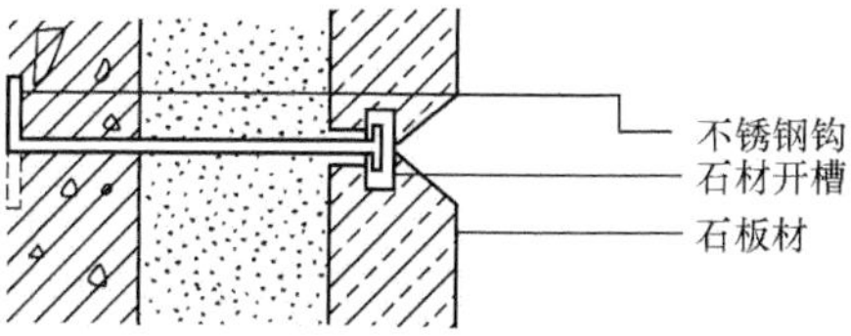 不锈钢钩 石材开槽 石板材		饰面材料厚 40～150mm，常在结构层包砌。饰面块材上口可留槽口，用与结构固定的铁钩在槽内搭住。用于花岗石、空心砖等饰面

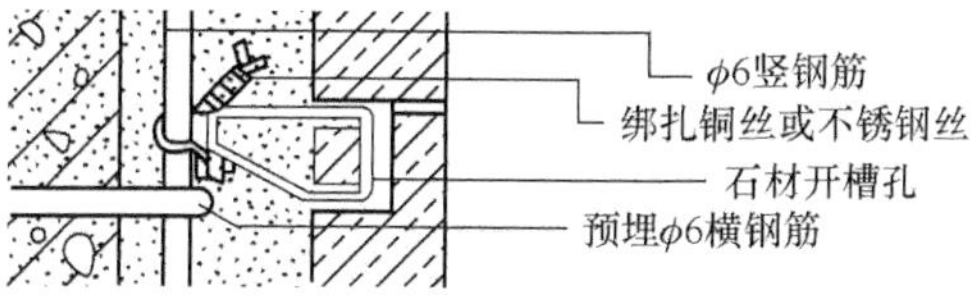

2. 结构类装饰构造

采用格栅或构架等骨架结构将装饰表面构造层与建筑构件（可以是主体结构，也可以是填充墙等）连接在一起的构造形式称为结构类装饰构造。装饰表面构造层有饰面板材、格栅和成品装饰挂件等，形状可以是平行于结构基层的平面，也可以是有凸凹变化的曲面、折面等。另外，装饰结构骨架也可以直接外露作为装饰构件，如装饰性网架等（图 1.2）。

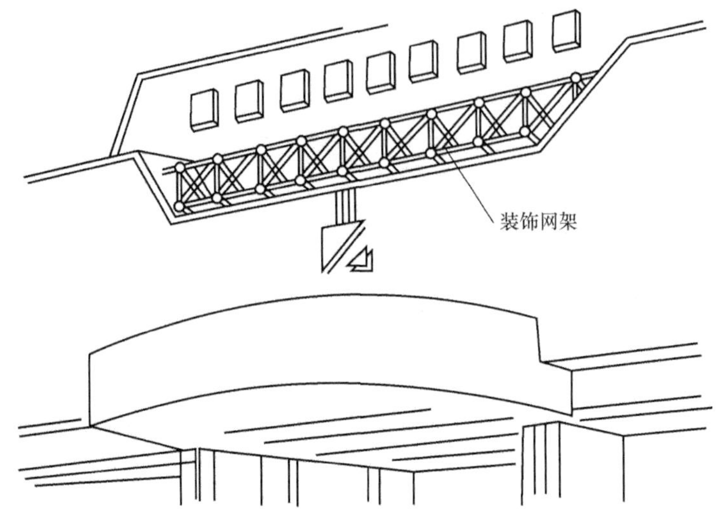

图 1.2　装饰性网架示意

（1）材料及部位对装饰构造的影响

结构类装饰构件的骨架部分要与建筑主体构件相连接，装饰骨架及主体构件材料不同，它们之间的连接方式也不相同，如砖石结构墙体与木骨架常用预埋木砖来钉接；钢筋混凝土墙与金属骨架则采用预埋铁件来焊接（图 1.3）。建筑构件基层所处的部位不同，装饰结构骨架受力及作用也不相同，如在地面上采用时，骨架整体将起到支承表面构造层的作用，而在墙面或顶棚采用时，骨架整体则起悬挑或悬吊表面构造层的作用。

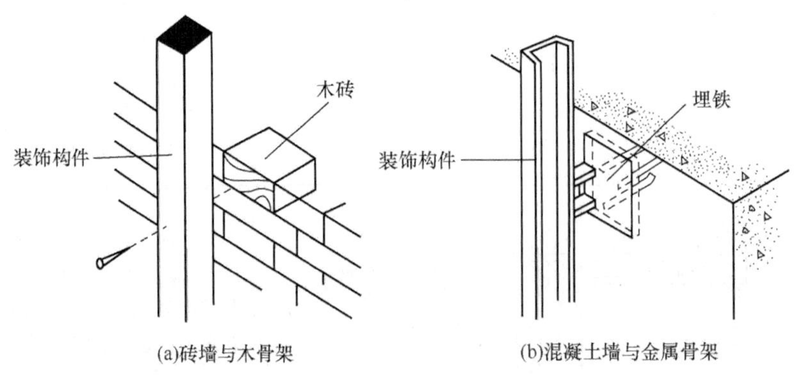

图 1.3　不同基层对结构类装饰构造的影响

（2）结构类装饰构造的分类

结构类装饰构造根据受力特点可分为竖向支撑结构、水平悬挑结构和垂直悬吊结构三种类型，见表 1.3。根据装饰结构材料不同，结构类装饰构造也可分为木结构、轻型钢结构和型钢结构等几种类型。

表 1.3　结构类装饰构造的类型

类型名称	图形示意	结构材料	特征
竖向支撑		钢、木（砖）	多用于楼、地面装饰。中间层为支架结构，杆件主要承受面层传来的垂直压力。应注意结构骨架的整体稳定性
水平悬挑		钢、混凝土（木）	多用于墙面及广告招牌等装饰。中间层为挑架结构，杆件有的承受拉力，有的承受压力，可发挥不同材料的性能。应注意连接牢固和整体稳定
垂直悬吊		钢、木	多用于顶棚装饰。中间层为吊架结构，主要承受拉力，可发挥钢材、木材等材料的性能。应注意间距合理，连接牢固

3. 配件类装饰构造

通过各种加工工艺，将装饰材料做成多种装饰制品，如窗帘盒、暖气罩等，然后将其在现场拼装，以满足空间使用和装饰上的要求，这种装饰构造就叫作配件类装饰构造。

（1）配件的成型方式

装饰配件的成型方式主要有塑造、铸造、加工制作与拼装等。塑造法是将水泥、石灰、石膏等可塑性材料通过物理或化学方法预制成有一定形状和强度的装饰配件；铸造法是将铜、铝、铁等金属材料浇铸成型，制成各种饰件；加工拼装法是通过锯、刨、削、凿等工艺将木材等加工成各种形状，并拼装成装饰配件。一些人造材料，如石膏板、珍珠岩板、加气混凝土板等，具有类似于木材的可加工与拼装性能，金属板具有可切割、焊接等加工拼装性能，均可采用加工拼装法制成相应的装饰构配件。

（2）配件的结合方式

建筑装饰配件在制作和现场施工过程中需要组装，并与建筑构件结合成为整体，其自身的拼装以及与建筑构件的连接方式主要有黏结、钉接、榫接、焊接等，如表 1.4 所示。

表 1.4　配件装饰构造的结合方式

类别	名称	图形	附注
黏结	高分子胶	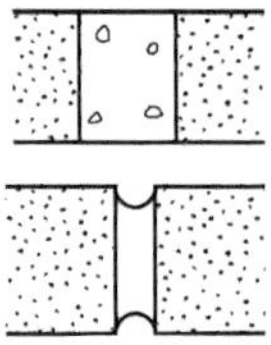 常用高分子胶有环氧树脂、聚氨酯、聚乙烯醇缩甲醛、聚醋酸乙烯等	水泥、白灰等胶凝材料价格便宜，做成砂浆应用最广。各种黏土、水泥制品多采用砂浆结合。有防水要求时，可用沥青、水玻璃等结合
	动物胶	如皮胶、骨胶、血胶	
	植物胶	如橡胶、淀粉、叶胶	
	其他	如沥青、水玻璃、水泥、白灰、石膏等	
钉接	钉	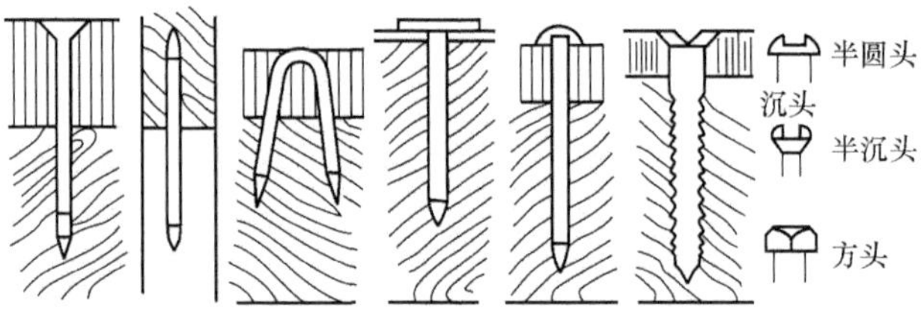 半圆头　沉头　半沉头　方头 圆钉　销钉　骑马钉　油毡钉　石棉板钉　木螺钉	钉结合多用于木制品、金属薄板等，以及石棉制品、石膏、白灰或塑料制品
	螺栓	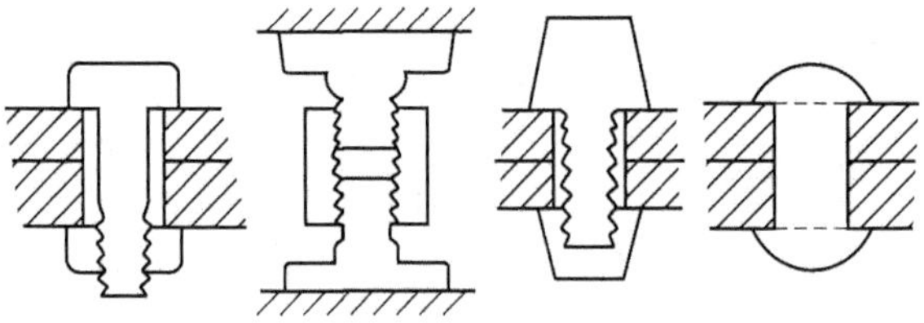 螺栓　调节螺栓　没头螺帽　铆钉	螺栓常用于结构及建筑构造，可用来固定、调节距离、松紧。其形式、规格、品种繁多
	膨胀螺栓	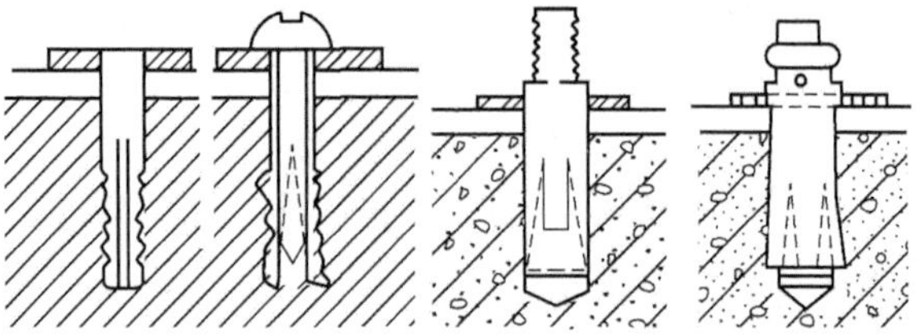 塑料或尼龙膨胀管　钢制胀管	膨胀螺栓可用来代替预埋件。构件上先打孔，放入膨胀螺栓，旋紧时膨胀固定
榫接	平对接	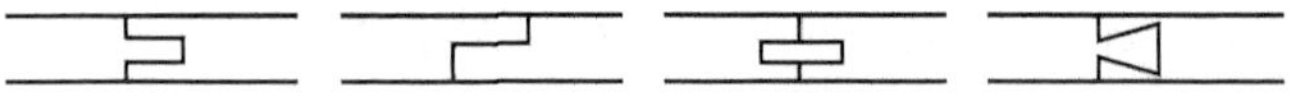 凹凸榫　对搭榫　销榫　鸽尾榫	榫接多用于木制品，但装修材料如塑料、碳化板、石膏板等也具有木材的可凿、可削、可锯、可钉的性能，也可适当采用
	转角顶接 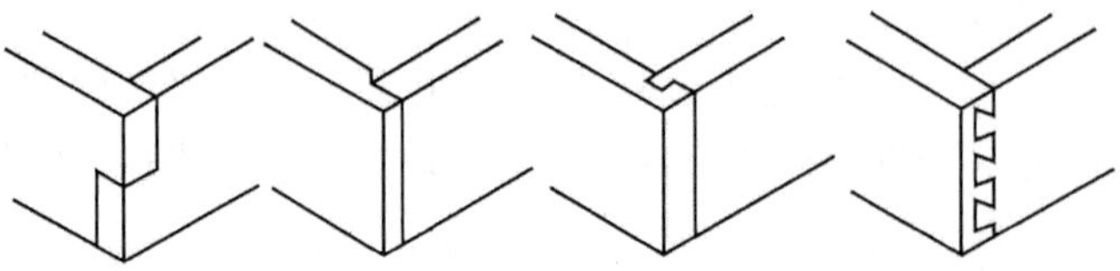		

续表

类别	名称	图形	附注
其他	焊接	V缝　单边　塞焊　单边V缝角接	用于金属、塑料等可熔材料的结合
	卷口	卧式　立式	用于薄钢板、铝皮、铜皮等的结合

1.3　建筑装饰构造的设计原则

1.3.1　正确分析和解决功能要求

建筑装饰构造的基本功能是保护主体结构和保证使用要求。前者是普遍的、基本的要求，而后者是需要使用者、设计者互动地深入地探讨的问题。比如一个简单的墙面抹灰构造，最基本最普遍的要求是保护墙体材料，减少风化等影响。那么使用要求一般是表面平整、不挂灰尘，具有一定的反射率，使室内光线柔和均匀等。如果进一步讨论，则可能提出的功能要求会进一步深入，如墙面的呼吸作用、对声音的吸收和反射、保温和隔热的处理、表面的耐擦洗性能等。需要指出的是，并不是功能越齐全、越复杂就越好。每一个功能的获得都是需要付出代价的。所以，正确地分析功能要求，一定要结合此时、此地的情况，量力而行地去集中力量解决那些必须满足的功能要求。如果可能，再为进一步解决更多的功能问题积极努力探索。正确分析各功能要求的轻重缓急，是解决建筑构造问题的第一个基本原则。

1. 保护建筑构件

建筑物的主体结构构件是装饰构件的基础和依托，也是整个建筑物的支撑骨架。这些建筑构件直接暴露在大气之中，会受到大气中各种介质的侵蚀，如铜、铁等构件会由于氧化作用而锈蚀；水泥构件会因为大气侵蚀而使表面疏松；竹、木构件会由于微生物蚀蛀而腐朽。建筑构件还可能受到机械外力的碰撞而损坏等。为此，在建筑装饰工程中应考虑对这些建筑构件的保护，通常采用油漆、抹灰等覆盖性的装饰构造措施对建筑构件进行处理，可以提高它们的防锈、防腐、抗冲击能力。

对于非结构的填充构件、结构类装饰构造中的骨架部分，以及装饰构造表面容易损坏的材料，也应进行相应的构造处理，提高它们的耐久性能。

2. 保证使用要求

人们在从事日常工作、生产、生活的过程中，需要有一个与其活动性质相适应的室内外空间环境，建筑装饰正是为了改善空间环境，保证人们的使用要求。因此，对建筑物进行装饰，应选用易清洁且不易污染的饰面材料，以改善室内的卫生条件，保持室外有一个整洁的外观。同时，建筑物的声学、光学、热工等物理环境也应给予足够的重视，以满足人们正常的使用要求。对有特殊要求的建筑、装饰工程应根据其特点给予相应的考虑。

在建筑装饰工程中，可充分利用建筑空间，设计和制作一些实用设施，如壁柜、吊柜、隔板、台面等。这将为空间的使用者带来很大的方便。当然，建筑类型的不同，装饰部位的不同，构造设计也应随之灵活处理，保证使每一种特定类型的建筑都能满足相应使用者的要求。

1.3.2 创造适当的环境氛围和意境

建筑装饰设计要创造适当的环境氛围和意境，使原本平凡的空间，通过建筑装饰的处理，赋予其特定的格调和感觉。因此，装饰构造设计应紧密配合设计方案，从色彩、质感等美学角度合理地选择装饰材料，根据方案进行准确的造型设计和细部处理，从整体出发，确定相应的构造工艺及工程做法，使建筑空间的装饰效果得以真实体现。建筑装饰构造设计是一次艺术与技术融合的过程，在装饰构造设计中，局部造型及尺度的把握，纹样和线脚的选择，色彩与质地的确定等，都将直接影响室内外建筑空间整体的装饰效果。

1.3.3 确保受力、防火、环保等方面安全可靠

1. 建筑装饰构造的结构安全问题

建筑装饰工程涉及许多构件，如主体结构构件、装饰骨架构件等，它们的强度、刚度、稳定性等力学性能一旦出现问题，不仅影响装饰效果，而且还可能会造成财产损失和人员伤亡。因此，首先要正确验算主体结构构件的承载能力，尤其是需要拆改某些主体结构构件时，建筑装饰构造设计更要认真考虑装饰构件的新增荷载及传力特点，并且应与结构设计人员协调配合进行。建筑主体结构构件如果被损坏，则可能威胁整个建筑物的安全。无论是室内，还是室外，建筑装饰构造都必须保证其在施工阶段和使用阶段受力的安全。在保证各构件自身安全可靠的同时，还必须保证它们之间连接节点的安全可靠。如表面装饰层与装饰骨架之间，骨架与主体结构（或填充构件）之间的连接节点，如果强度不足，会导致装饰材料乃至整个装饰构件的坠落损坏，后果十分危险。

2. 建筑装饰构造的防火安全问题

目前，许多建筑装饰工程常常采用易于加工的材料，如木材、织物等，这样无形中增加了建筑物（尤其是室内空间）的火灾危险，使建筑受到火灾隐患的严重威胁。因此，我们要十分重视建筑装饰设计中的防火安全问题。

在装饰构造选材中，应按照建筑物的房间性质，装饰部位及防火要求，合理地选择装饰材料；装饰构造设计应满足建筑整体的防火安全设计要求，消除和控制火灾隐患，为人们提供一个有安全保障的工作、生产和生活空间环境。

3. 建筑装饰材料的环保安全问题

在建筑装饰工程中，也应注意材料的选择，避免选择一些会产生有毒气体及有放射性物质的建筑装饰材料，如挥发有毒性气体的油漆、涂料和化纤制品，以及放射性指标超过国家标准的石材等，以免对使用者造成身体的伤害。

1.3.4　施工方便、可行

建筑装饰构造设计应较具体地提出装饰工程细部的制作工艺和构造做法，并绘成施工图。但图纸上的东西，仅仅是设计人员思维结果的表达，难免存在与实际工程条件不符之处，如材料供货的变异、施工力量的不足等。只有按照实际的可能性去设计，才能方便地通过制作与安装等工序把设计变为现实。因此，建筑装饰构造设计必须做到工艺作法合理，施工安装方便，并综合考虑季节条件、场地条件、材料供货条件以及施工技术条件等。构造设计方案应进行多方面比较，最终选择既满足设计意图，又能提高施工效率的装饰工艺及做法。

1.3.5　经济合理

建筑装饰工程费用在整个建筑工程造价中占有很大的比重。目前，我国的一般民用建筑装饰工程费用占工程总造价的 30%～40%，标准较高的工程可达 60%以上。因此，节约装饰费用，控制工程造价，对于实现经济上的合理性有着非常重要的意义。

1. 选择合适的装饰标准

建筑装饰工程的标准差别很大，应根据建筑物的性质、装饰等级以及使用者的经济实力等条件综合考虑，确定合适的建筑装饰标准，既不刻意地多花钱用贵重材料，也不随意地降低标准，重要的是将装饰工程造价控制在合理的范围之内。

2. 选择合理的材料及构造工艺

建筑装饰构造设计应根据设计对象的性质等因素合理地选用装饰材料，并选择恰当的构造工艺和做法，使装饰材料物尽其用，发挥其最大的潜能，创造令人满意的环境。装饰工程中，还可以大胆地使用地方性材料，如竹、木、藤、麻、卵石、毛石等，价格较为低廉，但乡土气息浓郁，如果设计方案构思得当，再经过相应的构造处理，装饰效果往往很有特色。

3. 确定合理的使用周期

建筑装饰构造设计应合理地确定使用周期，正确处理远期和近期、一次投资和日常维护的关系。有时一次性投资虽然较低，但维修费用极大，反而容易造成后期的浪费。也有些建筑类型（如中小型商店）装饰更换较为频繁，则不必使用价高耐久的材料。

建筑装饰材料及构造的耐久性能直接影响着建筑装饰的使用周期，装饰材料及构造是否能够持久，表面装饰构件的装饰性能是否能够保持足够的使用时间，这关系到建筑装饰工程的寿命问题，因此也必须在装饰构造设计中认真加以考虑。

1.3.6　正确选择与合理使用建筑装饰材料

建筑装饰材料是装饰工程的物质基础，在很大程度上决定着装饰工程的质量和效果。选择较理想的材料，应该从材料的性能，观感，档次及价格等方面考虑。

首先，应正确认识材料的物理、化学等特性，如耐磨、防腐、保温、隔热、防潮、防火、隔声等，要根据建筑装饰构造的部位及要求，选择有相应特性的装饰材料。对于材料的力学、安全等性能，也应慎重考虑，了解材料的强度、刚度、耐火、耐久等性能，以保证建筑构造的安全可靠性。选择装饰材料还应注意材料的加工性能，对容易加工的材料可以优先考虑。

其次，应认真考虑装饰材料的纹理、色泽、质感等外观特征，选择精美大方的装饰材料，保证建筑装饰效果的实现，为人们创造一个美好舒适的空间环境。

再次，应注意把握装饰材料的档次和价格。根据装饰工程的标准，方案设计以及使用者的经济实力等，选择一定档次的装饰材料。一般来说，中低档价格的装饰材料普及率较高，应用广泛；高档价格的装饰材料常用于局部空间的点缀。另外，就地取材，也是创造建筑装饰之地方特色，节省投资的好办法。

总之，建筑装饰工程应尽可能地选择性能优越、观感对路、轻质高强、易于加工且价格也比较适中的材料。

1.4 建筑装饰构造设计的一般思路与标准化

1.4.1 建筑装饰构造设计的一般思路

建筑装饰构造是需要设计的。

已如前述，建筑装饰构造设计是完成设计意图的一个必要而且重要的环节。构造设计的过程是设计思维的深化，是从概念到实物的一个落实过程。它不是简单的反映原方案图中的、纯艺术的、感性的想法，而是科学的技术的来解决艺术问题，是理性的综合各方面因素进行抉择，是尽可能从建筑物理、建筑造价、施工机具、人员素质、材料供应、饰面的使用要求等方面取得定性或定量的判断依据，并分析各因素权重而综合裁定的。因此，建筑装饰构造设计是更具有现实意义的设计，就这点来说，建筑装饰构造设计是更重要的设计。若留心身边的实例会发现，新的材料和新的构造连接方式恰恰是形成新的（具有时代感的）艺术效果的关键因素。没有技术上的进步，艺术也会停滞。

构造设计的结果就是完成可供指导施工过程的各节点详图。详图中有足够明确的细部尺寸、材料种类要求、做法说明、正确的连接关系等。无论构造设计的结果是体现在施工图纸上，还是存在于技术人员的头脑中（对小型工程、常规做法而言甚至可能是存在于工人师傅的头脑中），这个构造设计的过程都是绝对省略不了的。对于初学者，认真的推敲细部构造设计，不仅不会限制你艺术构思的驰骋，而且提供了更多的创新的可能性。

建筑装饰构造设计一般是在整个装饰要求已确定，并已有认可的装饰效果方案的前提下开始的。设计的一般思路如下：

1. 确定基调

有的环境需要沉稳厚重，有的则需要轻飘灵透。“厚重”，也有“粗拙古朴的厚重”和“精巧典雅的厚重”等细微的区别。这些情境，只有通过在构造方面进行深化设计、构思才能发掘和表达出来。如“粗拙古朴的厚重”可以用不倒棱的、刷无光清漆的方木加沉头螺栓的连接方式表达。“精巧典雅的厚重”则用精细弧角多遍打磨加暗榫的连

接方式表达。一些不够理想的工程设计与优良的工程设计的差异往往并不表现在整体上，而仅仅是在细部的处理上缺乏认真的推敲，从而导致“不耐看”、简单、毛糙。确定基调就是要使设计既统一在一个大的环境基调中，又要在具体处理手法上进一步加强基调的表达。

2. 选定材料

装饰效果图中已有材质的表现效果，可以认为已初步选定了材料。但在绘制装饰构造图时以及在实际施工之前，还需要进行更多的调查和斟酌。

1）进一步确定材料的档次、造价。经济因素是选择材料、确定构造的最重要的因素。如在效果图中看到的清水木纹，采用不同树种的木材来实现其效果大有不同。水曲柳木纹大而疏，榉木木纹细且密，榉木中又有红榉、白榉之分，白榉中又有天然板和电脑仿真板之分，仿真板中又由于产地、厂家、质量等因素而分不同等级。

2）材料供货和施工机具、技术力量的因素。有些材料有地域性限制，有些材料有季节性限制，即使是工业化生产的材料，也可能由于当地施工人员素质和机具等因素而无法选用。

3）材料防火性能和环保性能的比较，勿为节约成本而留下后患。

4）材料的使用方法对效果的影响。以石材为例，同为山东五莲花石材，做镜面板和机刨板效果却截然不同，做成蘑菇石则更为粗犷。即使同为镜面板，对河南的霸王花大理石来说，如果切石的方向不同，则会形成条纹和点块的不同效果。

5）材料的分割尺度，既影响效果也影响造价。一般而言，尺寸较小的效果较碎，价格也就较低。

3. 确定材料的构造尺寸

有些材料的供货尺寸就是它的构造尺寸（如瓷砖），可直接拼贴；有些材料则需要二次、三次裁割（如三合板、密度板）。尺寸的规格取决于以下因素。

1）整体效果对分块的尺度要求。

2）空间净尺寸宜由整倍数块材组成，最少不能留出小于一半的边条，宜用两块或两块以上大于一半的材料组成，以避免边角料拼凑的感觉。

3）合理确定龙骨间距，适应面板规格尺寸，减少面板下料损耗。

4）对贵重材料尤其要仔细排料、下料，尽可能充分利用材料。

5）当为若干种材料叠加时，注意其厚度与相关平面的关系，避免出现凸起。如室内地面天然木地板加格栅厚度与花岗岩板加砂浆结合层可协调一致，但与地板砖加结合层相连就会出现 10mm 左右的凸起。

6）确定材料构造尺寸时，要为设备管线的隐蔽和后期检修留出足够尺寸。

4. 确定装饰材料之间及其与主体结构连接方法

连接是构造中最重要的内容之一。常用的连接方法有粘贴、勾挂、吊挂、钉接、焊接、榫接、卡接、预埋件、铰链等；也可以分为露明的连接方法或隐蔽的连接方法；还有直接的连接或间接的连接之分。连接方法的选择首先决定于结构受力、传力的需要；其次才是美观与否的问题、施工问题、造价问题等。结构传力路线一定要简洁明确，连接一定要可靠耐久，并有足够的安全储备；必要时应通过构造方法提供一定的变形适应性。注意巧妙地利用材料的特性，优先选择隐蔽的连接构造。

5. 缝隙、边缘和角部的处理

（1）缝隙的处理

建筑装饰的面层材料安装时，常常需要留必要的缝隙，主要目的如下。

1）适应材料热胀冷缩的变形，如木地板冬季施工时拼装过紧，会在次年夏季胀鼓，甚至瓷质地板砖也会发生这个问题。

2）材料分块规格尺寸不至于过大，以方便搬运和施工操作。

3）减弱表面平整度误差的视感觉。当把两块材料的边缘拉开一定距离后（即缝隙宽度），人眼对两块材料的表面是否精确的在同一平面内感觉较为迟钝。

缝隙的处理方法如下。

1）填缝　一般可采用油膏、玻璃胶、沥青麻丝等柔性材料填缝，也有采用白水泥擦缝、细砂砂浆勾缝等。

2）嵌缝　可采用铜条、玻璃条、塑料条、橡胶条、木条等嵌入，既是构造的需要，又强化了分格的美感。

3）空缝　只留出一定间距的缝隙，不填入或嵌入其他材料。由于上表面（如地面）易落入尘沙污垢，故不宜选用空缝做法，仅垂直面和下表面可用。

（2）边缘的处理

建筑装饰面层的边缘处理首先反映了加工制作的精细程度，同时也对使用过程的安全性和耐久性起着重要的作用。

1）倒角磨边　玻璃、金属等坚硬物体的边缘一般都应倒角磨边，以改善触感，避免伤人。

2）滚制圆边　木材、塑料等较软材料的边缘刨磨或模塑成圆边同样具有前述优点，同时更增加了材质可爱怡人的感觉。

3）封边、框边　对薄板（如三合板）覆盖在骨架上形成的组合板面，必须在其边缘用木条或类似材料封闭，以避免磕碰边缘，使薄板起皮剥离破坏。封边可分为直封边、凸起封边、退台封边、腻子封边等。凸起封边用于水平面时，可有助于防止上面的搁置物滑落，但清洁时不够方便。凸起封边用于一物体的四周时即为框边（如同镜框），框边明确界定了物体的边缘，有特殊的美感。上述所介绍封边，直封边应用最为广泛。

4）垫边　为节省材料而使用较薄的板材时，往往却希望保持板材厚重的华贵感觉，于是就需要垫边，如花岗岩、大理石常采用此做法。垫边可提高边缘的防破坏能力。

5）卷边、弯边　对于很薄的材料（如镀锌铁皮），当它不是附着在较厚重的物体上，而单独成型时，常需要将其边缘卷起或弯折，以增加边缘的强度和刚度，防止变形或扯烂。

6）包边、护边　采用强度更好的材料包覆或角盖物体的边缘。

7）厚边、薄边　较厚的物体削薄边缘，以弱化笨重感；较薄的物体加厚边缘以强化边缘承力性能。

(3) 角部的处理

建筑装饰物角部无外乎锐角、钝角、直角三种情况。锐角安全性差，视感也过于强烈，仅少量用于人体不接触的部位；钝角虽和缓，但使用也不多；建筑中大多是直角，该部位的处理方法是：

1）棱角　材料表面两平面垂直相交形成清晰挺拔的尖角，视觉感强烈、轮廓鲜明、工业化气息浓郁。但材质软时，易受磕碰而缺棱掉角；材质硬时，易碰撞伤人，采用应慎重。

2）圆角　从微观角度讲，几乎所有的直角都在一定程度上是以圆弧过渡两条边或三个平面的，较大半径的圆弧会弱化角的视觉，只有选择合适的半径才能获得理想的效果。图 1.4 是为保证角部的耐久而采用的构造做法。

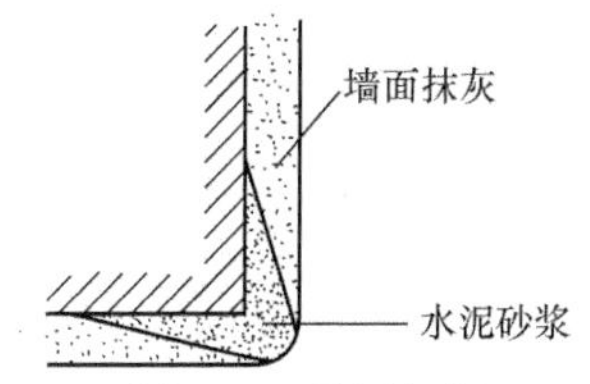

图 1.4　保证角部耐久的构造做法

6. 满足建筑物理要求

随着经济水平的不断提高，建筑装饰对美观的追求会变得较为平和，而对建筑声学、建筑光学、建筑热工学等方面会逐步提出更高的要求。比较突出的例子是：近年来建筑节能的要求使得热工性能得到普遍关注。一般来说，改善建筑物理性能是需要增加投资的。但是，在构造上有意识地阻断冷桥、声桥等处理却基本上不会提高造价，但是需要知识和责任心。

7. 重新整体审视和局部调整

这一步非常必要。当针对一个个细部节点进行完构造设计后，站在整个建筑的宏观层面上重新考虑各个节点的设计处理是否妥当、协调、统一，调整不当之处，以减少返工造成的损失或永久的遗憾。

1.4.2　标准做法与标准图

标准化是工业化生产的前提条件。推行标准化需要确定建筑模数系列以及定位原则。经过几十年的努力，建筑工业的标准化水平有了极大的提高，取得了明显的经济效益。建筑装饰属于建筑工业的一个子项，当然也应该执行《建筑模数协调标准》(GB/T 50002—2013)。但是，由于建筑装饰的特殊性和工业发展水平的不适应，至今为止，大多数建筑装饰制品和材料还不能形成标准化的工业生产系列，施工现场的操作做法各地也多有不同，建筑装饰统一模数尚未出台，建筑装饰的标准化还有许多工作要做。实现了建筑装饰的标准化，就能使建筑装饰制品、建筑装饰构配件和组合件实现工业化大规模生产，使不同材料、不同形式和不同制造方法的建筑装饰构配件、组合件符合模数并具有较大的通用性和互换性，以加快设计速度、提高装饰施工质量和效率、降低建筑装饰工程造价。正因为如此，十分需要在面对现实的同时，强调标准化、工业化，积极主动地推进这项工作的开展，尽可能使用标准图和标准做法。

标准做法是将在长期实践中充分验证的、具有普遍意义的做法经专家提炼加工后形成的。标准做法的使用减少了设计工作量、规范了施工工艺、方便了预算结算、有利于管理，好处十分明显。目前推行的标准做法，有的是适用于一个地区的，也有的是仅仅适用于某个企业内部的。随着实施过程中经验的积累，不断修订再逐步推向更

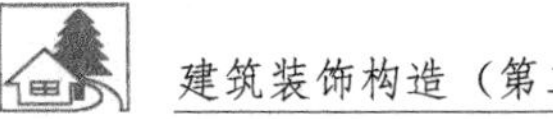

大的范围。标准做法汇集成册，通过专家论证，并通过政府有关部门的审核批准，正式出版发行就是所谓标准图。

标准图上的构造做法一般都是成熟的和优秀的。标准图主要适用于大量性民用建筑，大型性建筑也可选用，但为了形成自身的独特风格，大型性建筑的细部构造多单独设计。

小结

建筑装饰是在已有的建筑主体上覆盖新的表面的过程。建筑装饰构造由楼地面、内外墙面、屋面、顶棚、柱面、楼梯、门窗、隔墙与隔断等组成，有的工程还包括阳台、雨篷、台阶、坡道等，装饰构造设计应遵守安全、施工方便、可行、经济合理等原则。

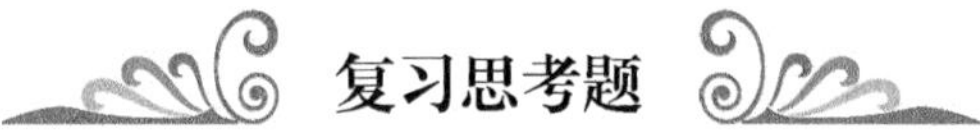

复习思考题

1.1　什么是建筑装饰构造？

1.2　怎样学好装饰构造这门课？

1.3　不同的装饰部位有什么构造要求？

1.4　建筑装饰构造的设计原则有哪些？

第2章 楼地面装饰构造

教学目标 ☞

1. 了解楼地面装饰的分类。掌握室内外楼地面的装饰类型。
2. 掌握各类板材地面装饰的构造做法，重点掌握各种陶瓷地砖构造做法。
3. 重点掌握实铺木地面及复合木地面的装饰构造做法。
4. 能根据建筑室内的使用功能要求选定装饰材料，熟练绘制木地面、陶瓷地面砖及地毯地面装饰的施工图。

课程思政 ☞

本章主要介绍各种楼地面装饰的构造做法。选取了两个课程思政案例。

课程思政案例一：学习习近平“绿水青山就是金山银山”的重要论述，宣传和贯彻环境保护、绿色可持续发展理念。通过本案例的学习，学生深入了解各种楼地面材料的特性，践行绿色环保的设计理念。

课程思政案例二：“二楼漏水，一楼遭淹，名贵书画损失惨重”。甘肃省武威市古浪县男子王某发现自己承租该县供电公司办公楼一楼的艺术书画室外间走廊及里间字画储存室地面均有积水，店内名贵字画受损，最终，确定该县供电公司及二楼承租者赔偿王某70余万元。通过本案例的学习，学生了解防水工程在楼地面装饰中的重要性，培养学生注重施工细节，对工艺精益求精的工匠精神和责任意识。

思维导图

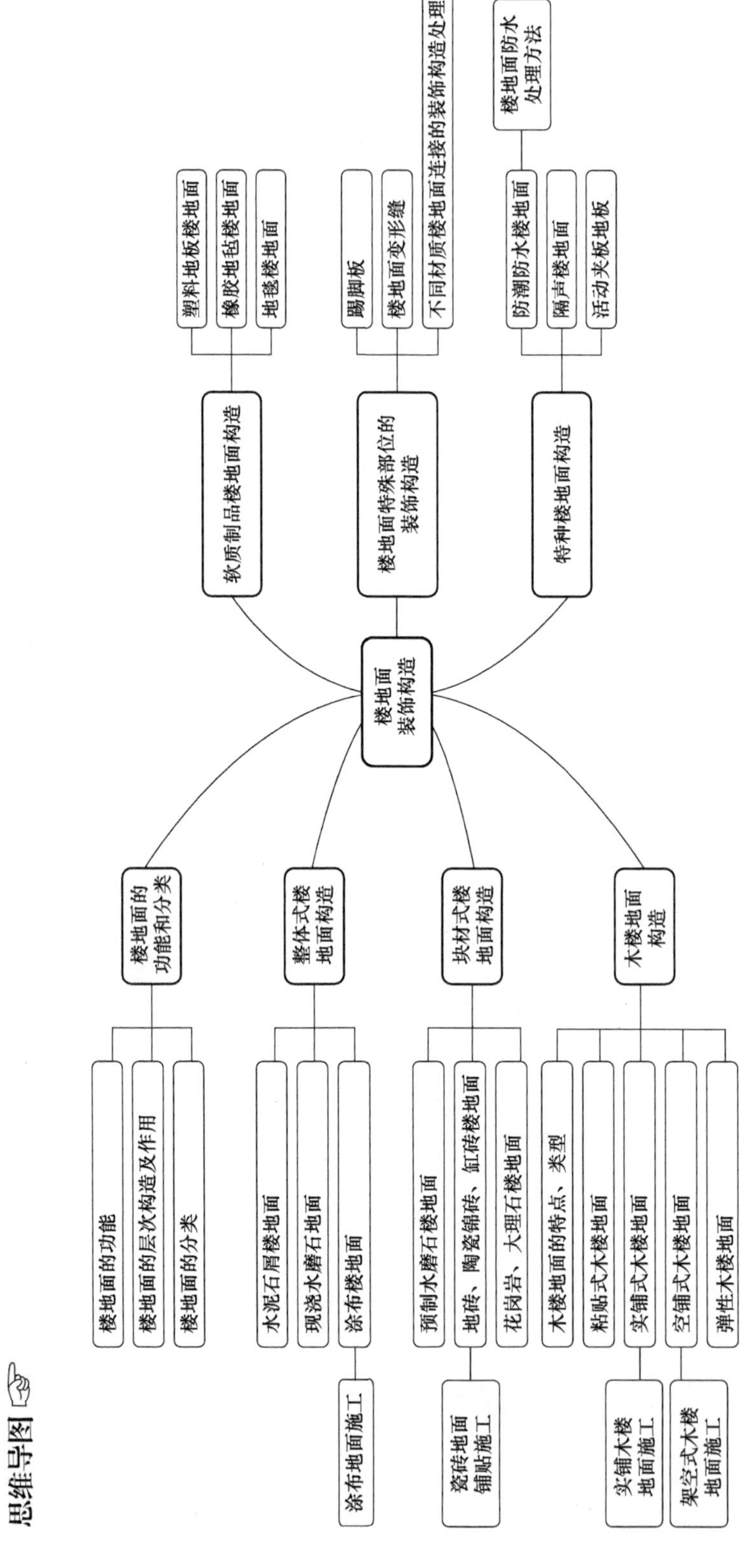
楼地面装饰构造
楼地面的功能和分类
楼地面的功能
楼地面的层次构造及作用
楼地面的分类
整体式楼地面构造
水泥石屑楼地面
现浇水磨石地面
涂布楼地面
涂布地面施工
块材式楼地面构造
预制水磨石楼地面
地砖、陶瓷锦砖、缸砖楼地面
花岗岩、大理石楼地面
瓷砖地面铺贴施工
木楼地面构造
木楼地面的特点、类型
粘贴式木楼地面
实铺式木楼地面
空铺式木楼地面
弹性木楼地面
实铺木楼地面施工
架空式木楼地面施工
软质制品楼地面构造
塑料地板楼地面
橡胶地毡楼地面
地毯楼地面
楼地面特殊部位的装饰构造
踢脚板
楼地面变形缝
不同材质楼地面连接的装饰构造处理
特种楼地面构造
防潮防水楼地面
隔声楼地面
活动夹板地板
楼地面防水处理方法

2.1　楼地面的功能和分类

楼地面是建筑物底层地面和楼层地面的总称。楼地面是人体在室内空间中直接接触最频繁的界面。该界面距离人眼较近，在人的视线范围内所占比例较大。因此，楼地面装饰在整个建筑装饰工程中占有重要的地位。

2.1.1　楼地面的功能

1. 保护作用

建筑楼地面的饰面层通常是不承担保护地面主体结构材料这一功能的。但在类似加气混凝土楼板以及较为简单的楼地层做法等情况下，因构成地面的主体结构材料的强度比较低，此时，就有必要依靠面层来解决耐磨损、防磕碰以及防止水渗漏而引起楼板内钢筋锈蚀等问题。这时候做楼地面的目的就不仅仅在于创造良好的使用条件，也是为了保护楼板、地坪不受损坏，如木地板打蜡涂漆除了美观、易于清扫外，还能保护木材不腐蚀。

2. 改善环境条件，满足房屋的使用功能

为了创造良好的生产、生活和工作环境，无论何种建筑物，一般都需要对楼地面进行装修，不仅能改善室内外清洁、卫生条件，且能增加建筑物的采光、保温、隔热、隔声性能。

首先要满足隔声要求。隔声要求包括隔绝空气声和隔绝撞击声两个方面。当楼地面的质量比较大时，空气声的隔绝效果好，且有助于防止因发生共振现象而在低频时产生的吻合效应等。撞击声的隔绝，其途径主要有两个：一是采用浮筑地面的做法；二是采用弹性地面的做法。前一种做法构造和施工都比较复杂，而且效果也不如弹性地面。近年来弹性地面材料的发展，为撞击声的隔绝创造了条件，前一种做法就采用的较少了。

其次是吸声要求。在标准较高、使用人数较多的公共建筑中有效地控制室内噪声，具有积极意义。一般来说，表面致密光滑、刚性较大的地面做法（如大理石地面），对于声波的反射能力较强，基本上没有吸声能力。而各种软质地面做法都可以起一定的吸声作用。

再次，保温性能要求。这一要求涉及材料的热传导性能及人的心理感受两个方面。从材料特性的角度考虑，水磨石地面、大理石地面等都属于热传导性较高的材料，而木地板、塑料地面等则属于热传导性较低的地面。从人的感受角度加以考虑，就是要注意人会以某种地面材料的导热性能的认识来评价整个建筑空间的保温特性这一问题。因此，对于地面做法的保温性能的要求，宜结合材料的导热性能、暖气负载与冷气负载的相对份额的大小、人的主观感受以及人在这一空间的活动特性等因素综合考虑。

最后，对于有水作用的房间，楼地面装饰应考虑抗渗漏、排积水等；对于有酸、碱腐蚀的房间，应考虑耐酸碱、防腐蚀等。

3. 美观作用

装修不仅具有功能和保护作用，还有美化和装饰作用。楼地面的图案和色彩选择，对烘托室内环境气氛有一定的作用；楼地面与墙面、顶棚以及家具、设备的巧妙组合，又可使室内空间产生各种不同风格的艺术效果。根据室内外环境的特点，正确、合理运用线型以及不同饰面材料的质地和色彩给人以不同的感受，创造出优美、和谐、统一而又丰富的空间环境，以满足人们在精神方面对美的要求。

2.1.2 楼地面的层次构造及作用

建筑物的底层地面一般是由基层、承受荷载的结构层（垫层）和满足使用要求的面层三个主要部分组成。

基层承受面层传来的荷载，因此，要求基层应坚固、稳定。一般地面的基层是回填土，回填土应分层回填并夯实，一般每铺 300mm 厚应夯实一次。

结构层（垫层）是承受和传递面层荷载的，根据需要选用不同的垫层材料，分刚性和柔性两类。刚性垫层的整体刚度好，受力后不易产生塑性变形。刚性垫层一般采用 C7.5～C10 混凝土，此种垫层多用于整体面层下面和小块的块料面层下面。柔性垫层一般由松散的材料组成，如砂、炉渣、矿渣、碎石、灰土等，多用于块料面层下面。

建筑物的楼层地面一般是由承受荷载的结构层和满足使用要求的面层两个主要部分组成。楼层的结构层是楼板。

楼地面的面层是供人们生活、工作、生产直接接触并承受各种物理化学作用的表面层，因此，根据不同的使用要求，面层的构造也各不相同，但无论何种构造的面层都应具有耐磨、不起尘、平整、防水、有一定弹性和吸热少的性能。

有的为了找坡、隔声、弹性、保温或敷设管线等功能上的要求，在中间还要增加功能层。

楼地面的主要构造层次如图 2.1 所示。

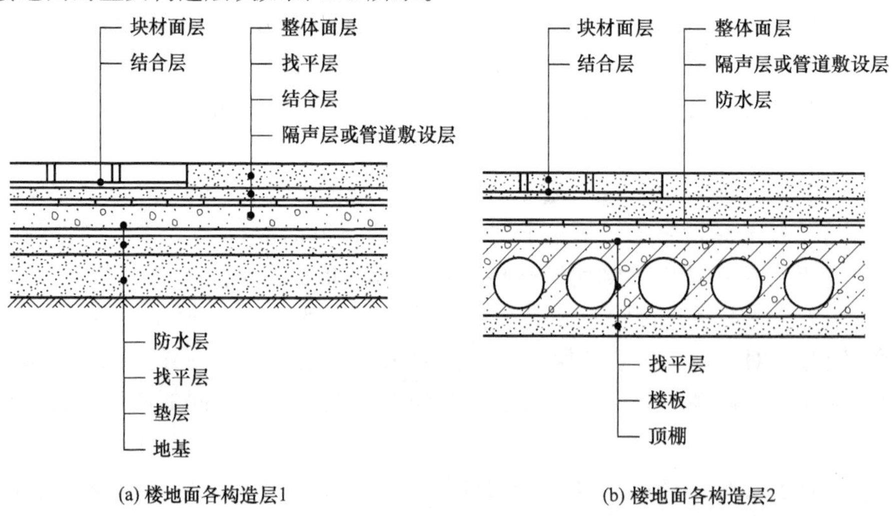

图 2.1 楼地面构造示意图

2.1.3　楼地面的分类

楼地面的分类很多，可以从不同的角度来进行分类，见表 2.1。从楼地面饰面装饰效果的角度，可以划分为美术地面、席纹地面、拼花地面等。从施工工艺角度进行划分，可以划分为现制整体式地面和预制块材式地面等。按对楼地面的使用要求的不同可分为普通地面、特种地面（耐腐蚀地面、防水地面、防静电地面、防爆地面）等。按对楼地面使用材料的不同可分为木地面、软质制品楼地面等。

表 2.1　楼地面的分类

分类依据	分类内容
按饰面装饰效果分类	美术地面
	席纹地面
	拼花地面
按施工工艺分类	现制整体式地面
	预制块材式地面
按使用要求分类	普通地面
	特种地面（耐腐蚀地面、防水地面、防静电地面、防爆地面）
按使用材料分类	木地面
	软质制品楼地面

2.1 随堂测试

2.2　整体式楼地面构造

2.2.1　水泥石屑楼地面

水泥石屑地面是以石屑代替砂的一种水泥地面，也称豆石地面或瓜米石地面。这种地面性能近似水磨石，表面光洁，不起尘，易清洁，耐久性和防水性很好，造价却为水磨石地面的 50%。水泥石屑地面的构造有一层和两层两种：一层做法是在垫层或结构层上直接做 25mm 厚 1∶2 水泥砂浆抹光；两层做法是增加一层 15～20mm 厚 1∶3 水泥砂浆找平层，面层铺 15mm 厚 1∶2 水泥石屑抹光。

2.2.2　现浇水磨石地面

水磨石地面是将天然石料（大理石或中等硬度的石料）的石屑用水泥浆拌和在一起，浇筑抹平待结硬后再磨光、打蜡而成。现浇水磨石地面面层应在完成顶棚和墙面抹灰后再施工。

水磨石的构造一般分为三层，底层用 10～20mm 厚 1∶3 水泥砂浆找平，面层铺

1∶（1.5～2）的水泥石屑浆，厚度为10～15mm，注意水磨石面层不得掺砂，否则容易发生空隙。底层和面层之间刷素水泥浆结合层，如图2.2（a）所示。所用水泥为普通水泥或白水泥、彩色水泥，石子按直径分为大八厘（8mm）、中八厘（6mm）、小八厘（4mm）、一分半（15mm）、大二分（20mm）等，也可用破碎大理石（直径大于30mm）、碎彩色玻璃等来构成不同风格的花纹，但应注意石子直径与面层厚度成正比。

为适应地面变形可能引起的面层开裂及施工和维修方便，现浇水磨石地面应设置分隔条。分隔条常为玻璃条或金属条（铜条或铝条），分隔大小随设计而异，亦可依设计要求作成各种花纹和图案。分隔条的高度随水磨石面层的高度。分隔条应用1∶1水泥砂浆固定。水泥砂浆应形成八字角，高应比分隔条高度低3mm。如图2.2（b）所示，嵌条应平直，交接处要平整方正，镶嵌牢固，接头严密。

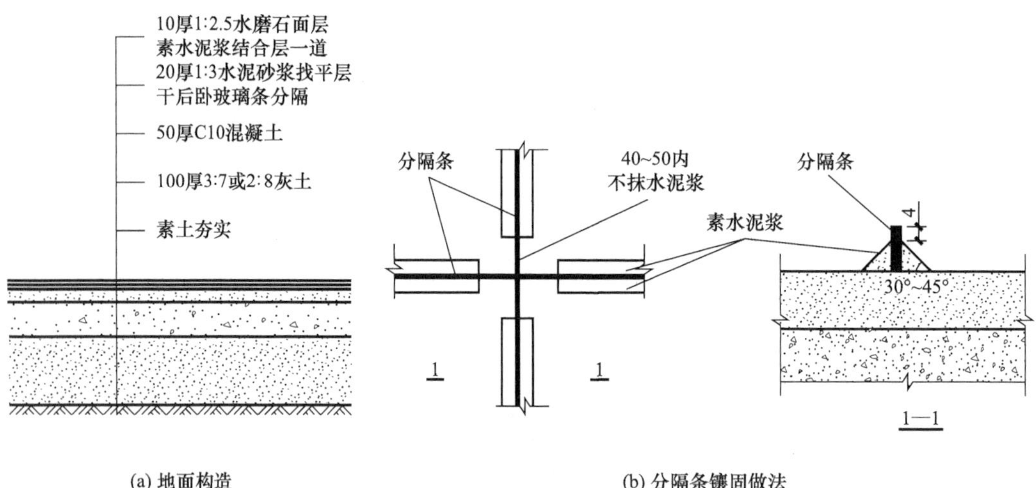

图2.2　水磨石地面构造

水磨石开磨前应先试磨，表面石粒不松动方可开磨。一般开磨时间常温下为2～3天。水磨石面层使用磨石机分次磨光。头遍用60～90号粗金刚石磨，边磨边加水，要求磨匀磨平，使全部分格嵌条外露。磨后将泥浆冲洗干净，用同色水泥浆涂抹一次，以填补面层的凹痕及磨纹，洒水养护2～3天后再磨第二遍。第二遍用90～120号金刚石磨，要求磨到表面光滑为止，其他与头遍相同。第三遍用180～200号金刚石磨，磨至表面石子粒粒显露，平整光滑，无砂眼细孔，用水冲洗后，涂抹草酸溶液一遍，清除油污。第四遍用240～300号油石磨，研磨至出白浆表面光滑为止，用水冲洗晾干。普通水磨石面层磨光遍数不应少于三遍，高级水磨石面层应适当增加磨光遍数及提高油石的号数。

水磨石面层上蜡工作应在影响面层质量的其他工序全部完成后进行。打蜡时将蜡包在薄布内，在面层上薄薄涂一层，待干后再用钉有细帆布（或麻布）的木块代替油石，装在磨石机的磨盘上进行研磨，直到光滑洁亮为止。上蜡后铺锯末进行养护。

现浇水磨石在施工过程中，湿作业量大，工期也由于工序多而花费的时间长。但是现浇水磨石地面可按设计要求机动地选择色彩及图案。现浇水磨石由于上述优点，尽管存在着工序多、工期长、湿作业量大等不足，然而在目前的地面做法中，仍获得较为广泛的应用。

水磨石具有良好的耐磨、耐久、防水和防火性能，并具有质地美观、表面光洁、不起尘、易清洁等优点。通常使用于建筑的走道、门厅和主要房间等地方。

如果水磨石地面用白水泥加各种颜料（如氧化铁红、氧化铁绿、氧化铁黄或蓝、氧化铁褐、炭黑等，颜料在水磨石拌和物中的掺量一般在 5%以下，最多不宜大于水泥用量的 12%）则色彩丰富而明艳，按设计要求制成各种美丽的图案，即所谓的美术水磨石地面。其造价较普通水磨石地面高约 4 倍。

2.2.3　涂布楼地面

建筑物的室内地面采用涂层做饰面是一种施工简便、造价较低的方法。与传统的地面相比其有效使用年限较短，但其工期短，工效高，造价低，自重轻，维修更新方便。因此，无论国内还是国外，各种涂布地面都得到广泛的应用。

涂布楼地面通常包括两个方面，即以酚醛树脂地板漆等地面涂料形成的涂层地面，以及由合成树脂及其复合材料构成的涂布无缝地面。但是，在现代的概念中，涂布地面往往用以特指涂布无缝地面，而前一类则称为涂料地面。

1. 涂料地面

用于涂料地面的地面涂料的种类很多，如地板漆、过氯乙烯地面涂料、苯乙烯地面涂料等。地板漆应用较早、较广，也是木地板常用的保护漆，这种涂料耐磨性差，使用时可直接在光滑平整的木基层涂刷即可。

过氯乙烯地面涂料具有一定的抗冲击强度、硬度、耐磨性、附着力和抗水性，此种涂料施工方便，涂膜干燥快。过氯乙烯涂料地面的具体做法是在基层处理平整、光滑、充分干燥的情况下，在上面涂刷一道过氯乙烯地面涂料底漆，隔天再用过氯乙烯涂料按面漆∶石英粉∶水＝100∶(80～100)∶(12～20) 的比例将基层孔洞及凸凹不平的地方填嵌平整，清扫干净，然后满刮石膏腻子［比例为面漆∶石膏粉＝(100～80)∶80］2～3 遍，干后用砂纸打磨平整，清扫干净，然后涂刷过氯乙烯地面涂料面漆 2～3 遍，养护一星期，最后打蜡而成。经过氯乙烯地面涂料涂布后的楼地面，光滑美观，不起尘砂，易于保持清洁，适用于住宅建筑、实验室以及某些对地面要求清洁而人流又不大的车间、仓库等建筑中。

苯乙烯地面涂料是以苯乙烯焦油为基料，经选择熬炼处理，加入填料、颜料、有机溶剂等原料配置而成的溶剂型地面涂料。这种地面涂料黏结力强，涂膜干燥快，有一定的耐磨性和抗水性，还具有一定的耐酸碱的性能。用该涂料涂布楼地面施工方便、经济。使用时其具体做法与过氯乙烯地面涂料的涂刷相同，只是被刮腻子可用比例为 1∶1 的焦油清漆加熟石灰粉。因涂料中含苯类溶剂，施工中应采取一定的保护措施，加强室内通风。该涂料适用于化工车间、电子仪表车间、医院病房和民用住宅等建筑的楼地面。

2. 涂布无缝地面

涂布无缝地面主要是由合成树脂再加入填料、颜料等搅拌混合而成的材料。现场涂布施工，硬化后形成整体无缝地面。它的突出特点是无缝，易于清洁，并具有良好的物理力学性能。

涂布无缝地面可根据其胶凝材料分为四类。

一是单纯以合成树脂为胶凝材料的溶剂型合成树脂涂布地面，或称为涂布塑料地面。这种地面具有耐磨、弹性、抗渗、耐蚀及整体性好等特点。特别适用于卫生或耐腐蚀要求高的地方，如实验室、医院手术室、食品加工厂、船舶甲板等。国内采用的有环氧树脂、不饱和聚酯、聚氨酯等品种无缝涂布地面。

二是以水溶性树脂或乳液与水泥复合组成胶凝材料的聚合物水泥涂布地面。由于其中掺有水泥，其耐水性优于溶剂型合成树脂涂布地面，而其黏结性、耐磨性、抗冲击性又优于纯水泥涂层。另外，价格便宜，适用新老住宅地面装饰。国内采用的有聚醋酸乙烯乳液水泥涂布地面、聚乙烯醇缩甲醛水泥涂布地面。

三是聚乙烯醇缩甲醛胶水泥地面。它是以水溶性聚乙烯醇缩甲醛胶为基料与普通水泥和一定量的氧化铁系颜料组成的一种厚质涂料。可用刮涂的方法涂布于水泥地面上，凝结后形成涂层。涂层与基层黏结较牢，能在尚未干透的地面上施工。这种地面的优点是涂层干燥快，施工方便，不起尘，一般情况下不会发生表面裂纹现象。

四是聚氨酯涂布地面。它是由聚氨酯预聚体交联固化剂和颜料等组成。这类地面具有耐磨、弹性、耐水、抗渗、耐油、耐腐蚀等优点。其中，聚氨酯预聚体和交联固化剂均为油漆厂产品，在现场加入足够的颜料和填料即可施工。施工前先要划分格线，以便控制材料用量和保证涂层厚度。施工顺序从里到外，一次涂布，刮平后不宜多次往返涂抹，以减少接茬和保证质量。施工时要选择晴朗无风、温度不高的干燥天气进行。另外，聚氨酯基料有毒性，注意劳动保护。为了进一步提高装饰效果，采用白水泥可制成彩色的地面如奶黄、草绿等。通过划格方法，能够制成席纹状、方格状、方块回字形地面等。涂层地面经艺术加工后还可制成木纹、假大理石花纹以及各种彩色图案等，可以起到类似木地板或塑料拼花地板的视觉装饰效果。

2.2 随堂测试

2.3　块材式楼地面构造

2.3.1　预制水磨石楼地面

预制水磨石是在工厂预制成 20～25 厚，（300mm×300mm）～（500mm×500mm）的板材，可按设计制作成长方形或其他形状，在工厂打磨后，运到工地进行铺贴。为了防止运输或安装时碰撞破损，通常配以（ϕ4～ϕ6）@（100～150）的钢筋网以增加其抗拉、抗剪性能。预制水磨石板构造如图 2.3 所示。

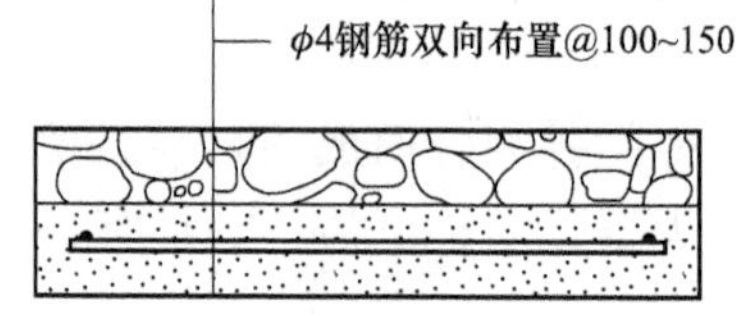

图 2.3　预制水磨石板构造

预制水磨石的采用，可以提高施工机械化水平，减轻劳动强度，提高施工质量，还可以缩短现场工期，但它比现浇水磨石的厚度大，自重大，价格也高，且不易铺装得非常平。

预制水磨石的采用，可以提高施工机械化水平，减轻劳动强度，提高施工质量，还可以缩短现场工期。但它比现浇水磨石的厚度大，自重大，价格也高，且不易铺装得非常平。按表面加工细度分为粗磨制品、细磨制品和抛光制品，按材料配制分为普通和彩色两种。

预制水磨石面层与基层的黏结方法是：在水泥砂浆找平层上刷以水灰比为 0.4～0.5 的水泥浆结合层，然后采用 12～20mm 厚 1∶3 水泥砂浆铺砌，并随刷随铺。铺砌时，要求板块平整、镶嵌正确。铺好后用 1∶1 水泥砂浆嵌缝。预制水磨石楼地面构造如图 2.4 所示。

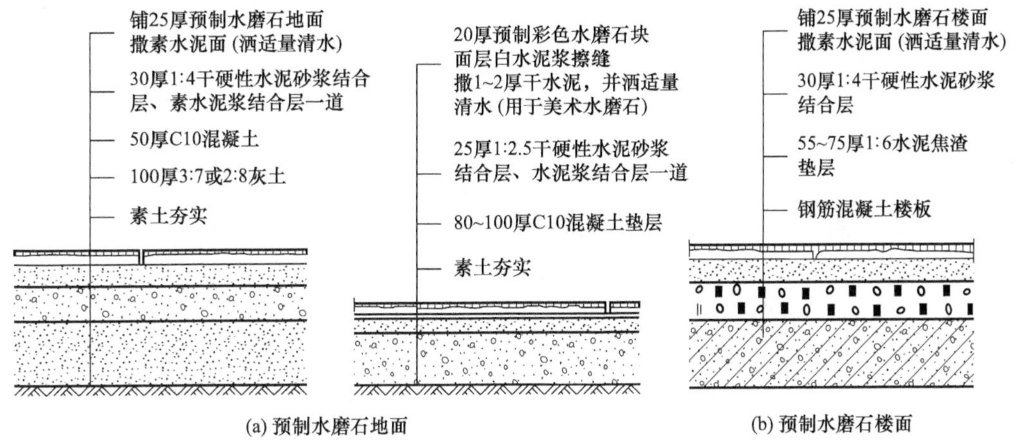

(a) 预制水磨石地面　　(b) 预制水磨石楼面

图 2.4　预制水磨石楼地面构造

2.3.2　地砖、陶瓷锦砖、缸砖楼地面

瓷砖地面铺贴施工

地砖又称墙地砖，其类型有釉面地砖、无光釉面地砖和无釉防滑地砖及抛光同质地砖。

地砖有红、浅红、白、浅黄、浅绿、浅蓝等各种颜色。地砖色调均匀，砖面平整，抗腐耐磨，施工方便，且块大缝少，装饰效果好，特别是防滑地砖和抛光地砖又能防滑，因而越来越多地用于办公、商店、旅馆和住宅中。

陶瓷地砖一般厚 6～10mm，其规格有 400mm×400mm，300mm×300mm，250mm×250mm，200mm×200mm。陶瓷地砖块越大，价格越高，装饰效果越好。陶瓷地面砖的性能及适用场合见表 2.2。

表 2.2　陶瓷地面砖的性能及适用场合

品种	性能	适用场合
彩釉砖	吸水率不大于 10%，炻器材质，强度高，化学稳定性、热稳定性好，抗折强度不小于 20MPa	室内地面铺贴，以及室内外墙装饰
釉面砖	吸水率不大于 22%，精陶材质，釉面光滑，化学稳定性良好，抗折强度不小于 17MPa	多用于厨房、卫生间

续表

品种	性能	适用场合
仿石砖	吸水率不大于5%，质地酷似天然花岗岩，外观似花岗岩粗磨板或剁斧板。具有吸声、防滑和特别装饰功能，抗折强度不低于 25MPa	室内地面及外墙装饰，庭院小径地面铺贴及广场地面
仿花岗岩抛光地砖	吸水率不大于1%，质地酷似天然花岗岩，外观似花岗岩抛光板，抗折强度不低于 27MPa	适用于宾馆、饭店、剧院、商业大厦、娱乐场所等室内大厅走廊的地面、墙面
瓷质砖	吸水率不大于2%，烧结程度高，耐酸耐碱，耐磨度高，抗折强度不小于 25MPa	特别适用人流量大的地面、楼梯铺贴
劈开砖	吸水率不大于8%，表面不挂釉的，其风格粗犷，耐磨性好；有釉面的则花色丰富，抗折强度大于 18MPa	室内外地面、墙面铺贴，釉面劈开砖不宜用于室外地面
红地砖	吸水率不大于 8%，具有一定吸湿防潮性	适宜地面铺贴

陶瓷地砖铺贴时，所用的胶结材料一般为（1∶4）～（1∶3）水泥砂浆，厚 15～20mm，砖块之间 3mm 左右的灰缝，用水泥浆嵌缝，陶瓷地砖的构造见图 2.5。

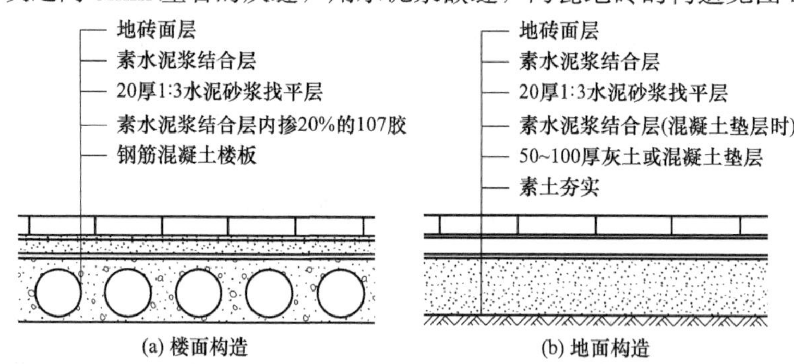

图 2.5　陶瓷地砖的构造

陶瓷锦砖又称马赛克，是以优质瓷土烧制而成的小尺寸瓷砖，其特点与面砖相似。陶瓷锦砖有不同大小、形状和颜色并由此可以组合成各种图案，使饰面能达到一定艺术效果（图 2.6）。陶瓷锦砖块小缝多，主要用于防滑要求较高的卫生间、浴室等房间的地面，也可以用于外墙面。陶瓷锦砖出厂前已按照各种图案反贴在牛皮纸上，以便于施工（图 2.7）。陶瓷锦砖粘贴后，应随即用拍板靠在已贴好的马赛克表面，用小锤敲击拍板，均匀地由边到中间满敲一遍，将陶瓷锦砖拍平拍实，使其与结合层黏结牢固且表面平整。然后用水将护面纸润透，待护面纸吸水泡开（约半个小时）后即可揭纸。揭纸后

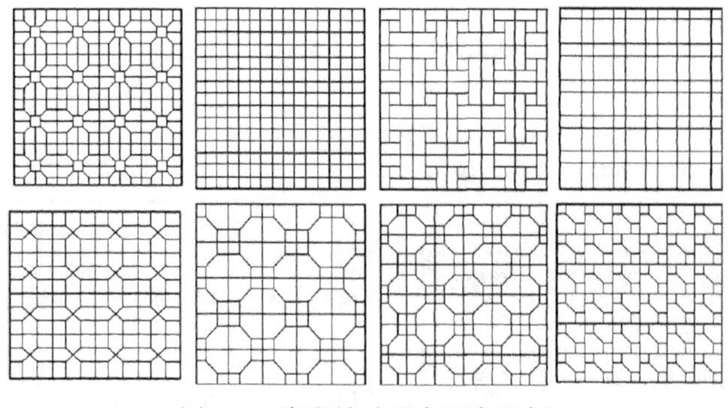

图 2.6　陶瓷锦砖组合图案示例

进行拨缝调整，最后用素水泥浆抹缝，清洗干净。

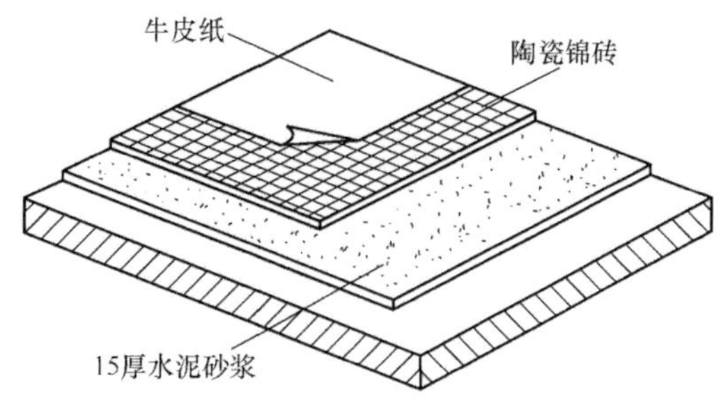

图 2.7　陶瓷锦砖楼地面的构造

2.3.3　花岗岩、大理石楼地面

花岗岩地面和大理石地面都属于天然石材地面。它们具有良好的抗压强度，质地坚硬、耐磨、色彩丰富、花纹美丽、装饰效果极佳，是理想的高级地面装饰材料。

花岗岩、大理石地面由基层、垫层和面层三部分组成。基层一般为素土夯实，在其上打 100mm 厚的 3∶7 灰土或 150mm 厚卵石灌 M2.5 水泥白灰混合浆，垫层为 50～60mm 厚的混凝土，在其上做 20mm 厚 1∶3 水泥砂浆找平层。面层为 20mm 厚磨光大理石或花岗岩铺面，板下用 30mm 厚 1∶(3～4) 干硬性水泥砂浆结合层黏结，板缝用素水泥浆擦缝（图 2.8）。

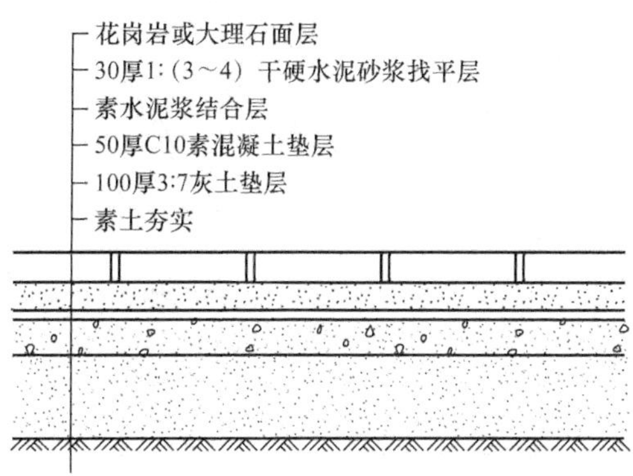

图 2.8　大理石、花岗岩地面构造

花岗岩、大理石楼面由承重层、垫层和面层三部分组成。承重层为钢筋混凝土楼板。为减少楼面荷载，提高隔声效果和铺设电线暗管的需要，垫层宜采用 1∶6 水泥焦渣，厚度 60～100mm，板下用 30mm 厚 1∶2.5 干硬性水泥砂浆结合层黏结，板缝用稀水泥浆擦缝（图 2.9）。

为提高花岗岩、大理石楼面的防水功能，可以在焦渣垫层上抹 20mm 厚 1∶3 水泥砂浆找平，上刷冷底子油一道，也可以抹 20mm 厚 1∶3 水泥砂浆上涂水乳型橡胶沥青防水层或采用四涂防水层。

大理石地面由基层、垫层和面层三部分组成。其基层和垫层做法与花岗岩地面相同。面层为大理石板，其规格一般为 600mm×600mm×20mm，颜色和花纹由设计人选定。黏结方法与花岗岩地面相同（图 2.9）。

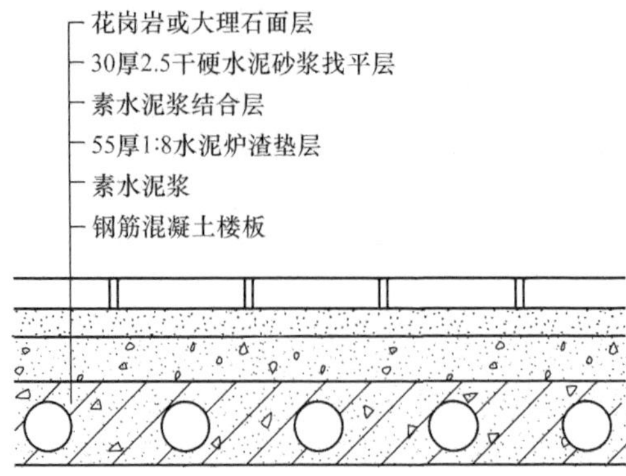

图 2.9　大理石、花岗岩楼面构造

利用大理石的边角料，做成碎拼大理石地面，色泽鲜艳和品种繁多的大理石碎块无规则地拼接起来点缀地面，别具一格，其铺贴形式见图 2.10。板的接缝有干接缝和拉缝两种形式，干接缝宽 1～2mm，用水泥浆擦缝；拉缝又分为平缝和凹缝，平缝宽 15～30mm，用水磨石面层石碴浆灌缝。凹缝宽 10～15mm，凹进表面 3～4mm，用水泥砂浆勾缝。碎拼大理石楼地面构造做法见图 2.11。

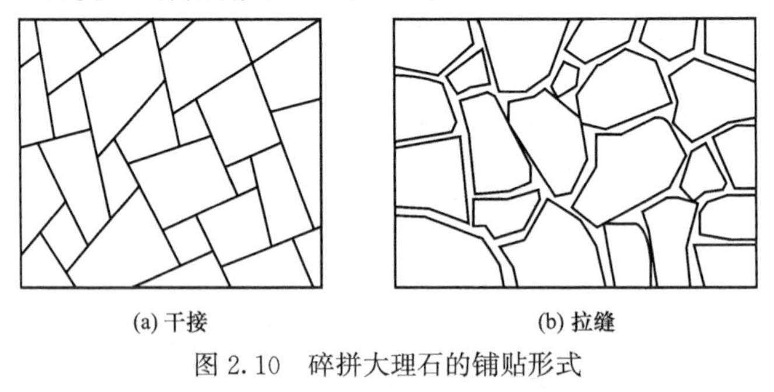

(a) 干接　　(b) 拉缝

图 2.10　碎拼大理石的铺贴形式

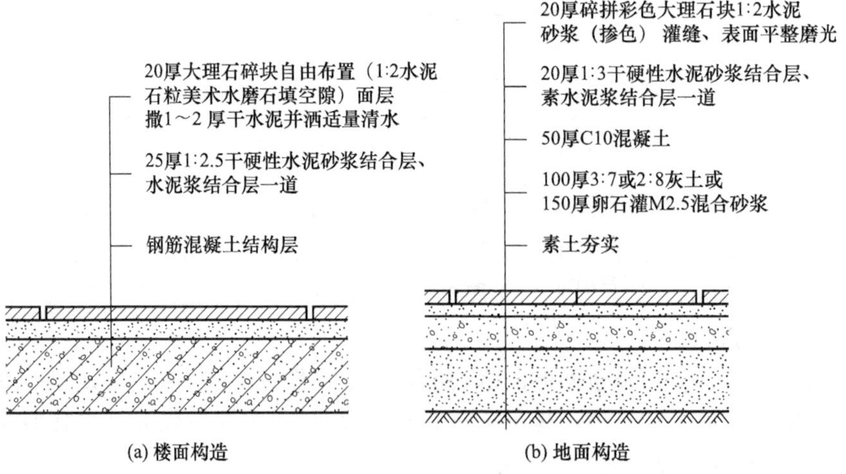

(a) 楼面构造　　(b) 地面构造

图 2.11　碎拼大理石楼地面构造做法

综上所述，常用地面、楼面做法总结见表 2.3 和表 2.4。

表 2.3　常用地面做法

名称	材料及做法
水泥砂浆地面	25mm 厚 1∶2 水泥砂浆面层，铁板赶光 水泥砂浆结合层一道 80mm、100mm 厚 C10 混凝土垫层 素土夯实
水泥豆石地面	30mm 厚 1∶2 水泥豆石面层，铁板赶光 水泥砂浆结合层一道 80mm、100mm 厚 C10 混凝土垫层 素土夯实
水磨石地面	表面草酸处理后打蜡上光 15mm 厚 1∶2 水泥白石子面层 水泥砂浆结合层一道 25mm 厚 1∶2.5 水泥砂浆找平层 水泥砂浆结合层一道 80mm、100mm 厚 C10 混凝土垫层 素土夯实
聚乙烯醇缩丁醛地面	面层、面漆三道 清漆二道 填嵌并满刮腻子 清漆一道 25mm 厚 1∶2.5 水泥砂浆找平层 80mm、100mm 厚 C10 混凝土垫层 素土夯实
陶瓷锦砖地面（马赛克）	4mm 厚陶瓷锦砖面层白水泥浆擦缝 25mm 厚 1∶2.5 干硬性水泥砂浆结合层，上撒 1～2mm 厚干水泥并洒水适量 水泥结合层一道 80mm、100mm 厚 C10 混凝土垫层 素土夯实
缸砖地面	10mm 厚缸砖（防潮砖、地红砖）面层配色白水泥浆擦缝 25mm 厚 1∶2.5 干硬性水泥砂浆结合层，上撒 1～2mm 厚干水泥并洒水适量 水泥结合层一道 80mm、100mm 厚 C10 混凝土垫层 素土夯实

表 2.4　常用楼面做法

名称	材料及做法
水泥砂浆楼面	25mm 厚 1∶2 水泥砂浆面层，铁板赶光 水泥砂浆结合层一道 结构层

续表

名称	材料及做法
水泥石屑楼面	30mm 厚 1∶2 水泥石屑面层，铁板赶光 水泥砂浆结合层一道 结构层
水磨石楼面	15mm 厚 1∶2 水泥白石子面层，表面草酸处理后打蜡上光 水泥砂浆结合层一道 25mm 厚 1∶2.5 水泥砂浆找平层 水泥砂浆结合层一道 结构层
陶瓷锦砖楼面	5mm 厚陶瓷锦砖面层，白水泥浆擦缝并擦干净表面的水 25mm 厚 1∶2.5 干硬性水泥砂浆结合层，上撒 1～2mm 厚干水泥并洒水适量 水泥砂浆结合层一道 结构层
陶瓷地砖楼面	10mm 厚陶瓷地砖面层配色水泥浆擦缝 25mm 厚 1∶2.5 干硬性水泥砂浆结合层，上撒 1～2mm 厚干水泥并洒清水适量 结构层
大理石楼面	25mm 厚大理石块面层配色水泥浆擦缝 25mm 厚 1∶2.5 干硬性水泥砂浆结合层，上撒 1～2mm 厚干水泥并洒清水适量 结构层

2.3 随堂测试

2.4 木楼地面构造

2.4.1 木楼地面的特点、类型

1. 木楼地面特点

木楼地面一般是指楼地面表面由木板铺钉或硬质木块胶合而成的地面。其特点是有弹性、耐磨、不起灰、易清洁、不泛潮、温暖舒适，但也容易随着空气中温度和湿度的变化而引起裂缝和翘曲，耐火性差，保养不善时容易腐朽。常用于高级住宅、宾馆、剧院舞台等建筑的楼地面。

2. 木楼地面类型

根据材质不同，木地板一般分为普通纯木地板、复合木地板、软木地板。

（1）普通纯木地板

普通纯木地板又可分为条形木地板和拼花木地板。条形木地板多采用优质松木和杉木加工而成，不易腐朽、开裂和变形，但装饰效果一般；拼花木地板多采用水曲柳、柞木、柚木、榆木、核桃木等硬质树种木加工而成，耐磨性好，有光泽，纹理清晰优美。常见拼花图案如图 2.12 所示。

图 2.12　常见拼花图案

普通纯木地板常用规格见表 2.5。为防止木地板的开裂和变形，使用的木质材料均应通过自然干燥和人工干燥使含水率达到限值要求（表 2.6）。

表 2.5　木地板材料常用规格

固定方式	名称	厚度/mm	宽度/mm	长度/mm
钉接式	松、杉木条形地板	23	75～125	800 以上
	硬木条形地板	18～23	50	800 以上
	硬木拼花地板	28～23	30、40、50	320、200、150、250
粘贴式	松、杉木	15～18	不大于 50	不大于 400
	硬木	10、15、18	不大于 50	不大于 400
	薄木地板	5、8、10	40、25	320、200、150

表 2.6　木地板面层木材含水率

地区类别	包括地区	含水率/%
Ⅰ	包头、兰州以西的西北地区和西藏自治区	10
Ⅱ	徐州、郑州、西安及其以北的华北地区和东北地区	12
Ⅲ	徐州、郑州、西安以南的中南、华南和西南地区	15

(2) 复合木地板

复合木地板主要有两类：一类是由三层及以上实木复合而成的实木企口复合地板（图 2.13）；另一类是以中密度纤维板、高密度纤维板或刨花板为基料的浸渍纸胶膜贴面层压复合地板（图 2.14）。

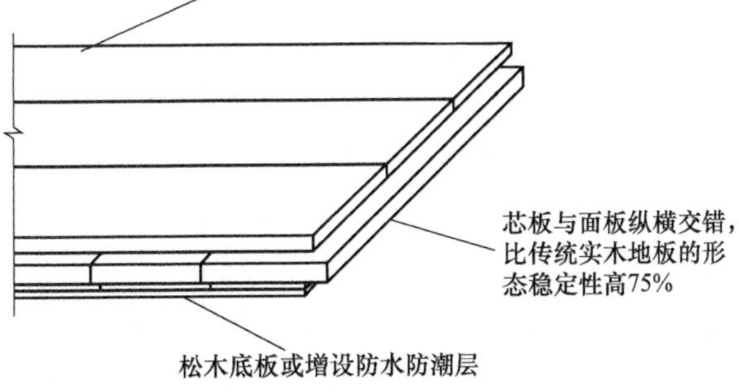

图 2.13　实木企口复合地板

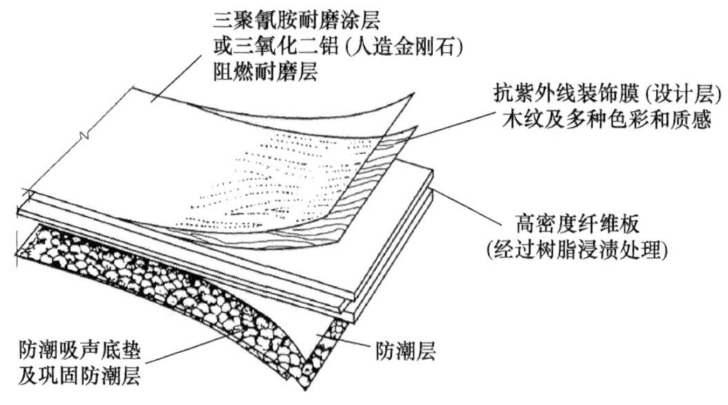

图 2.14　高密度纤维板复合地板

复合地板有树脂加强，又是热压成型，因此质轻高强，收缩性小，并克服了普通纯木地板易腐朽、开裂和变形的缺点，耐磨性能好，还保持了木地板的其他特性，装饰效果多样，纹理优美清晰。

（3）软木地板

软木地板具有自然本色，纹理效果多样，美观大方，质量轻，弹性好，防霉防腐、防静电、绝缘、耐酸、耐油，施工方便等优点，但价格较高，产量也不高，是高档楼地面装修材料之一。软木地板可分为树脂软木地板、软木橡胶地板、软木复合弹性地板三种。

木楼地面按照结构构造形式不同可分为以下三种：粘贴式木楼地面、实铺式木楼地面、架空式木楼地面、弹性木楼地面。

2.4.2　粘贴式木楼地面

粘贴式木楼地面是在钢筋混凝土结构层上（或底层地面的素混凝土结构层上）做好找平层，再用黏结材料将木板直接贴上制成的。通常的做法是：在结构层上用 25mm 厚 1∶2.5 水泥砂浆找平，上面刷冷底子油一道，然后做 5mm 厚沥青玛𤧛脂（或其他胶黏剂），最后粘贴长条硬木企口复合地板、拼花小木块或硬质纤维板，见图 2.15。

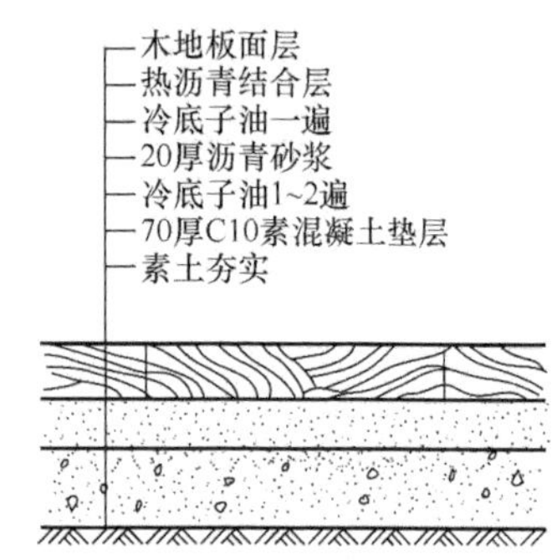

图 2.15　粘贴式木地面构造

拼花小木块构成的拼花地板是一种硬木地板，小块木条可以在现场拼装，也可以在工厂预制成（200mm×200mm）～（400mm×400mm）的板材，然后运到工地粘贴或铺钉。拼花形式根据设计图案而定。

硬质纤维板地面是利用木材碎料或其他植物纤维为主要材料，再按图案铺设而成的地板。这种地板由树脂加强，又是热压工艺成型的，因此质轻高强，收缩性小，克服了木材的易于开裂、翘曲等缺点，且又保持了木地板的某些特性，同时取材广泛，各种软硬木材的下脚料都可采用，成本又较低，是以下脚料代替木材的一个途径。

硬质纤维板地面的铺设有暗钉法和粘贴法两种形式。暗钉法是在垫层上先铺一层木屑水泥砂浆找平层，然后按图案尺寸把纤维板铺钉在木屑水泥找平层上，钉帽要砸

扁冲入板内。拼缝用水泥砂浆填补，清扫干净、打蜡。粘贴法采用的胶黏剂有石油沥青、聚氨酯、聚醋酸乙烯乳胶、酪素胶等。

粘贴式硬木地板构造要求铺贴密实、防止脱落，为此要控制好木板含水率(10%)，基层要清洁。木板还应做防腐处理。粘贴式硬木地板占空间高度小，较经济，但弹性较差。

2.4.3　实铺式木楼地面

实铺木楼地面施工

底层实铺式木楼地面是先进行素土夯实，其上打 100mm 厚 3∶7 灰土及 40mm 厚 C10 细石混凝土，随打随抹平。然后铺设一毡两油防潮层或水乳化沥青一布二涂（一层尼龙布，上下涂刷乳化沥青）防潮层。在防潮层上打 50mm 厚 C15 混凝土垫层，随打随抹，并在混凝土内预埋铁丝、钢筋或专用铁件，一般采用涂满沥青或防腐油的梯形截面，间距为 400mm，上绑 50mm×70mm 木格栅，间距 400mm，用 10 号镀锌钢丝与铁鼻子绑扎。为了增强稳定性，格栅之间装设 50mm×50mm 横撑，横撑间距 800mm（格栅及横撑应满涂防腐剂）。为了使木地面达到设计标高，在必要时，可以在龙骨之下加设垫块。当然，在要求比较高的地面中，为了满足减震及弹性的要求，往往还要加设弹性橡胶垫层。另外，为了减少人在地板上行走时产生的空鼓声、改善保温隔热效果，通常还应在龙骨与龙骨之间的空腔内填充一些轻质材料，如干焦渣、蛭石、矿棉毡、石灰炉渣等。格栅上铺钉 20mm 厚松木毛地板，背面刷氟化钠防腐剂，毛地板呈 45°斜铺。毛地板上铺油毡一层，然后钉 50mm×20mm 硬木条板或席纹拼花、人字形拼花地板，表面刷清漆并打蜡。实铺式木楼地面构造见图 2.16。

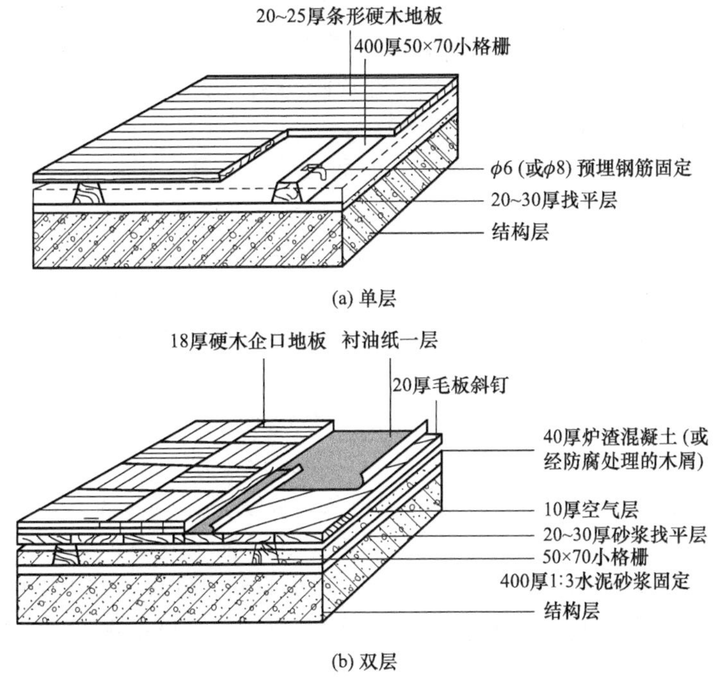

图 2.16　实铺式木楼地面构造

在木地板与墙的交接处，应用踢脚板及压缝条加以封盖。为了使潮气散发，可在踢脚板上开孔通风。木格栅与砖墙接触的部位也应进行防腐处理。

2.4.4 架空式木楼地面

架空式木楼地面主要用于由于使用的要求，面层距基底距离较大的场合，通过地垄墙或砖墩的支撑，使木楼地面达到设计要求的标高。另外，在建筑的首层，为减少回填土方量，或者由于管道设备的架设和维修，需要有一定的敷设空间时，通常也可考虑采用架空式木楼地面。

架空式木楼地面基层包括地垄墙（或砖墩）、垫木、格栅、剪刀撑及毛地板几个部分。

地垄墙一般采用红砖砌筑，其厚度应根据架空的高度及使用条件来确定。垄墙与垄墙之间的间距，一般不宜大于 2m，否则会造成木格栅断面尺寸增加，增加工程造价。地垄墙的标高，应符合设计标高，在必要时，其顶面可考虑以水泥砂浆或豆石混凝土找平。在地垄墙上，要预留通风孔洞，使每道垄墙之间的架空层及整个木基层架空空间与外部之间均有良好的通风条件。一般垄墙上应在砌筑时留 120mm×120mm 的孔洞，外墙应每隔 3～5m 开设 180mm×180mm 的孔洞，墙洞口加封铁丝网罩。如果该架空层内敷设了管道设备，需兼作维修空间时，则还需考虑预留进人孔。

砖墩所起的作用与地垄墙是一样的，所不同的是，砖墩的布置要同格栅相一致。在地垄墙（或砖墩）与格栅之间，一般用垫木连接。加放垫木的作用，主要是将格栅传来的荷载，通过垫木传到垄墙（或砖墩）上，免得砖墙表面由于受力不均而使上层砖砌体松动，或者由于局部受力过大，超过砖的抗压强度而被压坏，所以在木地面整个构造体系中加设垫木是从安全使用方面考虑的。

垫木的厚度一般为 50mm，垫木与砌体接触面干铺油毡一层。也可以用混凝土垫板来替代垫木。方法是地垄墙（或砖墩）上部现浇一条混凝土圈梁（或压顶），并在这层混凝土内预留“Ⅱ”形铁件（或 8 号铅丝）。

木格栅的作用是固定和承托面层。其断面尺寸的选择应根据地垄墙（或砖墩）的间距来确定，木格栅的布置，是与地垄墙（或砖墩）成垂直方向安放。其间距一般为 400mm 左右，在铺设找平后与垫木钉牢即可。另外，木格栅和垫木在使用前应进行防腐处理。

设置剪刀撑的目的主要是增加木格栅的侧向稳定性，将一根根单独的格栅连成一个整体，以增加整个木地面的刚度。另外，设置剪刀撑对于木格栅的翘曲变形也起了一定的约束作用。总的来说，在架空式基层中设置剪刀撑，是一种保证地面质量的构造措施。剪刀撑布置于木格栅之间，其方法如图 2.17 所示。

毛地板是在木格栅上铺钉的一层窄木板条。要求其表面平整，但不要求留密缝。必须注意的是毛地板的铺设方向与面层地板的形式及铺设方法有关。当面层采用条形地板，或硬木拼花地板以席纹方式铺设时，毛地板宜斜向铺设，与木格栅的角度为 30°或 45°。当面层采用硬木拼花地板且是人字纹图案时，则毛地板宜与木格栅成 90°铺设。板面拼缝形式如图 2.18 所示。

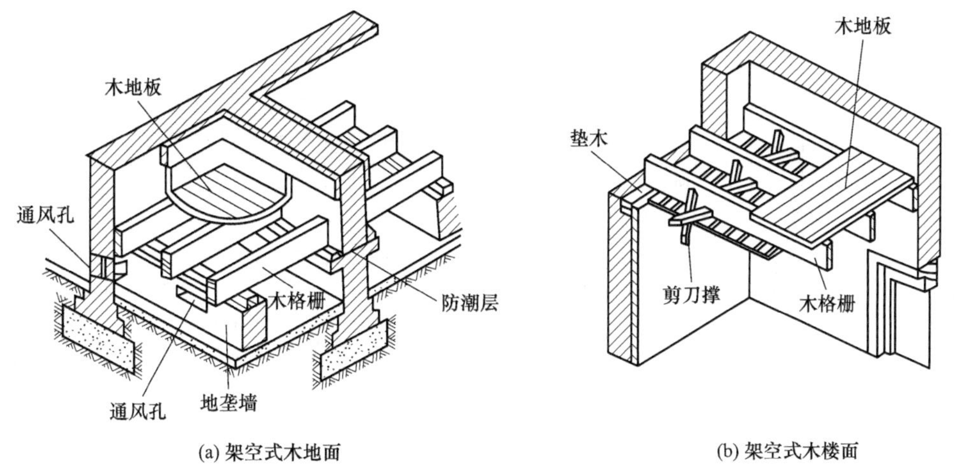

(a) 架空式木地面　　(b) 架空式木楼面

图 2.17　架空式木楼地面构造

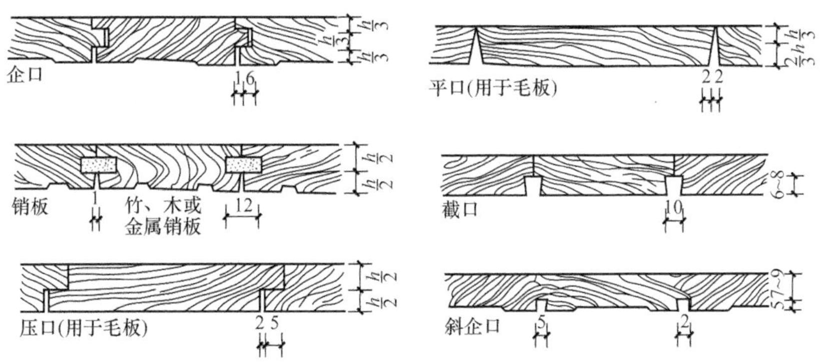

图 2.18　板面拼缝形式

架空式木地板可做成单层或双层。单层架空木地板的构造是：在预先固定好的梯形截面小格栅上钉 20mm 厚（净尺寸）硬木企口板，板宽一般为 70mm。双层木地面的底层为没有刨光的毛板，常用松木或杉木制作。板厚为 18～22mm，拼接时可用平缝或高低缝，缝隙不超过 3mm（图 2.19）。面板与毛板之间应衬一层塑料薄膜，作为缓冲层。面板与毛板的铺设方向应相互错开 45°或 90°安装。面板经常选用水曲柳、柞木、核桃木等质地优良、不易腐朽开裂的硬木材制作，可以有多种拼花形式。

架空式木地板要做好防腐和架空层的通风处理。通常在木地板与墙面间留 10～20mm 空隙，踢脚板或地板上做出通风洞或通风箅子，与两格栅间架空层相通，使地板保持干燥。架空式木地面通风孔洞设置如图 2.20 所示。

铺长条地板宜平行光线方向铺设，走道则应平行行走方向铺设，这样可以使凸凹不平处不显露，并方便清扫和减少磨损。

为了防止土中潮气上升和生长杂草，应在地基面层上夯填 100mm 厚的灰土，灰土的上皮应高于室外地面。

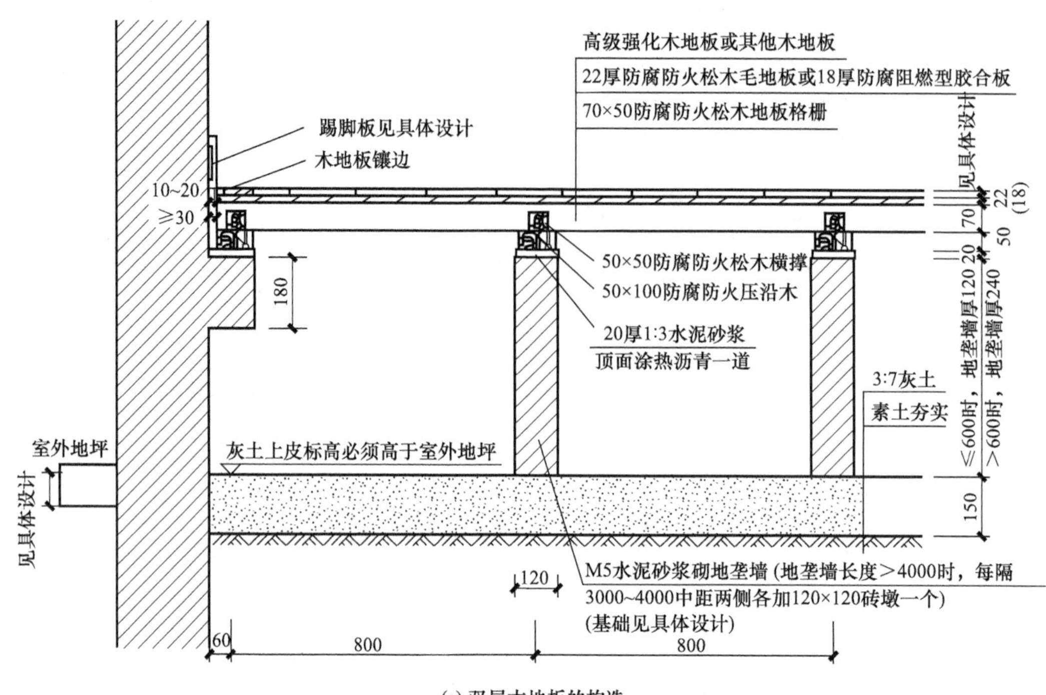

(a) 双层木地板的构造

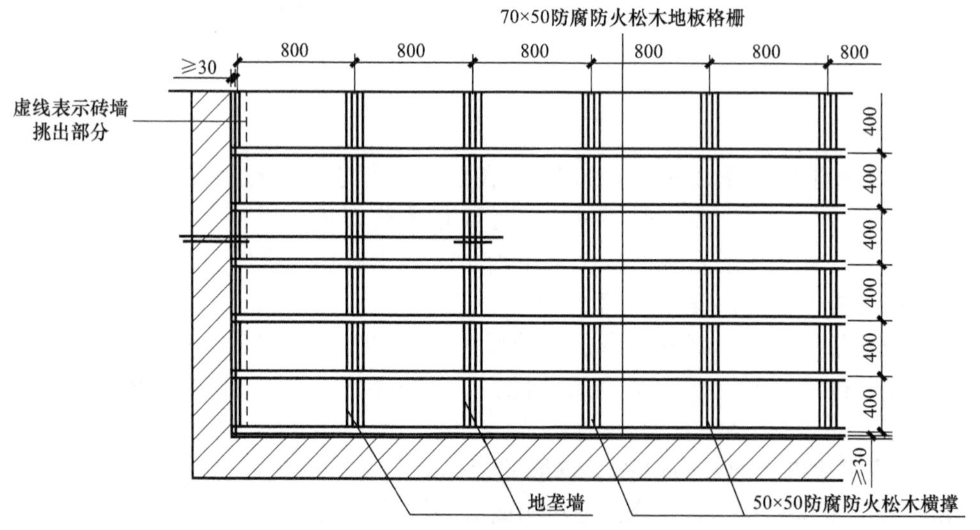

(b) 地垄墙及地板格栅构造

图 2.19 硬木地板拼花形式

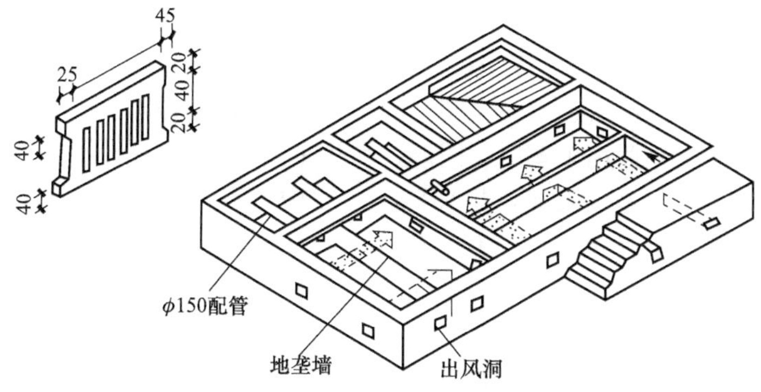

图 2.20　架空式木地面通风孔洞设置

2.4.5　弹性木楼地面

弹性木楼地面常使用弹性木地板，弹性木地板因为弹性好，故在舞台、练功房、比赛场等处广泛采用。弹性木地板构造上分衬垫式和弓式两种。衬垫式是用橡皮、软木、泡沫塑料或其他弹性好的材料做垫层，衬垫可以做成一块一块的，也可以做成通长条形的。

弓式有木弓、钢弓两种。木弓式弹性地板是用木弓支托格栅来增加格栅弹性，格栅上铺毛板、油纸，最后铺钉硬木地板。木弓下通长铺设垫木，垫木用螺栓固定在结构层上。木弓长 1000～1300mm，高度可根据需要的弹性通长实验确定。

2.4 随堂测试

2.5　软质制品楼地面构造

2.5.1　塑料地板楼地面

塑料地板楼地面是指用聚氯乙烯树脂塑料地板作为饰面材料铺贴的楼地面。

塑料地板具有美观、柔韧、耐磨、保暖、易清洗和一定弹性等优点。并且，根据不同的使用要求，产品有高、中、低等许多不同的档次，为不同的装饰标准提供了较大的选择余地，近年来，在公共建筑和一般性居住建筑中都获得了广泛的应用。

塑料地板的种类很多，按成品的形状，可分为卷材和块材。按厚度，可分为厚地板和薄地板。按结构，可以分为单层塑料地板和多层塑料地板。按颜色，则可分为单色和复色两种。若按地板的变形能力，可分为软质地板和半硬质地板。按其底层所用材料，又可分为有底层和无底层的两类地板。当按其表面的装饰效果来分时，则可分为印花地板、压花地板、发泡地板、仿水磨石地板等。若按地板内部各种材料的分散特性分，可分为均质塑料地板和非均质地塑料板两类。

国外目前多生产弹性塑料地板，一般厚 3～4mm，表面压成凹凸花纹，立体感强。

弹性垫层一般采用泡沫塑料、玻璃棉、合成纤维毡等。它们的弹性好、吸水冲击力强、防滑、耐磨、耐高温，适用于体育馆、豪华商店及旅馆。

我国目前主要生产单层、半硬质塑料地板。半硬质塑料地板厚 2mm 左右，可用胶黏剂粘贴在基层之上，适用于宾馆、医院、净化车间、住宅等居住和公共建筑。

聚氯乙烯塑料地面是以聚氯乙烯树脂为主要胶结材料配以增塑剂、填充料、稳定剂、润滑剂和颜料经高速混合、塑化、辊压或层压成型的，它具有色彩丰富、装饰性强、耐湿性好、使用耐久、耐磨性佳等优点。

聚氯乙烯石棉地砖：它一般含有 20%～40%的聚氯乙烯树脂及其共聚物和 60%～80%的填料及添加剂，聚氯乙烯地砖质地较硬，常做成块状，规格常为 300mm 见方，厚 1.5～3mm。另外，还有三角形、长方形等形状。聚氯乙烯地砖可由不同色彩和形状拼成各种图案，还可仿各种石材，加上价格较低，因而使用广泛。

聚氯乙烯地砖在铺贴前一般要求地面干燥，基层表面平整，坚硬结实，不起砂，不空鼓，无裂缝。对块材、卷材要求平整，尺寸准确。铺贴时按塑料地面的尺寸、颜色及铺贴房间的大小做好图案拼花设计。然后将边切成斜口，用三角形塑料焊条和电热焊枪进行焊接，见图 2.21。采用拼焊法可将塑料地面接成整张地毡，空铺于找平层上（不用黏结剂），四周与墙身留有伸缩缝，以防地毡热胀拱起。

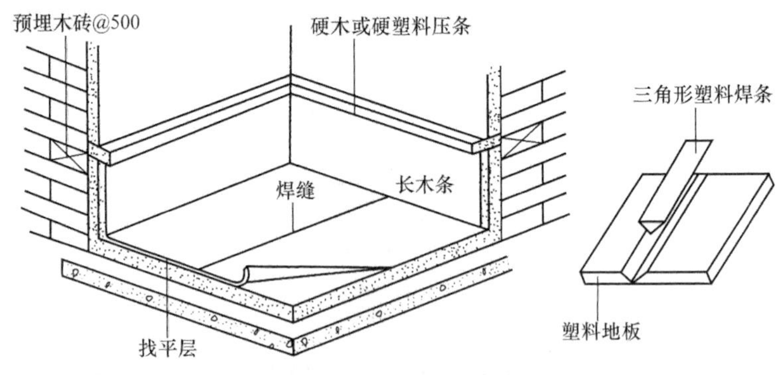

图 2.21　塑料地面焊接施工

2.5.2　橡胶地毡楼地面

橡胶地毡是以天然橡胶或合成橡胶为主要原料，加入适量的填充料加工而成的地面覆盖材料。表面可做成光平或带肋，带肋的橡胶 4～6mm。可制成单层或双层，或根据设计制成各种色彩和花纹。

橡胶地面具有良好的弹性，双层橡胶地面的底层如改用海绵橡胶，弹性更好，行走舒适。橡胶地板具有良好的耐磨、保温、消声性能。表面光而不滑。适用于展览馆、疗养院、阅览室、实验室等。

橡胶地毡地面施工时首先进行基层处理。要求水泥砂浆找平层平整、光洁，无突出物、灰尘、砂粒等，含水量应在 10%以下。如在施工前刷一道冷底子油，可增加黏结剂与基层的附着力。

施工时应根据设计图案进行预排和选料，然后进行划线定位，通常大房间可成十字形放线，从中间往四面铺开，小房间则多从房间内侧向房间外侧铺贴。

施工准备完毕后即进行涂黏结剂，涂布厚度要求均匀。涂布黏结剂后 3～5min，使胶淌平，并挥发部分溶剂再进行粘贴，粘贴后用小压辊碾压平，排除气泡。卷材粘贴时为了接缝密实，可用叠割法，紧缝齐贴。

2.5.3　地毯楼地面

地毯楼地面具有吸声、隔声、弹性与保温性能好、脚感舒适、美观豪华、施工简便快速等特点。地毯的构造可分为面层织物、防松涂层、初级背衬和次级背衬组成。

地毯织物层所用化学纤维，一般采用尼龙纤维（锦纶）、聚丙烯纤维（丙纶）、聚丙烯腈纤维（腈纶）、聚酯纤维（涤纶）等，因为不同的功能要求，可以采用尼龙与聚丙烯混纺、聚酯与尼龙混纺或聚丙烯腈与尼龙混纺等形式。织物层的纤维可以是卷曲的、起圈的、长绒、长毛绒的，也可以是中空异形的等不同形式以适应地毯的不同要求。纤维本身可加工成耐污染和抗静电的。由于选用了适当分散的酸性阴离子型的染料，同一染缸内可染成多种色彩且使染色有热稳定性。

防松涂层的作用是增加织物层纤维绒的黏结强度和固结强度，使面层纤维不易脱落，同时使织物的针码附着牢固。一般采用丁苯胶乳作防松层的基料。

初级背衬是各类地毯都具有的组成部分，主要是对绒圈起固定作用，提供外形稳定性与加工适应性，要求有一定的抗磨损性。

次级背衬是附于初级背衬后面的材料，主要作用是增加地毯厚度、弹性、挺拔性及适应各种地面的不同要求。黄麻可为次级背衬的主要材料。

地毯的铺设方法可分为固定和不固定两种。就铺设范围而言，又有满铺和局部铺设之分。一般房间均有满铺及局部铺设两种情况，但多数是满铺，即地毯铺满房间的全部地面，四周与墙脚线齐。满铺可以选择固定和不固定两种形式。不固定式是将地毯裁边，黏结拼缝成一片，直接摊铺于地上。不与地面粘贴，四周沿墙角修齐即可。固定式是将地毯裁边、黏结拼缝成一片四周与房间地面加以固定。固定可采用两种方法：一种是施工黏结剂将地毯背面的四周与地面粘贴住；另一种是在房间周边地面上安设带有朝天小钩的倒刺板，将地毯背面固定在倒刺板的小钉钩上。这种方法适合于不常需要翻起地毯或不经常搬动家具的地方，这样铺设的地毯不易移动或隆起。

地毯楼地面构造如图 2.22 所示。

局部铺设一般采用固定式。固定式有两种做法：一种是粘贴法，将地毯背面的四周与地面用施工黏结剂；另一种是铜钉法，将地毯的四周与地面用铜钉加以固定。

铺设走廊地毯，也可采用固定与不固定两种方式。需要经常卷起的场合采用固定方式。不需经常卷起时，可采用逐段固定，以使地毯在较大外力推动下不致隆起。在房

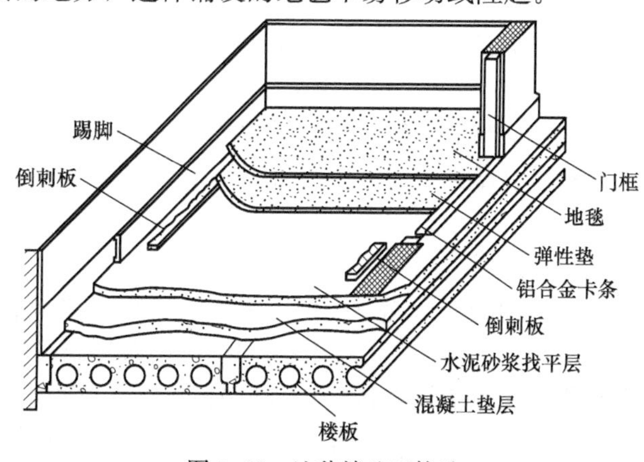

图 2.22　地毯楼地面构造

间门口下的地面处，要加设门口压条，其作用是压住地毯，不易使地毯皱起或边缘处受损坏，又符合美观的要求。门口压条宜采用厚度为 2mm 左右的铝合金等材料。地毯条构造如图 2.23 所示。

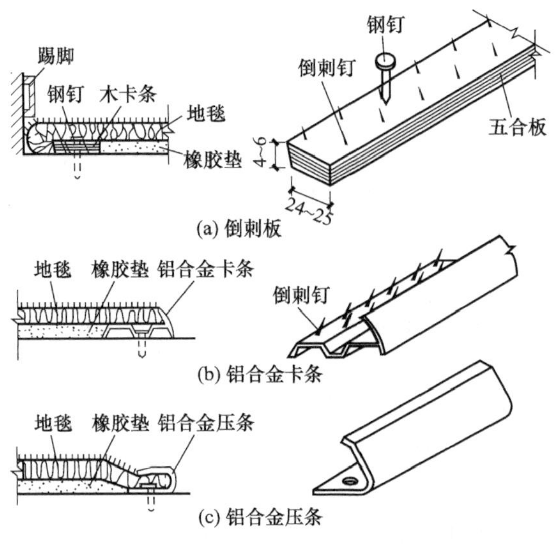

图 2.23　地毯条构造

地毯作为地面覆盖物，在使用过程中，较易被虫、菌所侵蚀而引起霉烂变化。因此，选地毯时一定要选合格材料。

2.5 随堂测试

2.6　楼地面特殊部位的装饰构造

2.6.1　踢脚板

踢脚板是对楼地面和墙面相交处的构造处理，它所用的材料一般与地面材料相同(除黏土砖地面、混凝土地面、塑料地板等以外)，并与地面一起施工。踢脚板的作用是遮盖地面与墙面的接缝，保护墙面根部及墙面清洁。踢脚板的构造方式有三种：与墙面相平、凸出和凹进。其高度为 100～300mm。常见的踢脚板构造如图 2.24 所示。

2.6.2　楼地面变形缝

楼地面的变形缝一般对应建筑物的变形缝设置，并贯通于楼地面各层，缝宽在面层不小于 10mm，在混凝土垫层内不小于 20mm。变形缝从构造上既要与基层脱开，又要求面层覆以盖缝材料；从结构上讲要保证合理的位置和可靠的强度；从地面装饰的角度讲也要结合图案和分格考虑。所以，对变形缝要精心处理，特别是抗震缝，要求更高一些。

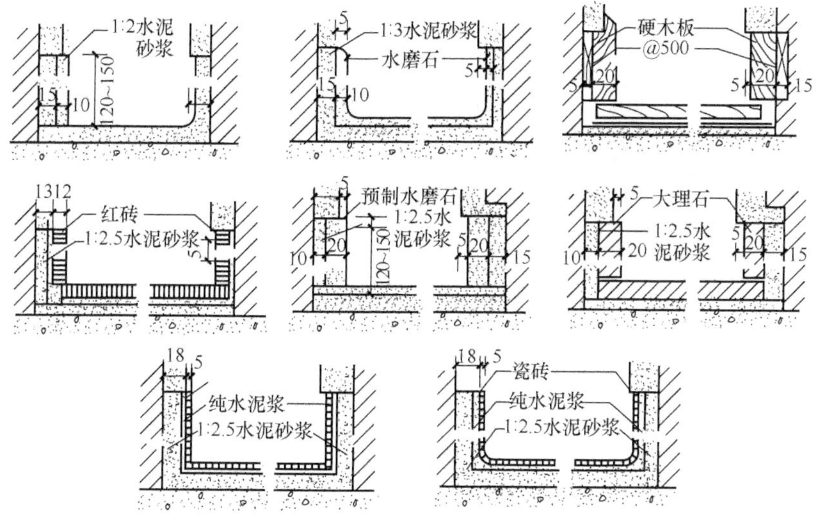

图 2.24　常见踢脚板构造

整体面层地面和刚性垫层地面，在变形缝处断开，垫层的缝中填充沥青麻丝，面层的缝中填充沥青玛瑺脂或加盖金属板、塑料板等，并用金属调节片封缝。盖缝板应不妨碍构件之间的自由伸缩和沉降。对于沥青类材料的整体面层地面，块料地面可以只在混凝土垫层中或楼板中设置变形缝。铺在柔性垫层上的块料面层地面，不需设置变形缝（图 2.25）。

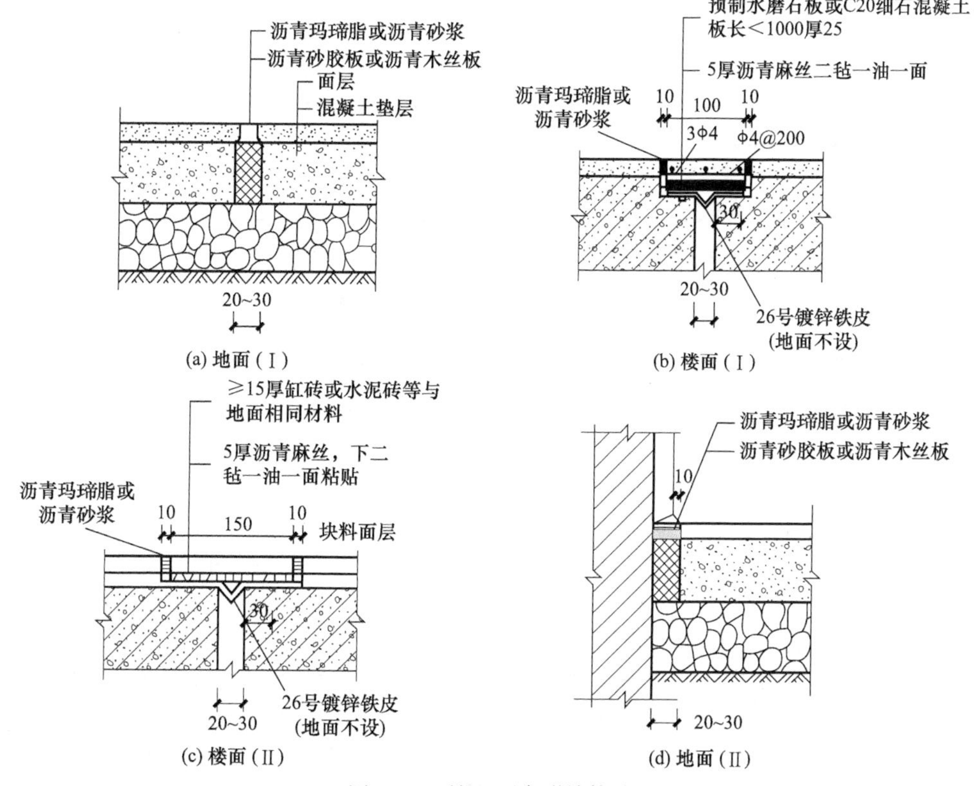

图 2.25　楼地面变形缝构造

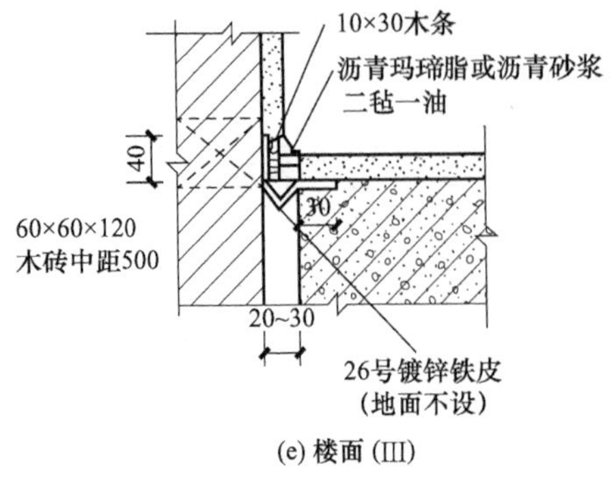

(e) 楼面 (III)

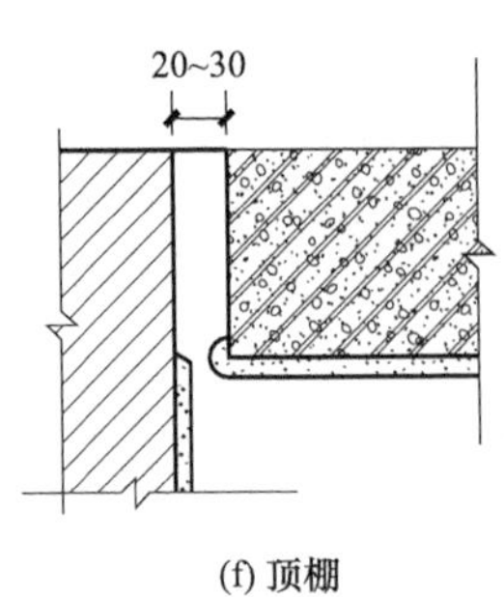

(f) 顶棚

图 2.25（续）

2.6.3 不同材质楼地面连接的装饰构造处理

建筑装饰中不同房间的楼地面或同一房间内楼地面的不同部位采用不同材质时，如水磨石与地砖、石材与木地板、石材与地毯、不同质地地毯等交接处等，应考虑其装饰构造的处理，以免产生起翘或参差不齐的现象。

不同材质楼地面的交接处应采用较坚固材料做边缘构件，以作为过渡交接处理。分界线在同一房间内时应根据使用要求或装饰设计确定，不同房间的地面分界线宜设在门扇下，一般与门框裁口线相一致。

常见不同材质楼地面交接处构造做法如图 2.26 所示。

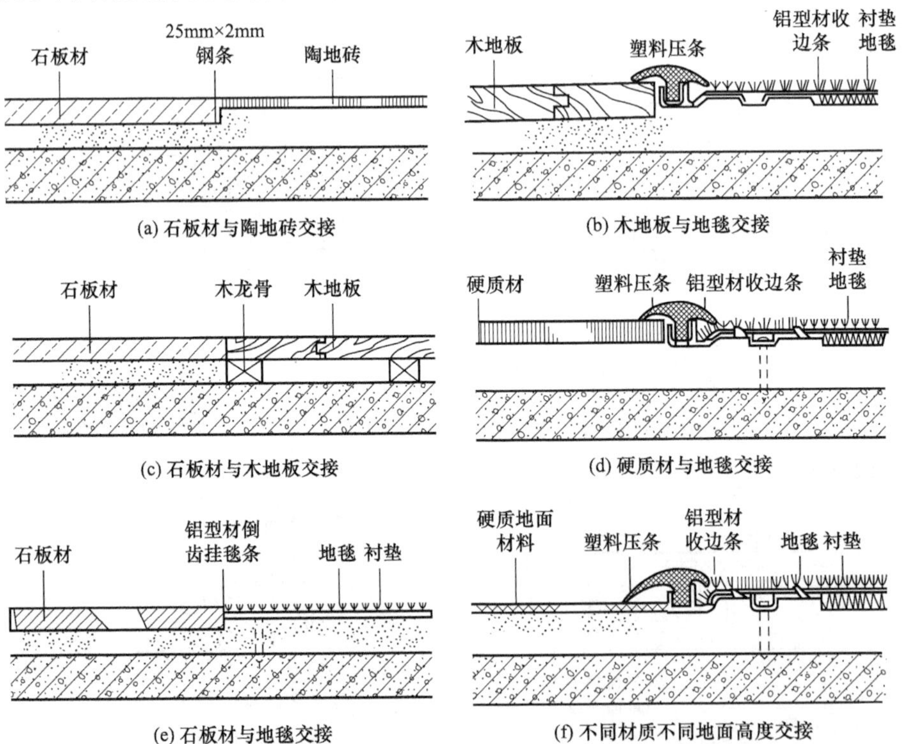

图 2.26 常见不同材质楼地面的交接构造处理

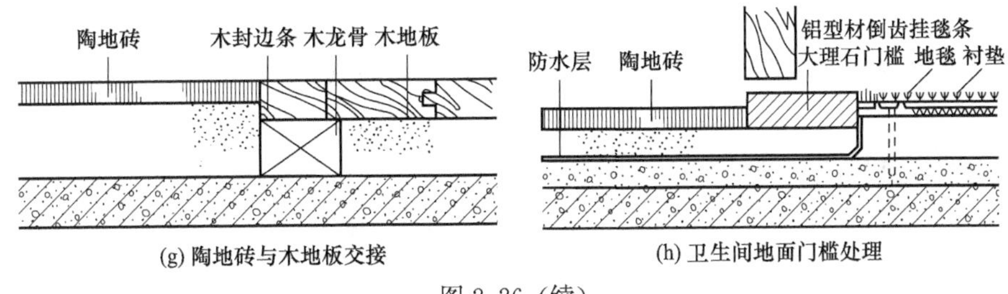

(g) 陶地砖与木地板交接　　(h) 卫生间地面门槛处理

图 2.26（续）

2.7　特种楼地面构造

2.7.1　防潮防水楼地面

建筑中的地下室、盥洗室、厕所、厨房、浴室等，长期受到潮气和水的作用，一般房间在清洗护理时，楼地面也有可能接触水源，因此，在楼地面装饰工程中，防潮与防水的构造处理就显得非常必要和突出。

楼地面防水施工

1. 楼地面防水处理方法

楼地面防水处理，主要从两方面着手考虑：一是排除楼地面积水；二是楼地面自身采取防水保护措施。

排除积水，即对于盥洗室等有水体作用的房间楼地面，应及时将水排到排水管网。处理方法是将楼地面做成一定坡度，并设置地漏，水流可沿坡面汇于地漏，排入管网。排水坡度一般为 0.5%～1.5%。为防止室内积水外溢，有水的房间（如卫生间）楼地面应低于走廊或其他房间 20～50mm，或在门口做高出地面 20～50mm 的门槛。

2. 地面防潮及楼地面防水构造

地面防潮主要是指防止地坪以下土层中的无压水，如毛细管水等对地坪面层的侵蚀。一般情况下，素混凝土、细石混凝土等垫层即可起到防潮的作用。要求较高或面积较大的房间地面，可在垫层下面加做一层找平层，在找平层上做一毡二油或聚氨酯膜，防潮效果更好。

楼地面防水主要是指防止楼地面水的渗漏或地下水浮力渗透的作用对楼地面装饰构造的损害。常见做法是在楼板结构层上、地坪垫层下加做一层找平层，在其上做防水层。防水层一般采用油毡卷材或防水涂膜材料来做。

1）卷材防水层，一般采用石油沥青油毡或高分子聚合物改性沥青油毡等材料。构造做法是：二毡三油（沥青油毡）或冷粘（热熔也可）铺贴 1～3mm 厚改性沥青油毡，施于 20mm 厚 1∶3 水泥砂浆找平层之上。

2）涂膜防水层，一般采用聚氨酯、硅橡胶等防水涂料。聚氨酯防水层构造做法是：在 20mm 厚 1∶3 水泥砂浆找平层表面满刷底涂一层，刷聚氨酯防水涂膜防水层两遍，厚度是 0.6mm（第一遍）和 0.4mm（第二遍）。

防水层在楼地面与墙面交接处应沿墙四周卷起 150mm 高，以防止水体对墙面损害。

对于地下室防水，一般在建筑设计中采用外包防水加以处理，如室内装饰标准较高，也可沿室内地面及四周墙体做内包防水处理，然后进行地面、墙面等装饰工程的施工。

楼地面防水构造处理见表 2.7。

表 2.7　楼地面防水构造处理

防水层类型	图示	防水做法
防水砂浆	① ② ③	①刚性整体或块料面层及结合层 ②1∶2 防水水泥砂浆沿墙翻起 150 ③混凝土垫层或楼板
油毡	① ② ③ ④	①刚性整体或块料面层及结合层 ②二毡三油上热嵌粗沙一层，沿墙翻起 150 ③找平层上刷冷底子油一道 ④混凝土垫层或楼板
防水涂料	① ② ③ ④	①刚性整体或块料面层及结合层 ②C20 细石混凝土 ③防水涂料一层，管道外沿及沿墙贴玻璃布一层，翻起 150 ④混凝土垫层或楼板上做找平层
玻璃布及防水涂料	① ② ③ ④ ⑤	①刚性整体或块料面层及结合层 ②C20 细石混凝土 ③玻璃布一层，防水涂料二层，沿墙翻起 150 ④找平层 ⑤混凝土垫层或楼板

2.7.2　隔声楼地面

为了防止噪声通过楼板传到上下相邻的房间，影响其使用，楼板层应具有一定的隔声能力。不同使用性质的房间对隔声的要求不同，见表 2.8。

表 2.8　民用建筑撞击声隔声标准

楼板部位	计权标准化撞击声压级/dB		
	一级	二级	三级
住宅分户层间楼板	≤65	≤75	≤75
学校一般教室之间	—	≤75	≤75
医院病房之间	≤65	≤75	≤75
旅馆客房之间	≤65	≤75	≤75

噪声的传播途径有空气传声和固体传播两种。空气传声（如说话声及吹号、拉提琴等乐器声）都是通过空气传播的。隔绝空气传声可采取使楼板密实、无裂缝等构造措施来达到预期效果。固体传声是指人员走动、移动家具对楼板的撞击声、洗衣机等

振动传递到楼板发出的噪声等，是通过固体（楼板层）传递的。由于声音在固体中传递时，声音衰减很少，所以固体传声较空气传声的影响更大。因此，楼板层隔声主要是针对固体传声。

隔绝固体传声对下层空间的影响有以下几种方法。

第一种方法是在楼板面铺设弹性面层，如铺设地毯、橡胶、塑料等（图 2.27），以减弱撞击楼板时所产生的振动及其声能。在钢筋混凝土楼板上铺设地毯，噪声通过量可控制在 75dB 以内。这种方法比较简单，隔声效果也较好，同时还起到了装饰美化室内的作用，是采用较广泛的一种方法。

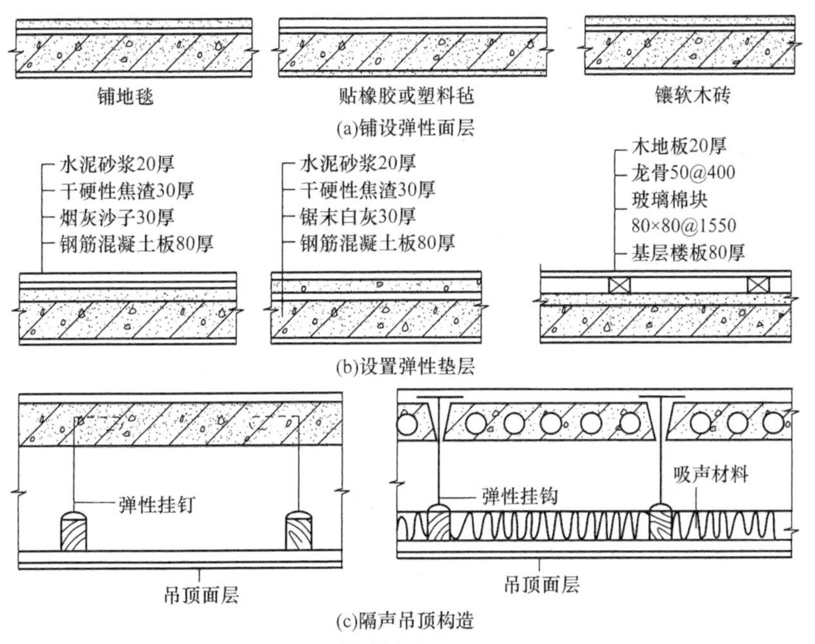

图 2.27 楼板隔绝固体传声的构造

第二种方法是设置片状、条状或块状的弹性垫层，其上做面层形成浮筑式楼板。这种楼板是通过弹性垫层的设置来减弱有面层传来的固体声能，达到隔声目的。

第三种方法是结合室内空间的要求，在楼板下设置吊顶，使撞击楼板产生的振动不能直接传入下层空间。在楼板与顶棚上铺设吸声材料加强隔声效果。

对于防固体声的三种方法，以面层处理效果最好，又便于工业化。浮筑式楼板虽然增加造价不多，效果好，但施工麻烦，因而采用较少。

2.7.3 活动夹层地板

活动夹层地板是一种新型的楼地面结构，是由以各种装饰板材（如以特制刨花板为基材，表面覆以高压三聚氰胺优质装饰板）经高分子合成胶黏剂胶合而成的活动木地板、抗静电特性的铸铅活动地板和复合抗静电活动地板等，配以龙骨、橡胶垫、橡胶条和可供调节的金属支架等组成。因其具有安装、调试、清理、维修简便，其下可敷设多条管道和各种导线，并可随意开启检查、迁移等优点，广泛用于计算机房、通

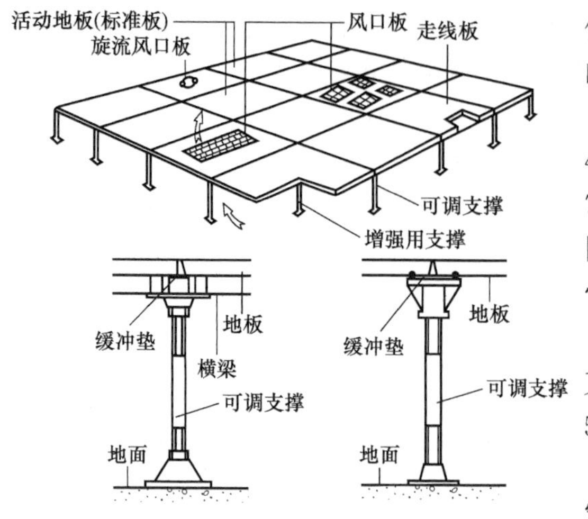

图 2.28　活动夹层地板组成

信中心、电化教室、展览台、剧场舞台的建筑（图 2.28）。

活动夹层地板典型板块尺寸为 457mm × 457mm；600mm × 600mm；762mm×762mm。支架有拆装式支架、固定式支架、卡锁格栅式支架、刚性龙骨支架四种。

拆装式支架用于小面积房间的典型支架。从基层到装饰地板的高度可在 50mm 范围内调节，并可连接电器插座。

固定式支架无龙骨，每块板直接固定在支撑盘上。用于普通荷载的办公室、非电子计算机房等其他房间。

卡锁格栅式支架将龙骨卡锁在支撑盘上，使用这种格栅便于任意拆装。

刚性龙骨支架是将 1830mm 的主龙骨跨在支撑盘上，用螺栓直接固定。一般可用于陈放较大设备的房间。

活动夹层楼地板的铺装构造如图 2.29 所示。

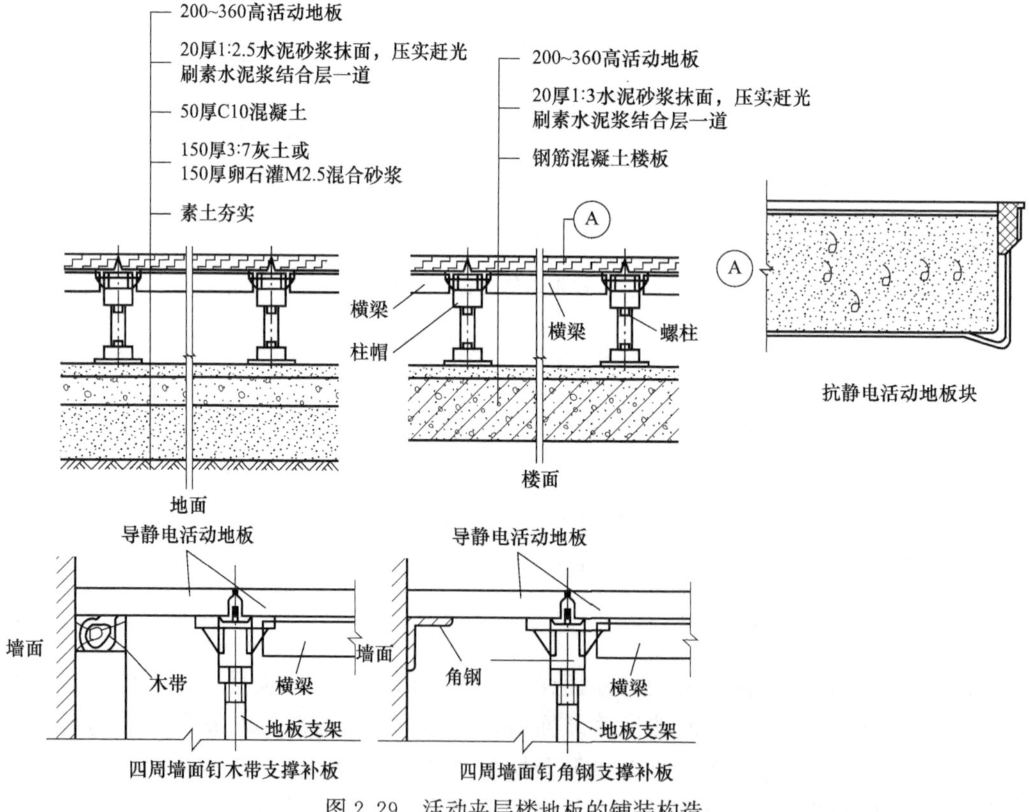

图 2.29　活动夹层楼地板的铺装构造

2.6、2.7 随堂测试

小　结

本章重点讲述了各种楼地面及特殊地面工程的构造做法。通过本章的学习，学生应该了解室内地面装饰的类型和适用范围，熟悉地砖、木材、石材、毛毯等楼地面的材料、构造及施工要点，掌握不同材质楼地面的交接处理。

建筑装饰行业是一个高速发展的行业，伴随着新材料、新构造、新工艺、新做法的不断发展，会有更多的新型地面出现。通过本章的学习，我们应该更清楚地认识到学无止境的道理。

复习思考题

2.1　楼地面饰面有哪些功能？

2.2　楼地面有哪些基本构造层次？

2.3　块材式楼地面有何构造特点？

2.4　大理石楼地面块材有何装饰特点？

2.5　试表述如何铺贴半硬质聚氯乙烯地板。

2.6　地毯固定铺设时，有哪些固定方式？何为倒刺板？

2.7　常见夹层楼地面有哪些构造做法？

2.8　楼地面装饰构造设计如何考虑防水及隔声问题？

2.9　简述现浇水磨石地面的一般构造做法。

2.10　木楼地面主要由哪几部分组成，其作用分别是什么？

2.11　简述实铺式木楼地面的构造做法。

2.12　简述架空式木楼地面的构造做法。

2.13　简述弹性木地板的构造做法。

2.14　试述木踢脚板的作用及其构造处理的主要问题。

绘图实践作业

2.1　试绘出现制水磨石或大理石楼（地）面装饰及踢脚构造。

2.2　拟选一面积为 $12m^2$（约 3.3m×3.6m）的房间作楼（地）面装饰，房间用途自定，面层做法自定，试绘出楼（地）面平面拼花图案及面层、踢脚、入口等节点构造做法。

第3章 墙体装饰构造

教学目标

1. 掌握墙面各种装饰构造的分类方法。
2. 熟练掌握装饰抹灰饰面、石材饰面、涂刷饰面的构造做法。
3. 熟悉隔墙和隔断的构造特点与做法。
4. 了解幕墙的优缺点和构造做法。
5. 掌握柱子改装的基本构造做法。

课程思政

墙体的装饰材料中，涂料、天然石材、陶瓷制品、壁纸或墙布、木质类板材大多会对室内环境造成污染，进而影响人的身体健康。本章引入课程思政案例一“杭州低碳科技馆”，通过对杭州低碳科技馆设计理念、建材选用的介绍，学生知道在建筑材料的选择上应优先考虑利用可再生资源及绿色环保建材，这对我国节约型社会的构建及可持续发展具有重要的意义。引入课程思政案例二“装修污染与白血病的关系”，通过介绍装修产生的有害气体是儿童白血病的诱因之一这一事实，学生认识到在选择装饰材料时，要尽可能选择安全耐久、节能环保的材料，做到对自己和他人负责。

思维导图 ☞

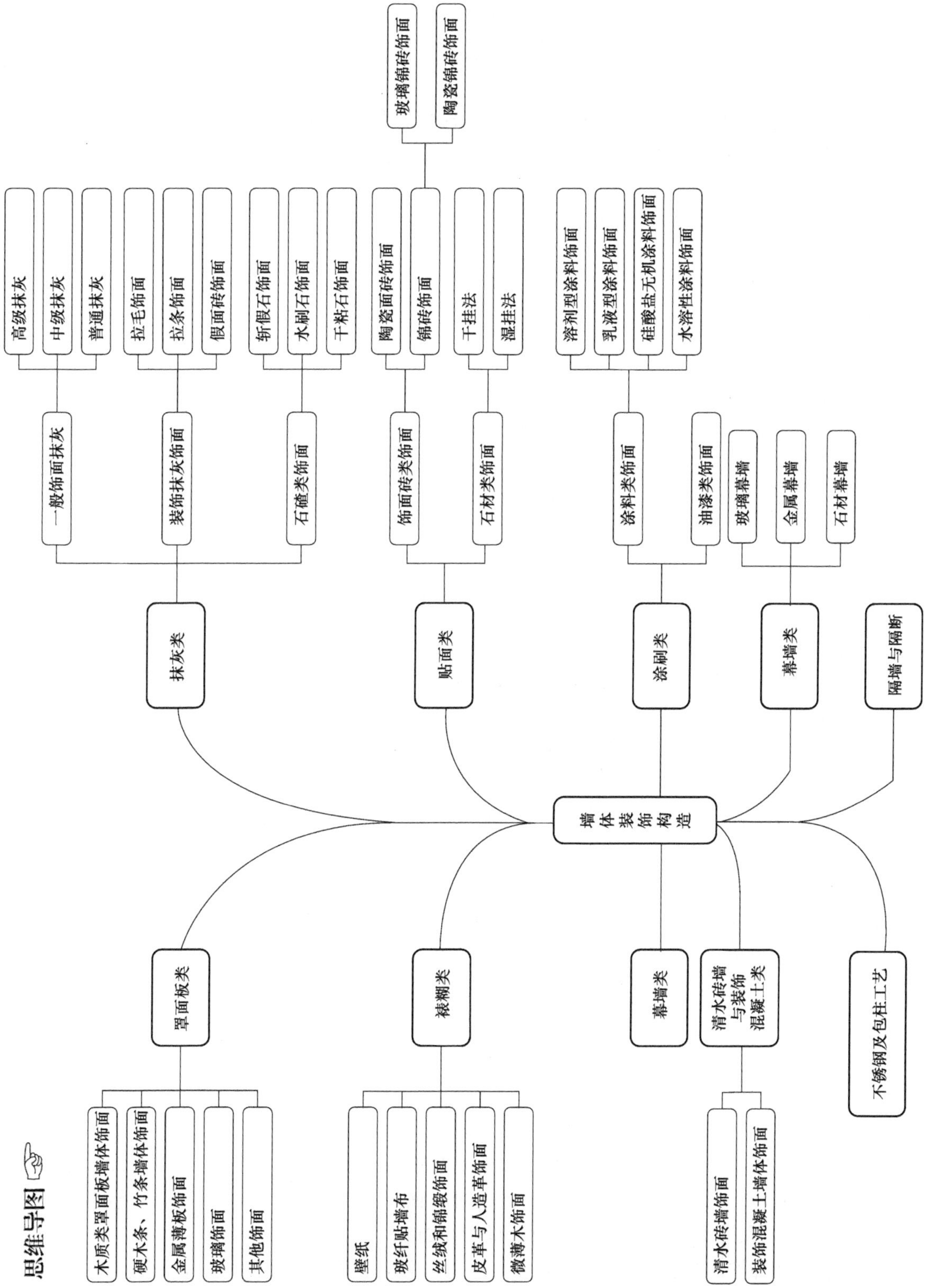

- 墙体装饰构造
  - 抹灰类
    - 一般饰面抹灰
      - 高级抹灰
      - 中级抹灰
      - 普通抹灰
    - 装饰抹灰饰面
      - 拉毛饰面
      - 拉条饰面
      - 假面砖饰面
    - 石碴类饰面
      - 斩假石饰面
      - 水刷石饰面
      - 干粘石饰面
  - 贴面类
    - 饰面砖类饰面
      - 陶瓷面砖饰面
      - 锦砖饰面
        - 玻璃锦砖饰面
        - 陶瓷锦砖饰面
    - 石材类饰面
      - 干挂法
      - 湿挂法
  - 涂刷类
    - 涂料类饰面
      - 溶剂型涂料饰面
      - 乳液型涂料饰面
      - 硅酸盐无机涂料饰面
      - 水溶性涂料饰面
    - 油漆类饰面
  - 幕墙类
    - 玻璃幕墙
    - 金属幕墙
    - 石材幕墙
  - 隔墙与隔断
  - 罩面板类
    - 木质类罩面板墙体饰面
    - 硬木条、竹条墙体饰面
    - 金属薄板饰面
    - 玻璃饰面
    - 其他饰面
  - 裱糊类
    - 壁纸
    - 玻纤贴墙布
    - 丝绒和锦缎饰面
    - 皮革与人造革饰面
    - 微薄木饰面
  - 幕墙类
  - 清水砖墙与装饰混凝土类
    - 清水砖墙饰面
    - 装饰混凝土墙体饰面
  - 不锈钢及包柱工艺

3.1 墙体饰面的功能与分类

墙体是建筑物的重要组成部分，它以垂直面的形式出现，是室内外空间的侧界面。墙面装饰工程是指建筑物外墙面和内墙面两大部分。墙面的装饰构造对空间的影响是很大的。不同的墙面有不同的使用和装饰要求，从装饰工程的意义上来讲，应根据不同的使用和装饰要求选择不同的构造方法、材料和工艺。

3.1.1 墙体饰面的作用及构造层次

1. 饰面装修的作用

(1) 保护墙体

墙体饰面装修有利于增强墙体的坚固性、耐久性，延长墙体的使用年限。

(2) 改善环境条件，满足房屋的使用功能要求

通过对建筑物表面装修、装饰，改善了室内外卫生条件，增强建筑物的采光性、保温性、隔热性、隔声性。在室内的一些建筑设备如散热器、电开关插座、卫生洁具等经过装饰，改变了原有的面貌，更加美观和易于使用；合理的布局增加了更大的空间感；墙面装饰层刻意设计，能提高墙体的保温、隔热能力，需要消除噪声的房间，可以通过饰面吸声控制噪声。由此可见，饰面装修可以创造出更舒适的环境。

(3) 美化室内外环境

装饰面层通过理念设计，将色彩、造型、材质、尺寸巧妙结合在一起，创造出新的环境条件，从视觉、触觉、空间感觉上给予人美的感受。成功的装修、装饰，不仅会给予人艺术的享受，而且会在意识和情感上给予强烈的冲击，使人的精神和理想得到升华。

2. 饰面装修的构造层次

墙体饰面装修的基本构造层次一般分基层和饰面层两大部分。

(1) 基层

基层是支托饰面层的结构层。它可以是原建筑构件，也可以因装修、装饰需要重新制作。基层应坚实、平整、牢固。基层可分为实体基层和骨架基层两种。

(2) 饰面层

覆盖在基层表面，起美观效果的为饰面层。饰面层直接暴露于空间中，通常把饰面层最表面的材料作为饰面种类的名称。如墙体面层材料为大理石，则饰面称为大理石墙面。

3.1.2 墙体饰面的分类

建筑的墙体饰面类型按部位可分为外墙装饰、内墙装饰；按材料可分为涂料饰面（分内、外墙）、石材饰面、木制饰面、金属饰面、玻璃饰面、布艺饰面等；按装饰施工工艺划分为贴面类饰面、裱糊饰面、镶板类饰面。

墙面装饰按其所用的材料和施工方法的不同，可分为抹灰、贴面、涂料、裱糊、罩面板、幕墙及其他七类。

3.2　抹灰类墙体饰面的构造

抹灰类饰面亦称水泥灰浆类饰面、砂浆类饰面。它是用各种加色或不加色的水泥砂浆或是石灰砂浆、混合砂浆、石膏砂浆、石灰浆以及水泥石碴浆等做成的各种饰面抹灰层。因其造价低廉、施工简便、效果良好，在建筑墙体装饰中得到广泛应用。

抹灰的类型常见的有一般饰面抹灰与装饰抹灰。

3.2.1　一般饰面抹灰

1. 一般饰面抹灰的等级划分

按建筑标准及墙体的不同，一般饰面抹灰可分为高级抹灰、中级抹灰、普通抹灰三种。

（1）高级抹灰

高级抹灰适用于大型公共建筑物、纪念性建筑物以及有特殊功能要求的高级建筑，其构成是一层底灰、数层中灰、一层面灰。

（2）中级抹灰

中级抹灰适用于一般住宅、公共建筑和工业建筑，以及高级建筑物中的附属建筑，其构成是一层底灰、一层中灰、一层面灰（或一层底灰、一层面灰）。

（3）普通抹灰

普通抹灰适用于简易住宅、大型临时设施和非居住性房屋，以及建筑物中的地下室、储藏室等，其构成是一层底灰、一层面灰或不分层一遍成活。

2. 一般饰面抹灰的构造层次

抹灰类饰面为了避免出现裂缝，保证抹灰层牢固和表面平整，施工时须分层操作。抹灰类饰面构造一般由底层抹灰、中层抹灰和面层抹灰组成，如图 3.1 所示。

底层
面层
中层

图 3.1　抹灰的分层

（1）底层抹灰

底层抹灰的作用是与基层黏结和初步找平。底灰砂浆可分别应用石灰砂浆、水泥石灰混合砂浆或水泥砂浆。一般室内砖墙多采用 1∶3 石灰砂浆，需要做油漆墙面时底灰可取 1∶2∶9 或 1∶1∶6 混合砂浆。室外或室内有防水、防潮要求时，应采用 1∶3 水泥砂浆。混凝土墙体一般应采用混合砂浆或水泥砂浆，加气混凝土墙体内墙可用石灰砂浆或混合砂浆。外墙宜用混合砂浆，窗套、腰线等线脚应用水泥砂浆。北方地区外墙饰面不宜用混合砂浆，一般采用的是1∶2.5或 1∶3 水泥砂浆。

（2）中层抹灰

中层抹灰除找平作用外还可以弥补底层砂浆的干缩裂缝。一般中层所用的材料与底层基本相同。

墙体抹灰施工

(3) 面层抹灰

面层抹灰的作用是装饰，要求平整、均匀，所用的材料为各种砂浆或水泥石碴浆。

抹灰层的总厚度依位置不同而异，一般室外抹灰为15～25mm，室内抹灰为15～20mm。在现代装饰中，采用一般饰面抹灰较少，抹灰工程经常作为其他饰面的基层处理。

3. 一般抹灰饰面的做法

一般抹灰饰面做法见表3.1。

表3.1　一般抹灰饰面做法

抹灰名称	底层		面层		应用范围
	材料	厚度/mm	材料	厚度/mm	
混合砂浆抹灰	1∶1∶6混合砂浆	12	1∶1∶6混合砂浆	8	一般砖、石墙面均可选用
水泥砂浆抹灰	1∶3水泥砂浆	14	1∶2.5水泥砂浆	6	室外饰面及室内需防潮的房间及浴厕墙裙、建筑物阳角
纸筋麻刀灰	1∶3石灰砂浆	13	纸筋灰或麻刀灰、玻璃丝罩面	2	一般民用建筑砖、石内墙面
石膏灰罩面	(1∶2)～(1∶3)麻刀灰砂浆	13	石膏灰罩面	2～3	高级装修的室内顶棚和墙面抹灰的罩面
水砂面层抹灰	(1∶2)～(1∶3)麻刀灰砂浆	13	1∶(3～4)水砂抹面	3～4	较高级住宅或办公楼房的内墙抹灰
膨胀珍珠岩灰浆罩面	(1∶2)～(1∶3)麻刀灰砂浆	13	水泥∶石灰膏∶膨胀珍珠岩=100∶(10～20)∶(3～5)(质量比)罩面	2	保温、隔热要求较高的建筑的内墙抹灰

3.2.2　装饰抹灰饰面

装饰抹灰饰面是指在一般抹灰的基础上，对抹灰表面进行加工，以获得一定的色彩、纹理、线条等，使其具有一定的装饰效果。

1. 拉毛饰面

拉毛饰面一般采用普通水泥掺适量石灰膏的素浆或掺入适量砂子的砂浆。拉毛饰面抹灰是在水泥砂浆或水泥混合砂浆的底层、中层抹灰完成后，在其上涂抹水泥混合砂浆或纸筋灰等，用抹子或硬毛刷等工具将砂浆拉出波纹或凸起的毛头。

由于拉毛是手工操作，工效较低，同时容易污染，故一般在风沙污染比较严重的北方地区较少采用。但拉毛的装饰质感强，有较好的装饰效果，一般用于有特殊要求

的建筑，如普通影剧院、礼堂内墙抹灰，也可用于外墙面、阳台栏板或围墙等饰面。

2. 拉条抹灰饰面

拉条抹灰饰面的基层处理与一般抹灰类同。在此基础上用水泥细黄砂纸筋灰混合砂浆抹面，其配合比（体积比）为 1∶2.5∶0.5，厚度一般控制在 12mm 之内。待面层砂浆稍收水，用拉条模沿导轨直尺从上往下拉线条成型。拉条饰面上可喷刷涂料。

拉条抹灰饰面立体感强，线条清晰，可改善大空间墙面的音响效果。拉条抹灰饰面一般用于公共建筑的门厅、影剧院观众厅墙面装饰等。

3. 假面砖饰面

假面砖饰面是用掺氧化铁黄、氧化铁红等颜料的水泥砂浆通过手工操作达到模拟面砖装饰效果的饰面做法。常用配合比为水泥∶石灰膏∶氧化铁黄∶氧化铁红∶砂子＝100∶20∶（6～8）∶2∶150（质量比），水泥与颜料应事先按比例充分混合均匀。其做法是先在底灰上抹厚度 3mm 的 1∶1 水泥砂浆垫层，然后抹厚度为 3～4mm 的面层砂浆。抹完面层砂浆，先用铁梳子顺着靠尺板由上向下划纹，然后按面砖宽度用铁钩子沿靠尺板横向划沟，其深度 3～4mm，露出垫层砂浆即可。假面砖饰面沟纹清晰、表面平整、色泽均匀、以假乱真。

装饰抹灰饰面做法见表 3.2。

表 3.2　装饰抹灰饰面做法

抹灰名称	底层		面层		应用范围
	材料	厚度/mm	材料	厚度/mm	
拉毛饰面	1∶0.5∶4 水泥石灰砂浆打底，待底子灰 6～7 成干时，刷素水泥浆一道	13	1∶0.5∶1 水泥石灰砂浆拉毛	视拉毛长度而定	用于对音响要求较高的建筑的内墙抹灰
拉条抹灰	底层同一般抹灰		1∶2.5∶0.5 的水泥细黄砂纸筋灰混合砂浆，用拉条模拉线条成型	<12	一般用于公共建筑门厅、影剧院观众厅墙面
假面砖饰面	（1）1∶3 水泥砂浆打底 （2）1∶1 水泥砂浆垫层	12 3	水泥∶石灰膏∶氧化铁黄∶氧化铁红∶砂子＝100∶20∶（6～8）∶2∶150（质量比）用铁钩子及铁梳子做出砖样纹	3～4	一般用于民用建筑外墙面或内墙局部装饰

3.2.3　石碴类饰面

石碴类墙体饰面是以水泥为胶结材料、石碴为骨料的水泥石碴浆抹于墙体的基层表面，然后用水洗、斧剁、水磨等方法除去表面水泥浆皮，露出石碴的颜色、质感的饰面做法。传统的石碴类墙体饰面做法有斩假石（又称剁斧石）、拉假石、水刷石等。在此基础上发展而成的干粘石、喷洗石等，以及用人工材料（如彩色瓷粒）代替天然石碴的做法，在装饰效果与饰面工艺的原理上，属于同一类型。

石碴类饰面的基本构造，与前述的抹灰类饰面的基本构造相同。大体上由底层、中间层、黏结层、面层几个层次组成。根据基层材料的差异、装饰等级的区别、装饰工艺方法的不同，而稍有一些增减或变化。在石碴类饰面构造中，底层、中间层、面层的作用与抹灰类相同。黏结层的作用是将石碴面层黏附住，固定在饰面层上。

斩假石图片

1. 斩假石饰面

斩假石又名人造假石饰面、剁斧石饰面。这种饰面是以水泥石子浆，或水泥石屑浆，涂抹在水泥砂浆基层上，待凝结硬化，具一定强度后，用斧子及各种凿子等工具，在面层上剁斩出类似石材经雕琢的纹理效果的一种人造石料装饰方法。其质感分立纹剁斧和花锤剁斧两种，可根据设计选用。斩假石饰面质朴素雅，美观大方，有真石感，装饰效果好，但因其手工操作，工效低、劳动强度较大、造价高，故一般用于公共建筑重点装饰部位。

斩假石饰面的构造做法是在 1∶3 水泥砂浆底灰上（厚 15mm）刮抹一道素水泥浆，随即抹水泥∶白石屑＝1∶1.5 的水泥石屑浆，或者水泥∶石碴＝1∶1.25 的水泥石碴浆（内掺 30％的石屑），厚 10mm（图 3.2）。为了模仿不同的天然石材的装饰效果，如花岗石、青条石等，可以在配比中加入各种配色骨料及颜料。

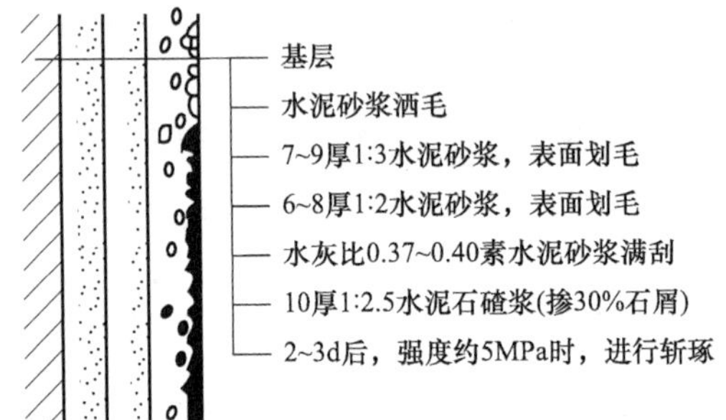

图 3.2　斩假石构造

斩假石饰面除了能按设计意图模仿各种天然石材的质感与色彩之外，还有可能根据设计的意图将其表面斩琢成各不相同的纹样，这是斩假石饰面在各种人造石料装饰方法中独具的特点。因此，斩假石面层的斩制刃纹设计就成为影响这种饰面装饰效果的另一个重要因素。一般地，刃纹的设计是根据饰面的位置（诸如高低远近等）及适应不同的造型需要来确定的。常见的有棱点剁斧、花锤剁斧、立纹剁斧等几种效果（图 3.3）。并且，为了操作方便和提高装饰效果，棱角及分块缝周边可留 15～20mm 的镜边，镜边的处理可模仿天然石材的处理方式。如此形成的斩假石块体粗壮有力、浑厚朴实，看上去极似天然石材的粗凿制品。另需注意的一点是，斩假石饰面所追求的就是酷似天然石材，因此，在分格设缝的处理上，应符合石材砌筑的一般习惯。

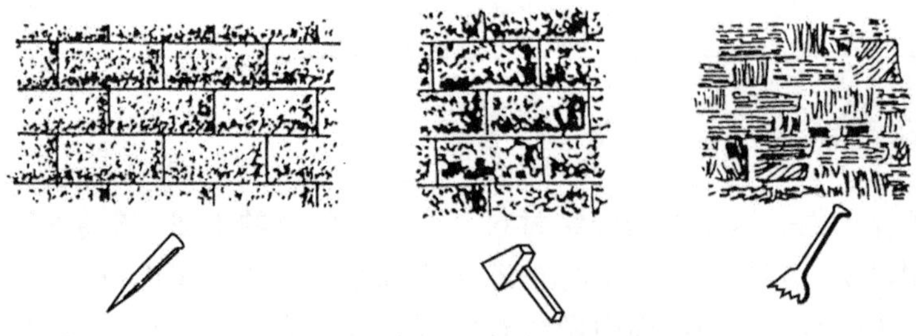

图 3.3　斩假石的几种不同效果

2. 水刷石饰面

水刷石是一种传统的外墙装饰饰面。制作前必须在墙面分格引条线部位先固定好木条，然后将配制的水泥石碴浆抹在底层、中层灰上与分格条刮平，待半凝固后，用喷枪、水壶喷水，或者用硬毛刷蘸水，刷去表面的水泥浆，使石子半露。其构造做法是：采用 15mm 厚 1∶3 水泥砂浆打底凿毛；在其底灰上先薄刮一层素水泥浆，1～2mm 厚；然后抹水泥石碴浆。其构造如图 3.4 所示。总的要求是水泥用量恰好能填满石碴之间的空隙，便于抹压密实。

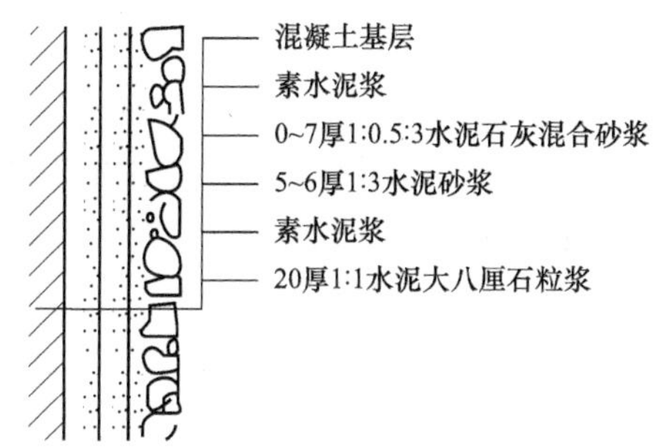

图 3.4　水刷石饰面构造

水刷石饰面朴实淡雅，经久耐用，装饰效果好，运用广泛，主要适用于外墙饰面和外墙腰线、窗套、阳台、雨篷、勒脚及花台等部位的檐口、装饰工程。

3. 干粘石饰面

干粘石饰面是将彩色石粒直接粘在砂浆上的一种饰面做法。

干粘石一般采用小八厘石碴，因为粒径较小，用拍子甩到黏结砂浆上易于排列密实，露出的黏结砂浆少。黏结砂浆的具体配合比是：水泥∶砂子∶107 胶＝100∶(100～150)∶(5～15) 或水泥∶石灰膏∶砂子∶107 胶＝100∶50∶200∶(5～15)。冬期施工应采用前一配合比，为了提高其抗冻性和防止析白，还应加入水泥量 2%的氯化钙和 0.3%的木质素磺酸钙。

撒石粒的方法有手工和机械两种，手甩石粒的劳动强度较大，现在广泛使用"机喷石粒"的方法，即用压缩空气将石粒撒在墙面未硬化的素水泥浆黏结层上。与手工方法比，这种方法操作简单，提高了工效，适宜大面积施工。

干粘石饰面效果与水刷石饰面相似，但比水刷石饰面节约水泥 30%～40%，节约石碴 50%，提高工效 30%左右，故已基本取代了水刷石的做法。

石碴类饰面做法见表 3.3。

表 3.3　石碴类饰面做法

名称	底层		面层		应用范围
	材料	厚度/mm	材料	厚度/mm	
斩假石饰面	1∶3 水泥砂浆刮素水泥浆一道	15	1∶1.25 水泥石碴浆	10	一般用于公共建筑重点装饰部位
水刷石饰面	1∶3 水泥砂浆	15	1∶(1～1.5) 水泥石碴浆	石碴粒径的 2.5 倍	用于外墙重点装饰部位及勒脚装饰工程
干粘石饰面	1∶3 水泥砂浆	7～8	水浆∶石灰膏∶砂子∶107 胶＝100∶50∶200∶(5～15)	4～5	用于民用建筑及轻工业建筑外墙饰面

3.2.4 抹灰类饰面的细部处理及饰面缺陷改进措施

大面积的抹灰面，往往由于材料的干缩或冷缩而开裂。引起饰面开裂、起壳、脱落的原因是多方面的，首先要求基层具有足够的强度。而且，由于手工操作、材料调配以及气候条件等的影响，大面积的抹灰面易产生色泽不匀、表面不平整等缺陷。为了施工方便和保证装饰质量，对于大面积的抹灰面，通常可划分成小块来进行。这种分块与设缝，既是构造上的需要，也有利于日后的维修工作，且可使建筑物获得良好的尺度感和表面材料的质感。

分块的大小应与建筑立面处理相结合，分块缝的宽度应根据建筑物的体量及表面材料的质地而决定，用于外墙面时分块缝不宜太窄或太浅，以 20mm 左右为宜。抹灰面设缝的方式，有凸线、凹线、嵌线三种。凸线即线脚，其做法见 3.8.4 线脚与花饰；嵌线多用于需打磨的抹灰面，参见地面部分；凹线是最常见的，其形式如图 3.5 所示。

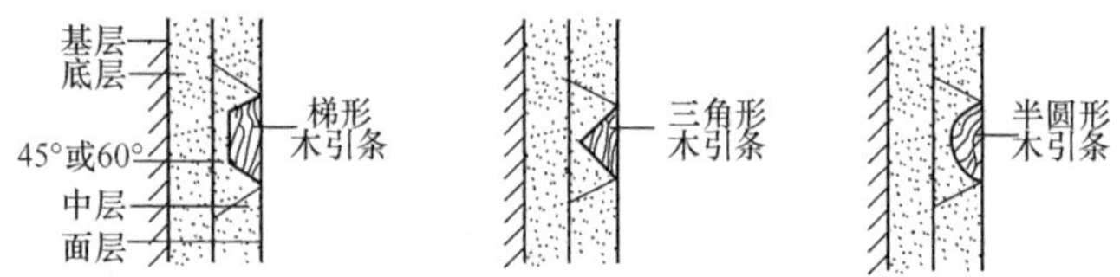

图 3.5 抹灰面的设缝（凹线）

3.1、3.2 随堂测试

3.3 贴面类墙体饰面构造

贴面类饰面指将块状材料通过相应的构造，粘贴或安装到基层上的装饰方法。按装饰材料及施工方法的不同，贴面类饰面可分为饰面砖类饰面和石材类饰面。

3.3.1 饰面砖类饰面

1. 陶瓷面砖饰面

面砖多数是以陶土为原料，压制成型后经 1100℃左右高温煅烧而成的。面砖一般用于装饰等级要求较高的工程，面砖可分为许多种不同的类型。按其特征有釉面和非釉面的；按表面面砖又可分为抛光的和不抛光的两种；按色彩有单色的和带纹理图案的。

陶瓷面砖的构造做法是先在基层上抹 1∶3 水泥砂浆作为找平层，结合层黏结砂浆用 1∶2.5 水泥砂浆或 1∶0.2∶2.5 的水泥石灰混合砂浆，也可采用掺 107 胶（水泥重的 5%～10%）的 1∶2.5 水泥砂浆粘贴，其黏结砂浆的厚度不小于 10mm。然后在其上贴面砖，并用 1∶1 水泥细砂浆填缝，如图 3.6 所示。面砖的断面形式宜选用背部带有凹槽的，因这种凹槽截面可以增强面砖和砂浆之间的结合力，如图 3.7（a）、（b）所示。

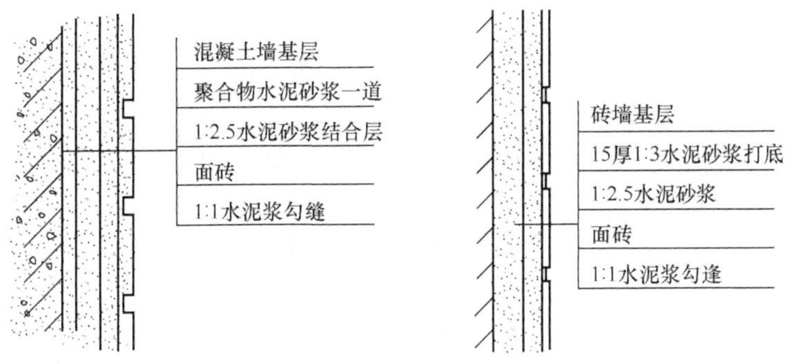

图 3.6　面砖饰面构造

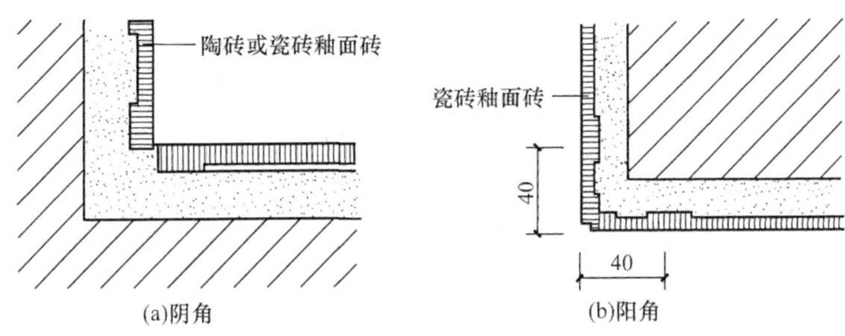

图 3.7　面砖的黏结状况

2. 陶瓷锦砖和玻璃锦砖饰面

(1) 陶瓷锦砖饰面

陶瓷锦砖有上釉及不上釉两种。与面砖相比，有造价略低、面层薄、自重较轻的优点。它质地坚实，经久耐用，花色繁多，耐酸，耐碱，耐火，耐磨，不渗水，易清洁，广泛用于地面和内外墙饰面。

陶瓷锦砖的断面有凸面和凹面两种。凸面多用于墙面装修，凹面多铺设地面。

(2) 玻璃锦砖饰面

玻璃锦砖俗称“玻璃马赛克”，是以玻璃烧制成的片状小块，经工厂预贴于牛皮纸上的一种饰面材料。

玻璃锦砖与陶瓷锦砖相比，在原料、工艺上有所不同。玻璃锦砖是乳浊状半透明的玻璃质饰面材料，而陶瓷锦砖是不透明的饰面材料，两者在装饰效果上也不尽相同。一般来说，玻璃锦砖的色彩更为鲜艳，颜色的选择范围更大，色阶也更宽，并具有透明光亮的特征。

玻璃锦砖的形状与陶瓷锦砖稍有不同，其背面略呈锅底形，并有沟槽，断面呈梯形等。玻璃锦砖这种断面形式及背面的沟槽是考虑其为玻璃体，吸水性较差，为了加强饰面材料同基层的黏结而作的处理。这种梯形断面，一方面增大了单块背后的黏结面积，另一方面也加大了块与块之间的黏结性能。至于背面的沟槽，使接触面成为粗糙的表面，也使黏结性能得以提高，如图 3.8 所示。

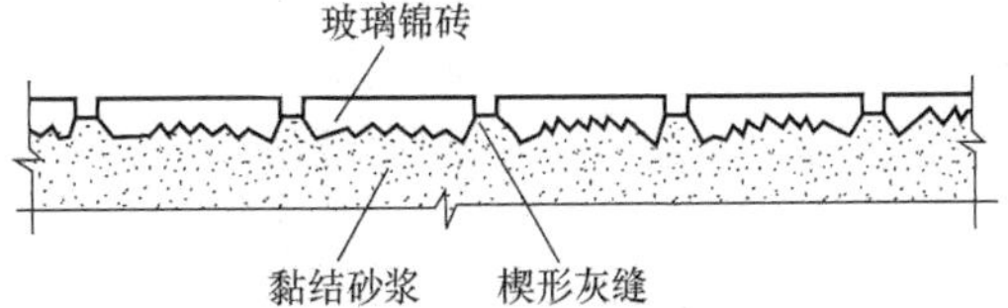

图 3.8　玻璃锦砖的黏结状况

陶瓷锦砖和玻璃锦砖的构造做法大致相同，都是用掺胶水的水泥浆作为黏结剂，把锦砖镶贴在外墙黏结层表面。其构造层次是：在清理好基层的基础上抹15mm厚1∶3（体积比）的水泥砂浆做底层并刮糙，一般分层抹平，两遍即可，若为混凝土墙板基层，在抹水泥砂浆前，应先刷一道素水泥浆（掺水泥重5%的107胶）。在此基础上，抹3mm厚1∶(1～1.5)水泥砂浆黏结层。在黏结层水泥砂浆凝固前，适时贴玻璃（陶瓷）锦砖。粘贴玻璃（陶瓷）锦砖时，在其麻面上抹一层2mm左右厚的白水泥浆，然后纸面朝外，把玻璃（陶瓷）锦砖镶贴在黏结层上。为了使面层黏结牢固，应在白水泥素浆中掺水泥重量4%～5%的白胶及掺适量的与面层颜色相同的矿物颜料，然后用同种水泥色浆擦缝（图3.9）。

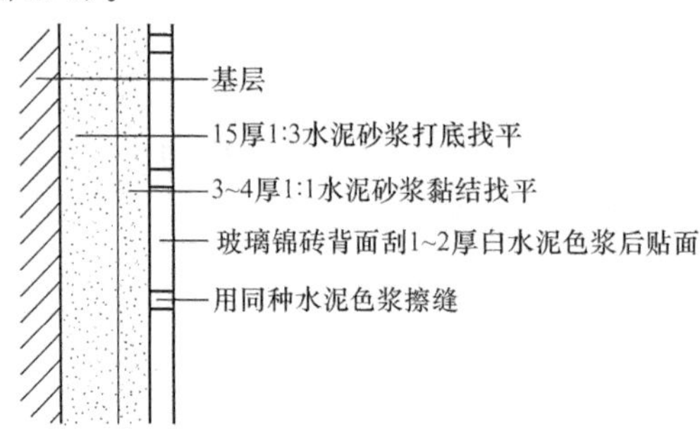

图3.9　玻璃锦砖饰面构造

3.3.2　石材类饰面

建筑装饰中的石材可分为天然石材和人造石材。

用于建筑饰面的天然石材主要有花岗岩、大理石及青石板。天然石材饰面板不仅具有各种颜色、花纹、斑点等天然材料的自然美感，而且因致密坚硬的质地，故耐久性、耐磨性等均比较好。但是由于材料的品种、来源的局限性，造价较高，属于高级饰面材料。天然石材按其表面的装饰效果，可分为磨光、剁斧、火烧、机刨等处理形式。磨光的产品又有粗磨板、精磨板、镜面板等区别。而剁斧的产品，可分为麻面、条纹面等类型。当然，根据设计的需要，也可加工成其他的表面，如剔凿表面、磨菇状表面等。由于表面的处理形式不同，其艺术效果当然也不相同。

人造石材是以各种水泥、聚酯作为胶凝材料，天然石、砂、岩等为骨料，经加工而成的。常见的人造石材有人造大理石饰面板、人造花岗岩饰面板、预制水磨石饰面板、预制剁假石饰面板等。

石材按尺寸大小可分为小规格石材（边长尺寸≤400mm×400mm，厚度≤12mm）和大规格石材（边长尺寸>400mm×400mm，厚度>12mm）。小规格石材的构造做法与饰面砖相同，采用水泥砂浆铺贴或胶粘贴的方法。大规格石材由于尺寸及重量较大，一般采取安装的方法。安装方法按工艺和构造的不同，可分为湿挂法和干挂法。

1. 湿挂法

石材类饰面板墙面湿法挂贴的构造层次为基层、浇筑层、饰面层。其具体做法是：在墙面预埋$\phi6$铁箍，铁箍内立$\phi6$～$\phi10$竖筋，在竖筋上绑扎横筋，形成钢筋网；在石材

上下边钻小孔，用双股 16 号铜丝绑扎固定在钢筋网上；上下两块石板用不锈钢卡销固定。板与墙面之间预留 20～30mm 的缝隙，分层灌入 1∶2.5 水泥砂浆，如图 3.10 所示。

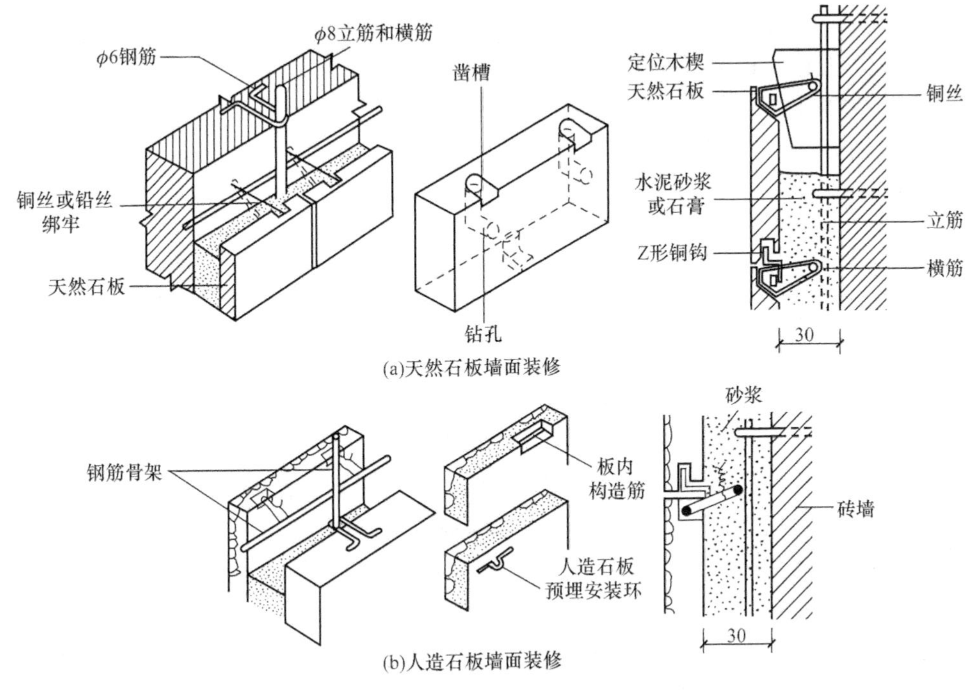

图 3.10　石材湿挂法

2. 干挂法

石材干挂法施工

干挂法是以金属连接件将石材直接吊挂于墙面或空挂于钢架之上，无须在板材与基层间灌浆的石材类饰面板安装方法。其原理是在主体结构上设主要受力点，通过金属挂件将石材固定在建筑物上，形成石材装饰幕墙。

干挂石材时，首先在基层上按石材高度固定金属锚固件（或预埋铁件固定金属龙骨），然后在石材上下边开槽口，槽口距两侧边各 1/4 板长，并居于板厚中心。对于质地疏松的石材，还要在板块背面用胶黏剂粘贴玻璃纤维网格布。最后将不锈钢挂件插入石材上下槽口与锚固件（或龙骨）连接。图 3.11 为干挂做法示意。

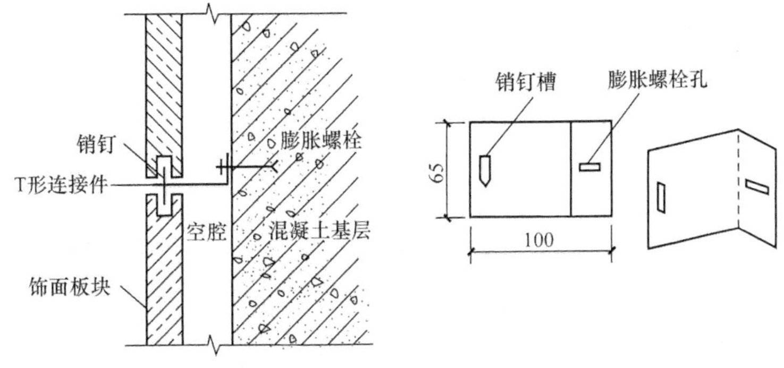

图 3.11　干挂做法示意

常见的石材干挂法构造详见“3.10.4　石材幕墙装饰构造”。

干挂法与湿挂法相比，具有以下优点。

1）石材与墙面形成的空腔内不灌注水泥砂浆，避免了由于水泥化学作用造成的石材表面发生的变色、锈斑、花脸等问题。

2）避免了湿挂法容易出现的石材空鼓、开裂、脱落等问题，提高了安全性和耐久性。

3）施工进度快，周期短。

3.3.3　板材类饰面的细部构造

在板材类饰面的施工安装中，除了应解决饰面板与墙体之间的固定技术，还应切实地处理好各种交接部位的构造，如踢脚板、阴阳角、窗台、接缝及石质墙裙的收口等处的构造。

1. 转折交接处的细部构造

圆角瓷砖简介

(1) 饰面板墙面阴阳角的细部构造

墙面转角分阴角和阳角。阴角处的做法一般是将两块石板直接拼压，或加嵌转角石。阳角处，一般是将石材进行切边、倒角后进行拼接，有的也加嵌方形转角石。图 3.12 为石材墙面阴阳角构造。

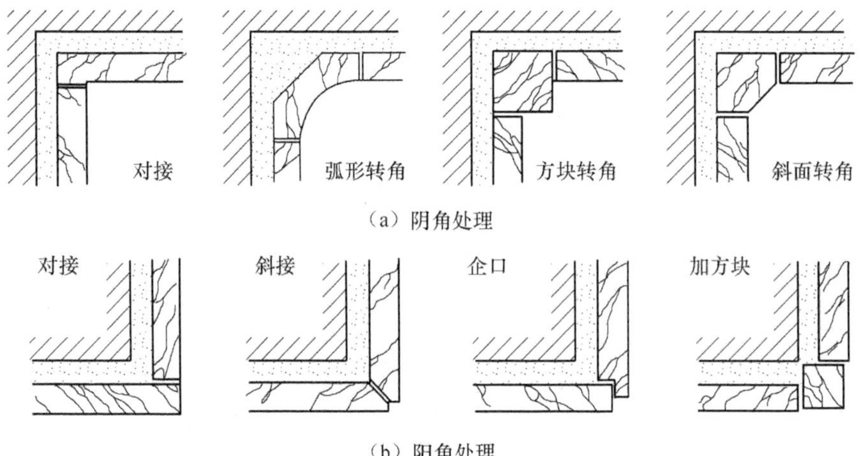

（a）阴角处理

（b）阳角处理

图 3.12　石材墙面阴阳角构造

(2) 饰面板墙面与踢脚板交接的细部构造

饰面板墙面与踢脚板的交接处一般有两种做法。一种是在贴近石材踢脚的地面边缘，采用与踢脚板颜色、材质一致的石材做波打线。波打线的宽度一般为 150mm。设置波打线的目的是使墙面、地面两个界面的衔接更加协调、自然，如图 3.13 所示。另一种是只设石材踢脚板，如图 3.14 所示。

大理石、花岗石墙面或柱面，有的不设踢脚板。因为石材本身就比较耐磨、耐脏，所以，往往一贴到底。但是不论是否设置踢脚板，墙面与地面的交接，宜采用踢脚板或饰面板落在地面饰面层上的方法。这样，接缝比较隐蔽，略有间隙可用相同色彩的水泥浆封闭。其构造如图 3.15 所示。

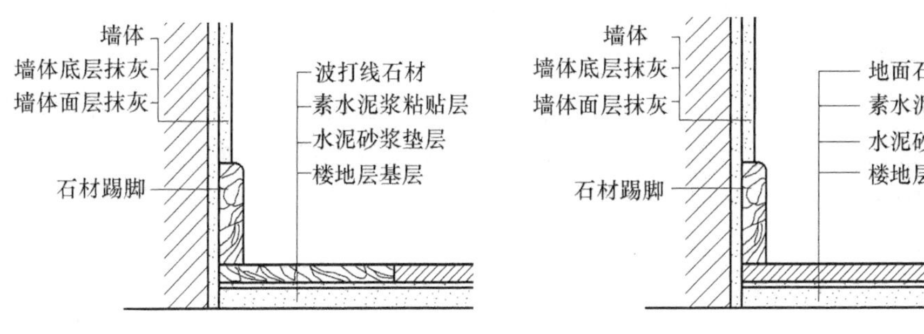

图 3.13　带波打线的石材踢脚　　　图 3.14　不带波打线的石材踢脚

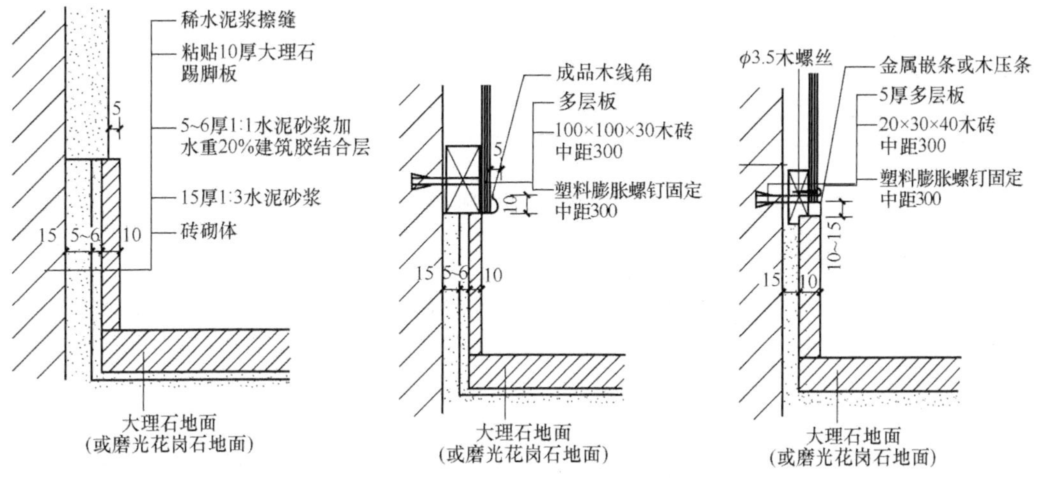

图 3.15　踢脚板与墙面交接的构造处理

(3) 饰面板墙面与顶棚交接的细部构造

在墙面同顶棚交接时，常因墙面上最上一块饰面板与顶棚直接接触而无法绑扎铜丝或灌浆（如果有吊顶空间，则不存在这种现象）。比较妥当的做法是在板材墙面与顶棚之间，留出一段距离，改用其他方法来处理。如可采用多线角曲线抹灰的方式，将顶棚与墙面衔接，也可采用凹嵌的方法，即将顶部最后一块板改用薄板（或贴面砖），并采用聚合物水泥砂浆进行粘贴，以在保证黏结力的条件下使灌缝砂浆的厚度减少，从而使顶部最后一块板凹陷进去一段距离。这两种方法的具体做法参考图 3.16 所示。

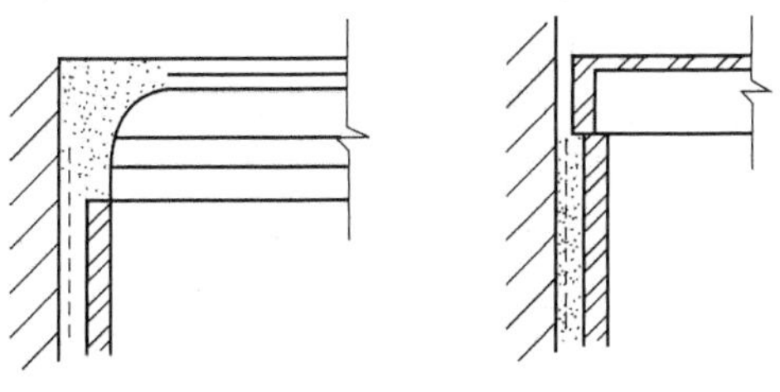

图 3.16　顶棚与墙面衔接处理

2. 小规格饰面板饰面构造

小规格饰面板，是指主要用于踢脚板、腰线、窗台板等部位的各种尺寸较小的天然或人造大理石、花岗石、青石板等板材，以及各种小块的预制水磨石板和加工大理石、花岗石时所产生的各种不规则的边角碎料。（陶瓷板也可划入此类）

上述这些小规格的饰面板，通常可以直接用水泥浆、水泥砂浆等粘贴，必要时，可辅以铜丝绑扎（图 3.17）。

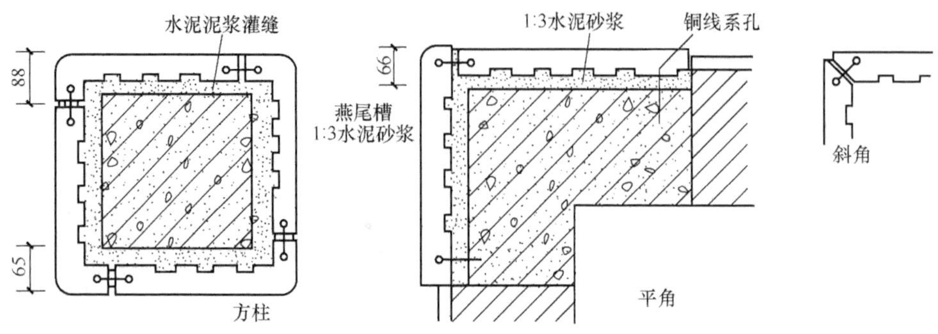

图 3.17　小规格饰面板的粘贴与连接举例

3. 饰面板拼缝构造

饰面板材一般来说都比较厚，因此除少量的薄板以外，选择适当的拼缝形式，也就成为对装饰效果极具影响的一个重要问题。常见的拼缝方式有平接、对接、搭接、L形错缝搭接和 45°斜口对接等。图 3.18 所示的就是常见的拼缝处理形式。

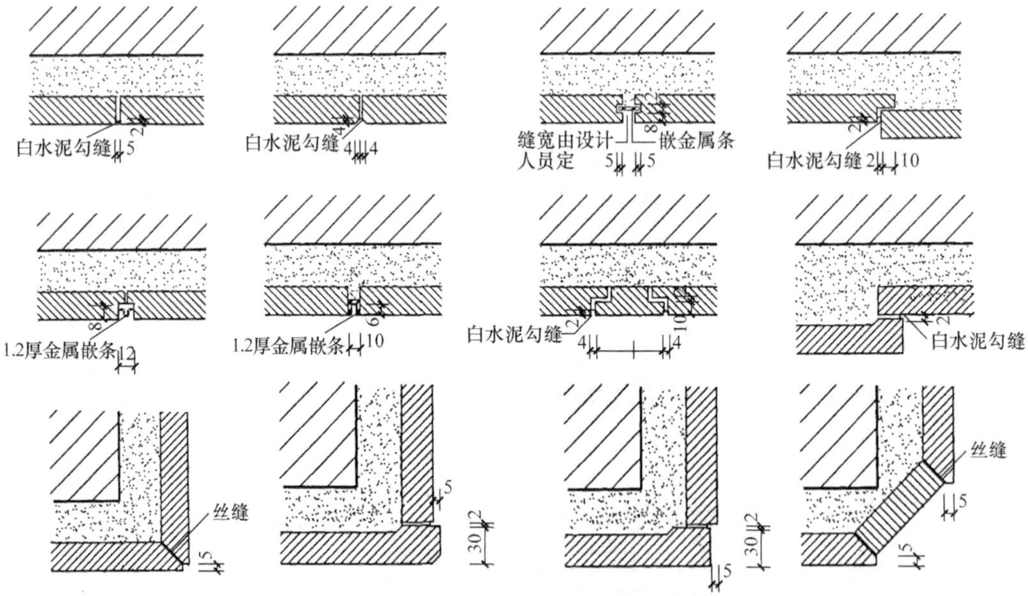

图 3.18　饰面板的拼缝方式

4. 饰面板灰缝处理

板材类饰面，尤其是采用凿琢表面效果的饰面板墙面，通常都留有较宽的灰缝。灰缝的形状，可做成凸形、凹形、圆弧形等各种各样的形式。并且，为了加强灰缝的

效果，常将饰面板材、块材的周边凿琢成斜口或凹口等不同的形式。图 3.19 所示的是常见的灰缝处理方法。灰缝的接缝宽度见表 3.4。

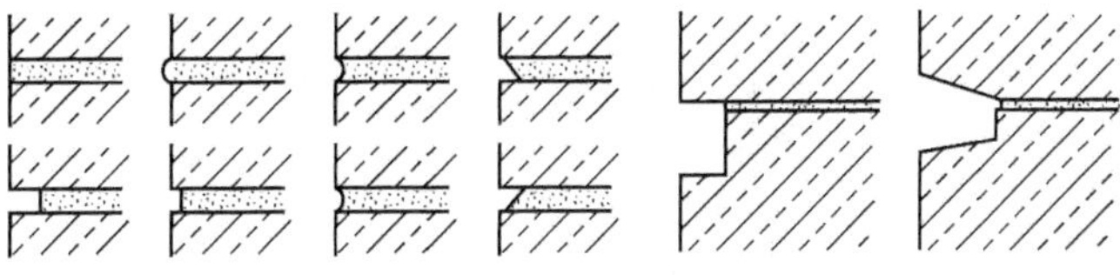

图 3.19　饰面板灰缝处理

表 3.4　饰面板的接缝宽度

项次	名称		接缝宽度/mm
1	天然石	光面、镜面	1
2		粗磨面、麻面、条纹面	5
3		天然面	10
4	人造石	水磨石	2
5		水刷石	10

3.3 随堂测试

3.4　涂刷类饰面

在墙面基层上，经处理使墙面平整，将选定的材料通过刷、滚、喷等方式形成饰面即成为涂刷类饰面。

建筑物的内外墙面采用涂刷材料作饰面，是各种饰面做法中最为简便的一种方式。此种饰面做法省工省料、工期短、工效高、自重轻，便于维修更新，而且造价相对比较低，因此，涂刷类饰面无论在国内还是在国外，都成为一种传统的饰面方法并得到广泛应用。

涂刷类饰面材料几乎可以配成任何一种需要的颜色，为建筑设计提供灵活多样的表现手段，是其他饰面材料所不能及的。但由于涂料所形成的涂层较薄，较为平滑，涂刷类饰面只能掩盖基层表面的微小瑕疵，不能形成凹凸程度较大的粗糙质感表面。即使采用厚涂料，或拉毛做法，也只能形成微弱的小毛面。所以，外墙涂料的装饰作用主要在于改变墙面色彩，而不在于改善质感。

3.4.1　涂刷类饰面分类

建筑涂刷材料的品种繁多，分类方法也是多种多样的。涂刷类材料的分类见表 3.5。

表 3.5　涂刷类材料的分类

序号	分类方法	种类
1	按涂料状态	溶剂型涂料 水溶型涂料 乳液型涂料 粉末涂料
2	按涂料装饰质感	薄质涂料 厚质涂料 复层涂料
3	按建筑物涂刷部位	内墙涂料 外墙涂料 地面涂料 顶棚涂料 屋面涂料
4	按涂料的特殊功能	防火涂料 防水涂料 防霉涂料 防虫涂料 防结露涂料
5	按主要成膜物质	油脂 天然树脂 酚醛树脂 沥青 醇酸树脂 氨基树脂 聚酯树脂 环氧树脂 丙烯酸树脂 烯类树脂 硝基纤维素 纤维酯、纤维醚 聚氨基甲酸酯 元素有机聚合物 橡胶 元素无机聚合物 无机材料 （如硅酸盐 无机涂料）

3.4.2　涂刷类饰面构造层次

涂刷类饰面的涂层构造一般可以分为三层，即底层、中间层、面层。

1. 底层

底层，俗称刷底漆，其主要目的是增加涂层与基层之间的黏附力，同时还可以进一步清理基层表面的灰尘；另外，在有些情况下底层漆还兼具基层封闭剂（封底）的作用，用以防止水分或木脂、水泥砂浆抹灰层中的可溶性盐等物质渗出表面，造成对涂饰饰面的破坏。

2. 中间层

中间层，是整个涂层构造中的成型层，其目的是通过适当的工艺，形成具有一定厚度的，匀实饱满的涂层。通过这一涂层，达到保护基层和形成所需的装饰效果。因此，中间层的质量如何，对于饰面涂层的保护作用和装饰效果的影响都很大。

3. 面层

面层的作用是体现涂层的色彩和光感。从色彩的角度考虑，为了保证色彩均匀，并满足耐久性、耐磨性等方面的要求，面层最少应涂施两遍。

3.4.3　几种涂料类饰面

1. 溶剂型涂料饰面

溶剂型涂料是以高分子合成树脂为主要成膜物质，有机溶剂为稀释剂，加入适量的颜料、填料及辅料，经辊轧塑化，研磨搅拌溶解而配制成的一种挥发性涂料。

溶剂型涂料用于建筑外墙，一般都有较好的硬度、光泽、耐水性、耐化学药品性

及一定的耐老化性。一般地说，它与类似树脂的乳液型外墙涂料相比，由于其涂膜比较致密，在耐大气污染、耐水和耐酸碱性方面都比较有利；但其成分内的有机溶剂挥发污染环境，涂膜透气性差，又有疏水性。使用此类型涂料，一般涂刷两遍，间隔 24h。溶剂型涂料一般能在 5～8 年内保持良好的装饰效果。

溶剂型外墙涂料主要有过氯乙烯涂料、苯乙烯焦油涂料、聚乙烯醇缩丁醛涂料和氯化橡胶涂料。

2. 乳液型涂料饰面

各种有机物单体经乳液聚合反应后生成的聚合物，以非常细小的颗粒分散在水中，形成乳状液，将这种乳状液作为主要成膜物质配成的涂料称为乳液型涂料。当所用的填充料为细粉末时，所得涂料可以形成类似油漆涂膜的平滑涂层，这种涂料称为乳胶漆，较多地用于室内墙面装饰。若掺有类似云母粉、粗砂粒等粗填料所配得的涂料，能形成有一定粗糙质感的涂层，称为乳液厚涂料，通常用于建筑外墙装饰。

乳液型涂料与溶剂和油脂不同，它是以水为分散介质，无毒、不污染环境，使用操作十分方便。性能和耐久效果都比油漆好。

乳胶漆和乳液厚涂料的涂膜有一定的透气性和耐碱性，可以在基层抹灰未干透只是达到基层龄期的情况下就进行施工，因此可以缩短工期。在建筑外墙使用乳液型涂料时，为了避免墙面基层吸水太快不便涂刷，或为了使基层吸收一致，也可以在墙面基层表面满刷一遍按 1∶3 稀释的 107 胶水或其他同类乳液水。这样做还能隔离没有清除干净的粉尘，对涂料与基层的黏结也有利。

合成树脂乳液的饰面构造为基层、找平层、封闭涂层、面层。图 3.20 所示为合成树脂乳液的饰面构造。

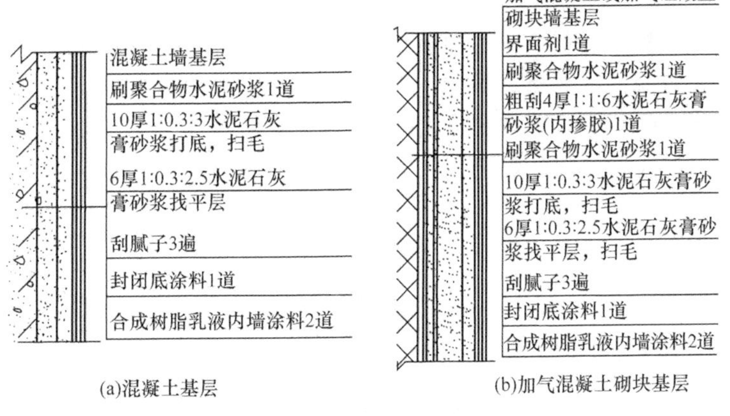

图 3.20　合成树脂乳液的饰面构造

3. 硅酸盐无机涂料饰面

硅酸盐无机涂料以碱性硅酸盐为基料，常采用硅酸钠、硅酸钾和胶体氧化硅（即硅溶胶），外加硬化剂、颜料、填料及助剂配制而成。

硅酸盐系的无机涂料具有良好的耐光、耐热、耐放射线及耐老化性，加入硬化剂后涂层具有较好的耐水性及耐冻融性，作为外墙饰面，有较好的装饰效果。同时无机建筑涂料原料来源方便，无毒，对空气无污染，成膜温度比乳液涂料低。因此在北方地区使用它可以使施工期相对加长。无机建筑涂料用喷涂或刷涂方法均可施工，它适用于一般建筑外饰面。

真石漆施工

真石漆

4. 水溶性涂料饰面

水溶性涂料是以水溶性树脂为基料，以水为溶剂的涂料。因其不含有机溶剂，所以能做到安全、无毒、无味、不燃、不污染环境，被誉为“绿色建材”。水溶性涂料一般用于建筑物内墙涂刷。目前，常用的水溶性内墙涂料有聚乙烯醇水玻璃内墙涂料、聚乙烯醇缩甲醛内墙涂料（803 内墙涂料）、改性聚乙烯醇系内墙涂料。

3.4.4 油漆类饰面

油漆是以油脂、高分子合成树脂为基料制成的溶剂型涂料，涂刷在材料表面能够干结成膜，用此种涂料做成的饰面即称为油漆饰面。我国古代采用漆树的树脂作涂料，称为“大漆”，以后人工制造的涂料均以干性或半干性植物油脂为基本原料，因此总称油漆。

油漆的分类和命名方法很多。按效果分，有清漆、色漆等；按使用方法分，有喷漆、烘漆等；按漆膜外观分，则又分有亮光漆、亚光漆、无光漆、皱纹漆等。目前被普遍接受的是按成膜物进行分类，如油基漆（包括油性漆和磁性漆两种）、含油合成树脂漆、不含合成树脂漆、纤维衍生物漆、橡胶衍生物漆等。

油漆墙面可以做成各种色彩，也可做成各种图案和纹理。用油漆做墙面装饰时，要求基层平整，充分干燥，且无细小裂纹。一般的构造做法是，先在墙面上用水泥砂浆打底，再用混合砂浆粉面两层，总厚度约 20mm，最后涂刷一底二度油漆。

在墙面的木质基层上做涂漆饰面装饰时，可根据木材的品种和质量选择不同的油漆和施工方法。例如，水曲柳、椴木、桦木等浅白色木材涂饰清漆，可以显示其本身的木材纹理，而一些色泽较重或有虫眼、疤疖的木材则需用色漆涂饰。

油漆耐水、易清洗，装饰效果好，但涂层的耐光性差，施工工序繁多，工期长。

3.4 随堂测试

3.5 罩面板类墙体饰面构造

罩面板类墙体饰面，又称镶板类墙体饰面，它是以天然木制或人造木制制品、石膏板、塑料板、复合板、玻璃板和金属薄板等材料作为装饰面板，通过镶、钉、粘等构造方式对墙面进行的装饰处理。这类饰面具有装饰效果丰富、耐久性能好、施工方便、湿作业量小的特点，但对技术要求较高，造价也比较高。

3.5.1　木质类罩面板墙体饰面构造

1. 基本构造

木质类罩面板墙体饰面构造一般为木质基层和饰面层。

(1) 木质基层

木质基层的作用主要是找平或造型，并使饰面层牢固地附着其上。木质基层有木骨架基层、板材类基层、木骨架加板材类基层等。有潮气的墙体应采取防潮处理，木质基层与饰面层非连接表面须做防火处理。

木质基层与墙体的固定：一般是在墙体内置入木砖、木楔或胀管，通过钉或螺钉连接。木骨架基层是通过方木横纵成格，使其具有强度和平整度，木格间距视面板规格而定；板材类基层是将具有一定厚度、表面平整的材料如多层胶合板、木工板、硬质纤维板、刨花板等直接与墙体的固定；木骨架加板材类基层是先将木骨架固定在墙体上，再在木骨架钉接基层板。图 3.21 为木护壁构造示意图。

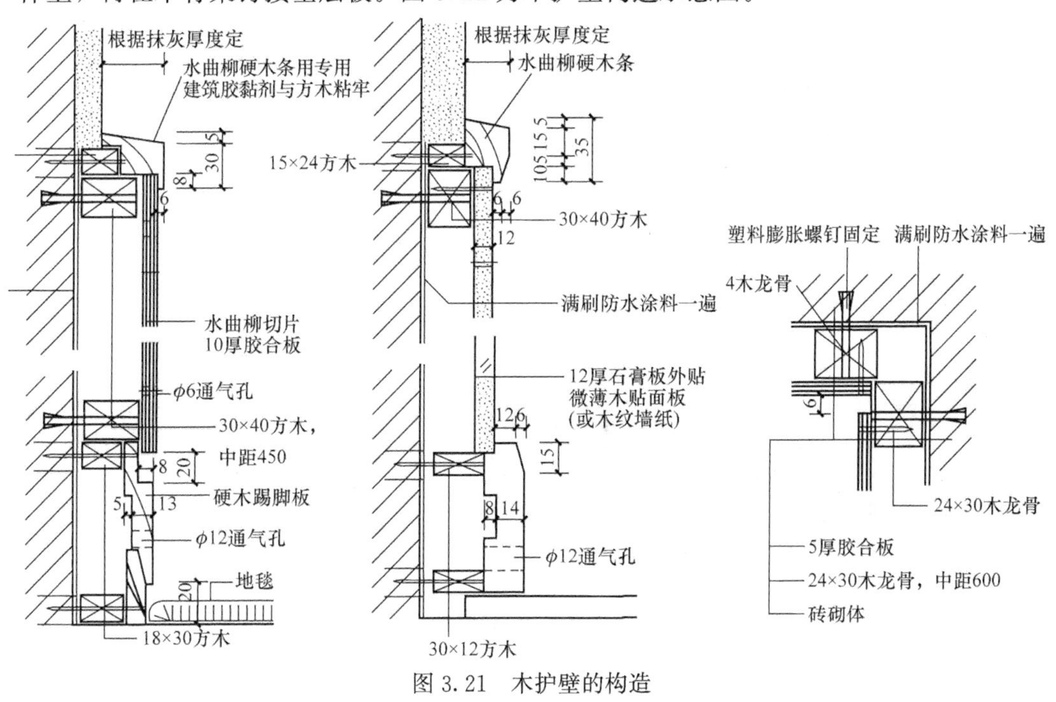

图 3.21　木护壁的构造

(2) 饰面层

木质面板与基层可通过胶粘、钉或胶粘加钉接，或用螺钉直接固定。面板之间的拼缝可分为密缝、离缝、压条、高低缝等方式，如图 3.22 所示。

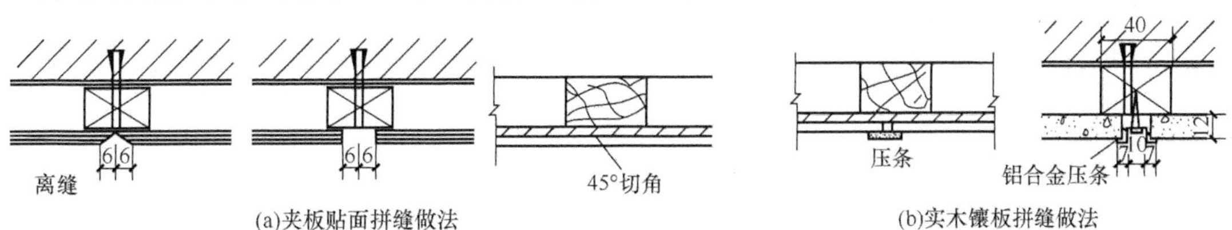

图 3.22　护壁板的拼缝作法

2. 细部构造处理

木质类罩面板的细部构造处理，影响到饰面的装饰效果及使用质量。

（1）上口及与顶棚交接处

在护壁与顶棚交接处的收口，以及墙裙的上端，一般宜作压顶或压条处理，具体见图 3.23。

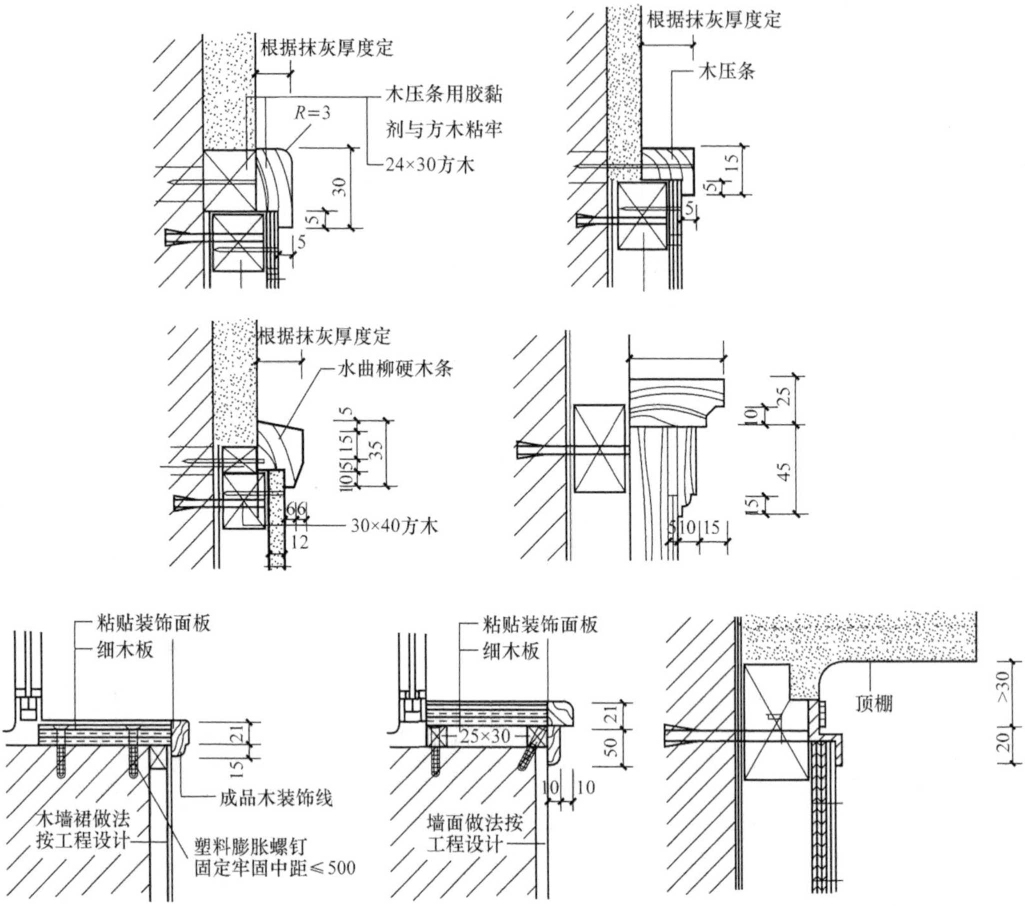

图 3.23　上口及与顶棚交接处构造

（2）踢脚板

踢脚板的处理方式主要有外凸式和内凹式，也可以平齐处理。一般在护壁板与墙体基层间距较大时，宜采取内凹式处理，而且踢脚板与地面之间宜平接，如图 3.24 所示。

（3）阴、阳角构造

阴角和阳角的拐角处理，可采用对接、斜口对接、企口对接、填块等方法处理，如图 3.25 所示。

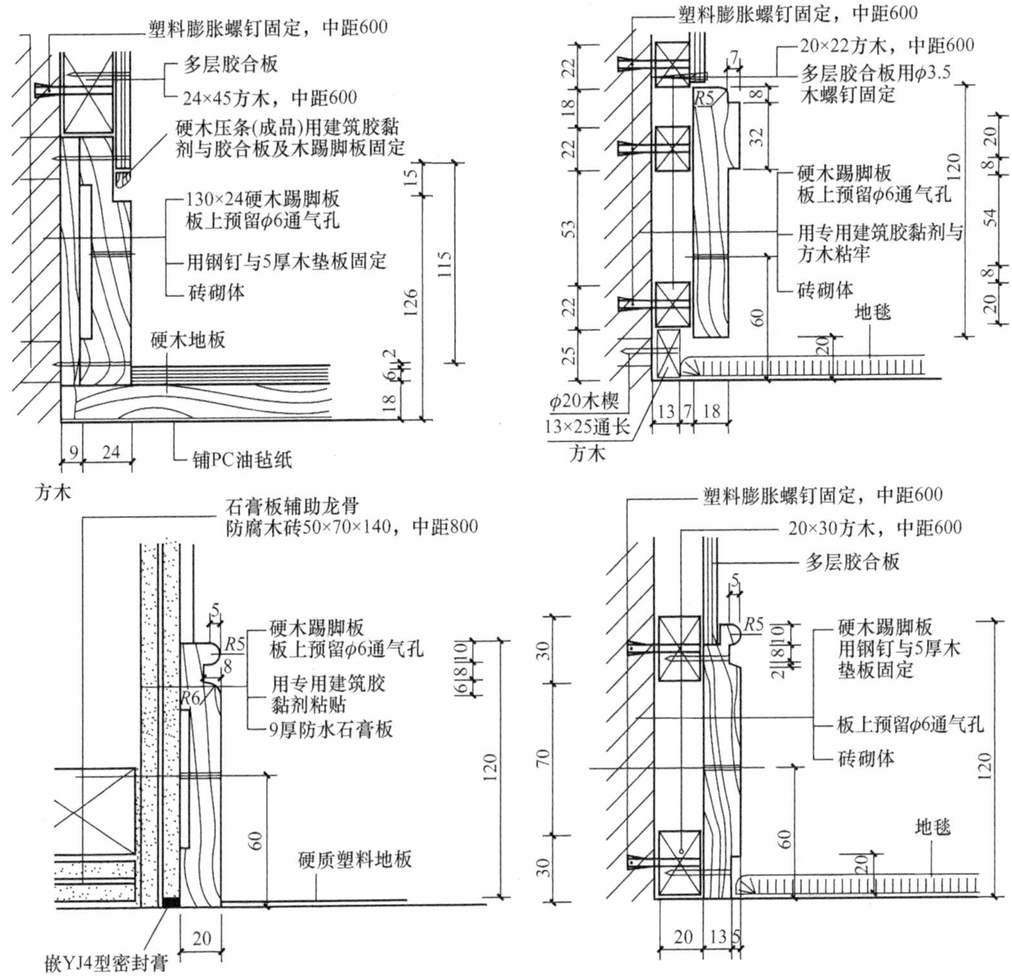

塑料膨胀螺钉固定，中距600
多层胶合板
24×45方木，中距600
硬木压条(成品)用建筑胶黏剂与胶合板及木踢脚板固定
130×24硬木踢脚板
板上预留φ6通气孔
用钢钉与5厚木垫板固定
砖砌体
硬木地板
铺PC油毡纸
方木
15
115
126
2
6
18
9
24
塑料膨胀螺钉固定，中距600
20×22方木，中距600
多层胶合板用φ3.5木螺钉固定
硬木踢脚板
板上预留φ6通气孔
用专用建筑胶黏剂与方木粘牢
砖砌体
地毯
φ20木楔
13×25通长方木
R5
7
8
32
22
18
22
53
22
25
60
20
120
20
8
54
8
20
13
7
18
石膏板辅助龙骨
防腐木砖50×70×140，中距800
硬木踢脚板
板上预留φ6通气孔
用专用建筑胶黏剂粘贴
9厚防水石膏板
硬质塑料地板
嵌YJ4型密封膏
R5
R6
5
8
10
8
6
120
60
20
塑料膨胀螺钉固定，中距600
20×30方木，中距600
多层胶合板
硬木踢脚板
用钢钉与5厚木垫板固定
板上预留φ6通气孔
砖砌体
地毯
R5
5
10
8
2
30
70
30
60
20
120
20
13
5

图 3.24　踢脚板构造

20 12~18
合板
30×45
20 6~9
墙:粉刷装修
装修缝
合板
横撑木
隔墙龙骨
木造隔墙龙骨
勾缝:硬木
合板
30 9~12
30×45
30 12~18
合板
30×45
12 35 9~12
45×35
硬木材
60×60
25~30
25~30
夹板
横木
40×35
9 9~12 35
装修夹板
螺栓固定
30~45
胶黏剂
横木

(a) 护壁板阴角装饰构造

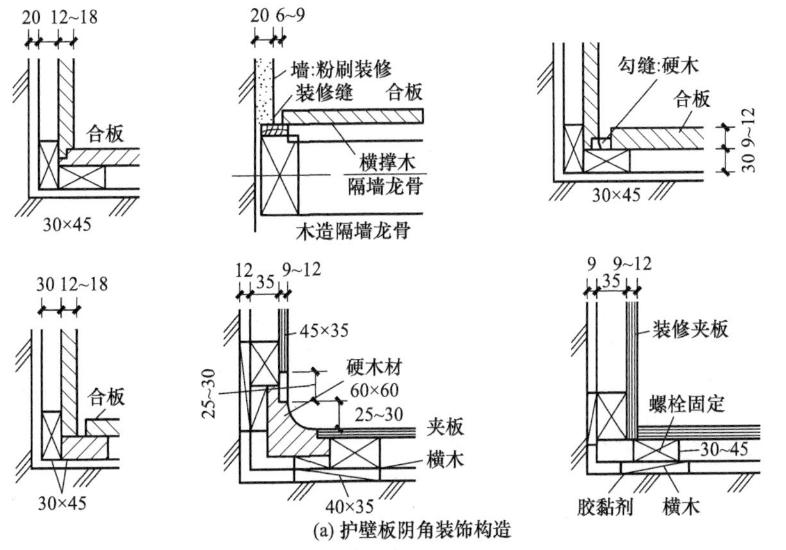

图 3.25　护壁板阴、阳角装饰构造

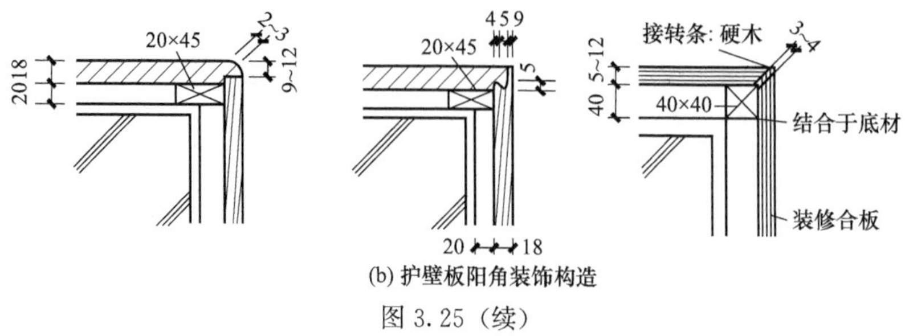

(b) 护壁板阳角装饰构造

图 3.25（续）

3.5.2 硬木条、竹条墙体饰面构造

硬木条墙面常与背部的空气间层及纤维类吸声材料一起形成具有吸声效果的墙体饰面，多用于厅堂的后墙等处。木条的形状既要根据吸声要求，又要方便施工，如图 3.26所示。

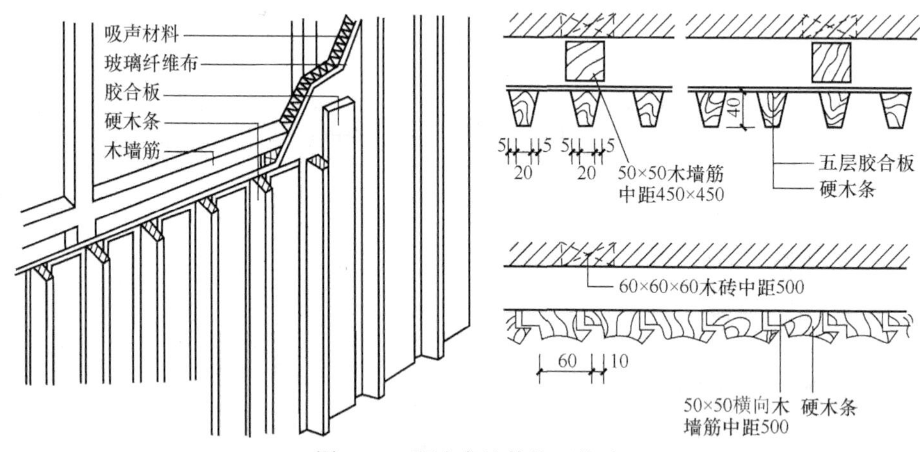

图 3.26 硬木条墙体饰面构造

竹条饰面系采用较大直径的竹材剖成竹片，取其竹青作面层，将竹黄削平，厚度约 10mm，如茶杆竹，可选用直径均匀、20mm 左右的整圆或半圆使用。根据设计尺寸固定在木框上，再装嵌在墙面上，做法如图 3.27 所示。

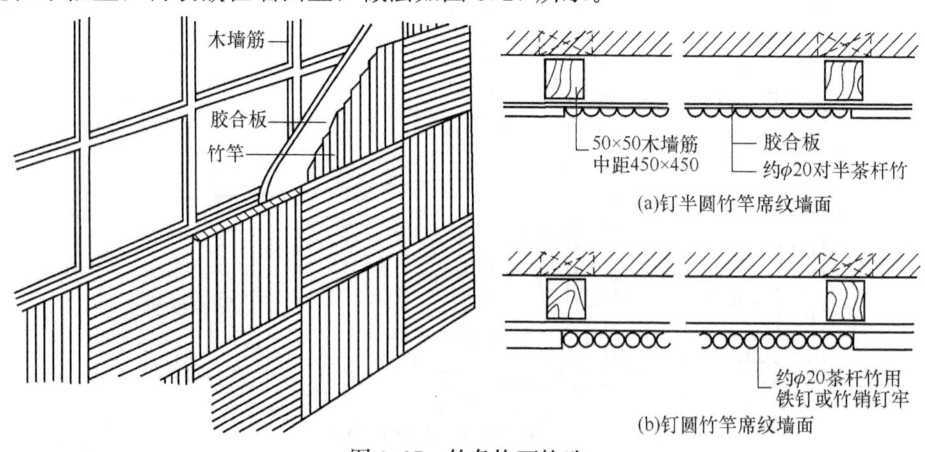

图 3.27 竹条饰面构造

3.5.3　金属薄板饰面

1. 基本构造

金属类板材饰面的基本构造与木质类饰面构造基本相同，基层有木质基层和金属龙骨基层，基层不同，连接固定方法也不同。金属饰面板用插接、螺钉连接或用胶黏结等方式固定在龙骨或基层板上。

2. 常用金属板类型及细部构造

(1) 铝合金饰面板

铝合金饰面板的材料品种较多，有铝质花纹板、铝质及铝合金波纹板、铝及铝合金压型板、铝合金冲孔平板、镁铝板、铝合金蜂窝板、铝板网等，所处部位不同，饰面板的固定方法也不一样。常见固定方式有两种：一是直接固定，即将铝合金板用螺栓直接固定在型钢上；二是利用铝合金板材压延、拉伸、冲压成型的特点，做成各种形状，然后将板条卡在特制的龙骨上，多用于室内较薄墙板的安装。前者因其耐久性较好，多用于室外墙面。

铝合金饰面板条板的安装构造如图 3.28 所示。

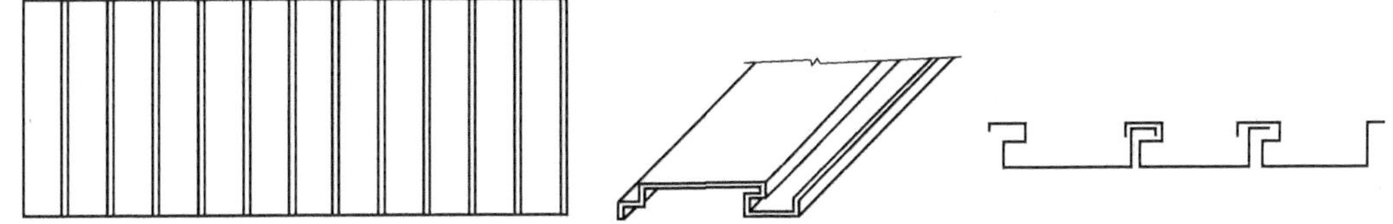

图 3.28　铝合金条板的安装构造

墙体饰面的细部，如水平的压顶、端部的收口、阴阳角处的转折等，如果处理不好，不仅影响墙面装饰的美观，而且关系功能问题。其具体的处理方法，除可直接采用基本类型板材或对其做适当变形后进行处理（图 3.29）外，还可采用特制的铝合金板。

(2) 不锈钢板饰面

装修用的不锈钢板，按其表面处理分为镜面不锈钢板、亚光不锈钢板、彩色不锈钢板和不锈钢浮雕板。一般以镶贴或粘贴的方法固定。不锈钢板较薄，基层必须平整，常用木质基层，如木骨架加板材类基层。具体构造如图 3.30 所示。

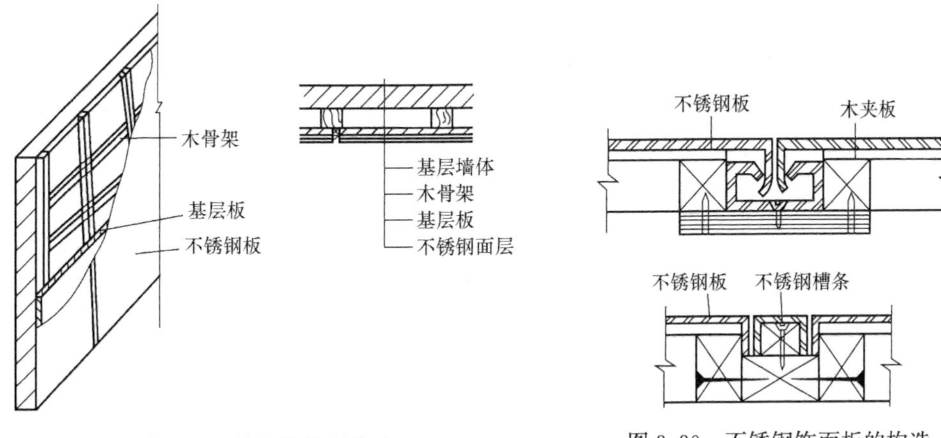

图 3.29　转角的处理构造

图 3.30　不锈钢饰面板的构造

(3) 铝塑板

铝塑板要求基层必须平整，室内一般直接粘贴在木质基层上，特殊固定可采用装饰螺钉。室外可粘贴或干挂的方法。

3.5.4 玻璃饰面

玻璃饰面构造方法是在墙上做骨架加板材类基层。玻璃固定方法主要有四种：一是在玻璃上钻孔，用玻璃螺钉直接把玻璃固定在板筋上；二是用压条压住玻璃，而压条是用螺钉固定于板筋上的，压条可用硬木、塑料、金属（铝合金、钢、铝）等材料制成；三是在玻璃的交点嵌钉固定；四是用胶把玻璃直接粘在基层板上。玻璃墙面一般构造方法如图 3.31 所示。

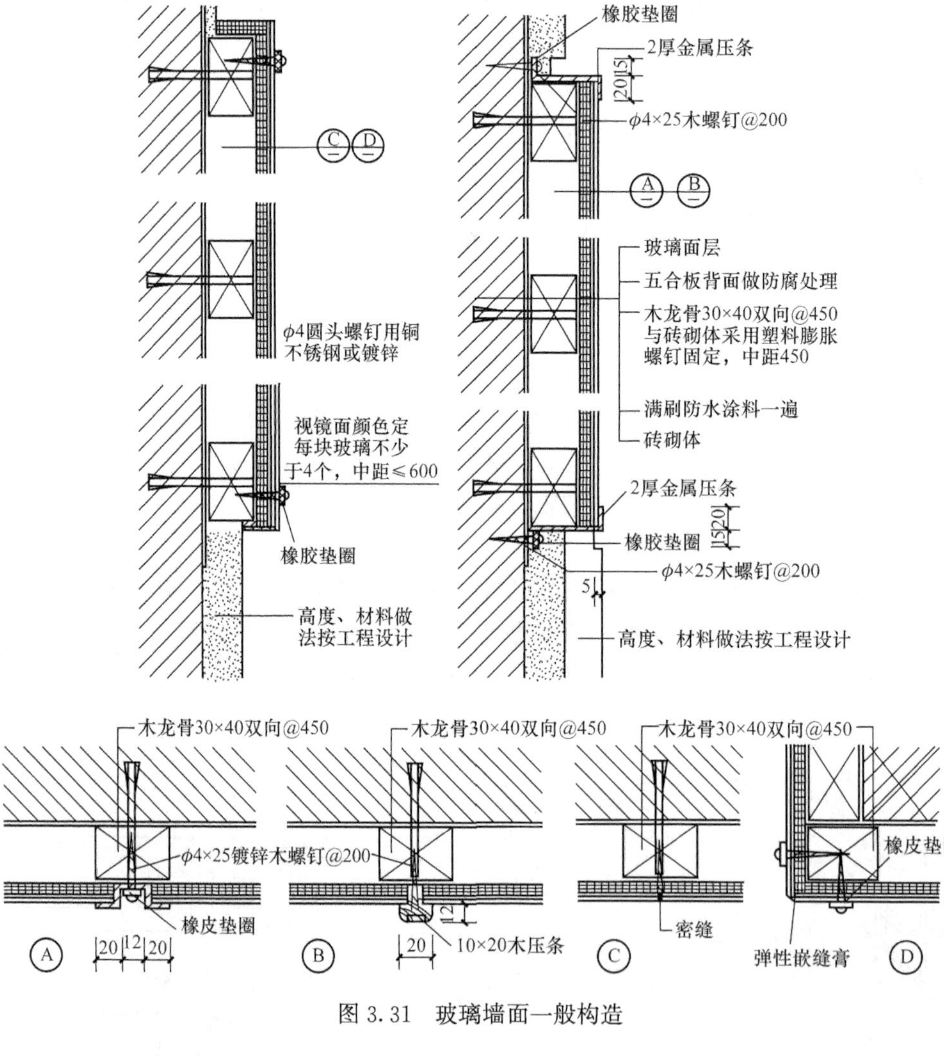

图 3.31　玻璃墙面一般构造

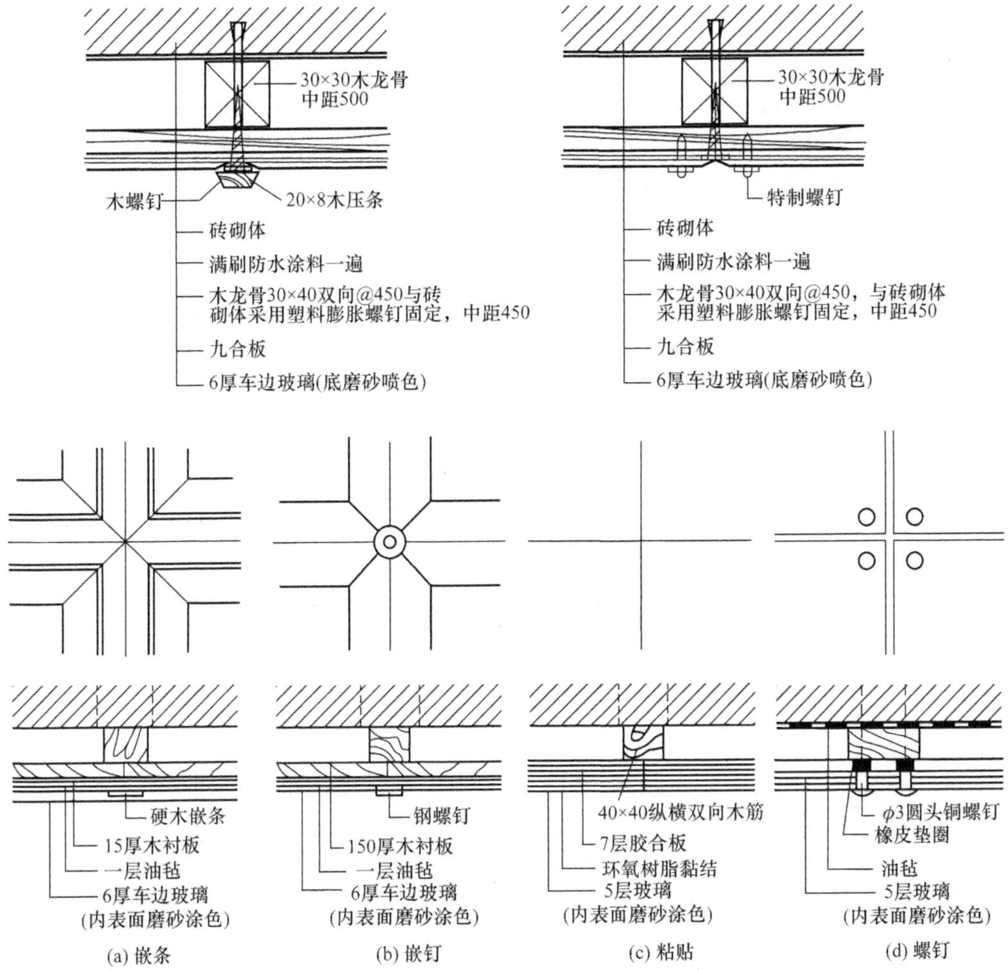

30×30木龙骨
中距500
木螺钉
20×8木压条
砖砌体
满刷防水涂料一遍
木龙骨30×40双向@450与砖砌体采用塑料膨胀螺钉固定，中距450
九合板
6厚车边玻璃(底磨砂喷色)

30×30木龙骨
中距500
特制螺钉
砖砌体
满刷防水涂料一遍
木龙骨30×40双向@450，与砖砌体采用塑料膨胀螺钉固定，中距450
九合板
6厚车边玻璃(底磨砂喷色)

硬木嵌条
15厚木衬板
一层油毡
6厚车边玻璃
(内表面磨砂涂色)
(a) 嵌条

钢螺钉
150厚木衬板
一层油毡
6厚车边玻璃
(内表面磨砂涂色)
(b) 嵌钉

40×40纵横双向木筋
7层胶合板
环氧树脂黏结
5层玻璃
(内表面磨砂涂色)
(c) 粘贴

ϕ3圆头铜螺钉
橡皮垫圈
油毡
5层玻璃
(内表面磨砂涂色)
(d) 螺钉

图 3.31（续）

3.5.5　其他饰面

1. 塑料护墙板饰面

塑料护墙板主要是指硬质 PVC、GRP 波形板，挤出异型板和格子板。这三种板材饰面的构造方法一般是先在墙体上固定好格栅，然后用卡子或与板材配套专门的卡入式连接件将护墙板固定在格栅上，这样在护墙板和墙体之间就形成了一个空气夹层，潮气可以通过墙体进入空气夹层，然后通过对流排出。从另一个方面考虑，这个空气夹层的存在，也使得墙体的隔热、隔声等性能得以提高。

2. 石膏板饰面

石膏板有纸面石膏板、纤维石膏板和空心石膏板三种，具有可钉、可锯、可钻等加工性能，并且有防火、隔声、质轻、不受虫蛀等优点。表面可以油漆、喷刷各种涂料及裱糊壁纸和织物，但其防潮、防水性能较差。

石膏板一般构造做法是直接粘贴在墙面上，或钉在龙骨上。墙体在刮腻子前要涂刷防潮涂料。

3. 装饰吸声板饰面

装饰吸声板的种类很多，常用的有：石膏纤维装饰吸声板、软质纤维装饰吸声板、硬质纤维装饰吸声板、钙塑泡沫装饰吸声板、矿棉装饰吸声板、玻璃棉装饰吸声板、聚苯乙烯泡沫塑料装饰吸声板、珍珠岩装饰吸声板等。这些板材都有良好的吸声效果和装饰效果，施工方便，可以直接贴在墙面上或钉在龙骨上，多用于室内墙面。

3.5 随堂测试

3.6　裱糊类内墙饰面构造

卷材类饰面的特点是工厂预制成材，色彩、图案丰富，除装饰效果外有吸声、隔热、防霉等功能，同时具有施工、维修、保养简单方便、使用寿命长的特点。现代卷材类饰面材料主要是壁纸、墙布、皮革等，尤其是壁纸种类繁多，其施工方法以裱糊为主，所以卷材类饰面工程也称裱糊饰面工程。近年来，随着新技术、新材料、新工艺的发展，裱糊饰面工程的内容发展呈现出多样化。

3.6.1　壁纸的类型及裱糊构造

1. 壁纸的类型

壁纸由基层和面层组合而成。基层材料有塑料、纸、布、石棉纤维等，面层材料有塑料（聚乙烯或聚氯乙烯）、纸面、木屑、金属、绒面、天然物料（树叶、草、木材）等。常见的卷材类饰面分类见表 3.6。

表 3.6　卷材类饰面分类

品种	特点
塑料壁纸	以纸为基层，用高分子乳液涂布面层，经压花、压纹等工序制成的一种墙面装饰材料。它具有防水、耐磨、透气性良好，颜色、花纹、质感丰富多彩的优点，使用方便、操作简单、成本低
纸质壁纸	在纸面上有各种压制和印刷的压花或印花花纹图案的饰面材料。其透气性好、价格便宜，但不耐水、不耐擦洗，耐久性差且容易破裂
纤维壁纸	用棉、麻、毛、丝等纤维做面料，并胶贴在纸基上制成的壁纸。纤维壁纸质感强，能与室内织物协调，形成高雅气氛和舒适环境
玻纤贴墙布	以玻璃纤维布作为基材，表面涂布树脂，印花而成的一种新型卷材。其色彩鲜艳、花色繁多，不褪色、不老化、防火、耐潮性较强，可用肥皂直接刷洗，施工简单、粘贴方便
无纺贴墙布	用棉、麻等天然纤维或涤纶、腈纶等合成纤维，经过无纺成型上树脂、印制彩色花纹而成的一种贴墙材料。特点是富弹性，不易折断老化，表面光洁而有毛绒感，不易褪色，耐磨、耐晒、耐湿，具有一定透气性，可擦洗
金属壁纸	在基层上涂金属膜制成的墙纸，这种壁纸给人金碧辉煌、庄重大方的感觉，适合气氛浓烈的场合，一般用于歌厅、酒店等公共场所，家居环境不宜选用

2. 壁纸的裱糊构造

(1) 基层处理

1）裱糊前刮腻子，用砂纸磨平，使表面平整、光洁、干净，不疏松掉粉，并有一定的强度。

2）为了避免基层吸水过快，应进行封闭处理，即在基层表面满刷清漆一遍。

(2) 壁纸预处理

为避免壁纸遇水后膨胀变形，壁纸裱糊前应做预处理。各种壁纸预处理方法见表 3.7。

表 3.7　壁纸预处理

类别	预处理方法
塑料壁纸	裱糊前应在壁纸背面刷清水一遍，然后立即刷胶；或将壁纸浸入水中 3～5min 后，取出将水擦净，静置约 15min 后，再行刷胶
复合壁纸	不得浸水，裱糊前应在壁纸背面涂刷胶黏剂，放置数分钟；裱糊时，应在基层表面涂刷胶黏剂
纤维壁纸	不宜在水中浸泡，裱糊前应用湿布清洁背面
金属壁纸	裱糊前浸水 1～2min，阴干 5～8min 后在其背面刷胶

3.6.2　纸基壁纸

壁纸施工

1. 纸基涂塑壁纸

纸基涂塑壁纸是以纸为基层，用高分子乳液涂布面层，再进行印花、压纹等工序制成的卷材。

用纸作基层易于保持壁纸的透气性，对裱糊胶的材性要求不高，故价格低，货源充足。涂布于纸基表面的氯乙烯-醋酸乙烯乳液中的水分在加热过程中挥发，使薄膜带有许多细小孔隙，涂层有良好的透气性。这样的涂层与上述有透气性的纸基相结合制成的壁纸具备了在未干透的基层上施工所需要的透气性。

各种纸基塑料壁纸的裱糊操作要点如下：

- 先贴长墙面，后贴短墙面。每个墙面从显眼的墙角以整幅纸开始，将窄条纸的现场裁切边留在不显眼的阴角处。每个墙面的第一条纸都要挂垂线。
- 贴每条纸均由上而下进行，上端不留余量，先在一侧对缝、对花型、拼缝到底压实后再抹平大面。
- 基层阴角若遇不垂直的现象，一般不做对接缝，改为搭缝。壁纸由受侧光的墙面向阴角的另一面转过去 0.5～1.0cm，压实、不留空鼓，搭接在前一条纸的外面。
- 为了防止使用中碰、蹭开胶，阳角转角处不留拼缝。包角要压实并注意花型与阳角直线的关系。所以对阳角基层的垂直、平整度要求较高。
- 完成的裱糊面不得有气泡、空鼓、翘边、皱折和污渍，斜视时无胶痕；表面颜色一致，纹理质感不能有压平起光，对缝处不得露缝或搭缝，图案、花纹精确吻合，偏差不大于 0.5mm，2m 正视应不显接缝。

2. 纸基覆塑壁纸

纸基覆塑壁纸是将聚氯乙烯树脂与增塑剂、稳定剂、颜料、填充料等材料混炼、压延成薄膜，然后与纸基热压复合，再进行印刷、压纹而得的产品，有单色印刷压光、双色印刷、压纹并发泡、沟底印刷压纹等多种品种。

由于在聚氯乙烯薄膜的配合比中填充料的掺量较大，为树脂重量的 40%～180%，再加上压纹的作用，因此克服了单纯聚氯乙烯薄膜不透气的缺点，使这类壁纸有较好的透气性，也可以在已干燥但尚未干透的基层上施工。

此项产品设备的工艺条件较好，可以同步压印多种深浅不同的质感与色彩，其装饰效果较前述涂塑壁纸好。

3.6.3 玻纤贴墙布

玻纤贴墙布本身有布纹质感，经套色印花后有较好的装饰效果，但不能像覆塑壁纸那样根据工艺美术设计需要压成不同凹凸程度的纹理质感。它的不足之处是盖底力稍差，当基层颜色有深浅时容易在裱糊面上显现出来；涂层一旦磨损破碎时有可能散落出少量玻璃纤维，要注意保养。

裱糊玻纤贴墙布的方法与裱糊纸基壁纸不同处有以下三点。

- 玻纤基材具有吸水膨胀的特点，可以直接刷胶裱糊。如预先湿水反而会因表面树脂涂层稍有膨胀而使墙布起皱，贴上墙后也难以平伏。
- 玻纤贴墙布盖底力稍差，如基层表面颜色较深时，应在黏结剂中掺入 10%白色涂料，如白色乳胶漆之类。相邻部位的基层颜色有深浅时，注意避免完成的裱糊面色泽有差异。
- 裱贴玻璃纤维墙布和无纺墙布，墙布背面不要刷胶黏剂，而要将胶黏剂刷在基层上。因为墙布有细小孔隙，本身吸湿很少，如果将胶黏剂刷在墙布背面，胶黏剂的胶会渗透到表面而出现胶痕，影响美观。这也是玻璃纤维墙布裱贴时不用 107 胶做胶黏剂的缘故。淡黄色的 107 胶，通过表面的细小孔隙，浸到表面，干后会出现一片一片的黄色。

3.6.4 丝绒和锦缎饰面

丝绒和锦缎是一种高级墙面装饰材料，其特点是绚丽多彩，质感温暖，古雅精致，色泽自然逼真，属于较高级的饰面材料，只适用于室内饰面裱糊。

其构造方法是：在墙面基层上用水泥砂浆找平后刷冷底子油，再做一毡二油防潮层，然后立木龙骨（断面为 50mm×50mm），纵横双向间距 450mm 构成骨架。将胶合板钉在木龙骨上，最后在胶合板上用化学糨糊、107 胶、墙纸胶或淀粉面糊裱贴丝、绒、锦缎，其构造见图 3.32。

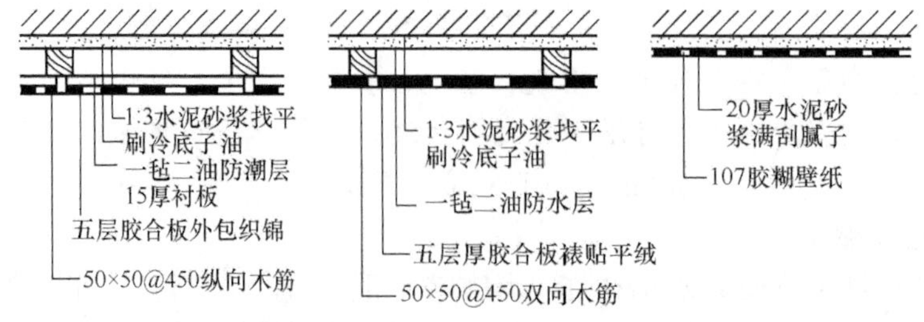

图 3.32 裱糊类墙面构造

3.6.5　皮革与人造革饰面

皮革与人造革墙面是一种高级墙面装饰材料，格调高雅，触感柔软、温暖，耐磨并且有消声消振特性。

皮革与人造革饰面一般构造方法如图 3.33 所示。

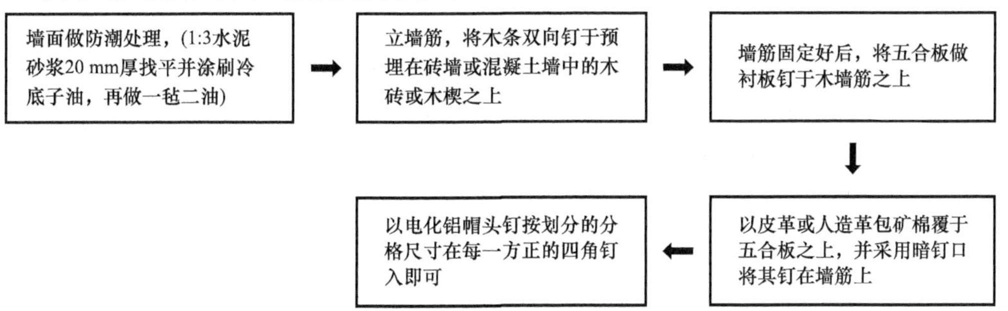

图 3.33　皮革与人造革饰面一般构造方法

皮革或人造革墙面可用于健身房、练功房、幼儿园等要求防止碰撞的房间，以及酒吧台、餐厅、会客室、客房、起居室等，以使环境幽雅、舒适，也适用于电话间、录音室等声学要求较高的房间。

糯米胶

图 3.34 为皮革或人造革墙面构造。

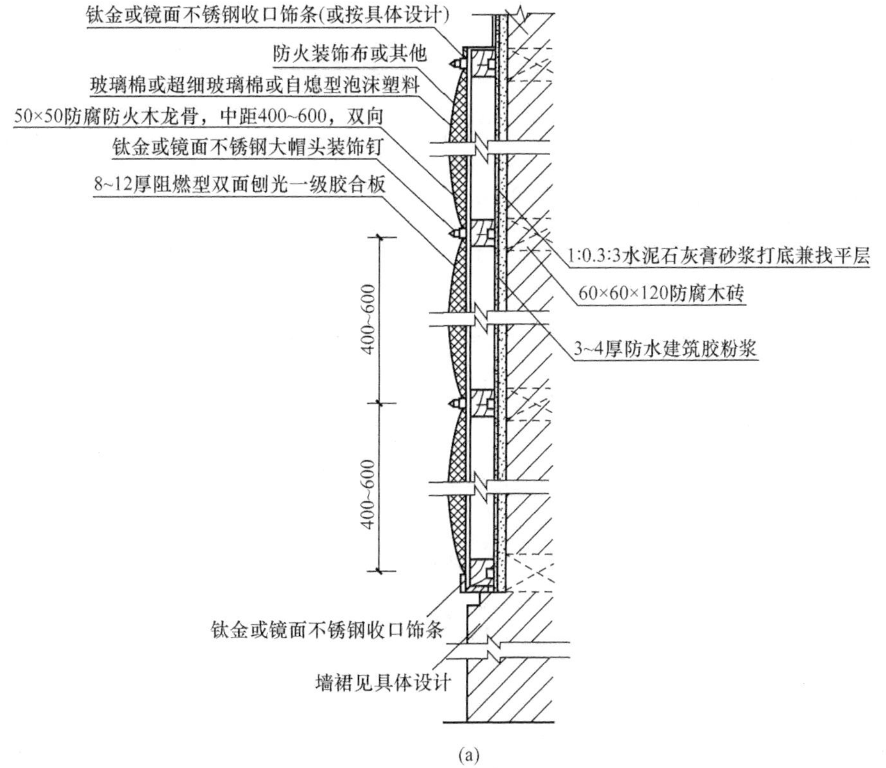

(a)

图 3.34　皮革或人造革饰面构造

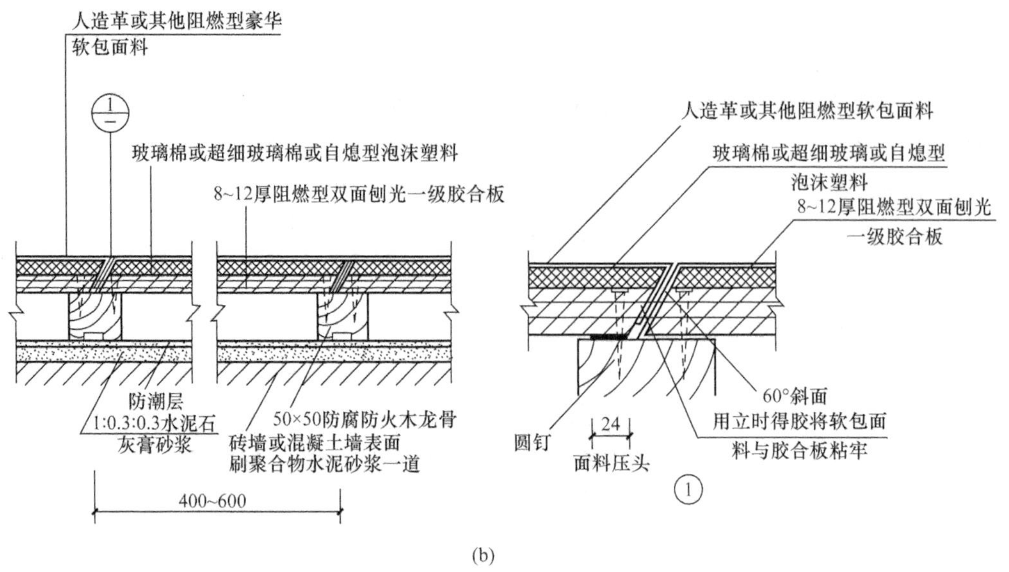

(b)

图 3.34（续）

3.6.6 微薄木饰面

微薄木是由天然木材经机械旋切加工而成的薄木片，其特点是厚薄均匀、木纹清晰、材质优良，并且保持了天然木材的真实质感。其表面可以着色，可以涂刷各种油漆，也可模仿木制品的涂饰工艺，做成清漆或腊克漆等。

微薄木饰面的构造做法如图 3.35 所示。

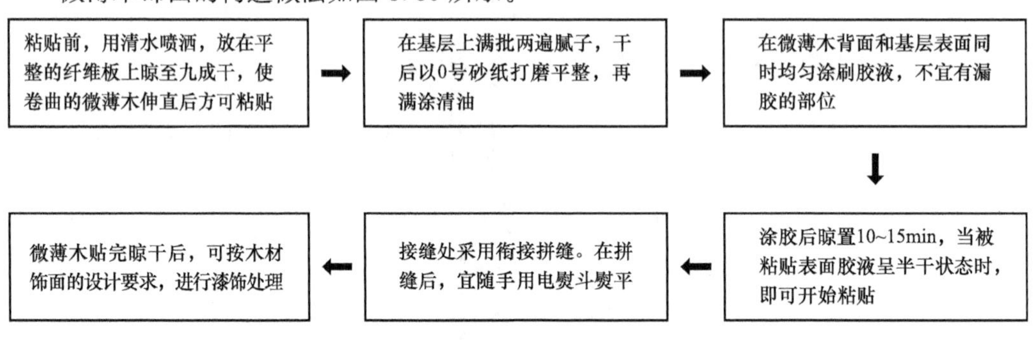

图 3.35　微薄木饰面的构造做法

3.6 随堂测试

3.7　清水砖墙与装饰混凝土墙面构造

3.7.1　清水砖墙饰面

清水砖墙是指墙体砌成以后，不用其他饰面材料，在其表面仅做勾缝或涂透明色浆所形成的砖墙体。清水砖墙是一种传统的墙体装饰方法，具有淡雅凝重的独特装饰效果，而且其耐久性好，不易变色，不易污染，也没有明显的褪色和风化现象，直至今日清水砖墙仍不失为一种很好的外墙装饰方法。即使是在新型墙体材料及工业化施工方法已经居于主导地位的西方发达国家，清水砖内、外墙仍在墙面装饰方法中占有一席地位。

适宜于砌筑清水砖墙的砖，要求质地密实、不易破碎、表面光洁、完整无缺、色泽一致、尺寸稳定、形状规则。其性能应该是表面晶化，吸水率低，抗冻效果好。我国传统建筑中采用磨砖，但这种每块砖都要经手磨的方法今天已经不可能大面积应用。近年来，国外生产了一些用于清水砖墙装饰的砖，如人工石料干压成的毛细孔砖等。在国内，目前尚无专门生产用于清水砖墙装饰的砖。相比之下，缸砖、城墙砖等用于清水砖墙是适宜的。另外，各类砖中的过火砖也都是可用的。规格尺寸多种多样的空心砖，只要符合上述要求，亦可用于清水砖墙饰面。

清水砖墙勾缝，多采用 1∶1.5 的水泥砂浆，砂子的粒径以 0.2mm 为宜。根据需要可以在勾缝砂浆中掺入一定量颜料，还可以在砖墙面缝之前涂刷颜色或喷色，色浆由石灰浆加入颜料（氧化铁红、氧化铁黄或青砖本色）、胶黏剂（一般为乳胶，按水重的 15%～20%掺用）构成。清水砖墙的灰缝的处理形式，主要有凹缝、斜缝、圆弧凹缝、平缝等形式，若为凹缝，则凹入应不小于 4mm。

3.7.2　装饰混凝土墙体饰面

随着建筑工业化的发展，新型墙体日益增多。各种砌块、预制混凝土壁板、大模板现浇混凝土等多种墙体已在工程中大量应用，显著改变了现场手工砌砖的落后局面。

混凝土的强度高、耐久性好，又是塑性成型材料，只要配比及工艺合理、模板质量符合要求，完全可以做到墙面平整，不需抹灰找平，也不需要饰面保护。如进一步将其做成装饰混凝土更是形式多样。

根据我国目前的具体情况，多数混凝土墙体由于装饰的需要，还必须满外墙做饰面，有的混凝土墙体由于表面平整度差，还需满抹底灰找平，没有充分利用这种新型墙体带来减少饰面工程量的可能性。要改变这种局面，除逐步采用装饰混凝土做法外，还应尽量提高混凝土壁板饰面的预制程度。

1. 装饰混凝土饰面

所谓装饰混凝土就是利用混凝土本身浇捣形成的图案、线型或水泥和骨料的颜色、质感而发挥装饰作用的饰面混凝土。装饰混凝土主要可分为清水混凝土和露骨料混凝土两类。混凝土经过处理，保持原有外观质地的为清水混凝土；反之将表面水泥浆膜剥离露出混凝土粗细集料之颜色、质感的为露骨料混凝土。当模板采用木板时，在混凝土表面能呈现出木材的天然纹理，自然、质朴。还可用硬塑料等做衬模，使混凝土表面呈现凹凸不平的图案，有很好的艺术表现力。模板的接缝设计要与总体构图吻合，否则会显得零乱、破碎。混凝土的浇筑质量要求较高，表面不得有蜂窝和麻面，这就对混凝土配合比和浇筑方法有特定的要求。

2. 预制饰面

采用预制饰面的混凝土壁板能大量减少现场饰面的工程量，从而大幅度地提高工效。但预制饰面混凝土壁板在运输及吊装过程中容易磕碰损坏，进行修补时，比较麻烦费工，而且颜色难于做到与原色均匀一致，难免留下痕迹影响立面美观。

预制饰面的混凝土壁板表面还可以预制成干粘石等饰面，即在浇灌混凝土后随即抹黏结砂浆、粘石碴等。采用这种壁板应预留部分石碴以备现场修补用，以保证石碴颜色一致。

3. 现浇混凝土墙体饰面

大模板、滑升模板现浇混凝土墙体的内外墙饰面只能在现场施工。预制混凝土壁板除前述预制饰面做法外，还有许多工程是在现场作外墙饰面的。经常采用的有干粘石、喷粘石、喷石屑、聚合物水泥砂浆喷涂、喷或刷乙丙乳液厚涂料、硅酸钾或硅溶胶无机建筑涂料等外墙饰面，同时还采用水泥拉毛、扒拉灰、假面砖、涂刷石灰浆等饰面做法。

现浇混凝土墙体的内外墙饰面在现场施工有利于保证质量，减少修补，但施工麻烦，工效较低。

3.8 内墙面特殊部位的装饰构造

3.8.1 窗帘盒

用来隐蔽和吊挂窗帘的装饰构件叫窗帘盒。窗帘盒从外形上可分为明窗帘盒、暗窗帘盒和带照明窗帘盒，见图 3.36。窗帘盒的出挑尺寸一般为 120～200mm，窗帘盒的长度一般为：洞口宽度+300mm 左右，每侧 150mm 左右。

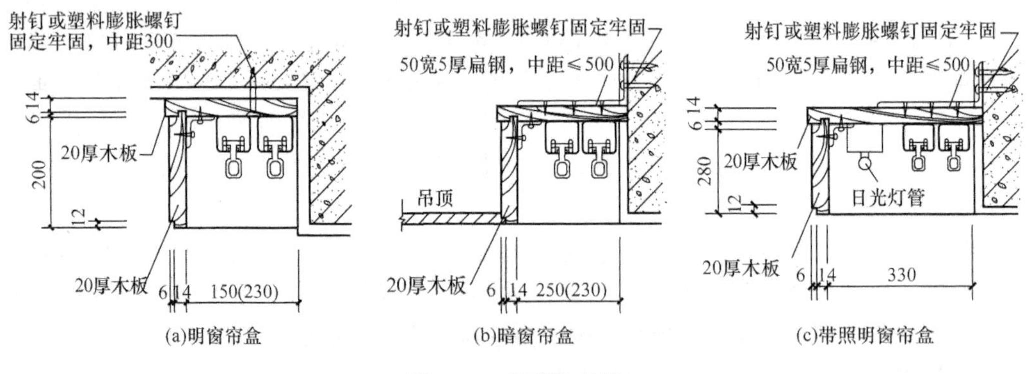

图 3.36　窗帘盒构造

窗帘盒内吊挂窗帘的构造，分为以下三种形式。

1. 软线式

选用 ϕ4mm（14 号）铅丝，两头加元宝螺钉调节的吊挂窗帘方式，适用于 1000～1200mm 宽的窗口。

2. 棍式

采用 ϕ10mm 钢筋、铜棍或铝合金棍的吊挂窗帘方式。此种方式具有良好的刚性，适用于 1500～1800mm 宽的窗口。跨度超过上述尺寸时，中间应增加支点。

3. 轨道式

采用铜或铝制成的小型轨道，轨道上安装小轮来吊挂和移动窗帘的方式。此种方式使用比较方便，可用于跨度较大的窗口。

窗帘盒一般支承在窗过梁的上部，多采用 20mm 厚木板制作。

3.8.2　暖气罩

暖气散热器多设于窗前。暖气罩多与窗台板等连在一起。常用的布置方法有窗台下式、沿墙式、嵌入式和独立式。暖气罩既要能保证室内均匀散热，又要造型美观，具有一定的装饰效果。

暖气罩常用的做法有以下两种。

1. 木制暖气罩

采用硬木条、胶合板等做成格片状，也可以采用上下留空的形式。木制暖气罩舒适感较好（图 3.37）。

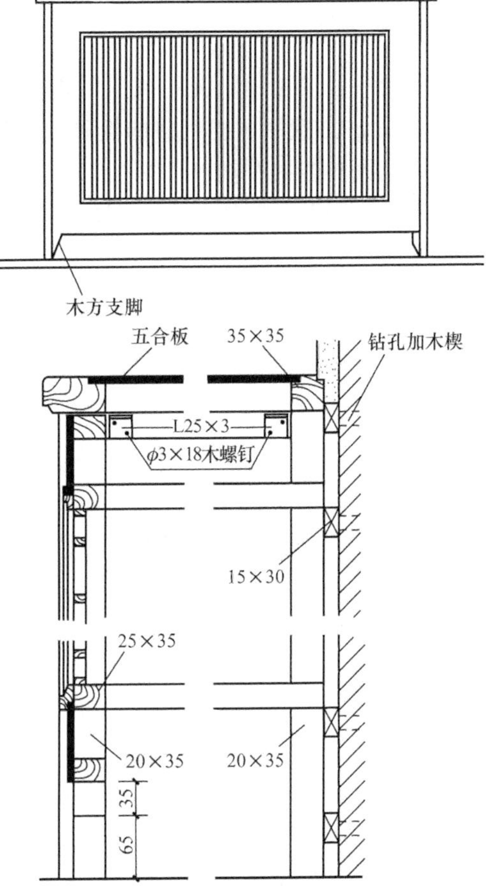

图 3.37　木制暖气罩

2. 金属暖气罩

采用钢或铝合金等金属板冲压打孔，或采用格片等方式制成暖气罩。这种形式的暖气罩具有性能良好、坚固适用的特点（图 3.38）。

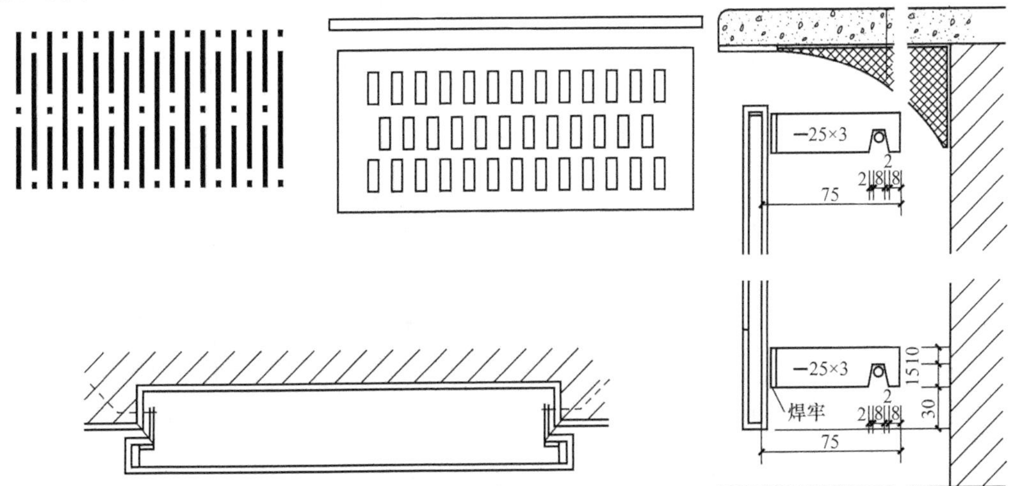

图 3.38　金属暖气罩

3.8.3 壁橱

壁橱一般设在建筑物的入口附近、边角部位或与家具组合在一起。壁橱深一般不小于500mm。壁橱主要由壁橱板和橱门构成，壁橱门可平开或推拉，也可不设门而只用门帘遮挡。橱内有抽屉、搁板、挂衣棍和挂衣钩等组成。壁橱的构造应解决防潮和通风问题，当壁橱兼作两个房间的隔断时，应有良好的隔声性能。较大的壁橱还可以安装照明灯具。

3.8.4 线脚与花饰

线脚是挂镜线、腰线等的统称。花饰是指在抹灰过程中现制或应用于墙面上预制的各种浮雕图形。

线脚常用的有抹灰线和预制线脚两种。抹灰线一般现场施工制作，式样较多，线条有简有繁，形状有大有小，可分为简单灰线、多线条灰线等。简单灰线通常称为出口线角，常用于室内顶棚四周及方柱、圆柱的上端；多线条灰线，一般指具有三条以上、凹槽较深、开头不一定相同的灰线，常见于房间的顶棚四周、舞台口、灯光装置的周围等。

预制线脚有木质类线脚（图 3.39）、石膏线脚（图 3.40）、塑料线脚（图 3.41）等。木质类线脚有原木和实木，根据室内装饰要求不同而简繁不一。简单的可采用挂镜线脚，而复杂的则可采用檐板线脚或二者兼具。

檐板线脚可分为冠顶饰板、上檐板、下檐板、挡板及压条等。木线脚的各种板条一般都固定于墙内木榫或木砖上。

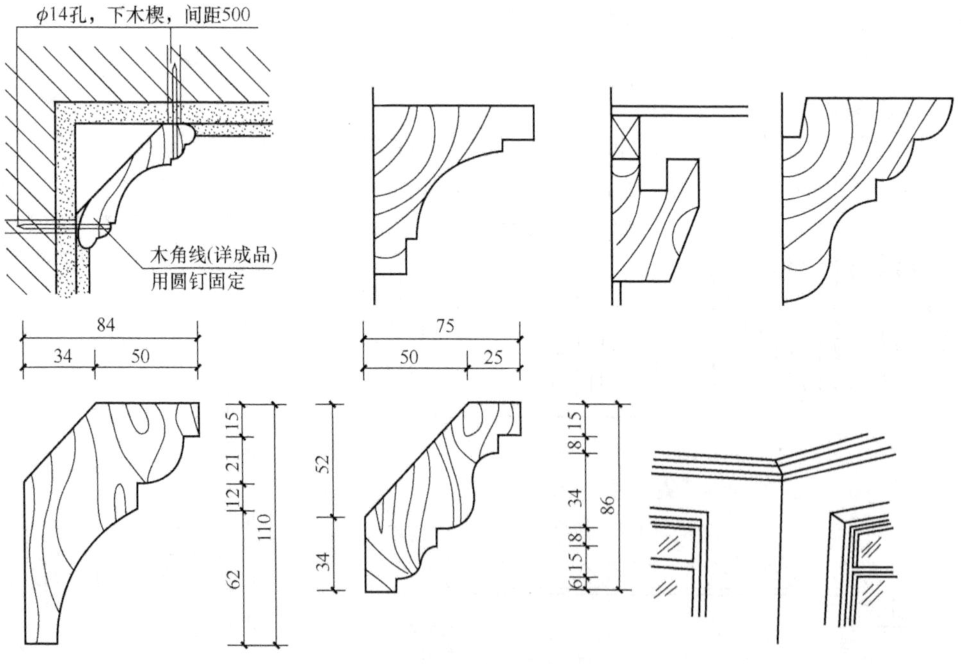

图 3.39 木质类线脚

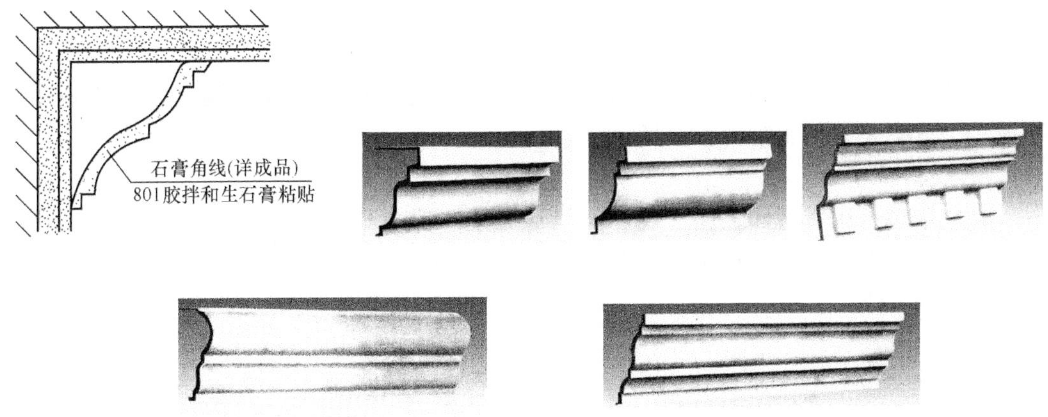

图 3.40　石膏线脚

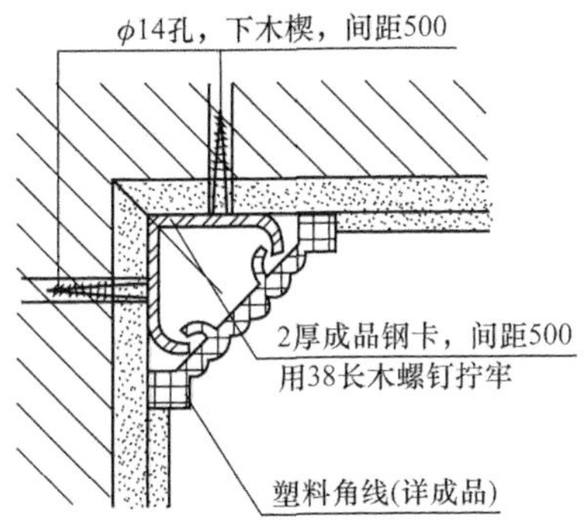

图 3.41　塑料线脚

花饰与抹灰线脚在适用范围、工艺原理等方面均相同，只不过是所用模具因花型不同而有很大变化，且材料是石膏浆而已。花饰制作可模仿抹灰线做法工艺进行。

3.7、3.8 随堂测试

3.9　隔墙与隔断

隔墙与隔断是用来分隔建筑空间，并起一定装饰作用的非承重构件。它们的主要区别有两个方面：一是隔墙较固定，而隔断的拆装灵活性较强；二是隔墙一般到顶，能在较大程度上限定空间，还能在一定程度上满足隔声、遮挡视线等要求，而隔断限定空间的程度比较小，高度不做到顶，甚至有一定的通透性，可以产生一种似隔非隔的空间效果。

隔墙与隔断的异同

3.9.1　隔墙构造

隔墙的类型很多，按其构造方式可分为块材隔墙、骨架隔墙、板材隔墙三大类。

1. 块材隔墙

块材隔墙是用普通砖、空心砖、加气混凝土等块材砌筑而成的，常用的有普通砖隔墙和砌块隔墙。房屋建筑构造课程中已有阐述，不再重复。

2. 骨架隔墙

(1) 木骨架隔墙

木骨架隔墙根据墙面材料不同有灰板条抹灰隔墙、面板隔墙和镶板隔墙等多种。由于其自重轻、构造简单、装拆方便等特点，故应用较广，但其防火防潮性能差，并且耗用木材较多。

1) 木骨架　木骨架由上槛、下槛、立筋、横撑或横档等构成，见图 3.42。立筋靠上下槛固定。木料断面通常为 50mm×70mm 或 50mm×100mm，依房间高度不同而选用。立筋之间沿高度方向每隔 1.5m 左右设斜撑一道，两端与立筋撑紧、钉牢，以增加强度，如表面系铺钉面板，则改斜撑为水平横档。立筋与横档间距视饰面材料规格而定，通常取 400mm、450mm、500mm 及 600mm。

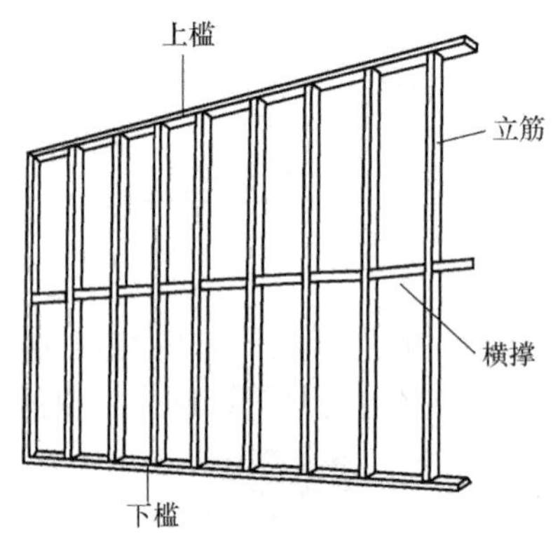

图 3.42　木墙筋

2) 隔墙饰面　隔墙饰面系在木骨架上铺饰的各种墙面材料，目前面层材料通常多用纸面石膏板、钙塑板、装饰吸声板以及各种胶合板、纤维板等。

面板隔墙的构造做法见图 3.43。面板是在立筋的一面或两面装钉，装钉有两种方式：一种是将面板镶嵌在骨架内，或将面板用木压条固定于骨架中间，称为嵌装式；另一种是将面板封钉于木骨架之外，并将木骨架全部掩盖，称为贴面式。面板固定方式见图 3.44。

贴面式面板隔墙的面板要在立筋上拼缝，常见的几种拼缝方式有明缝、暗缝、嵌缝和压缝，见图 3.45。这几种拼缝各有不同的装饰效果，明缝的缝隙可以是凹形，也可是 V 形；压缝和嵌缝是指在拼缝处钉木压条或嵌装金属压条；暗缝的做法是将石膏板边缘刨成斜面倒角，安装后拼缝处嵌填腻子，待初凝后再抹一层较稀腻子，粘贴穿孔纸带，待水分蒸发后，再用石膏腻子将纸带压住并与墙面抹平。

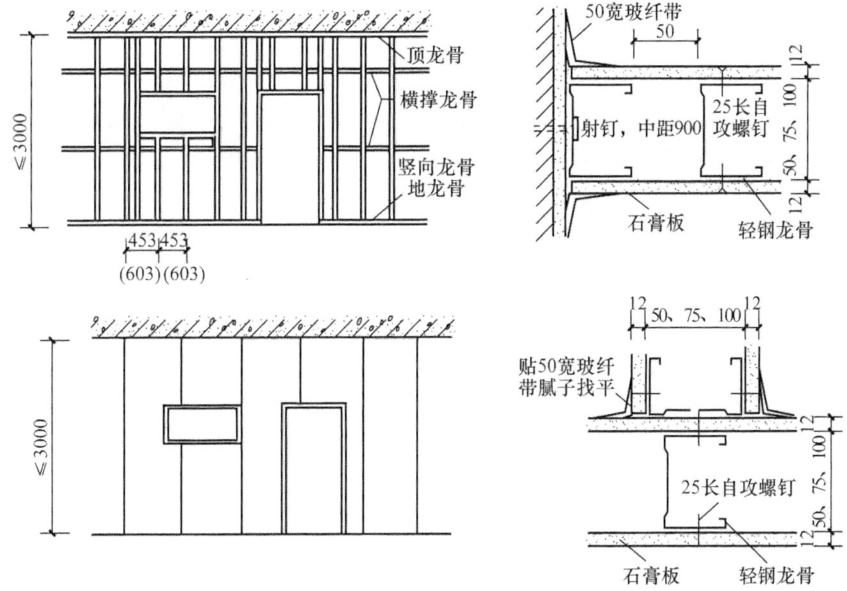

图 3.43　面板隔墙的构造做法

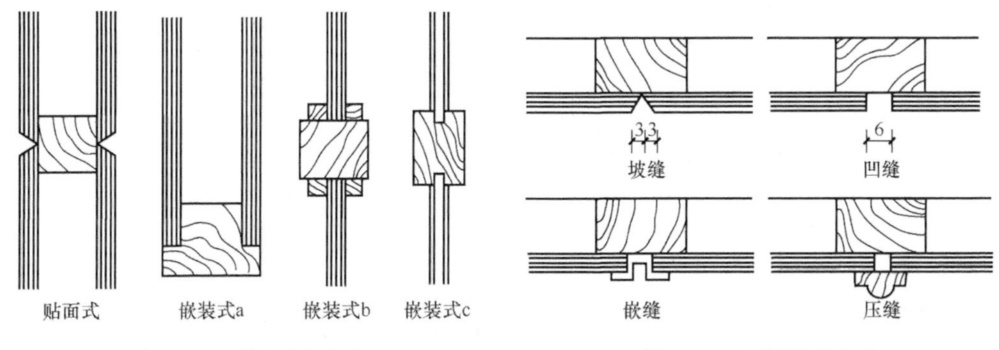

图 3.44　面板固定方式

图 3.45　面板拼缝方式

（2）金属骨架隔墙

金属墙筋一般采用薄壁型钢，铝合金或拉眼钢板制作。金属墙筋隔墙的主要优点是强度高、刚度大、自重轻、整体性好，易于加工和大批量生产，还可根据需要拆卸和组装，应用非常广泛。金属墙筋隔墙是在金属墙筋外铺钉面板而制成的隔墙，如图 3.46 所示。

1）轻钢龙骨隔墙的骨架一般由竖向龙骨、横撑龙骨和加强龙骨及各种配件组成。一般做法是：用沿顶、沿地龙骨与沿墙（柱）龙骨构成隔墙边框，中间设竖龙骨，如需要还可加横撑龙骨和加强龙骨，龙骨间距一般为 400～600mm，按面板尺寸而定。骨架和楼板、墙或柱等构件连接时，多用膨胀螺栓来固接，墙筋、横档之间则靠各种配件或膨胀铆钉相互连接。龙骨的断面形式见表 3.8。

轻钢龙骨隔墙施工

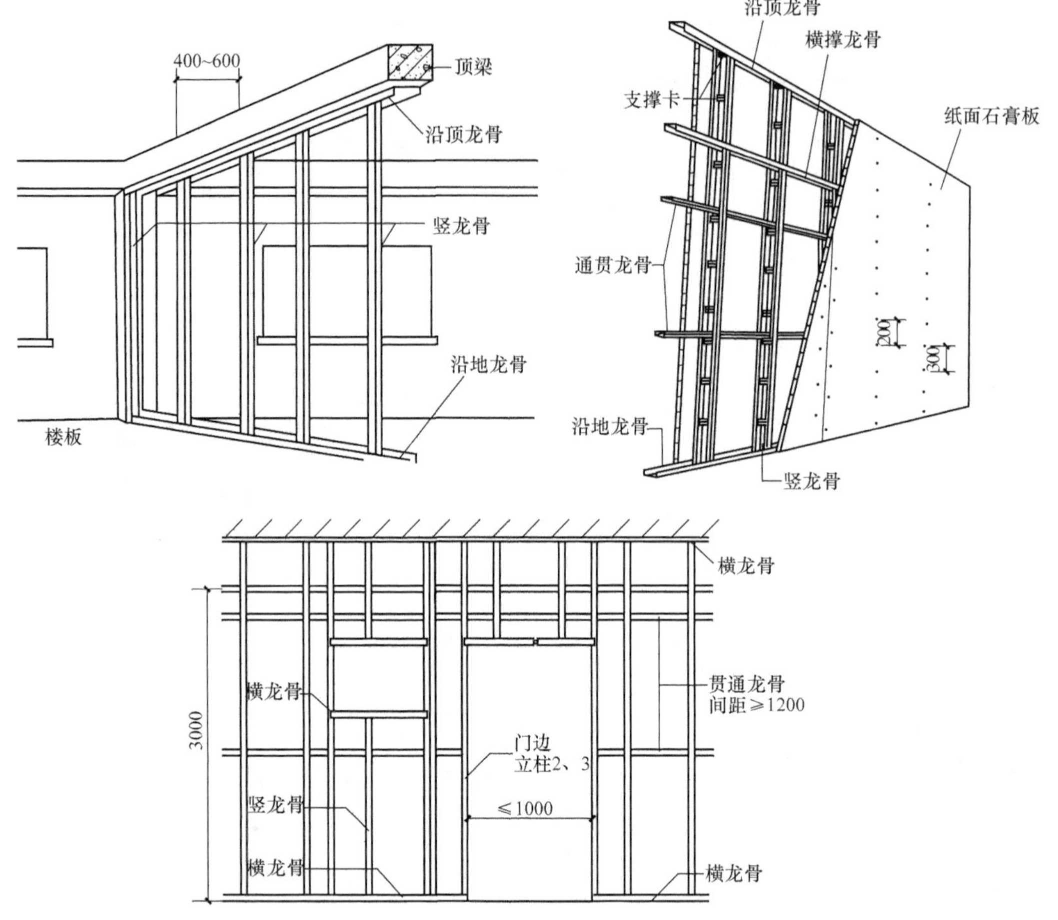

图 3.46　金属墙筋隔墙

表 3.8　金属墙筋隔墙龙骨的断面形式

名称	断面形式	断面透视	使用范围
横龙骨			支撑隔断最上面和最下面的龙骨
高边龙骨			用于楼板低或楼地面（沿顶龙骨、沿地龙骨）固定竖龙骨，高度大于 4.2m，采用高边龙骨
竖龙骨			竖立上、下龙骨之间，受力构件，固定面板的骨架
贯通龙骨			横穿竖龙骨之间的水平龙骨，加强竖龙骨稳定性

续表

名称	断面形式	断面透视	使用范围
角龙骨			曲面墙替代横龙骨或圆形洞口的面板骨架
CH 龙骨			管井或其他特殊墙体的竖龙骨

2）铝合金框架隔墙是新型的隔墙材料，采用 1.4～1.8mm 厚钛镁铝合金框架，表面经过氟碳喷涂、色彩鲜艳，抗氧化强、面板组装式可拆卸。中空的框架，内置线管避免了线路外露，维修方便、组装稳固、隔声、可重复使用、环保等。

面板与骨架的固定方式有钉、粘、卡三种（图 3.47）。

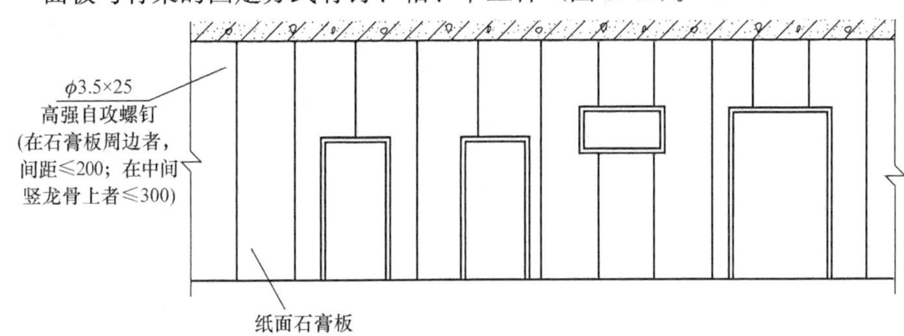

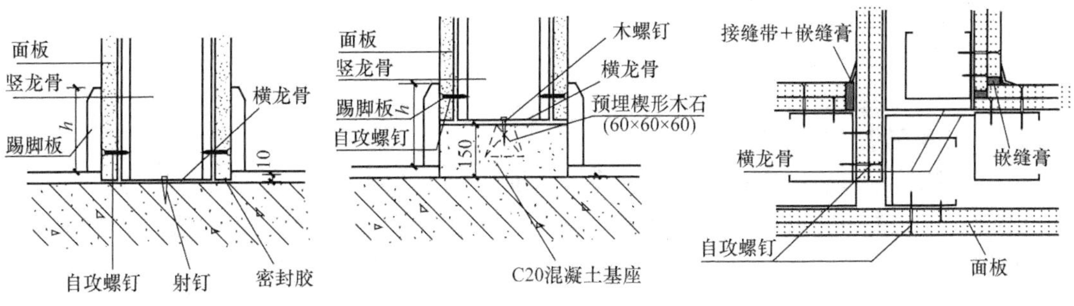

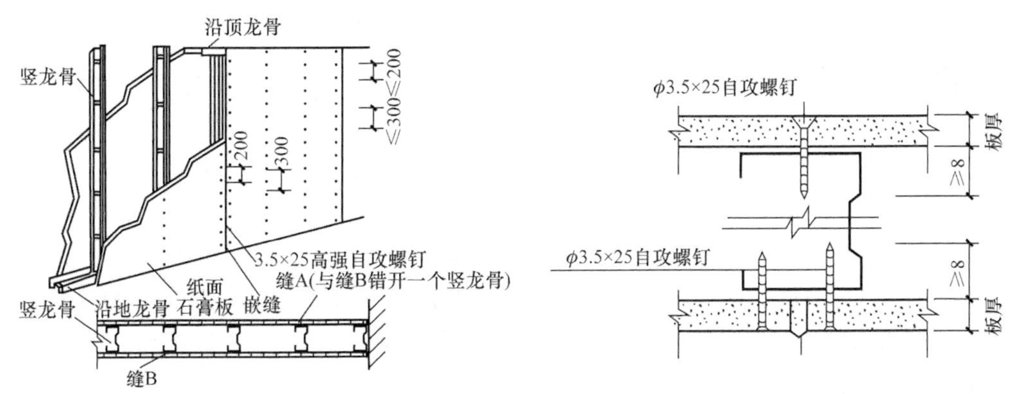

图 3.47　面板与骨架的固定方式

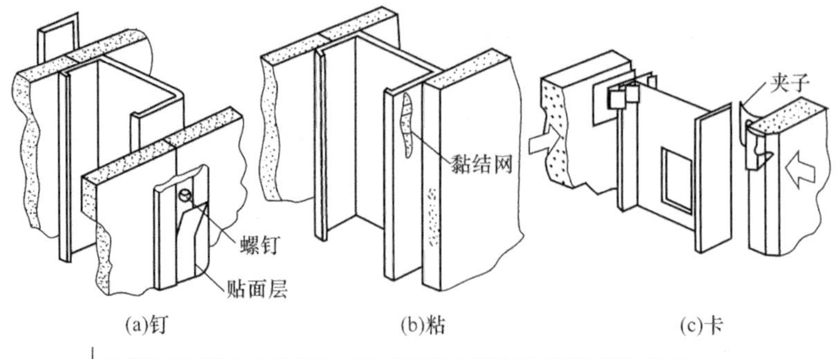

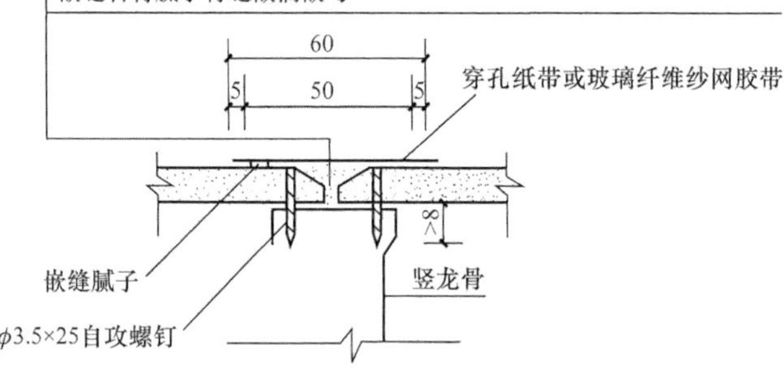

图 3.47（续）

3. 板材隔墙

板材隔墙是单板高度相当于房间净高，面积较大，且不依赖骨架，直接装配而成的隔墙。在必要时，也可按一定间距设置一些竖向龙骨，以增加其稳定性。目前采用的板材是各种材料的条板（如加气混凝土条板、石膏条板、碳化石灰板、泰柏板等），以及各种复合板（如纸面蜂窝板、纸面草板等）。

加气混凝土条板隔墙施工

（1）加气混凝土条板隔墙

加气混凝土条板系由水泥、石灰、砂、矿渣、粉煤灰等加发气剂铝粉，经原料处理、配料、浇筑、切割及蒸压养护等工序制成。这种隔墙导热系数低，保温性能、抗震性能和防火性能好，可锯、可刨、可钉，便于加工，近年来应用较为广泛。但加气混凝土吸水性大、耐腐蚀性差、强度较低，运输、施工过程中易损坏，不宜用于具有高温、高湿或有化学及有害空气介质的建筑中。加气混凝土条板常用的规格是：长度为 1500～6000mm，宽度为 600mm，厚度为 150mm、175mm、180mm、200mm、240mm、250mm 等多种。

加气混凝土隔墙构造如图 3.48 所示，隔墙两端板与建筑墙体的连接，可采用预埋插筋做法；条板顶端与楼面或梁下用黏结砂浆作刚性连接，下端用一对对口木楔在板底将板楔紧；再用细石混凝土将木楔空间填实；隔墙板之间用水玻璃砂浆或 107 胶砂浆黏结，其配合比分别是：水玻璃∶磨细矿砂∶细砂＝1∶1∶2，107 胶∶珍珠岩粉∶水＝100∶15∶2.5。

当加气混凝土隔墙设门窗洞口时，门窗框与隔墙连接，多采用胶粘圆木的做法。在条板与门窗框连接的一侧钻孔，孔径为 25～30mm，孔深 80～100mm，孔内用水湿润，然后将涂满 107 胶水泥砂浆的圆木塞入孔内，用圆钉或木螺钉将门窗框紧固在圆木上，如图 3.48 所示。

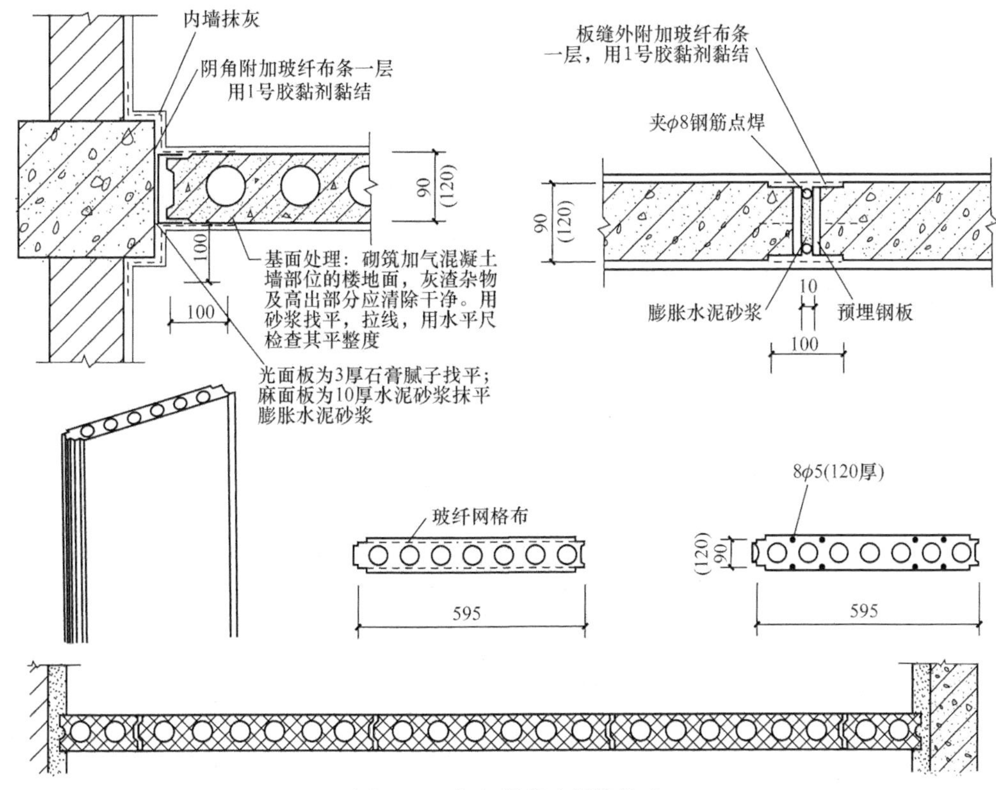

图 3.48　加气混凝土隔墙构造

(2) 泰柏板隔墙

加气混凝土砌块隔墙的施工

泰柏板是由 ϕ2 低碳冷拔镀锌钢丝焊接成三维空间网笼，中间填充聚苯乙烯泡沫塑料构成的轻质板材。泰柏板约厚 70mm、宽 1200～1400mm、长 2100～4000mm。这种隔墙自重轻（3.9kg/m^2，双面抹灰后重 84kg/m^2）、强度高（轴向抗压允许荷载≥73kN/m^2，横向抗折允许荷载≥2.0kN/m^2）、保温、隔热性能好，具有一定隔声能力和防火性能（耐火极限为 1.22h），它还具有较好的可加工性，易于裁剪和拼接。板内还可预设管道、电气设备、门窗框等。故广泛用作工业与民用建筑的内、外墙、轻型屋面以及小开间建筑的楼板等。

泰柏板隔墙的安装必须使用配套的连接件进行连接固定，如图 3.49 所示。板与板拼缝用配套箍码连接，再用铅丝绑扎牢固，外用联结网或“之”字条覆盖，隔墙的阴阳角和门窗洞口也须采取补强措施。

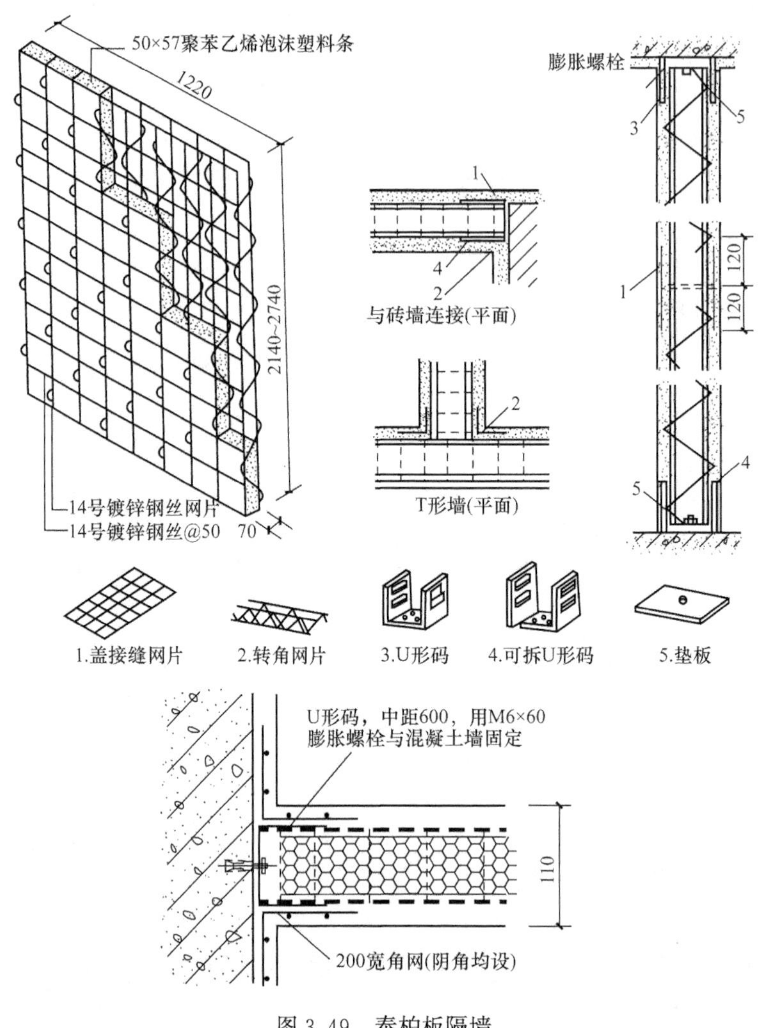

图 3.49　泰柏板隔墙

（3）轻质板隔墙

轻质板是用石膏、水泥或炉渣、水泥等为原料，以钢网为骨架，做成空心板，具有强度高、韧性好、保温隔热、耐火、隔声、抗震等特点，而且经济耐用。

轻质板隔墙的固定方法一般通过钢制 L 形或 U 形件配合水泥连接，其做法如图 3.50 所示。

门窗与隔墙连接时，有胶黏法和附加框法。当采用木门窗框时，在框和隔板之间涂胶黏剂，再用木螺钉连接；固定金属框则需要附加框连接。

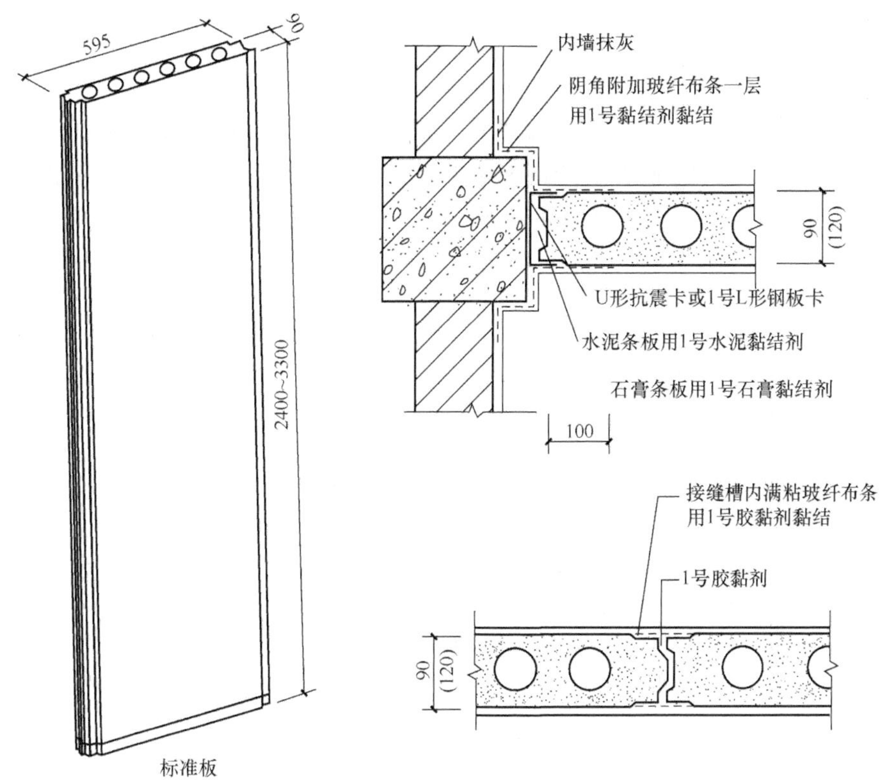

图 3.50　轻质板隔墙的固定方法

3.9.2　隔断构造

隔断的类型

隔断的形式很多，常见的有家具式隔断、屏风式隔断、移动式隔断和空透式隔断等。

图 3.51　家具式隔断

1. 家具式隔断

家具式隔断系利用各种适用的室内家具将较大的室内空间分隔成多个功能不同的小空间，把空间分隔与功能使用以及家具配套巧妙地结合起来，既节约费用，又节省面积；既提高了空间组合的灵活性，又使家具布置与空间相协调。这种形式的隔断多用于住宅的室内设计以及办公室的分隔等处（图 3.51）。

家具式隔断构造与一般家具构造相同，在此不予介绍。

2. 屏风式隔断

屏风式隔断通常是不到顶的，因而空间通透性强，它在一定程度上起着分隔空间和遮挡视线的作用，而隔声问题并非其所要解决的问题，常用于办公楼、餐厅、展览馆以及医院的诊室等公共建筑中。厕所、淋浴间等也多采用这种形式。

从构造上，屏风式隔断有固定式和活动式两种。

固定式屏风隔断可以分为预制板式和立筋骨架式。预制板式隔断借预埋铁件与周围墙体、地面固定；而立筋骨架式屏风隔断则与隔墙构造相似，它可在骨架两侧铺钉面板，亦可镶嵌玻璃。屏风式隔断的高度一般为1050～1800mm，构造见图3.52。

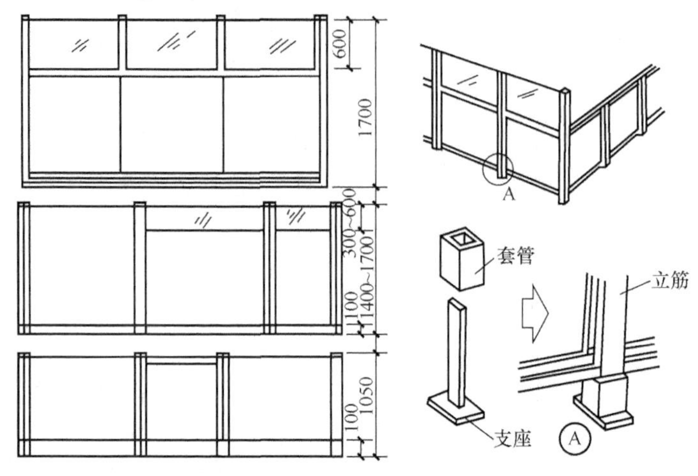

图3.52　屏风式隔断的构造

活动式屏风隔断可以分为独立式和联立式两类。独立式屏风隔断的做法一般采用木骨架或金属骨架，骨架两侧钉胶合板或纤维板，外面以尼龙布或人造革包衬泡沫塑料，周边可以直接利用织物作缝边也可另加压条。最简单的支承方式是在屏风扇下安装一金属支架，支架可以直接放在地面上，也可在支架下安装橡胶滚动轮或滑动轮，以便于移动。联立式屏风隔断的构造做法与独立式基本相同，不同之处在于联立式屏风隔断无支架，而是靠扇与扇之间连接形成一定形状站立。传统连接方法是在相邻扇侧边上装铰链，但移动不方便；现多采用顶部连接件连接，这种连接件可保证随时将联立屏风拆成单独屏风扇，如图3.53所示。

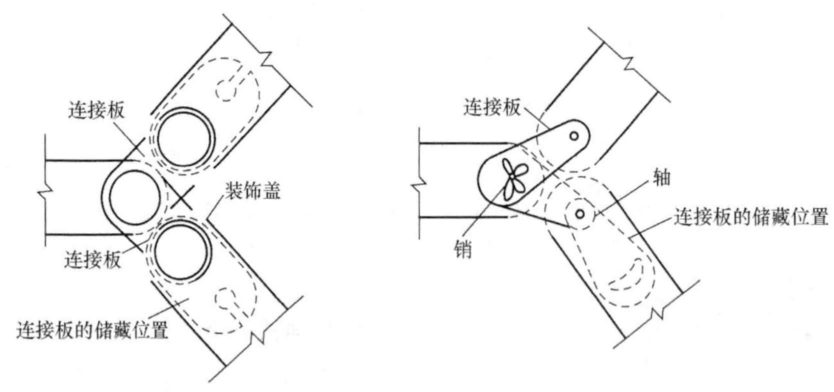

图3.53　联立式屏风隔断连接件

3. 移动式隔断

移动式隔断是可以随意闭合、开启，使相邻的空间随之变化成独立的或合一的空间的一种隔断形式。它具有灵活多变的特点，且关闭时，也能起到分隔空间、隔声和遮挡视线的作用。

移动式隔断的类型很多，按其启闭方式可分为五大类：拼装式、直滑式、折叠式、卷帘式和起落式。下面介绍常见的移动式隔断的构造做法。

(1) 拼装式隔断

拼装式隔断由若干独立的隔扇拼成，不需左右移动，所以没有导轨和滑轮。图 3.54 是拼装式隔断的立面图和主要节点图，由图可知，隔扇多用木框架，两侧粘贴纤维板或胶合板，也有一些另贴塑料饰面或包人造革。为装卸方便，隔断的上部设置一个通长的上槛，断面为槽形或丁字形。采用槽形时，隔扇的上部较平整，采用丁字形时，隔扇上部应设一道较深的凹槽。不论采用哪一种上槛，都要使隔扇的顶端与平顶保持 50mm 左右的间隙，因为只有这样才能保证装卸的方便。隔扇的下部照常做踢脚，底下可加隔声密封条或直接将隔扇落在地面上，能起到较好的隔声效果。从平面上，可在两侧板中间设隔声层，并将两扇的侧边做成企口缝。隔扇的一端要设一个槽形补充件，其形式和大小同上槛，作用是便于人们操作，并在装好后，掩盖住隔扇与墙（柱）面的缝隙。

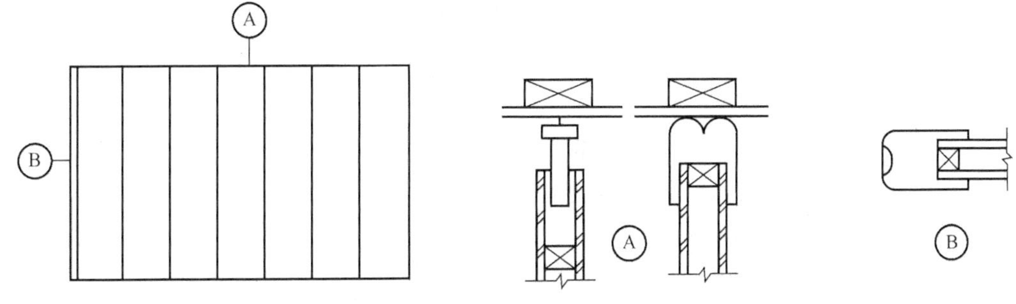

图 3.54　拼装式隔断

(2) 直滑式隔断

直滑式隔断也有若干扇，这些扇可以各自独立，也可用铰链连接到一起。独立的隔扇可以沿着各自的轨道滑动，但在滑动中始终不改变自身的角度，沿着直线开启与关闭。

直滑式隔断单扇尺寸较大，扇高 3000～4500mm，扇宽 1000mm 左右，厚度为 40～60mm，做法与拼装式隔扇相同。隔扇的固定方式有悬吊导向式固定和支承导向式固定（图 3.55）。支承导向式固定方式的构造相对简单，安装方便，因为支承构造的滑轮固定在隔扇下端，与地面轨道共同构成下部支承点，并起转动或移动隔扇的作用。而上部仅安装防止隔扇摆动的导向杆，省却了一套悬吊系统。

悬吊导向式固定隔扇与地面间的缝隙可用多种方法来掩盖：其一，在隔扇下端设两行橡胶密封刷；其二，在隔断的下端做凹槽，在凹槽内分段放置密封槛，密封槛借隔扇的自重紧压在地面上。

(3) 折叠式隔断

折叠式隔断可以像手风琴的风箱一样伸展和收拢。按其使用材料分，有硬质和软

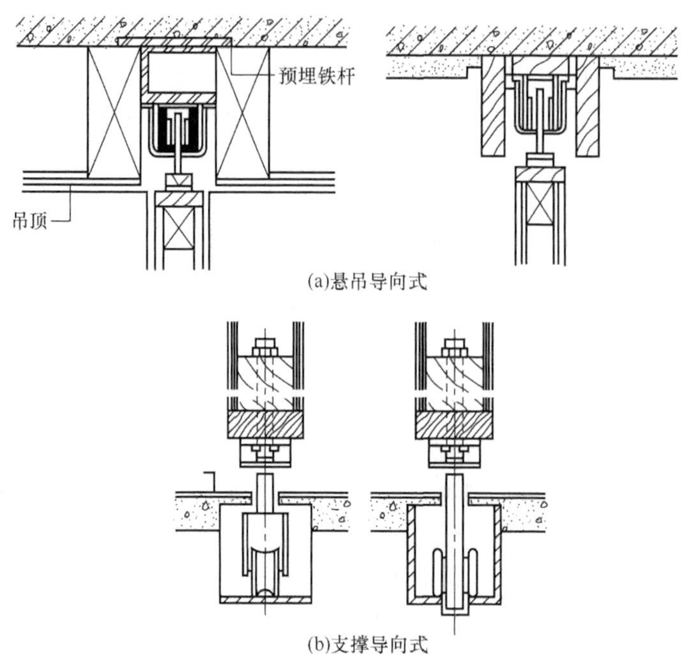

图 3.55　直滑式隔扇的固定方式

质两类：前者是由木隔扇或金属隔扇构成的，隔扇之间用铰链连接；后者是用棉、麻织品或橡胶塑料制品制作的。

折叠式隔断主要由轨道、滑轮和隔扇三部分组成。

硬质隔断的隔扇是由木框架或金属框架，两面各贴一层木质纤维板或其他轻质板材，在两层板的中间夹隔声层而组成；软质折叠移动式隔断大多是双面的，这种隔断的面层可为帆布或人造革，面层的里面加设内衬。软质隔断的内部一般没有框架，采用木立柱或金属杆，木立柱或金属杆之间设置伸缩架，面层固定于立柱或立杆上，如图 3.56 所示。

折叠式隔断根据滑轮和导轨的不同设置，又可分为悬吊导向式、支撑导向式和二维移动式三种不同的固定方式。悬吊导向式和支撑导向构造方式同直滑式隔断的做法，见图 3.55。二维移动式固定构造如图 3.57 所示，二维移动式隔断的优点是：不仅可像一般的移动式隔断一样在某一特定的位置通过线性运动对空间进行分隔，而且可以根据需要变动隔断的位置，从而使对空间的划分更加灵活。换句话说，它既具有移动式隔断的稳定性好、装饰性强和限定度较高的特点，又具有屏风式隔断的可移动性和灵活性高的优点。

4. 空透式隔断

所谓空透式隔断，是指那些以限定空间为主，以隔声、阻隔视线为辅，甚至不隔声、不隔视线的隔断。空透式隔断能够增加空间的层次和深度，使室内产生丰富的艺术效果，具有很强的装饰性，广泛用于宾馆、商店、展览馆等公共建筑和住宅建筑中。

空透式隔断从形式上分，有花格、落地罩、飞罩、隔扇和博古架；从所用材料上分，有木制、竹制、水泥制品、玻璃及金属制品。

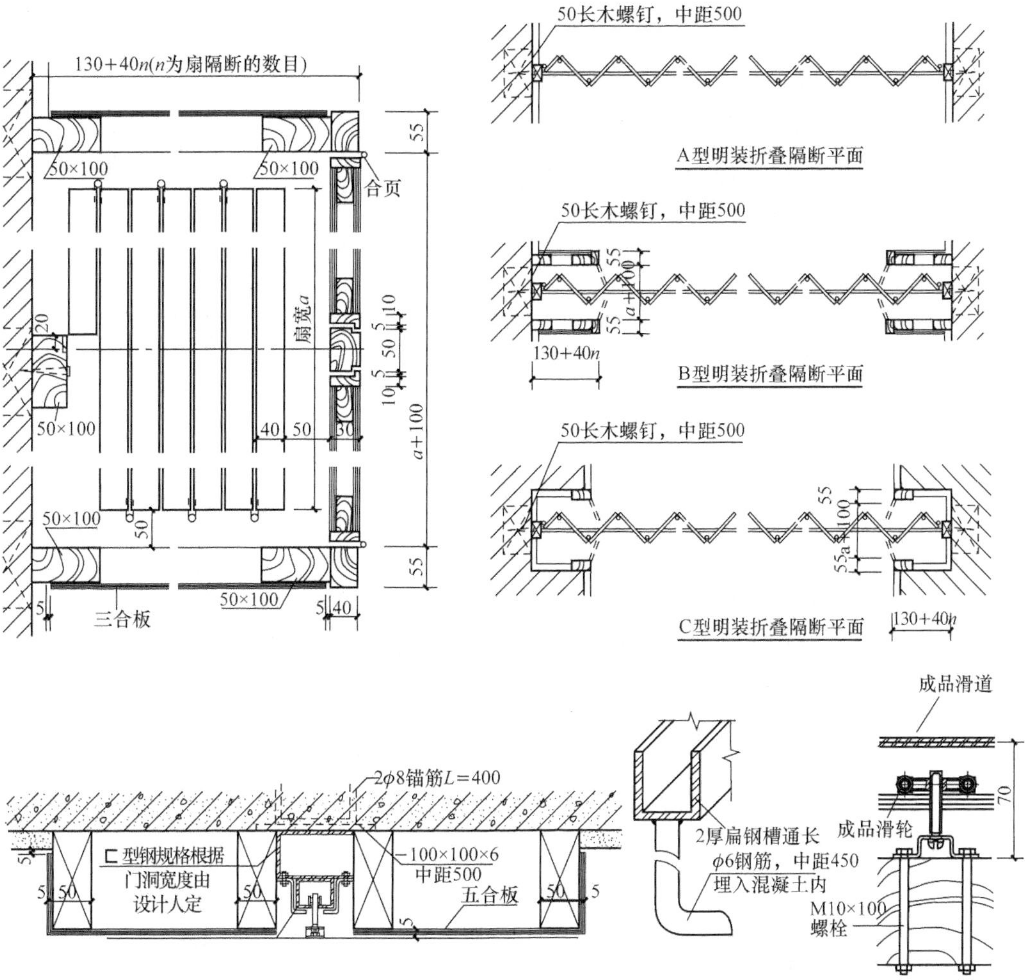

图 3.56　折叠式隔断

(1) 竹、木花格空透隔断

竹、木花格隔断轻巧、玲珑剔透，容易与绿化相配合，一般用在古典建筑、住宅、旅馆中，如图 3.58 和图 3.59 所示。

竹、木花格空透隔断的种类很多，一般用条板和花饰组合，常用的花饰用硬杂木、金属或有机玻璃制成。

(2) 金属花格空透隔断

金属花格纤细、精致、空透，用于室内隔断十分美观，如嵌入彩色玻璃、有机玻璃、硬木等更显富丽。金属花格空透隔断（图 3.60）一般用于装饰要求较高的住宅及公共建筑中。

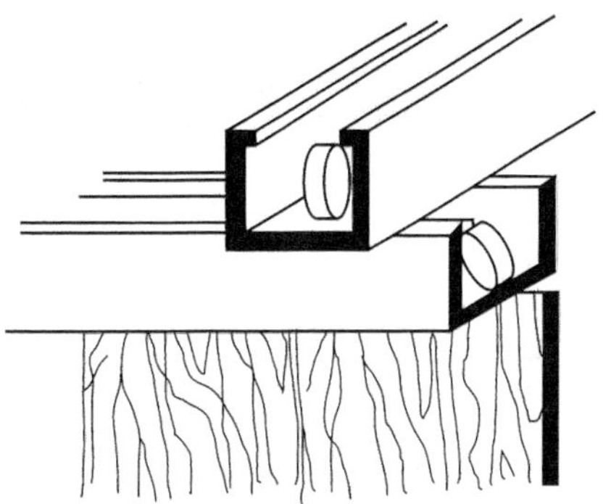

图 3.57　二维移动式固定构造

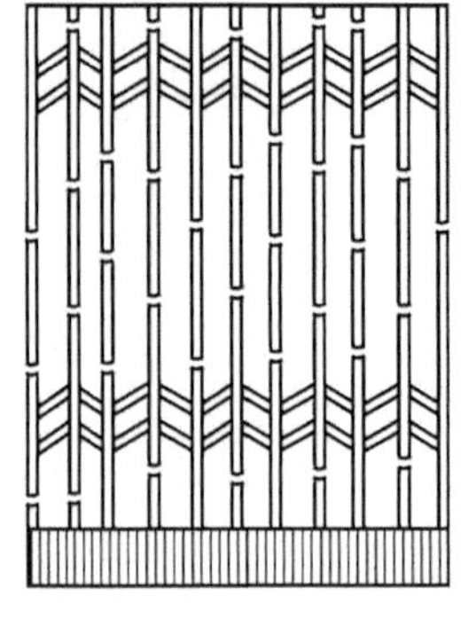
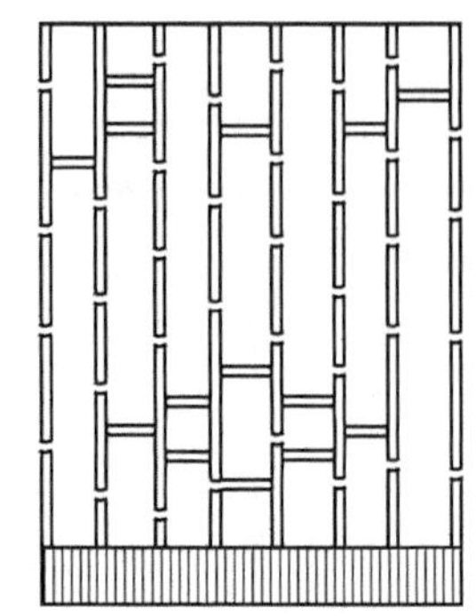

图 3.58　竹花格空透隔断

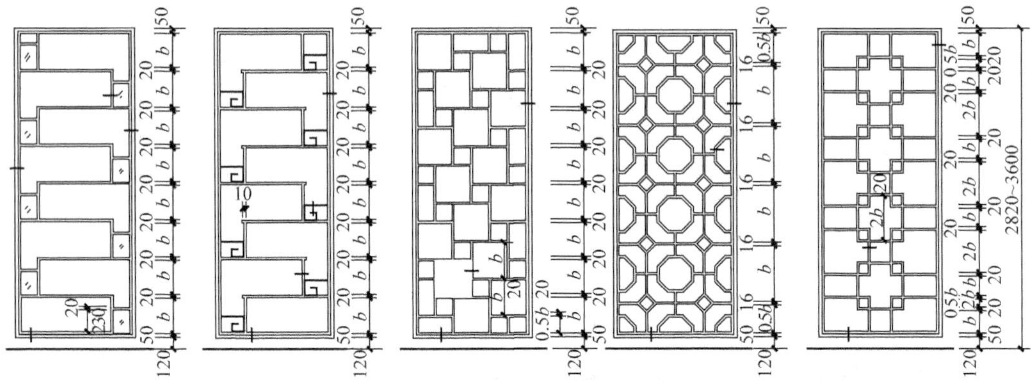

图 3.59　木花格空透隔断

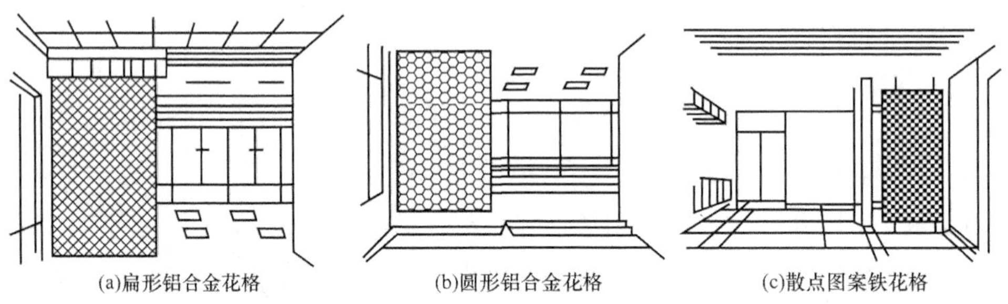

(a)扁形铝合金花格　(b)圆形铝合金花格　(c)散点图案铁花格

图 3.60　金属花格空透隔断

金属花格的成型方法有两种：一种为浇铸成型，即借模型浇铸出铁、铜、铝等花格；另一种为弯曲成型，即用扁钢、钢管、钢筋等弯成大小花格。花格与花格、花格与边框可以焊接，铆接或螺栓连接，隔断上可另加有机玻璃等装饰件。金属花格本身还可以涂漆、烤漆、镀铬或鎏金。

(3) 玻璃空透隔断

玻璃空透隔断包括两大类：一类是以木料或金属为框格，中间镶嵌大量玻璃；另一类是全用玻璃砖构成的。玻璃隔断有一定的透光性和装饰性，具有空透、明快、色彩艳丽等特点，在公共建筑和居住建筑中使用较多。

玻璃砖隔断系全用玻璃砖砌成，基本做法是：在底座、顶梁和边柱中甩出钢筋，在玻璃砖中间架上纵横交错的钢筋网，使纵横钢筋与甩出钢筋相连接，钢筋两侧用白水泥勾缝，经养护，即成光滑的分格线，如图 3.61 所示。

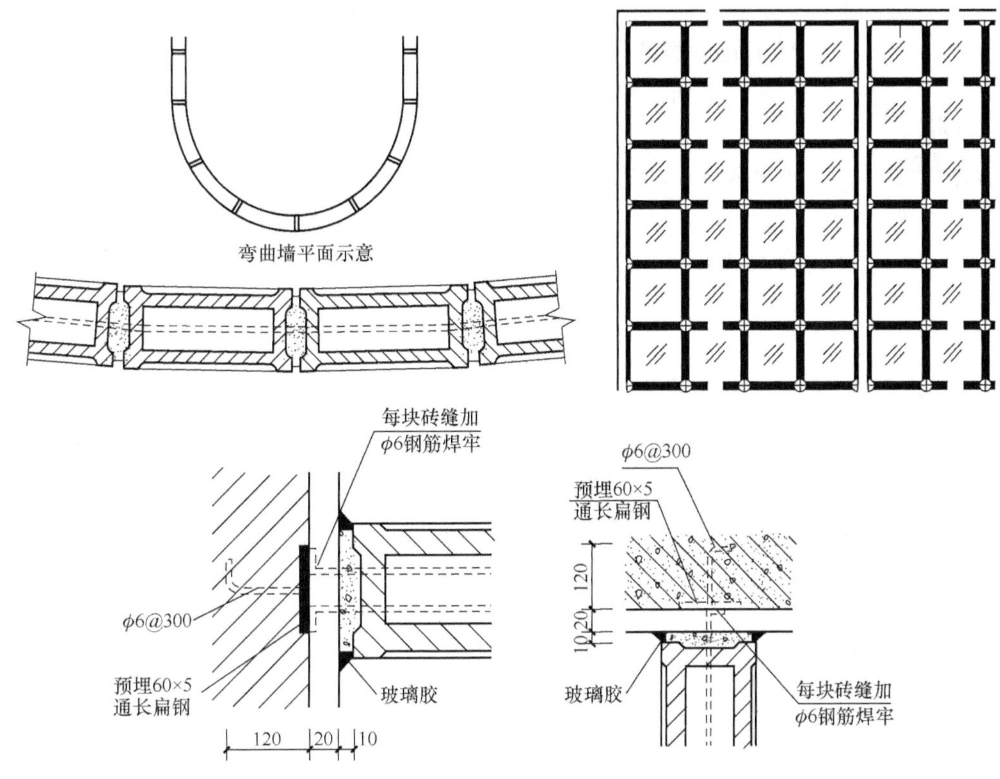

图 3.61　玻璃砖隔断

3.9 随堂测试

3.10　幕墙装饰构造

3.10.1　幕墙的概念、特点及类型

1. 幕墙的概念

随着科学技术的发展，产生了许多新的外墙装饰形式，建筑幕墙技术就是其中的代表。幕墙将金属构件与各种板材悬挂在建筑主体结构的外侧，将建筑技术、建筑功能和装饰艺术有机结合，幕墙本身不承受其他构件的荷载，只承受自重和风荷载。

2. 幕墙的特点

幕墙具有重量轻，施工安装简便，工期较短，维修方便，造型美观等优点；但也有缺点，如造价较高，材料及施工技术要求高，高空作业量大，存在着反射光线对环境的光污染问题等。

3. 幕墙的类型

玻璃幕墙欣赏

按照幕墙所采用的墙面材料，幕墙有玻璃幕墙、金属幕墙、石材幕墙等类型。

玻璃幕墙采用玻璃作为饰面材料，金属幕墙采用一些轻质金属（如铝合金、不锈钢等材料）作为装饰表面，石材幕墙利用天然石材或人造石材作为饰面材料。

3.10.2 玻璃幕墙装饰构造

1. 玻璃幕墙的类型和组成

玻璃幕墙的分类如图 3.62 所示。

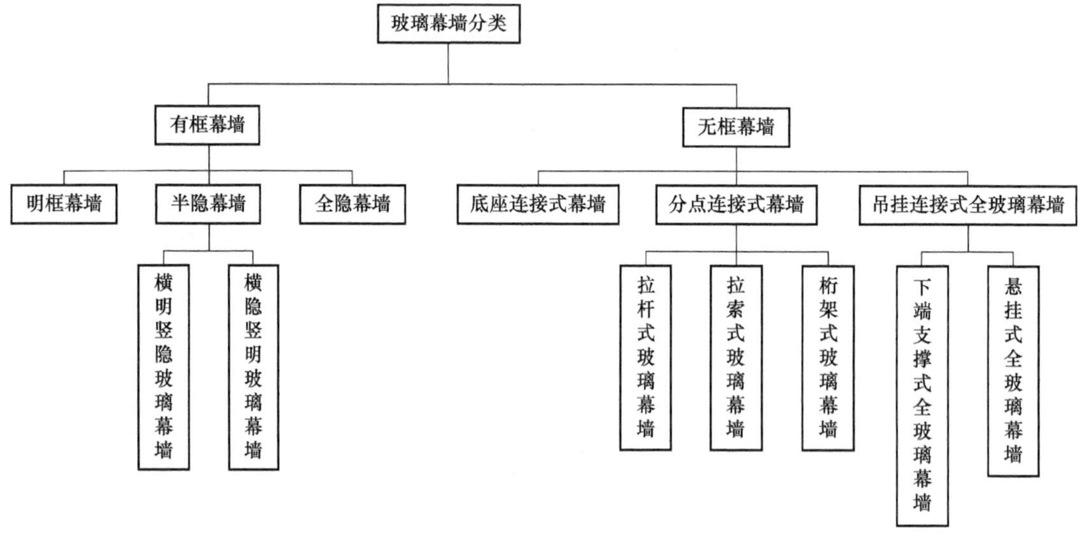

图 3.62　玻璃幕墙的分类

有框玻璃幕墙一般由幕墙骨架、幕墙玻璃及封缝材料组成。另外，为了安装固定和修饰完善玻璃幕墙，还应配有连接固定件和装饰件等。

(1) 幕墙骨架

幕墙骨架是玻璃幕墙的支承体系，它承受玻璃传来的荷载，然后将荷载传给主体结构。幕墙骨架一般采用型钢或铝合金型材等材料，断面有工字形、槽形、方管形等（图 3.63）。型材规格及断面尺寸是根据骨架所处位置、受力特点和大小而决定的。

(2) 玻璃

玻璃幕墙饰面玻璃的选择，主要考虑玻璃的外观质量及强度等力学性能的要求。目前，用于玻璃幕墙的玻璃主要有浮法透明玻璃、热反射玻璃（镜面玻璃）、吸热玻璃、夹层玻璃、中空玻璃以及钢化玻璃、夹丝玻璃等。

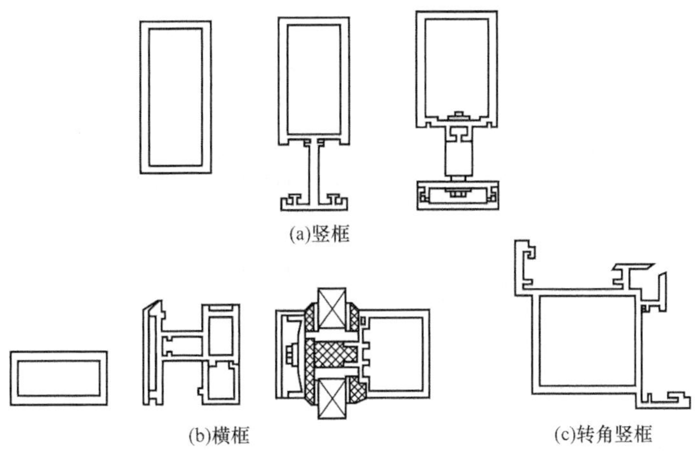

图 3.63　玻璃幕墙骨架断面形式

玻璃幕墙常用玻璃厚度为 3mm、4mm、5mm、6mm、10mm、12mm、15mm 等，中空玻璃夹层厚度有 6mm、9mm、12mm、24mm，玻璃分块的大小随厚度及风压大小而定。

(3) 封缝材料

封缝材料是用于处理玻璃幕墙玻璃与框格，或框格相互之间缝隙的材料，如填充材料、密封材料和防水材料等。

填充材料主要有聚乙烯泡沫胶系、聚苯乙烯泡沫胶系等。形式有片状、圆柱状等。填充材料主要用于填充框格凹槽底部的间隙。

密封材料采用较多的是橡胶密封条，嵌入玻璃两侧的边框内，起密封、缓冲和固定压紧的作用。

防水材料常用的是硅酮系列密封胶，在玻璃装配中，硅酮胶常与橡胶密封条配合使用，内嵌橡胶条，外封硅酮胶。

玻璃与金属框材之间的缝隙处理示意如图 3.64 所示。

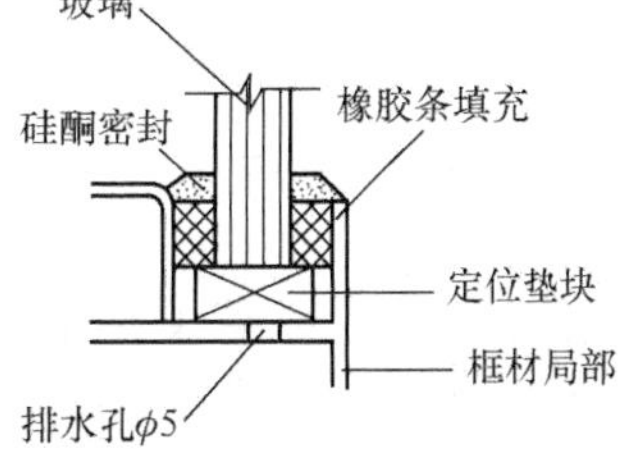

图 3.64　玻璃与框材之间缝隙处理

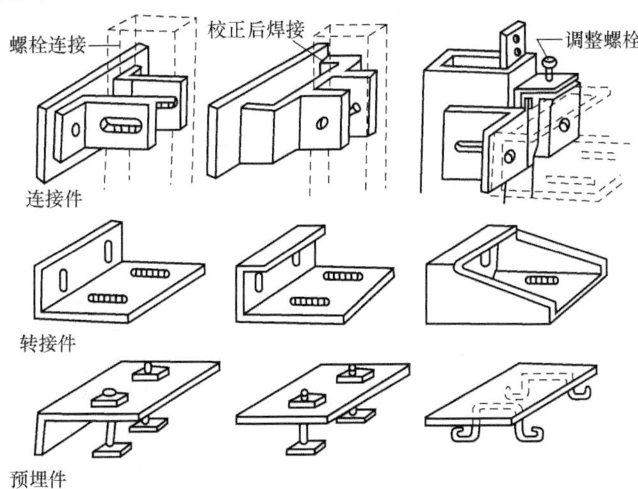

图 3.65　玻璃幕墙连接固定件

(4) 连接固定件

连接固定件是指玻璃幕墙骨架之间以及骨架与主体结构构件（如楼板）之间的结合件。连接固定件多采用角钢垫板和螺栓，不用焊接连接，这是因为采用螺栓连接可以调节幕墙变形（图 3.65）。

(5) 装饰件

装饰件主要包括后衬墙（板）、扣盖件以及窗台、楼地面、踢脚、顶棚等与幕墙相接触的构（部）件，起装饰、密封与防护的作用。

后衬墙（板）内可填充保温材料，提高整个玻璃幕墙的保温性能（图 3.66）。

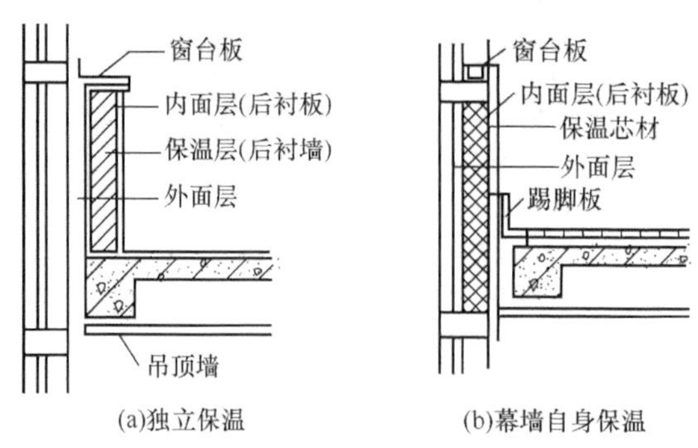

图 3.66　玻璃幕墙保温衬墙构造

2. 玻璃幕墙的结构

玻璃幕墙的结构指玻璃将自重、风荷载及其他荷载传给主体结构的受力系统。一般来说，玻璃是固定在幕墙骨架上的，其荷载通过骨架及连接固定件，最后传给主体，该体系称为有骨架体系。而玻璃同时作为幕墙饰面和结构“骨架”，直接与固定件连接，将荷载传给主体结构，这种体系被称为无骨架体系。

（1）有骨架体系

有骨架体系主要受力构件是幕墙骨架，幕墙骨架可采用型钢，如工字型钢、角钢、槽型钢等，也可以采用铝合金型材。型钢在外形上不如铝合金型材美观，常常需要进行外包装，如铝合金薄板包面，或刷漆处理等。目前，采用较多的是铝合金型材幕墙骨架。

明框幕墙施工过程

有骨架体系根据幕墙骨架与玻璃的连接构造方式，可分为明骨架（明框式）体系与暗骨架（隐框式）体系等两种。明骨架（明框式）体系的幕墙玻璃镶在金属骨架框格内，骨架外露，这种体系玻璃安装牢固，安全可靠，如图 3.67（a）、（b）所示。

暗骨架（隐框式）体系的幕墙玻璃是用胶黏剂直接粘贴在骨架外侧的。这种玻璃幕墙骨架不外露，装饰效果好，但玻璃与骨架的粘贴技术要求高，处理不好将有玻璃下坠伤人的危险，如图 3.67（c）所示。

（2）无骨架（无框式）体系

无骨架（无框式）玻璃幕墙体系的主要受力构件也就是该幕墙装饰面层构件本身——玻璃。该幕墙利用上下支架直接将玻璃固定在主体结构上，形成无遮挡的透明墙面。由于该幕墙玻璃面积较大，为加强自身刚度，每隔一定距离粘贴一条垂直的玻璃肋板，称为肋玻璃，面层玻璃则称为面玻璃，如图 3.67（d）所示。

3. 玻璃幕墙装饰构造

玻璃幕墙的具体构造做法随着框架体系的不同，施工方法的不同以及各厂家定型产品系列的不同而不尽相同，几种常见的做法扫描右侧二维码查看。

几种常见的玻璃幕墙装饰构造

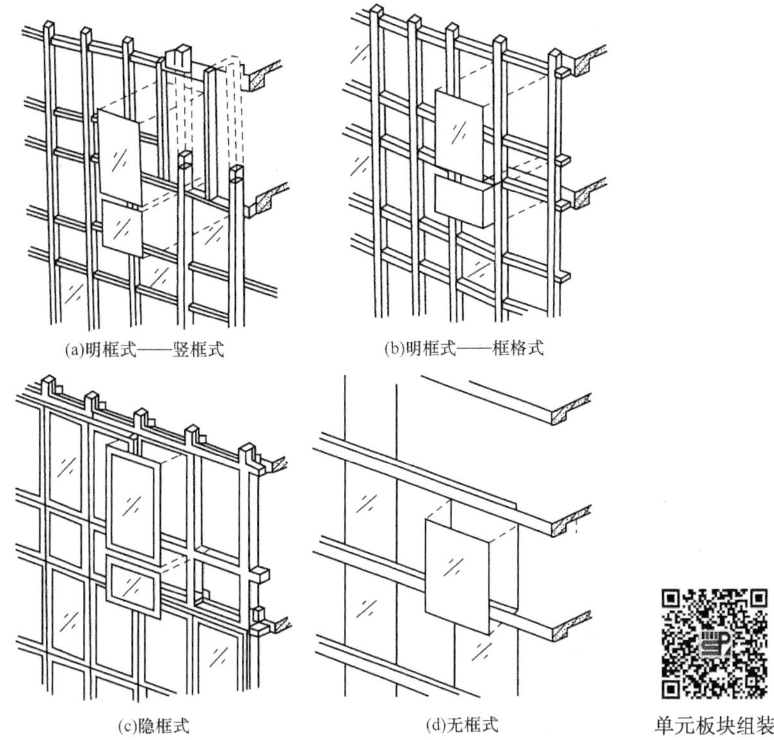

(a)明框式——竖框式　(b)明框式——框格式

(c)隐框式　(d)无框式　单元板块组装

图 3.67　玻璃幕墙结构体系

3.10.3　金属幕墙装饰构造

1. 金属幕墙的组成及结构体系

金属幕墙的饰面材料主要是折边或压型金属薄板。根据金属幕墙的传力方式，共分两种结构体系：一种是附着式体系，另一种是骨架式体系。

附着式体系是通过连接固定件，将金属薄板直接安装在主体结构上作为饰面。连接固定件一般采用角钢［图 3.68（a）］。骨架式体系金属幕墙基本上类似于隐框式玻璃幕墙，即通过骨架等支承体系，将金属薄板与主体结构连接［图 3.68（b）］。

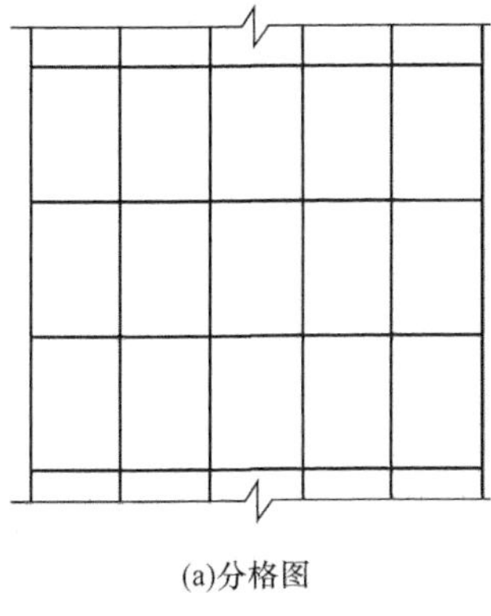

(a)分格图

图 3.68　金属幕墙结构体系

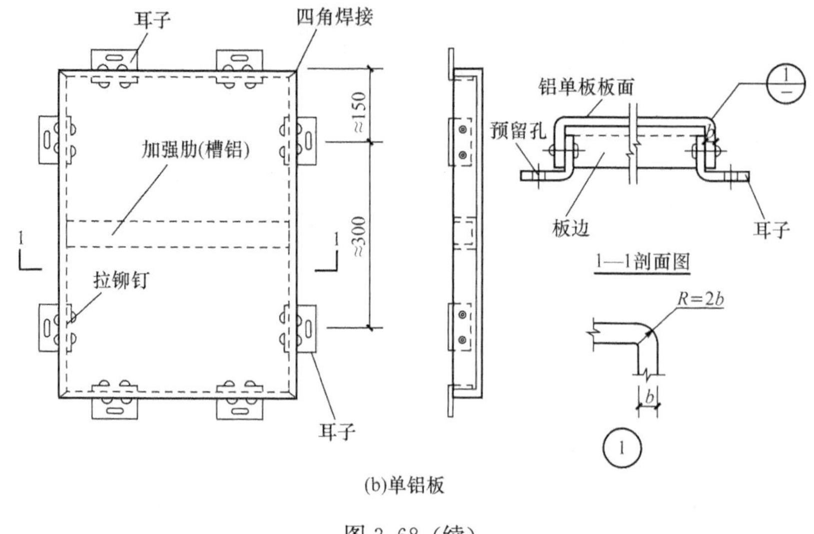

图 3.68（续）

2. 金属幕墙装饰构造

骨架式金属幕墙是较为常见的做法。其基本构造为：将幕墙骨架（如铝合金型材等）固定在主体的楼板、梁或柱等结构上，固定方法与玻璃幕墙骨架相同，然后将金属薄板通过连接固定件固定在骨架上，也可以将金属薄板先固定在框格型材上，形成框板，再按照玻璃幕墙的安装方式，将框板固定在主骨架型材上。这种金属幕墙构造可以与隐框式玻璃幕墙结合使用，协调好金属薄板和玻璃的色彩，并统一划分立面，即可得到较理想的装饰效果。

图 3.69 所示为金属幕墙与玻璃幕墙结合使用的节点构造做法。

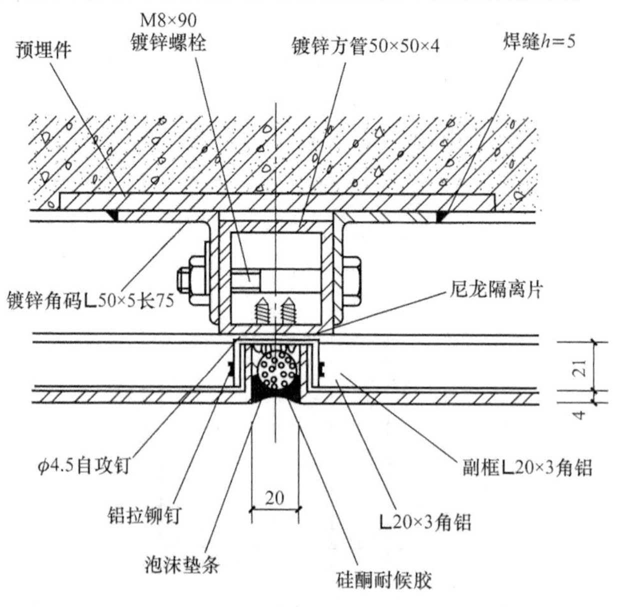

图 3.69　金属幕墙节点

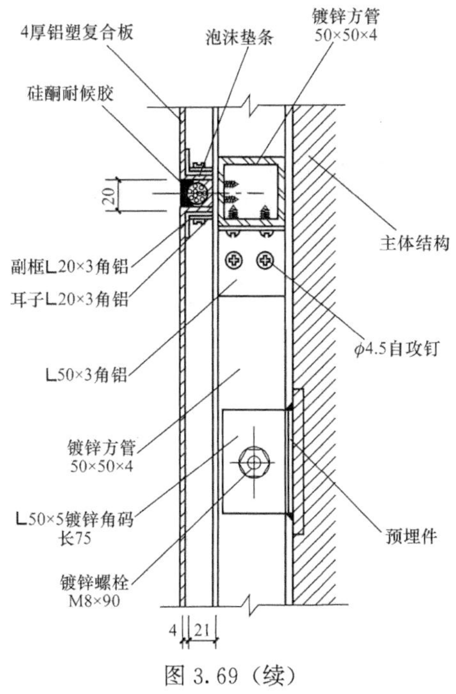

图 3.69（续）

3.10.4　石材幕墙装饰构造

1. 石材幕墙的组成及结构体系

石材幕墙即采用金属构件将石材作为墙板固定在建筑主体结构上的装饰面，一般由石材面板、金属挂件、金属骨架、预埋件等组成。根据石材连接方式的不同，可以分为短槽式、钢销式、背栓式等石材幕墙。

2. 石材幕墙装饰构造

墙板安装有两种体系：一种是有骨架体系，即建筑主体结构外表先做型钢骨架，再将墙板通过连接固定件安装在型钢骨架上，这种体系适用于大面积墙体的安装；另一种是无骨架墙板体系，墙板通过上下两端的预埋铁件直接与主体梁或楼板外口预埋铁件相连接，这种体系适用于小面积墙体的安装（图 3.70 和图 3.71）。

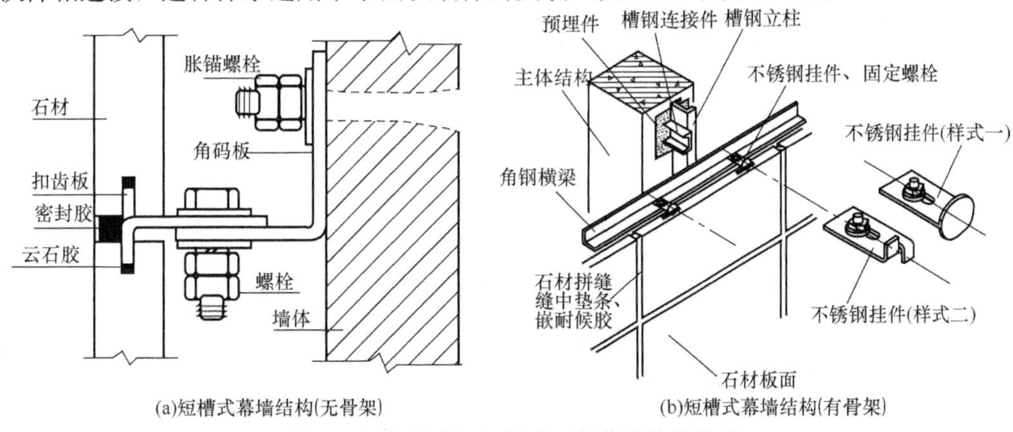

图 3.70　短槽式、钢销式石材幕墙装饰构造

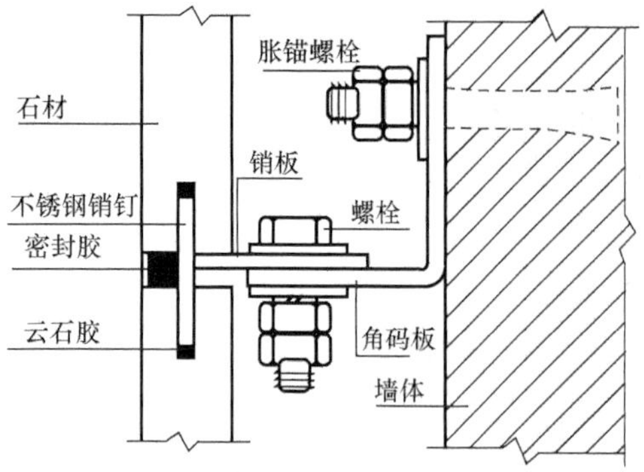

石材
不锈钢销钉
密封胶
云石胶
胀锚螺栓
销板
螺栓
角码板
墙体

(c)钢销式石材幕墙装饰构造(无骨架)

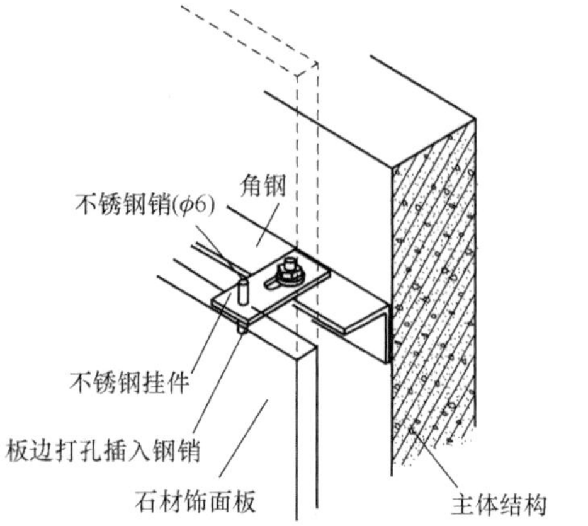

角钢
不锈钢销(φ6)
不锈钢挂件
板边打孔插入钢销
石材饰面板
主体结构

(d)钢销式石材幕墙装饰构造(有骨架)

图 3.70（续）

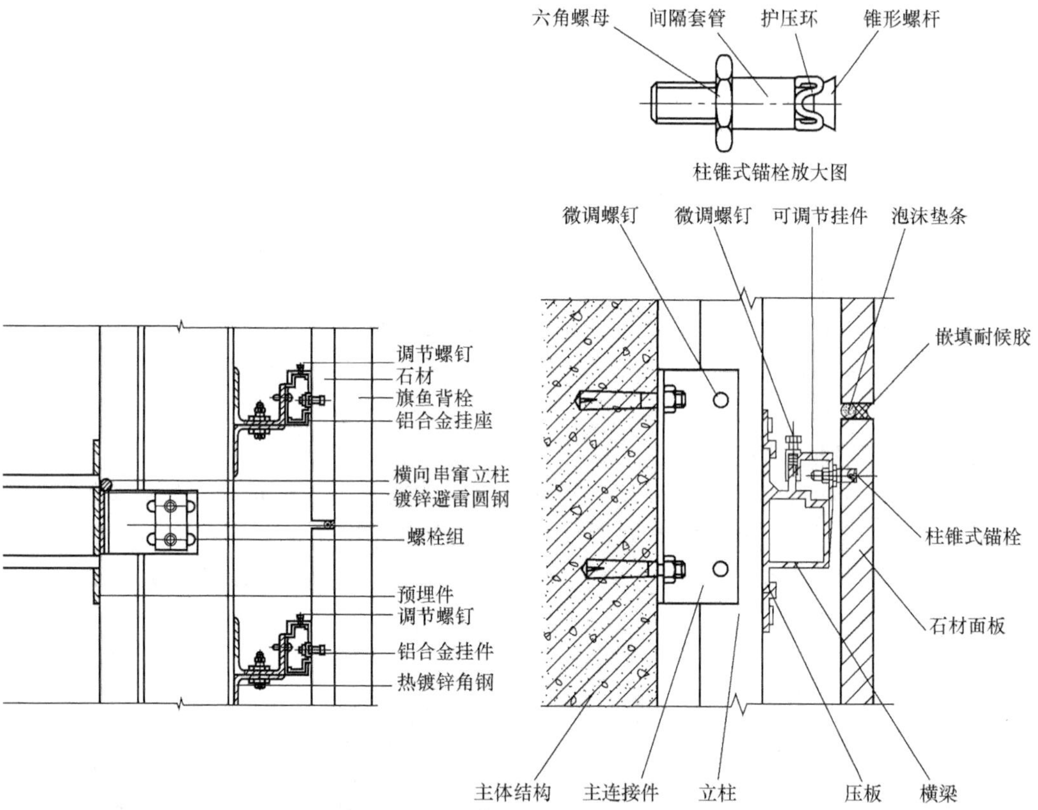

六角螺母
间隔套管
护压环
锥形螺杆

柱锥式锚栓放大图

调节螺钉
石材
旗鱼背栓
铝合金挂座
横向串窜立柱
镀锌避雷圆钢
螺栓组
预埋件
调节螺钉
铝合金挂件
热镀锌角钢

微调螺钉
微调螺钉
可调节挂件
泡沫垫条
嵌填耐候胶
柱锥式锚栓
石材面板
主体结构
主连接件
立柱
压板
横梁

图 3.71　背栓式石材幕墙装饰构造

3.11　不锈钢及包柱工艺装饰构造

不锈钢的种类很多，因此在各种应用中注意选择适当的品种是十分重要的。建筑装饰方面应用的不锈钢主要是不锈钢薄板，即厚度小于或等于 4mm 的不锈钢板材，尤

其是厚度在 2mm 以下的板材，用得更多。不锈钢板具有一定强度、耐蚀性较好、韧性较大及具良好的焊接性能。

3.11.1　不锈钢的连接

1. 焊接

焊接方法，目前有手工电弧焊、埋弧焊、接触焊，惰性气体保护焊和钎焊等，焊接材料常用不锈钢焊条。不锈钢板的焊接，通常采用对接，而很少采用搭接的方式。另外，在不锈钢装饰部件的制作和安装之中，还会碰到需将不锈钢板作角向焊接的情况。不锈钢薄板进行角向焊接是非常困难的，在设计中，应尽量不采用此种结构。

2. 粘接

粘接是将不锈钢饰面直接用胶粘在基层上。胶主要用快干型胶和柔性胶。基层面涂胶处应清理干净并粗糙，保证黏结牢固。

3.11.2　不锈钢包柱工艺

不锈钢包柱是高标准建筑中柱面装饰的一种重要方法，可分为不锈钢包方柱和圆柱。方柱有直接粘贴法和骨架固定法；圆柱有整体施工法和接缝施工法。

1. 不锈钢包圆柱

整体施工法主要工艺过程如下：

混凝土（或其他材料）柱的成型→混凝土柱面的修整→不锈钢板的滚圆→不锈钢板的安装和定位→接缝的准备→焊接→打磨修光

2. 不锈钢包方柱

直接粘贴法主要工艺过程如下：

混凝土（或其他材料）柱的成型→柱面的修整→水泥砂浆找平→胶接处做粗糙→调胶、涂胶→粘接→缝隙处理→清理

骨架固定法主要工艺过程如下：

混凝土（或其他材料）柱的成型→柱骨架制作→柱骨架安装→基层板安装→调胶、涂胶→安装、粘接不锈钢板→缝隙处理→清理

不锈钢包柱装饰构造如图 3.72 所示。

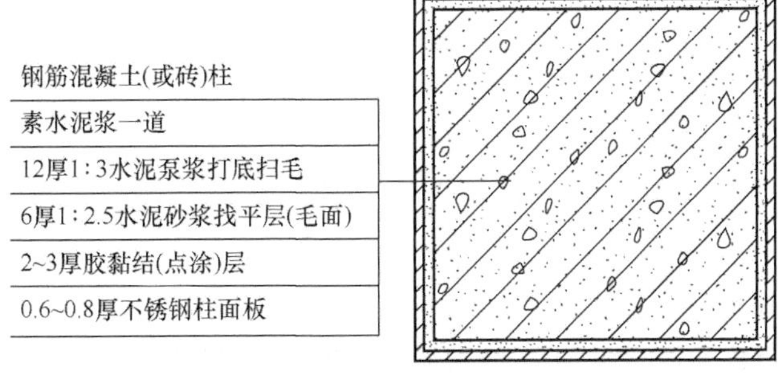

(a)不锈钢直接粘贴法

图 3.72　不锈钢包柱构造

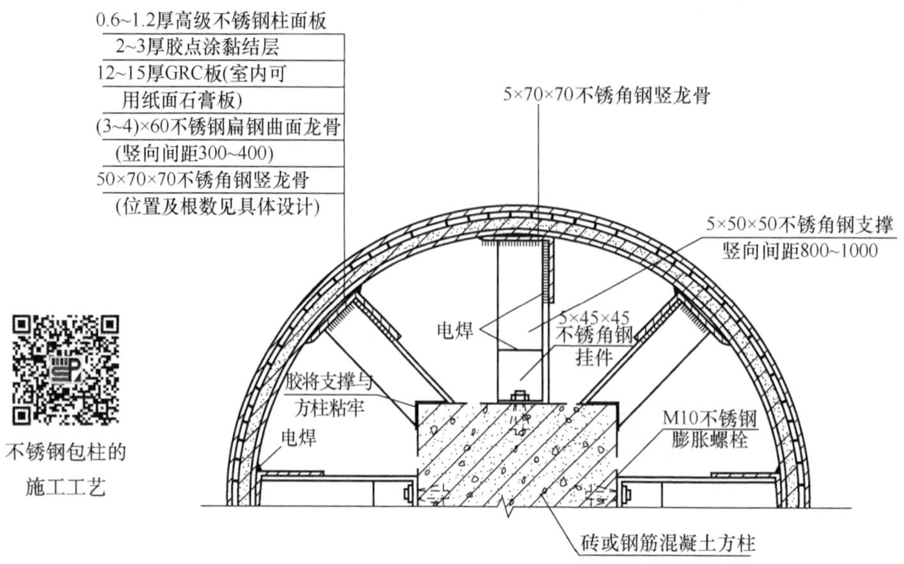

(b)不锈钢骨架固定法

图 3.72（续）

3.10、3.11 随堂测试

小　结

墙面装饰的基本功能是保护墙体、改善墙体的物理性能、美化室内外环境并更好地满足使用要求。墙体饰面类型按材料和施工方法的不同分为抹灰类、涂刷类、贴面类、罩面板类和裱糊类。其中罩面板类和裱糊类适用于室内装饰，其他装饰方法在室内外装饰中均适用。隔墙和隔断均为非承重构件，具有分隔空间和装饰的作用，幕墙是将金属构件与各种板材悬挂在建筑主体结构的外侧，只承受自重和风荷载。

复习思考题

3.1　墙体饰面有哪些功能？

3.2　墙面装饰按其所用的材料和施工方法可以分为哪几类？

3.3　简述一般抹灰饰面的构造作用及做法。

3.4　常用装饰抹灰饰面有哪些？

3.5　简述石碴类饰面的构造做法。

3.6　简述陶瓷面砖饰面的构造及做法。

3.7　简述玻璃锦砖饰面的构造及做法。

3.8　天然石材贴面的构造做法通常有几种?

3.9　用简图说明板材类饰面在与墙角、顶棚、地面等交接处的细部构造。

3.10　简述涂刷类饰面的涂层构造及作用。

3.11　幕墙有哪几种类型?

3.12　玻璃幕墙有哪些优缺点? 简述其构造做法。

绘图实践作业

3.1　某酒店外墙面采用干挂石材饰面，画出其构造节点图。大堂内墙面和柱面均采用石材装饰，柱子由方柱改成圆柱。画出墙面整体及构造详图和柱子改装构造详图。

3.2　设计（或选取）一幢玻璃幕墙建筑，试划分其立面并绘出相应各节点的装饰构造图。

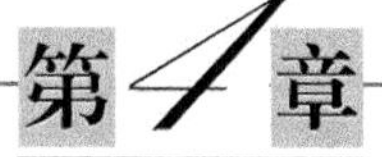

第4章 顶棚装饰构造

教学目标

1. 能认识和了解顶棚的种类，熟悉各种顶棚的特点及应用范围。
2. 重点掌握木吊顶龙骨骨架的构造组成、构造连接、布置要点，各种饰面层的构造做法，了解各种木龙骨及饰面板的规格。
3. 能认识轻钢龙骨、铝合金龙骨材料，了解其规格，能正确选用饰面板材等装饰材料。
4. 重点掌握轻钢龙骨、铝合金龙骨吊顶的构造组成和构造做法，能够熟练地绘制悬吊式顶棚施工图和细部节点构造详图。

课程思政

顶棚装饰能够清晰划分空间的功能分区，提升室内艺术环境，还可以起到隔热、保温等作用。就装饰所处位置，顶棚较之墙或地面而言，安全尤其重要。因此若顶棚吊顶设计不当、施工操作不规范将带来巨大的安全隐患，甚至是严重的安全事故。

课程思政案例：2021年3月11日，浙江省杭州市某火锅店吊顶脱落，导致客人烫伤。2021年5月14日，江苏省无锡市永丰大厦内一家幼儿照护中心天花板掉落，掉落位置下方是十几个0～3岁孩子的床铺，幸好发现及时无幼儿受伤。由此可见，顶棚吊顶的安全至关重要，作为设计方和施工方要认真学习，熟练掌握顶棚吊顶的构造设计要求，依据标准设计，规范施工，保护好每个小家的安全。

思维导图

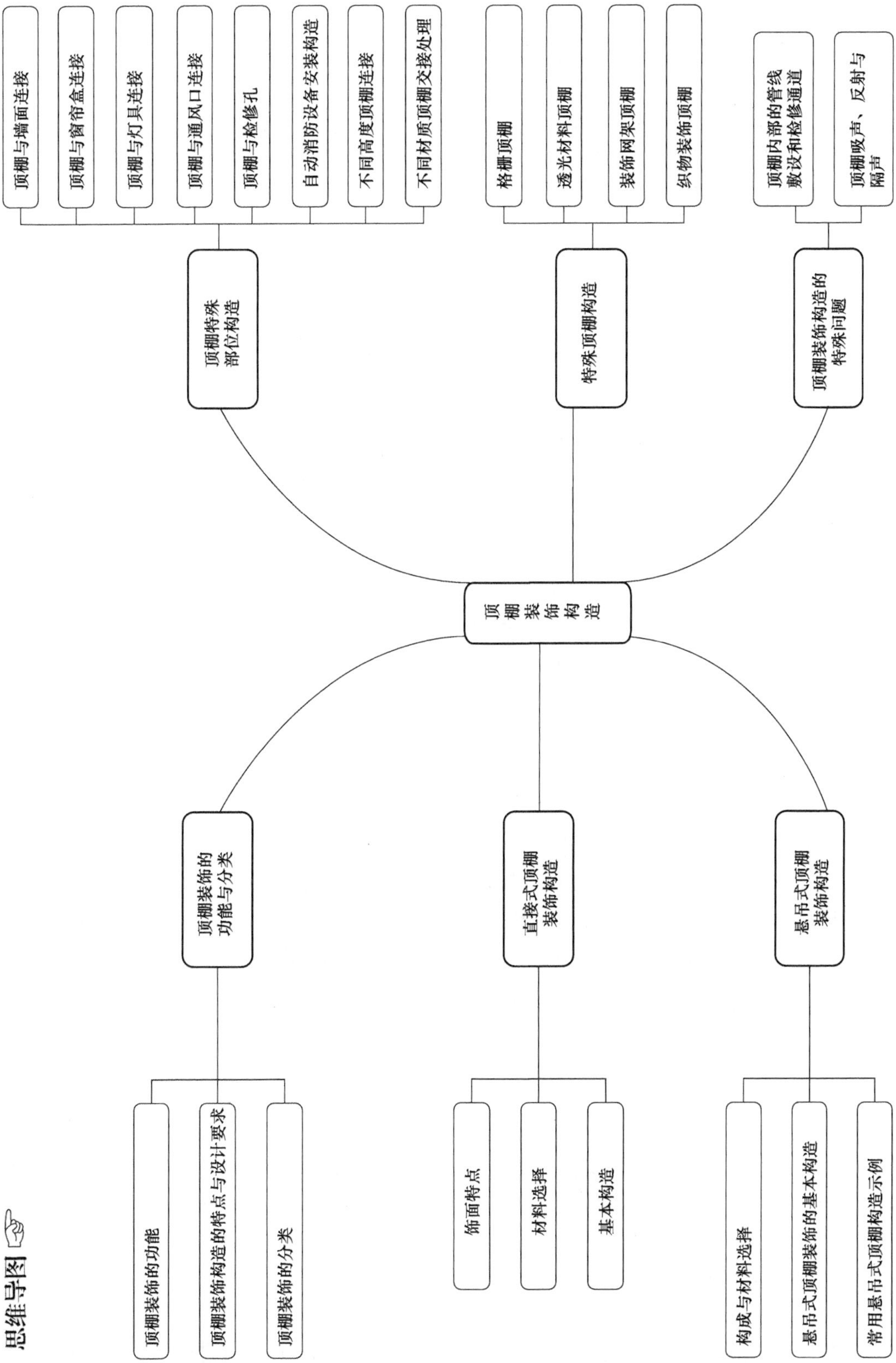

- 顶棚装饰构造
  - 顶棚装饰的功能与分类
    - 顶棚装饰的功能
    - 顶棚装饰构造的特点与设计要求
    - 顶棚装饰的分类
  - 直接式顶棚装饰构造
    - 饰面特点
    - 材料选择
    - 基本构造
  - 悬吊式顶棚装饰构造
    - 构成与材料选择
    - 悬吊式顶棚装饰的基本构造
    - 常用悬吊式顶棚构造示例
  - 顶棚特殊部位构造
    - 顶棚与墙面连接
    - 顶棚与窗帘盒连接
    - 顶棚与灯具连接
    - 顶棚与通风口连接
    - 顶棚与检修孔
    - 自动消防设备安装构造
    - 不同高度顶棚连接
    - 不同材质顶棚交接处理
  - 特殊顶棚构造
    - 格栅顶棚
    - 透光材料顶棚
    - 装饰网架顶棚
    - 织物装饰顶棚
  - 顶棚装饰构造的特殊问题
    - 顶棚内部的管线敷设和检修通道
    - 顶棚吸声、反射与隔声

4.1 顶棚装饰的功能与分类

顶棚又称天棚、天花，是室内空间的主要组成部分。顶棚是室内空间的视觉界面，要达到一定的装饰效果从技术上要求比较复杂，必须结合建筑内部的装饰要求、设备安装情况、经济条件，技术条件及安全问题等各方面来综合考虑。

4.1.1 顶棚装饰的功能

1. 改善室内环境条件，满足使用要求

顶棚的装饰能够改善室内的光环境、热环境及声环境，提高室内的舒适度。如剧场的顶棚就对声音的反射、吸收等声学要求和对灯光照明要求很高，通过顶棚的装饰做成多种形式造型，就能满足和控制混响时间、光线变化、艺术多样性等方面的需要；一般房间做成吊顶，可以增加楼层隔声能力；在吊顶空间敷设保温、隔热材料，或者利用吊顶空间形成通风层，可以使室内的热工环境得到改善；顶棚的形状和色泽、质地能调整反射光线量，以改善室内亮度环境。

2. 提高室内装饰效果

顶棚是室内平面较大、十分醒目的部位，其装饰的效果对室内艺术环境的创造影响很大，恰当的顶棚的装饰处理，会从空间、造型、色彩、光线等诸多方面给人一种耳目一新的感觉。因此，增强顶棚的装饰效果，会提升室内整体装饰效果。

3. 调整室内空间体积和形状

当建筑结构构件所围合形成的空间不甚理想时，顶棚可以调整室内空间的体积和形状，如梁过多，进深与开间比例不当，层间高度太大等，可以通过顶棚的形状、高度、色彩等来调节。

4. 隐蔽设备管线和结构构件

随着现代建筑功能越来越多并不断完善，顶棚下安装的各种建筑设备的管线（如照明灯具管线）、通风空调设备管道、监控、音响、网络、无线通信设备管线、消防设备等会影响室内整体装饰效果，通过顶棚装饰处理可以整洁室内的顶界面。

4.1.2 顶棚装饰构造的特点与设计要求

1. 顶棚装饰构造的特点

顶棚装饰是在承重结构的下部，处于室内空间的顶面，其上有许多设备，有时还要考虑上人检修，因此其与承重结构的连接构造的牢固、安全、稳定性非常重要。顶棚的构造设计会涉及声学、热工、光学、空气调节、消防安全等方面，技术要求比较高，难度也比较大，但它作为室内空间的视觉界面，不直接与人接触，所以装饰构造设计的灵活性比较大。

2. 顶棚装饰构造的设计要求

（1）耐久性

顶棚装饰的耐久性包含两个方面的含义：一方面是使用上的耐久性，指抵御使用

上的损伤、功能减退等；另一方面是装饰质量的耐久性（在装饰寿命内），它包括固定材料的牢固程度和材质特性等。

（2）安全性

安全性包括顶棚面层与基层连接是否牢固和装饰材料本身应具有足够的强度及力学性能。应恰当地选择材料的固定方法和尽可能减轻材料的自重，必要时进行结构力学验算，才能保证安全性。

（3）施工复杂性

顶棚装饰是技术要求比较复杂，施工难度较大的装饰工程项目。因此，顶棚施工方法应以安装方便，操作简单，省工省料为原则。

总之，顶棚装饰构造的设计应满足适用、安全、经济、美观的要求。

4.1.3　顶棚装饰的分类

按不同的分类依据，顶棚的分类见表 4.1。

表 4.1　顶棚的分类

分类依据	分类内容	示意图
顶棚装饰安装方式	直接式顶棚 悬吊式顶棚	抹灰面层；龙骨；板材 直接式顶棚 吊杆$\phi6\sim\phi8$；水平件；横撑龙骨；挂件；承载龙骨；覆面龙骨；吊件 悬吊式顶棚
顶棚装饰面层材料	抹灰式顶棚 木顶棚 石膏板顶棚 金属板顶棚	主龙骨；次龙骨；楼板；矿棉（上面纸层）；饰面穿孔石膏板 石膏板顶棚

续表

分类依据	分类内容	示意图
顶棚功能	吸声顶棚 悬浮顶棚 带形光栅顶棚 发光顶棚 其他顶棚	悬浮顶棚
顶棚承受能力	上人顶棚 不上人顶棚	上人吊顶开孔 副龙骨 主龙骨 附加主龙骨 附加主龙骨 主龙骨口 焊接 上人顶棚 不上人吊顶开孔 副龙骨 副龙骨 挂件 吊杆 水平件 横撑龙骨 不上人顶棚
顶棚外观	平滑式顶棚 井格式顶棚 分层式顶棚 悬浮式顶棚	平滑式 井格式 分层式 悬浮式

4.2　直接式顶棚装饰构造

4.2.1　饰面特点

直接式顶棚装饰构造施工工艺

直接式顶棚是在屋面板（楼板）的底面进行直接饰面处理，如直接抹灰、涂料饰面处理、饰面壁纸处理等。这类顶棚构造比较简单，构造层次少，构造层厚度小，能够节省室内空间，施工速度快，造价低，是一种比较简单实用的装修形式。直接式顶棚按施工方式有直接抹灰顶棚、涂料类顶棚、裱糊类顶棚。

4.2.2　材料选择

直接抹灰顶棚的常用材料有纸筋灰、石灰砂浆、水泥砂浆、水泥石灰砂浆等。抹

灰材料的品种应按设计要求选用。

涂料类顶棚常用材料有各类涂料，如常用的乳胶漆等，其施工方式有刷、滚、喷等方式。涂料的品种应符合设计要求，工程所用的材料和半成品，均应有成分、颜色、品种、制造时间和使用方式等说明。

裱糊类顶棚常用材料有壁纸、壁布及其他一些织物，主要用于装饰要求较高的建筑，如宾馆的客房、住宅的卧室等。

装饰顶棚的线脚有木线脚、塑料线脚、金属线脚、石膏线脚等。

4.2.3　基本构造

1. 直接抹灰顶棚

直接抹灰顶棚是在屋面板或楼板的底面上直接抹灰的顶棚。其基本构造做法是：先在顶棚的基层即楼板底面上刷一道素水泥浆，使抹灰层与基层很好地黏合，然后用混合砂浆打底，再做面层。抹灰的遍数按设计的质量等级而定。对要求较高的房间，可在底板增设一层钢板网，在钢板网上再抹灰，这种做法强度高、结合牢、不易开裂脱落。抹灰面一般作为其他饰面的基层，其做法和构造与内墙面的抹灰类饰面相同。

2. 涂料类顶棚

涂料类顶棚是在屋面板或楼板的底面上，抹灰后刮腻子找平，然后进行涂料施工。对于楼板底较平整又没有特殊装饰要求的房间，直接在楼板底嵌缝刮腻子后也可以。其基本构造做法与内墙面的涂料类饰面相同。

若墙面上设挂镜线时，挂镜线以上墙面与顶棚的饰面做法应当一致。

3. 裱糊类顶棚

有些装饰要求较高的房间的顶棚面层可以采用贴墙纸、贴墙布的方式，其基本做法与内墙面的裱糊类饰面相同。

4.1、4.2 随堂测试

4.3　悬吊式顶棚装饰构造

悬吊式顶棚，又称为吊顶，这种顶棚的装饰表面与主体结构板底之间有一定的距离，通过吊件与主体结构连接在一起。

轻钢龙骨/铝合金龙骨吊顶

4.3.1　构成与材料选择

悬吊式顶棚由三部分组成，即吊筋、龙骨（又称格栅）和面层，如图 4.1 所示。

悬吊式顶棚的形式不必与结构层的形式相对应，使顶棚在空间高度上产生变化，形成一定的立体造型。一般来说，悬吊式顶棚的装饰效果较好，形式变化丰富，适用于中高级装修标准的建筑顶棚装饰中，或者用于楼板底部不平或板下面设管线较多的房间，以及有特殊要求的房间。

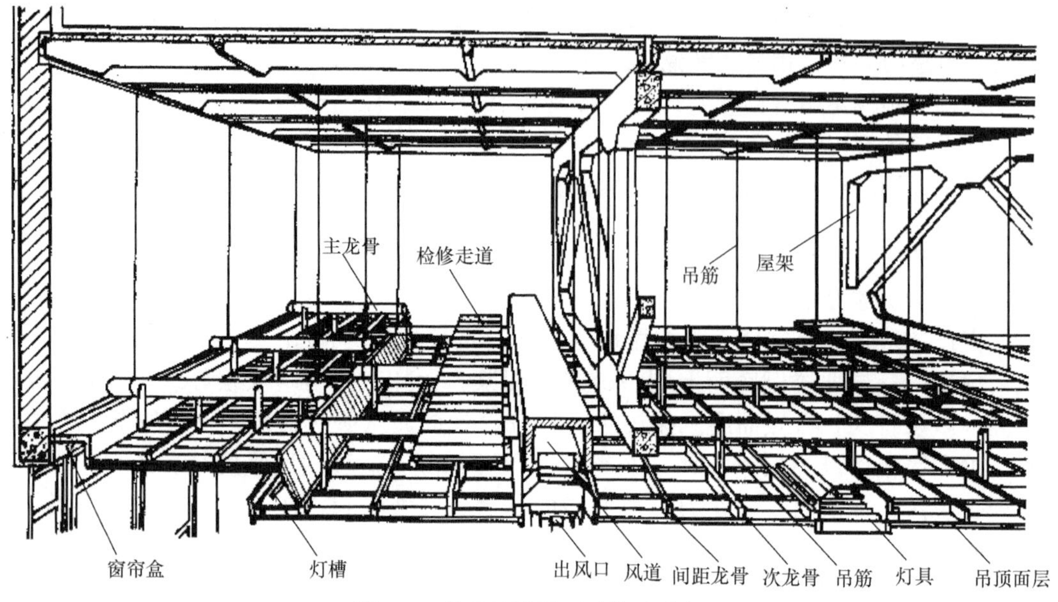

图 4.1 吊顶悬挂屋面下构造示意

1. 预埋件及吊筋

顶棚的预埋件是屋面板或楼板与吊杆之间的连接件，主要起连接固定、承受拉力的作用。

吊筋是连接龙骨与楼板的承重传力构件，吊筋的主要作用是承受面层和龙骨的荷载。另一作用是用来调整悬吊式顶棚的空间高度，以适应不同场合、不同艺术上的处理要求。

吊筋的形式和材料与吊顶的自重及吊顶所承受的荷载有关，也与龙骨的形式和材料及屋顶承重结构的形式和材料有关。吊筋类型及固定方法见表 4.2。

表 4.2 吊筋类型及固定方法

类型	尺寸	固定方法
木方吊杆	40mm × 40mm 或 50mm × 50mm 的方木	金属膨胀螺栓 角钢连接件 连接螺栓 方木作吊杆用 木龙骨架 自攻螺钉 石膏板

续表

类型	尺寸	固定方法
型钢吊杆	一般采用不小于 $\phi4\sim\phi6$ 的圆钢制作	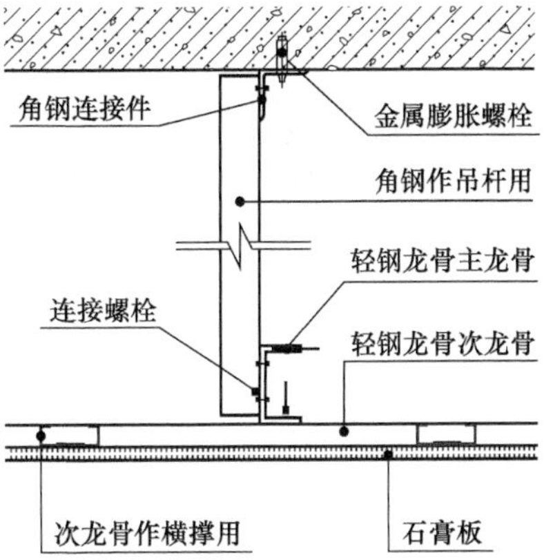 角钢连接件 金属膨胀螺栓 角钢作吊杆用 轻钢龙骨主龙骨 连接螺栓 轻钢龙骨次龙骨 次龙骨作横撑用 石膏板
钢筋吊杆	一般不小于 $\phi6$	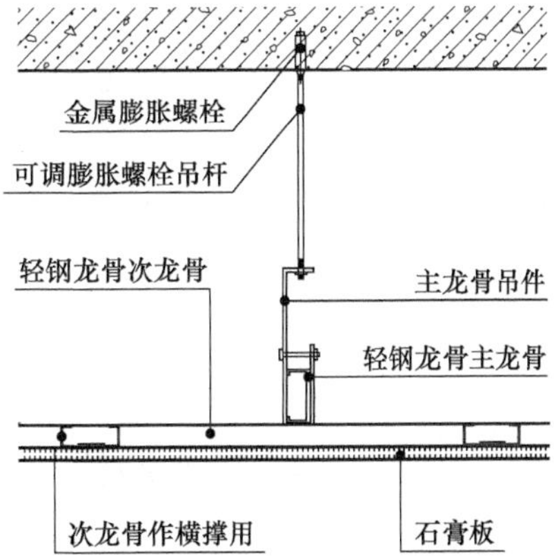 金属膨胀螺栓 可调膨胀螺栓吊杆 轻钢龙骨次龙骨 主龙骨吊件 轻钢龙骨主龙骨 次龙骨作横撑用 石膏板

2. 龙骨

龙骨是顶棚中承上启下的构件，它与吊筋连接，并为面层装饰板提供安装节点。它一般由承载龙骨（主龙骨）、覆面龙骨（次龙骨）和边龙骨组成，其主要作用是承受顶棚的面层荷载，并由它将荷载通过吊筋传递给屋顶的承重结构。

龙骨按材料分类，有木制龙骨、型钢或轻钢龙骨、铝龙骨和铝合金龙骨等。龙骨断面的大小由结构力学计算确定。常用的龙骨规格及尺寸见表 4.3。

表 4.3　常用的龙骨规格及尺寸

种类	特点	规格	图例
木制龙骨	常采用杉木和松木，不易变形、开裂等。木制龙骨表面应涂防火涂料	主龙骨断面一般为 50mm×（70～80mm），中距 900～1200mm，间距根据面板规格或板条长度确定，一般为 400～500mm。 次龙骨断面一般为 50mm×50mm，小龙骨断面一般为 30mm×（30～50mm）	

续表

种类	特点	规格	图例
轻钢龙骨	以优质的连续热镀锌板带为原材料，经冷弯工艺轧制而成的建筑用金属骨架	按断面形式有 V 形、C 形、T 形、L 形、U 形龙骨	
铝合金龙骨	是在铁皮烤漆龙骨上的改进，因为铝经过氧化处理之后不会生锈和脱色	一般分为三个部分：一是主龙骨（大 T），二是副龙骨（小 T），三是修边角。大 T 常规长度是 3m，小 T 常规长度是 610mm，通用的规格是 600mm×600mm 与 610mm×610mm	

3. 面层

面层的作用是装饰室内空间，满足使用功能如吸声、声光反射等。此外，面层的设计还要结合灯具、风口布置等一起进行。工程中利用板材面层的较多，它既便于施工，又便于管道、设备安装和检修。面层所用材料一般分为抹灰类、裱糊类和板材类三种，其中更常用的是板材类，见表 4.4。

表 4.4　顶棚饰面板类型

板材类别	种类	图例
木质板材	木板、胶合板、硬质纤维板、软质纤维板、装饰软质纤维板、装饰吸声板、木丝板、刨花板等	
矿物板材	石棉水泥板、石膏板、矿棉板等	

续表

板材类别	种类	图例
金属板材	铝板、铝合金板、薄钢板、镀锌铁皮等，常用的金属板材有压型薄钢板和铸轧铝合金型材两大类	
说明	选用板材应考虑重量轻、防火、吸声、隔热、保温等功能要求，还应考虑耐久性好、装饰效果好、便于施工和检修	

4.3.2　悬吊式顶棚装饰的基本构造

悬吊式顶棚的结构构造如图 4.2 所示。

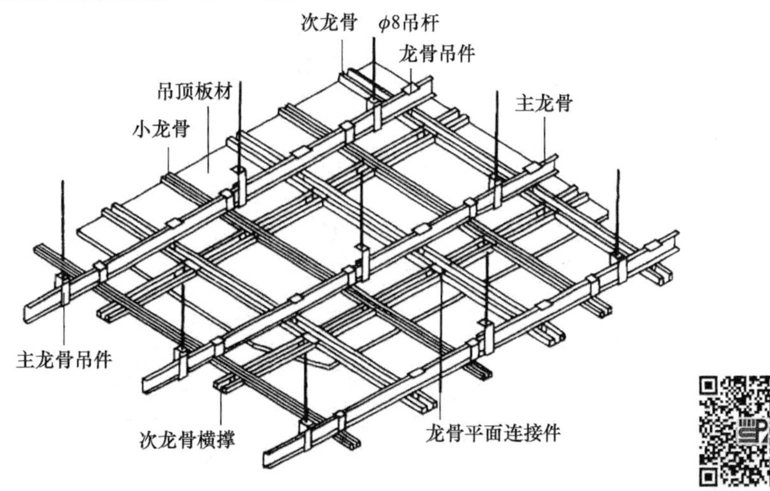

图 4.2　悬吊式顶棚的结构构造

吊筋固定施工工艺

1. 吊筋固定的构造做法

吊筋与楼板或屋面板的连接方法见表 4.5。

表 4.5　吊筋固定的构造做法

连接方式	做法	图例
采用膨胀螺栓或射钉安装吊筋	吊筋为钢筋或角钢时，可将吊筋焊在 L 形连接件上，用膨胀螺栓固定；吊筋为木吊筋时，横向木骨架用螺栓固定，用铁钉钉上吊筋，每个木吊筋不少于两个钉子	膨胀螺栓 φ12孔 膨胀螺栓 角钢长70 φ12孔 35　35 φ6或φ8钢筋吊杆

续表

连接方式	做法	图例
预埋件上安装吊筋	现浇钢筋混凝土楼板时，先在模板上放置预埋件，待拆模后，在将吊筋固定其上	60 60 (含吊环) 焊接 80 6 ϕ10 ≥100 ϕ6或ϕ8钢筋吊杆 钢筋 60 ≥100 焊接

2. 龙骨固定的构造做法

若为木吊筋木龙骨，则先将主龙骨钉在木吊筋上，再将次龙骨垂直于主龙骨钉在主龙骨上，然后将小龙骨垂直于次龙骨钉在次龙骨上；若为钢筋吊筋木龙骨，可先将主龙骨绑在吊筋上，或者用螺栓固定，然后将次龙骨钉在主龙骨上，再将小龙骨定在次龙骨上；若为钢筋吊筋金属龙骨，可用吊挂件将龙骨固定于吊筋上，也可用螺栓固定，然后，将次龙骨用连接件固定于主龙骨上。龙骨布置方式见图 4.3。

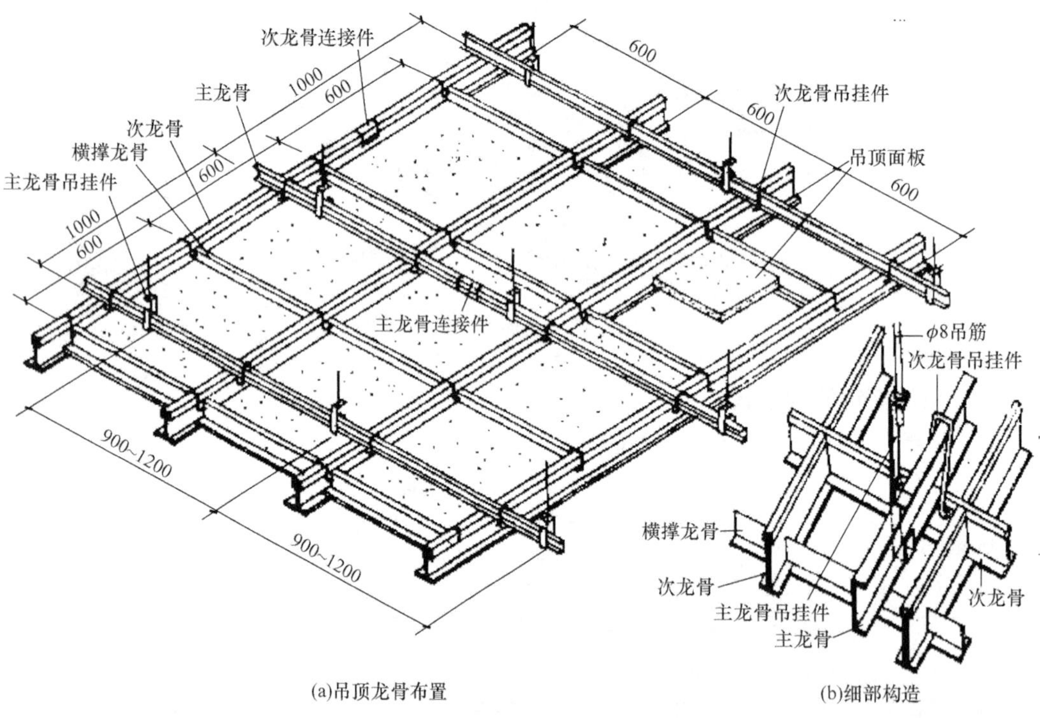

图 4.3　龙骨布置方式

常见龙骨的断面形式见表 4.6。

表 4.6　常见龙骨的断面形式

名称	形式	用途	备注
[形龙骨	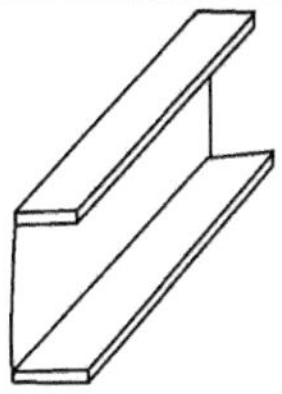		承载（主龙骨）龙骨
C 形龙骨	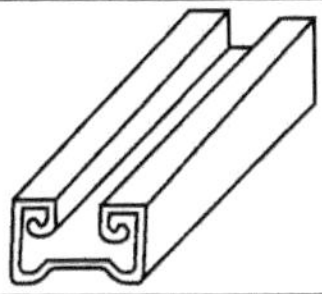		覆面（次龙骨）龙骨
L 形龙骨	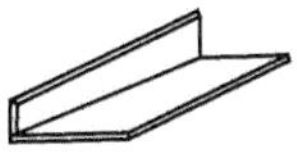		边龙骨
T 形龙骨	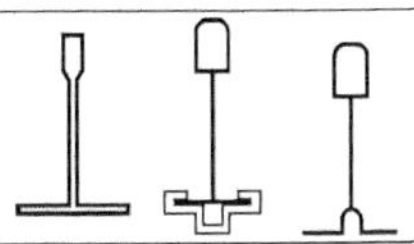		
主龙骨吊件	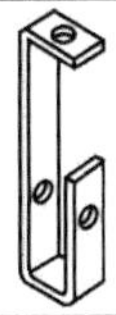	连接吊杆和主龙骨	
主龙骨接件	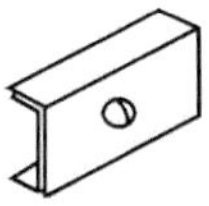	主龙骨之间连接	
主次龙骨挂件	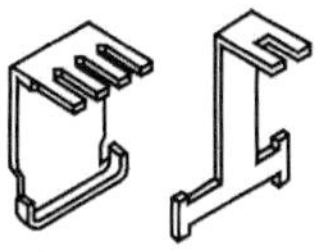	连接主龙骨和次龙骨	
次龙骨接件	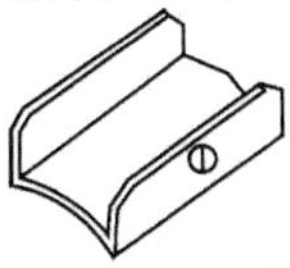	次龙骨之间连接	
次龙骨插挂件	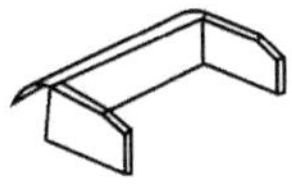	次龙骨中间垂直连接	
轻型骨吊挂件	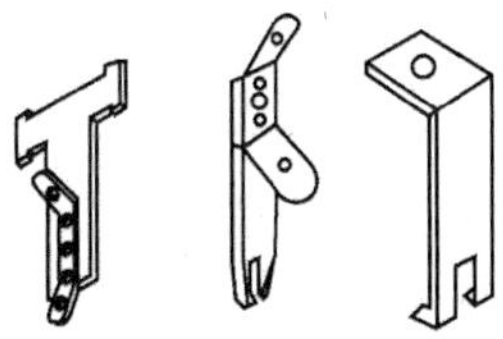	连接吊杆和主龙骨	

3. 面层固定的构造做法

（1）抹灰面层

先将板条、板条钢板网、钢板网等钉于龙骨底面，然后在其底面抹纸筋灰或麻刀灰作面层后粉刷。

（2）板材面层

1）钉　用铁钉或螺钉将面板固定于龙骨上。木龙骨一般用铁钉固定面板，铁钉便于转角；型钢龙骨用螺钉固定面层。钉距视面板材料而异。适用于钉接的板材有植物板材、矿物板材、铝板等。

2）粘　用黏结剂将板材粘于龙骨底面上。矿棉吸音板可用 1∶1 水泥石膏加适量 107 胶，随调随用，成团状粘贴。钙塑板可用 401 胶粘贴在石膏板基层上，若采用粘、钉结合的方式，则连接更为牢固。

3）搁　将面板直接搁于龙骨翼缘上，适用于薄壁轻钢龙骨、铝合金龙骨等。

4）卡　用龙骨本身或另用卡具将板材卡在龙骨上，这种做法常用于轻钢、型钢龙骨，板材为金属板材、石棉水泥板等。

5）挂　利用金属挂钩龙骨将板材挂于其下，板材多为金属板。

4. 面层接缝的构造处理

面层接缝（图 4.4）处理是针对板材面层而言，其接缝形式应根据龙骨形式和面层材料特性决定。

（1）离缝

板与板采用离缝平铺，离缝约为 10～15mm，在构造上除可钉接外，常采用凹槽边板用隐蔽夹具卡住，固定在龙骨上。这种做法有利于通风和吸声。

（2）对（拼）缝

板与板在龙骨处对接，此时板多粘、钉在龙骨上，缝处易产生不平现象，需在板上按照间距不超过 20cm 钉钉，或用黏结剂粘紧，并对不平处进行修整，如石膏对缝可用刨子刨平。对缝做法多用于裱糊、喷涂的面板。

（3）凹缝

在两板逢处利用板面的形状和长短做出凹缝，凹缝有 V 形和矩形两种。由板的形状形成的凹缝，可不必另加处理，在利用板的厚度形成的凹缝中可刷涂颜色，以强调顶棚线条和立体感，也可加金属饰板增强装饰效果。凹缝应不小于 10mm，或视设计而定。

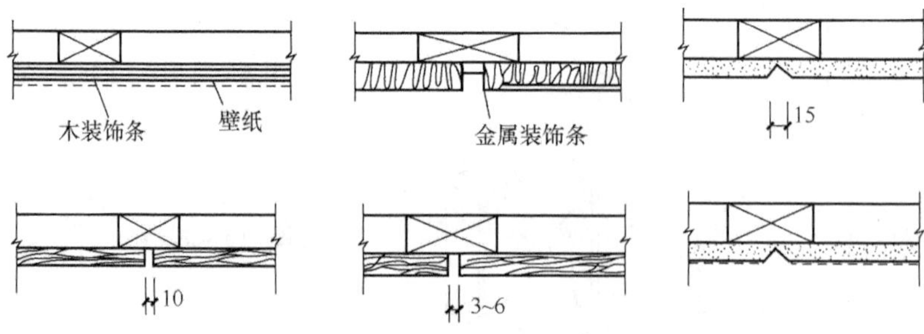

图 4.4　顶棚面层接缝

（4）盖缝

板缝不直接暴露在外，而是用压条将板缝盖住，这样可避免缝隙宽窄不均现象，使板面线型更加强烈。盖缝材料可用铝合金条或木条。

4.3.3　常用悬吊式顶棚构造示例

1. 纸面石膏板顶棚装饰构造

板材类吊顶施工工艺

纸面石膏板是以建筑石膏为主要原材料，掺入适量添加剂以及纤维材料作为板芯，以类似于牛皮纸的特殊纸做护面而制成。常用的纸面石膏板是纸面石膏装饰吸声板，分有孔和无孔两大类，并有各种花色图案，具有良好的装饰效果。这种板由于有纸面保护，因而具有强度高、挠度小、轻质、防火、隔声、隔热、抗震性能好等特点，可以调节室内温度，施工简单，加工性能好。纸面石膏装饰吸声板的一般规格为 600mm×600mm，厚度为 9mm 或 12mm。

构造方法：纸面石膏板吊顶常采用薄壁轻钢作龙骨，吊筋为不小于 6mm 的钢筋，间距为 900mm～1200mm，先用吊件通过螺栓将吊筋与龙骨连接，主龙骨间距一般为 1500～2000mm，再用吊件把次龙骨固定在主龙骨上，次龙骨间距根据装饰板面料规格来决定。

板材固定在次龙骨上，其固定方式一般采用自攻螺钉固定，见图 4.5。

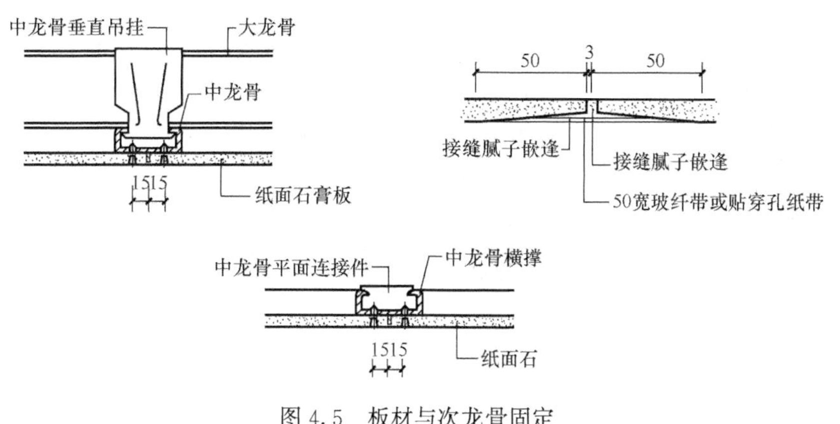

图 4.5　板材与次龙骨固定

2. 矿棉板和玻璃棉板顶棚装饰构造

矿棉板，又称矿棉装饰吸声板。它是以矿棉为主要原料，加入适量的黏结剂、防潮剂，经加压，烘干，饰面而成的一种新型吊顶装饰材料。玻璃棉板以玻璃棉为主要原料，加入适量黏结剂，防潮剂和防腐剂，经热压加工成型。矿棉板和玻璃棉板具有轻质、吸声、防火、隔热、保温、美观、施工方便等特点，适用于各种公共建筑中。这两种板材多为方形或矩形，规格为方形时多为 300～600mm 见方，厚度为 12～30mm，一般直接安装在金属龙骨上，其断面形式见图 4.6。矿棉板材的固定方式见图 4.7。

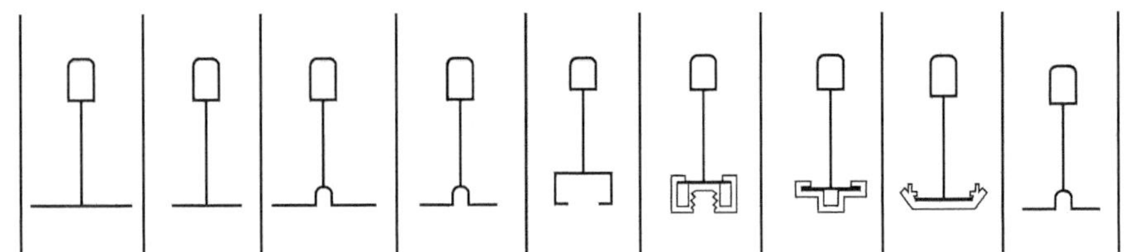
图 4.6　T 形龙骨的断面形式

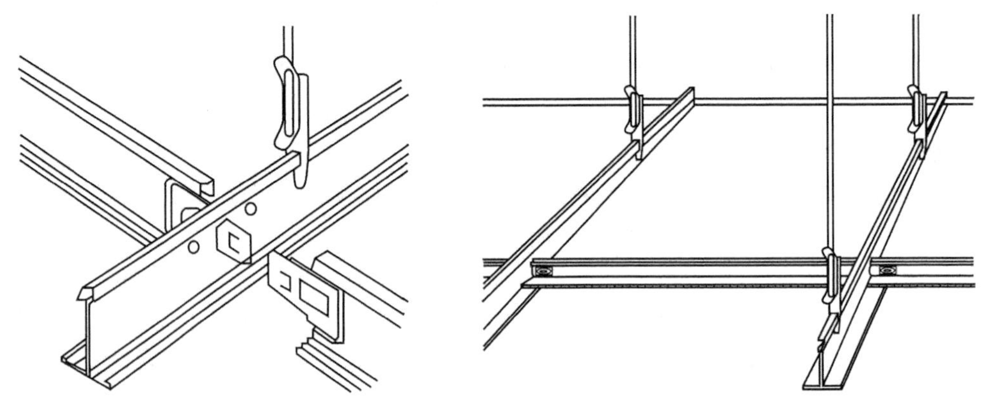
图 4.7　矿棉板材固定方式

常用的构造方式为暴露龙骨和隐蔽龙骨。

1）暴露龙骨是将方形或矩形板材直接搁置在龙骨网格的倒 T 形龙骨的翼缘上，中部龙骨外露的布置方式见图 4.8（a），边龙骨外露（卡接）的布置方式见图 4.8（b）。

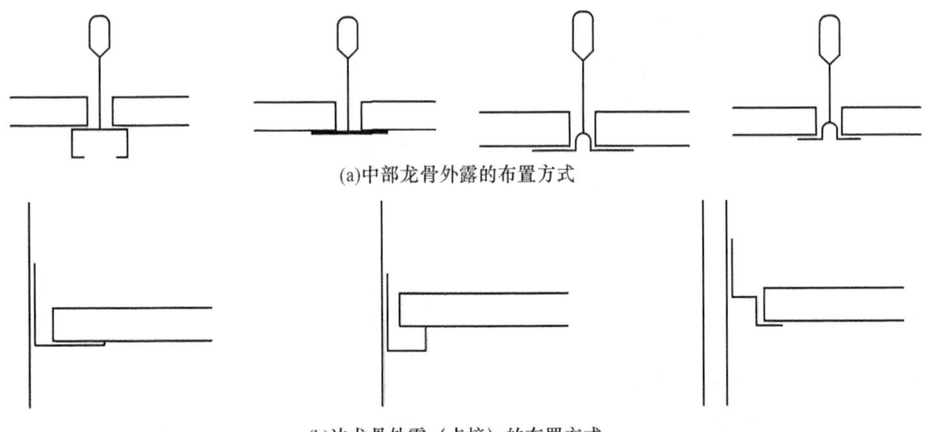
(a)中部龙骨外露的布置方式

(b)边龙骨外露（卡接）的布置方式

图 4.8　暴露龙骨的布置方式

2）隐蔽龙骨是将板的侧面都制成卡口，卡入龙骨网格的倒 T 形龙骨翼缘之中，见图 4.9。

这两种构造做法对于安装，取换饰面板材都比较方便，从而有利于顶棚上部空间内的设备和管线的安装和维修。这类矿物板顶棚还可以在倒 T 形龙骨上双层或单层垂直安装，形成格子形吊顶，以满足声学、通风和照明的某些要求。另一种双穿孔的带

翼缘龙骨的矿棉板顶棚，还可以利用龙骨的穿孔作为通风的顶棚，从而省去了常见的单个风口，使顶棚的造型更为简洁、明快。

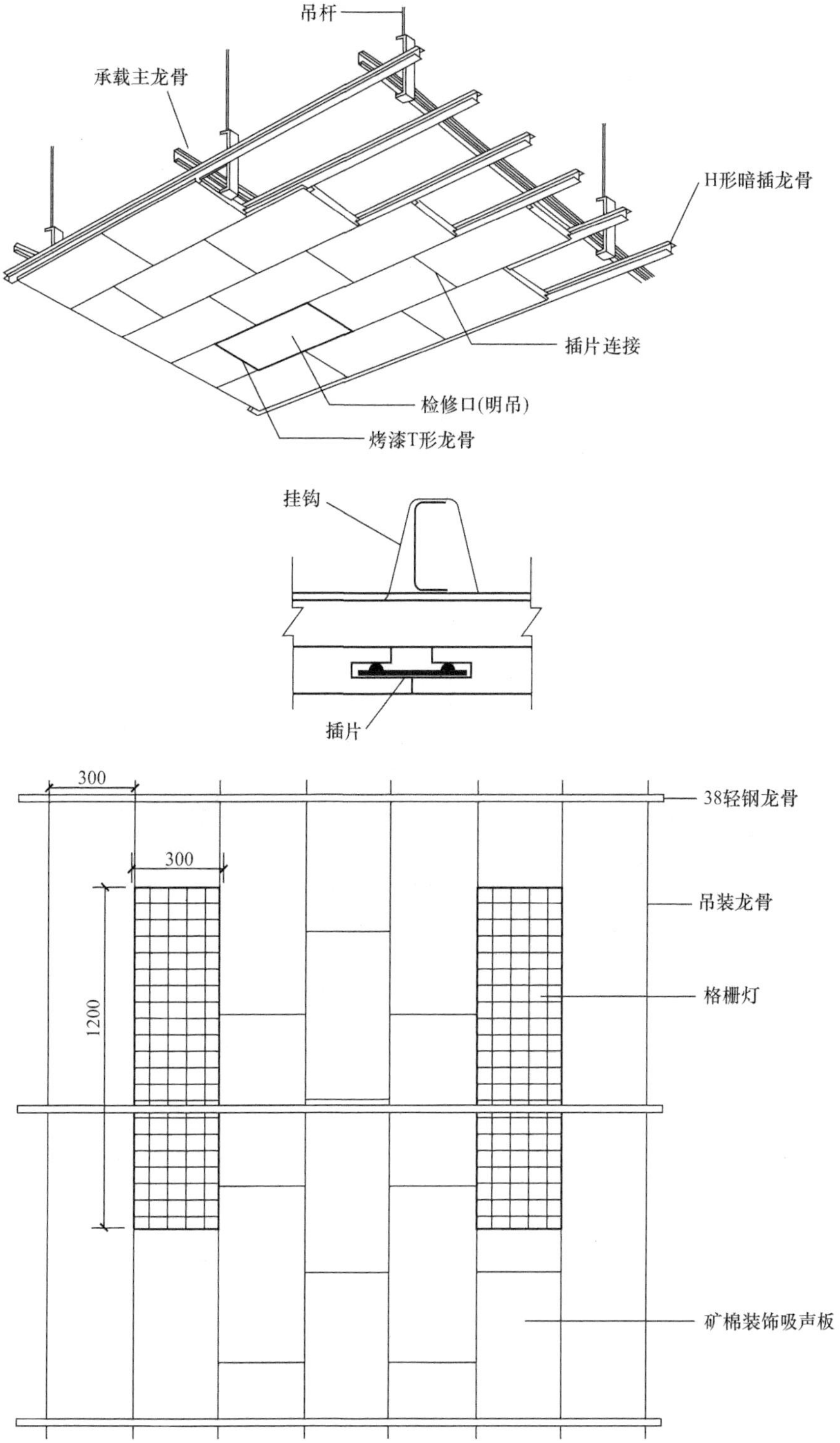

图 4.9　隐蔽龙骨的布置方式

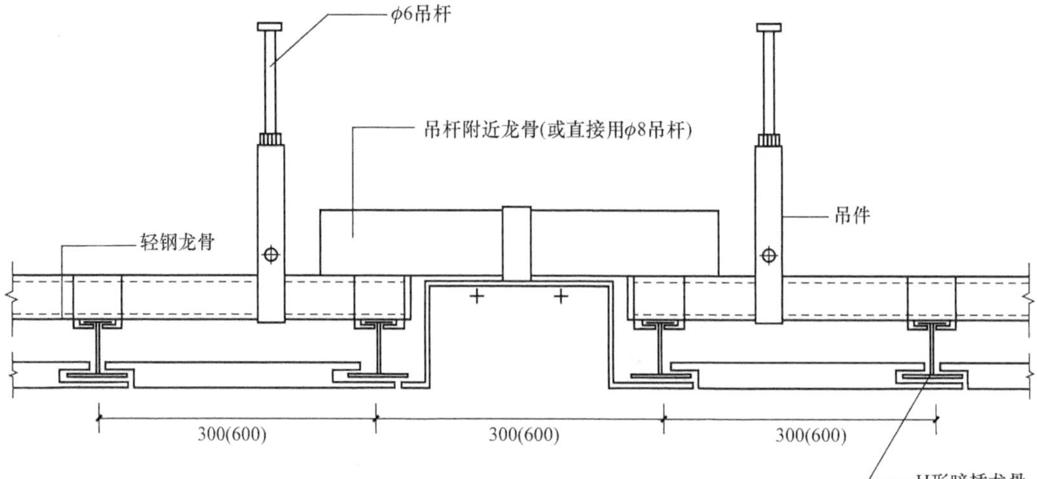

φ6吊杆

吊杆附近龙骨(或直接用φ8吊杆)

吊件

轻钢龙骨

300(600)　300(600)　300(600)

H形暗插龙骨

方法一

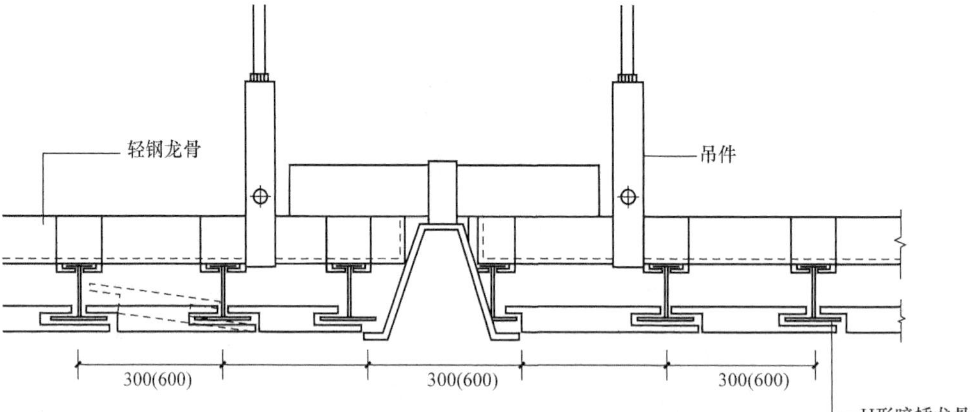

轻钢龙骨

吊件

300(600)　300(600)　300(600)

H形暗插龙骨

方法二

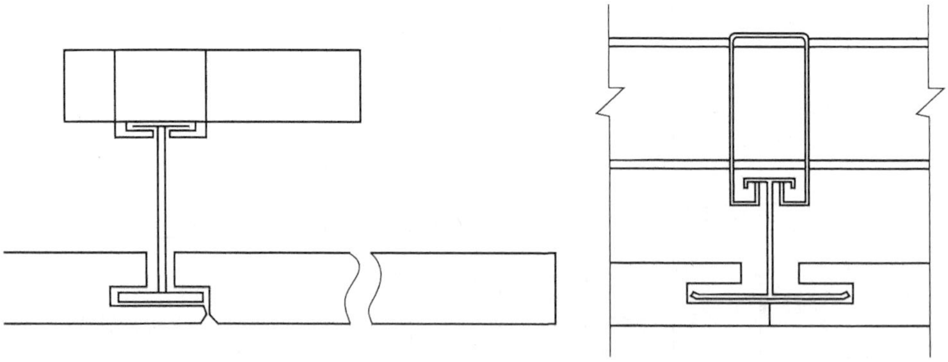

图 4.9（续）

3. 金属板顶棚装饰构造

金属板顶棚是用轻质金属板材，如铝板、铝合金板、薄钢板、镀锌铁皮等作面层的吊顶。常用的板材有压型薄钢板和铸轧铝合金型材两大类。薄钢板表面可作镀锌、涂塑和涂漆等防锈饰面处理；铝合金板表面可作电化铝饰面处理。这两类金属板都有打孔或不打孔的条式、矩形、方形以及各种形式的型材。此外，还有轧或铸成的各种形式的网格板，其中有方格、条格、圆孔等各种大小和各种造型等组合的网格板。

金属板顶棚自重小，色泽美观大方，不仅具有独特的质感，而且平挺、线条刚劲而明快，这是其他材料所无法比拟的。在这种吊顶中，吊顶龙骨除承重外，还兼具卡具的作用。这种独特的构造，是其他类型吊顶所没有的。其构造简单，安装方便，耐火、耐久，在各类建筑中应用十分广泛。

顶棚采用金属板材为面层材料时，龙骨可用 0.5mm 厚铝板、铝合金或镀锌铁皮等材料制成，吊筋采用螺纹钢套接，以便调节定位。金属板材的吊顶所用的龙骨、板材和吊筋均涂防锈油漆。

1）金属条板顶棚装饰构造　用铝合金和薄钢板轧成的槽形条板，有窄条、宽条之分，中距有 50mm、100mm、120mm、150mm、200mm、250mm、300mm 多种，离缝约 16mm。根据条板类型的不同，顶棚龙骨布置方法不同，变化多样、造型丰富。根据条板与条板间相接处的板缝处理形式，可将其分为两大类，即开放型条板顶棚和封闭型条板顶棚，开放型条板顶棚离缝间无填充物，便于通风，也有上部另加矿棉或玻璃棉垫，作为吸声顶棚之用，还可条板打孔，以加强吸声效果。封闭型条板顶棚在缝间可另加嵌缝条或条板单边有翼盖缝，见图 4.10。

轻金属槽形条板表面可以做成搪瓷或烤漆、喷漆。轻金属龙骨根据板材形状做成夹齿，以便与板材连接。

金属条板一般多用卡固方式与龙骨相连，但这种卡固的方法通常只适用于板厚在 0.8mm 以下、板宽在 100mm 以下的条板。对于板宽超过 100mm、板厚超过 1mm 板材，多采用螺钉来固定。

金属条板顶棚一般属于轻型不上人吊顶，当吊顶上承受重物或上人检修时，常常会出现局部变形现象。这种变形在龙骨兼卡具形式的吊顶中更为严重，因此，对于荷载较大或需上人检修的吊顶，考虑到局部集中荷载的影响，一般多采用角钢（或圆钢）代替轻便吊筋的方法来解决。但比较好的方法还是模仿上人吊顶的一般处理方式，另设一层主龙骨，以此为承重杆件。这样做，可以使吊顶不平及局部变形等问题得到很好的解决。

金属条板顶棚还可以通过在板上穿孔，并在板上放置吸声材料，很好地解决吸声问题。在板上敷设的吸声材料，通常是矿棉或超细玻璃棉。

2）金属方板顶棚装饰构造　金属方板顶棚在装饰效果上别具一格，而且在吊顶表面设置的灯具、风口、喇叭等易于与方板协调一致，使整个顶棚表面组成有机整体。另外，采用方板吊顶时，与柱、墙边的处理较为方便合理，也是其一大特点。如果将方板吊顶与条板吊顶相结合，更可取得形状各异、组合灵活的效果。当方板顶棚采用

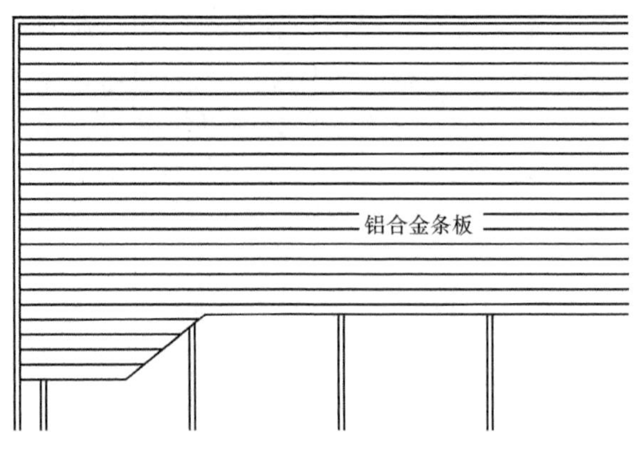

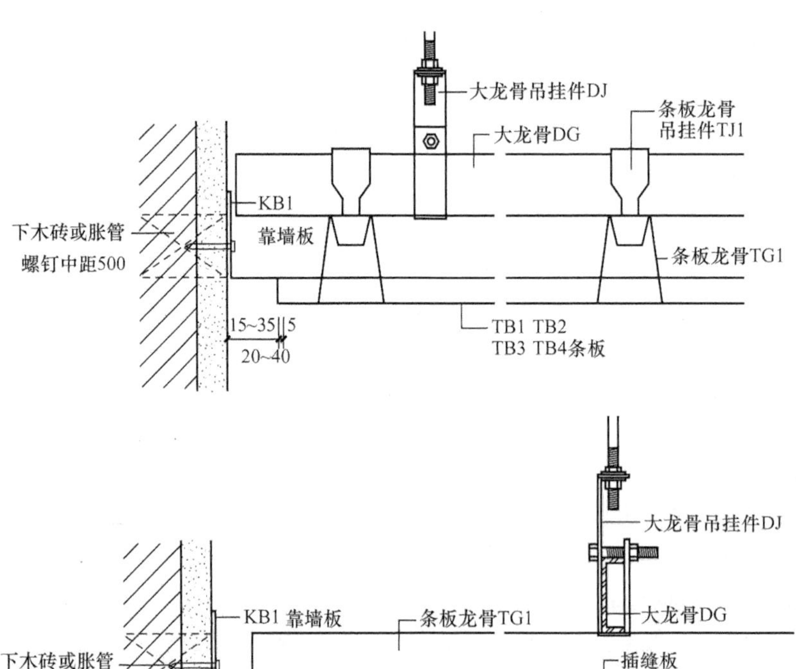

图 4.10　金属条板顶棚

开放型结构时，还可兼起吊顶的通风作用。因此，近年来金属方板顶棚的应用有日益增多的趋势。

金属方板安装的构造分搁置式和卡入式两种，具体做法见表 4.7。

表 4.7　金属条板顶棚类型

<table>
<tr><th>类型</th><th>特点</th><th>构造做法</th><th>图例</th></tr>
<tr><td rowspan="2">搁置式方板顶棚</td><td rowspan="2">搁置式多为T形龙骨，方板四边带翼，搁置后形成格子形离缝</td><td>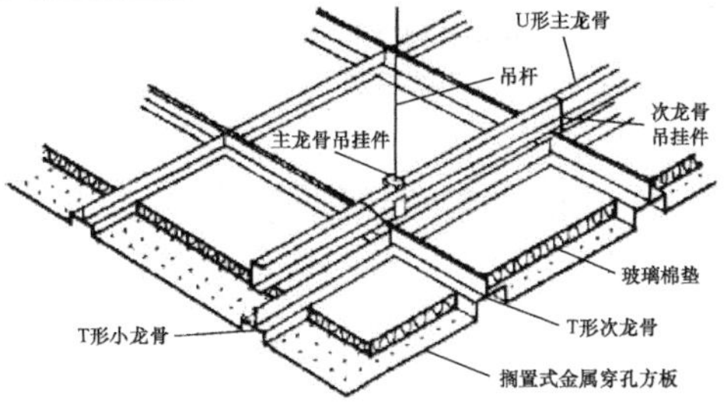
</td><td rowspan="2"></td></tr>
<tr><td>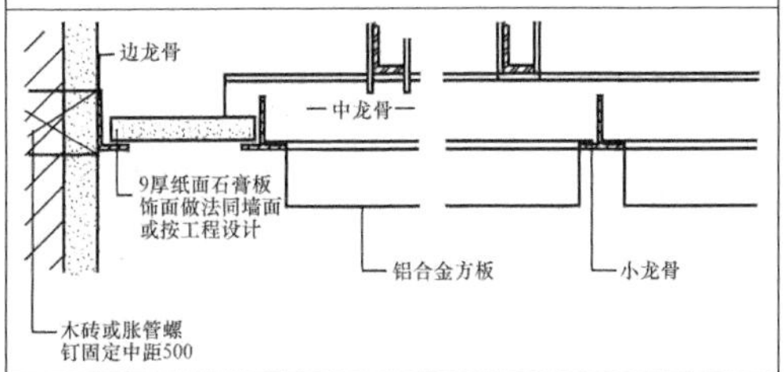
</td></tr>
<tr><td rowspan="2">卡入式方板顶棚</td><td rowspan="2">卡入式的金属方板卷边向上，形同有缺口的盒子形式，一般边上轧出凸出的卡口，卡入有弹簧夹的龙骨中</td><td>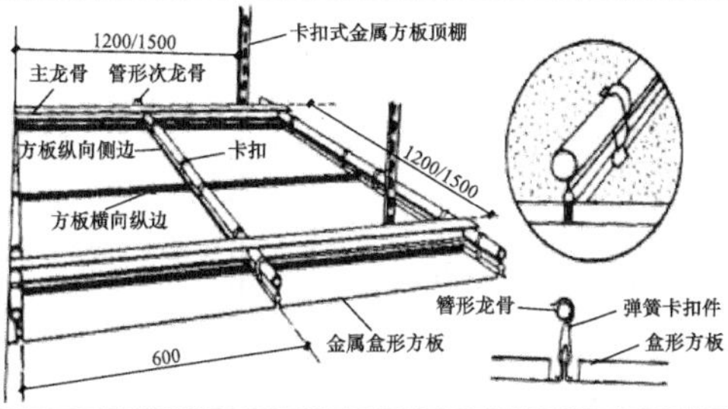
</td><td rowspan="2"></td></tr>
<tr><td>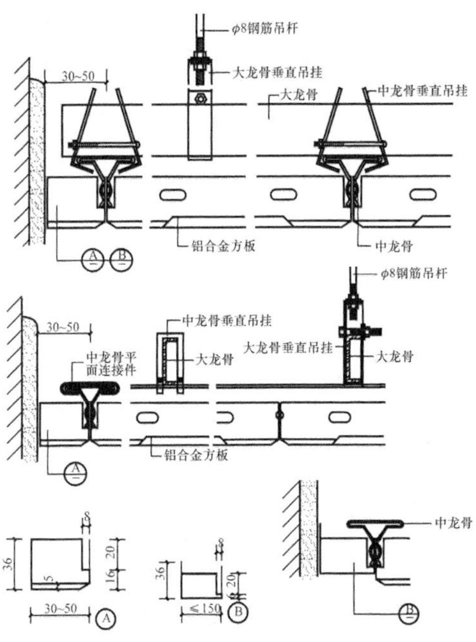
</td></tr>
</table>

注：方板可以打孔，上面衬纸再放置矿棉或玻璃棉的吸声垫，形成吸声顶棚；方板亦可压成各种纹饰，组合成不同的图案。

4.3 随堂测试

4.4 顶棚特殊部位构造

4.4.1 顶棚与墙面连接

顶棚与墙面相交处的处理见图 4.11。

金属条板的断面形式很多，而其配套件的品种也难以计数，当条板的断面不同，配套件不同时，顶棚与墙面连接的方式也是不尽相同的。

在金属方板吊顶中，当四周靠墙边缘部分不符合方板模数时，可不采用以方板和靠墙板收边的方法，而改用条板或纸面石膏板作吊顶处理，至于使用条板还是纸面石膏板，由设计人员定。

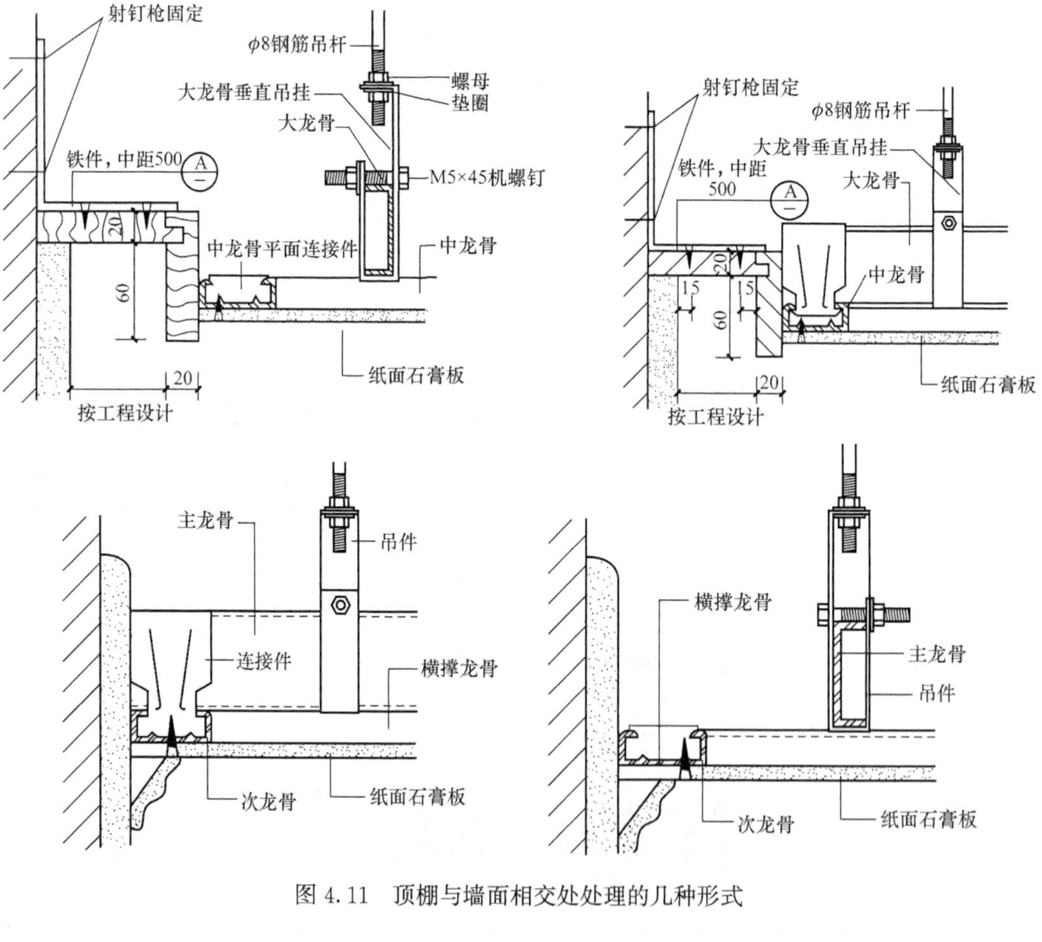

图 4.11 顶棚与墙面相交处处理的几种形式

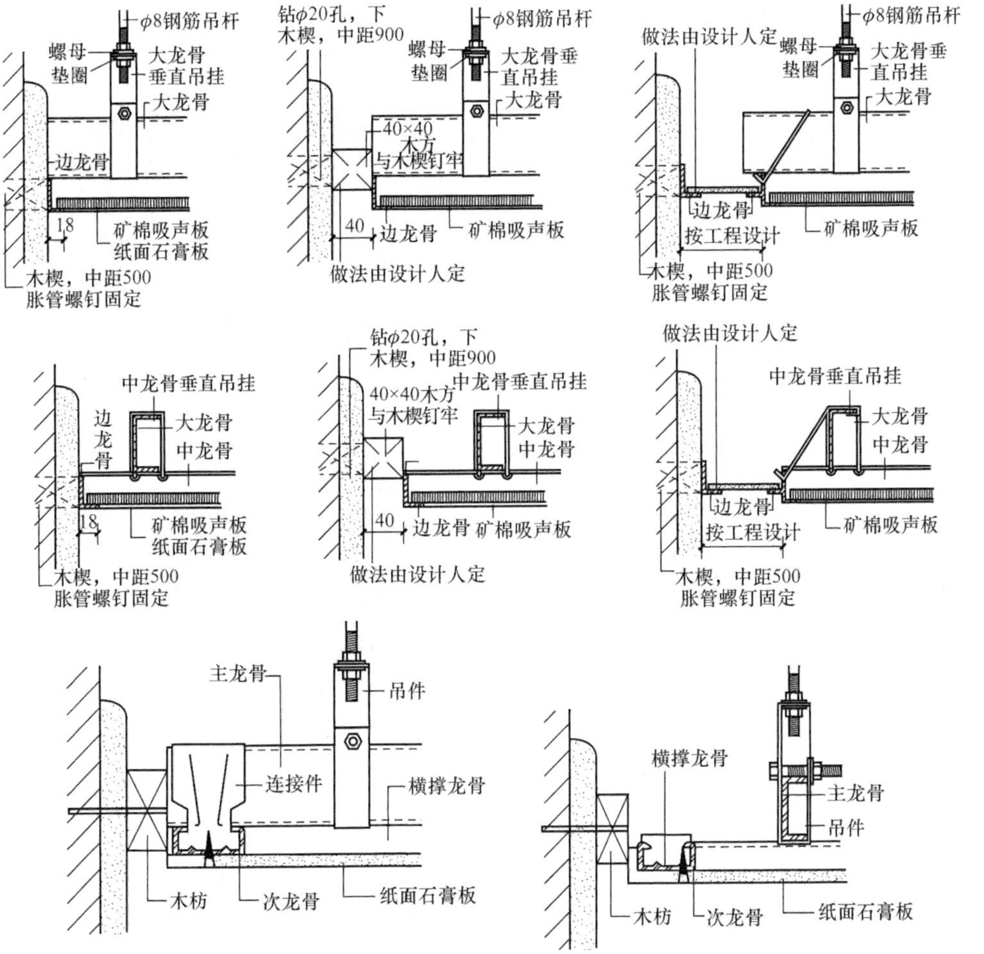

图 4.11（续）

4.4.2　顶棚与窗帘盒连接

窗帘盒设在窗口的上方，主要用来吊挂窗帘，并对窗帘导轨等构件起遮挡作用，因此它也有美化房间的作用。窗帘盒常见的做法见表 4.8。

表 4.8　窗帘盒做法

窗帘盒做法	特点	图例
独立式	独立式只在窗口部位有。一般长度比窗口宽长 200～300mm	

续表

窗帘盒做法	特点	图例
连通式	连通式即在窗口所在墙上连续不间断布置	
周边式	无论有无窗口，在房间所有的墙面上均设窗帘盒	

窗帘盒的长度一般比窗口宽 200～300mm（洞口两侧各为 100～150mm），深度（即出挑尺寸）与所选用的窗帘材料的厚薄和窗帘的层数有关，一般单轨时深度为 140mm，双轨时为 200mm，窗帘盒的净高为 120mm 左右，一般采用 20mm 厚的木板制作。它通过角钢与木螺钉固定后，焊在结构的预埋件上，也可以通过特制铁件并用木螺钉固定后，用射钉枪固定于主体结构上。窗帘盒与顶棚连接的构造做法见图 4.12。

4.4.3　顶棚与灯具连接

在顶棚上安装灯具，一般有与顶棚直接结合的（如吸顶灯等）和与顶棚不直接结合的（如吊灯等）两种。

1. 吊灯

吊灯是指灯具通过吊杆或吊索悬挂在顶棚下面，与顶棚有一定距离。大的吊灯应装于结构层（如楼板、屋架下弦或梁上），先在结构层中预埋铁件或木砖，在铁件或木砖上设过渡连接件，吊杆或吊索可与过渡连接件采用钉、焊、穿等方法连接；小的吊灯可安装在结构层上，也可安装在次龙骨或补强龙骨上。

若顶棚为吊顶时，可在安装顶棚同时安装吊灯，这样可以以吊顶为依据调整灯的位置和高低。吊杆出天棚顶面可采用直接伸出法和加套管的方法。吊杆或吊索可直接钉、拧在天花板次龙骨上，或吊于次龙骨间另加的十字龙骨上，见图 4.13。

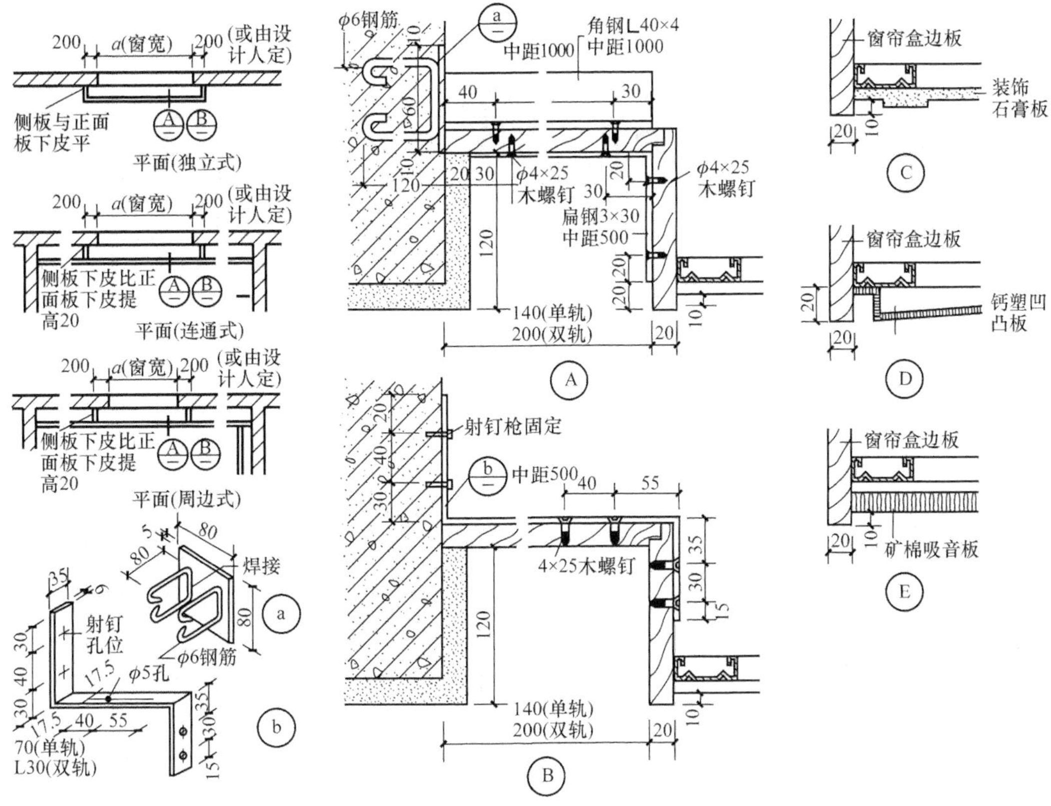

图 4.12　窗帘盒与顶棚连接构造

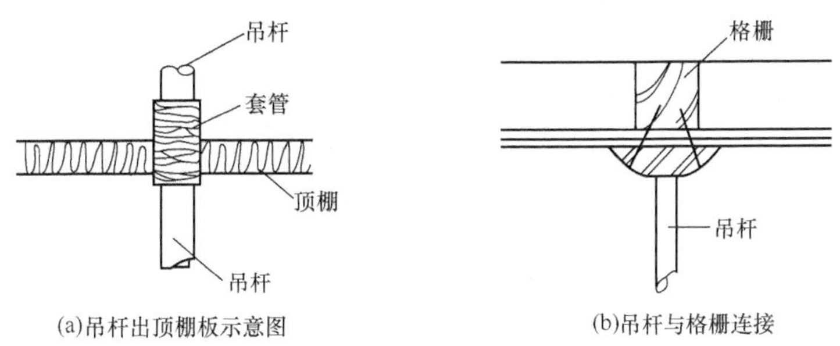

(a)吊杆出顶棚板示意图　(b)吊杆与格栅连接

图 4.13　吊杆安装示意

2. 吸顶灯

吸顶灯是指直接固定在顶棚平面上的灯具。

小吸顶灯直接与龙骨连接即可，大型吸顶灯要从结构层单设吊筋，在楼板施工时就应将吊筋预埋，埋设方法同吊顶埋筋方法。吸顶灯开口大小以将小龙骨围合成孔洞边框为宜，边框一般为矩形，此边框既为灯具提供连接点，也作为抹灰间层收头和板材面层的连接点。大吸顶灯可以在局部补强部位加斜撑做成圆开口或方开口，吸顶灯的边缘构件应压住面板或遮盖面板缝，见图 4.14。

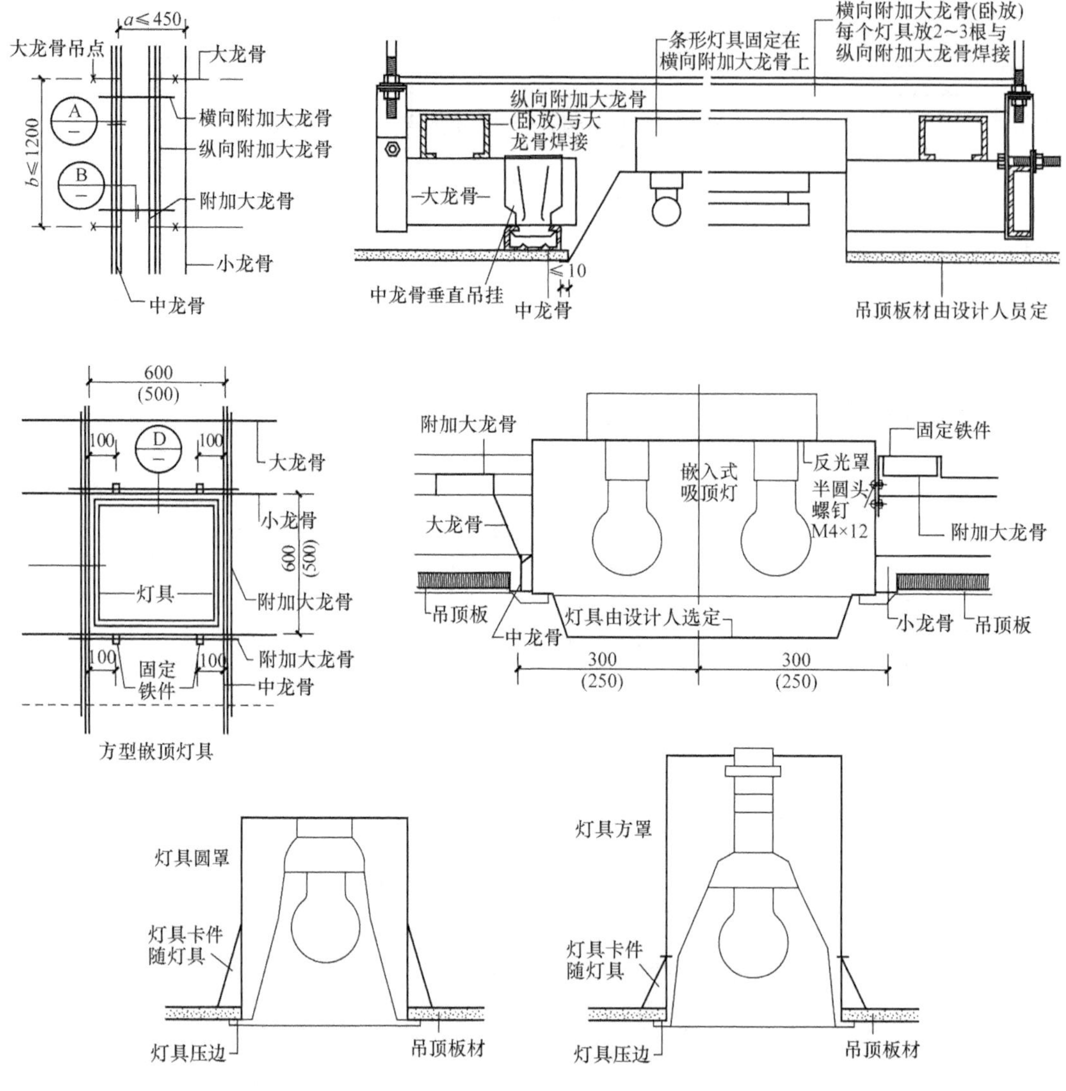

图 4.14 灯具安装构造示意

3. 嵌入式灯具

嵌入式灯具有筒体灯、格栅灯和发光顶棚灯等几种。灯具镶嵌在顶棚内，灯具面与吊顶面齐平或略有突出，筒体有方形、圆形多种，其直径或边长有 140mm、165mm、180mm 等多种。格栅灯和发光顶棚灯一般多做成方形。这些灯具大多直接和顶棚面层相连接，也可直接与龙骨相连，或用补强龙骨作为固定边框。

4. 光带

采用普通日光灯或白炽灯作光源，光带宽按设计要求制作。遮光板采用格板玻璃、有机玻璃、聚苯乙烯塑料晶体片等。光带灯槽通过附加龙骨固定于主龙骨上。

4.4.4　顶棚与通风口连接

通风口布置于吊顶的表面或侧立面上。风口一般为定型产品，通常用铝合金、塑料或实木做成，形状多为方形或圆形。安装风口需装饰施工与设备施工配合，在其位置上预留木框以便风口安装。送风口也可利用发光顶棚的折光片、开敞式吊顶做送风口。图 4.15 所示的是结合吊顶的端部处理做成的一种暗风口。

这种方法不仅避免了在吊顶表面设风口，有利于保证吊顶的装饰效果，而且将端部处理、通气和装饰效果三者有机地结合起来。有些顶棚在此还设置暗槽反射灯光，使顶棚的装饰效果更加丰富。

顶棚通风口除上述两种布置方式外，还可以利用龙骨送风。这种做法主要是利用槽形或双歧龙骨从夹缝中安装空调盒进行通风，有些还组成方格形龙骨体系，龙骨的间距一般为 1.2m。空调盒可安装在顶棚的任意位置，由空调总管道将风送到空调盒中。这种体系使龙骨和风口结合，顶棚上看不到专用的风口，使顶棚简洁、明快，同时送风也较均匀舒适。

通风口通常安装在附加龙骨边框上，边框规格不小于次龙骨规格，并用橡皮垫作减噪处理。

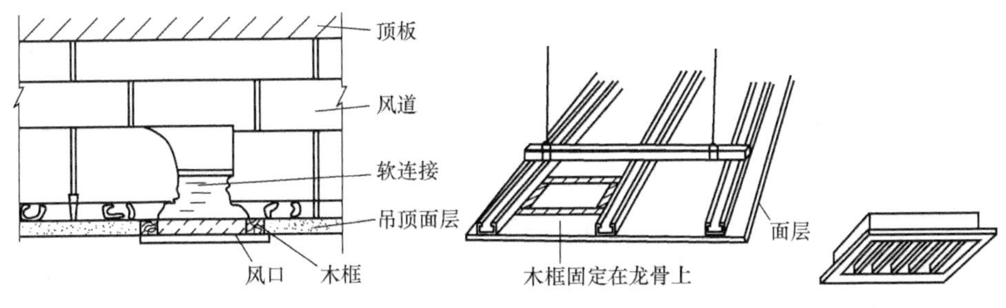

图 4.15　通风口（暗风口）构造

4.4.5　顶棚与检修孔

顶棚检修孔的设置与构造既要考虑检修吊顶及吊顶内的各类设备的方便，又要尽量隐蔽，以保持顶棚的完整性。一般采用活动板作吊顶进人孔，使用时可以打开，合上后又与周围保持一致。进人孔的尺寸一般不小于 600mm×600mm，见图 4.16。如果能将进人孔与灯饰结合则更为理想，其中的格栅或折光板可以被顶开，其上面的罩白漆钢板灯罩也是活动式的，需要时可掀开，如果能利用吊顶侧面设进人孔，效果更佳。

吊顶上的检修门一般用作对设备中一些容易出故障的节点进行检修时使用，所以它的尺寸相对较小，只要能操作即可。检修孔与吊顶的相交处，应按设备口的尺寸围成框子，将框子固定于龙骨上，然后将检修门固定于框子上。

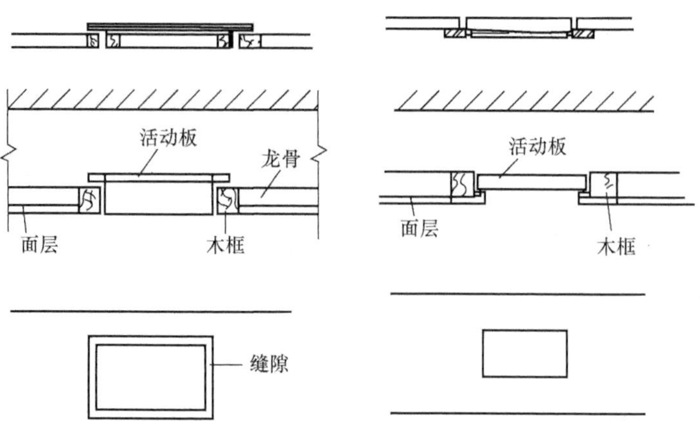

图 4.16 进人孔

4.4.6 自动消防设备安装构造

在有吊顶的室内安装自动喷淋头、火灾报警器（烟感、温感等）时，自动喷淋系统的支管、火灾报警器的线管敷设在吊顶内，自动喷淋头和火灾报警器必须露出吊顶表面，见图 4.17。其构造处理注意三种情况：一是水管伸出吊顶面，造成喷淋头安装不符合设计要求；二是水管预留不到位，自动喷淋头不能在吊顶面与水管连接，见图 4.18；三是喷淋头边上不能有遮挡物，见图 4.19。

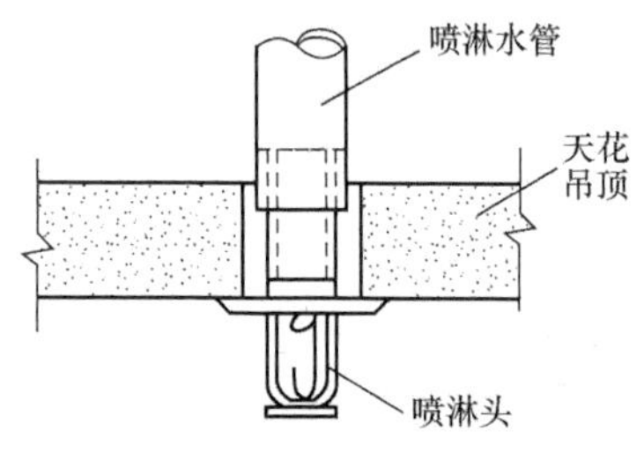

图 4.17 自动喷淋系统

先装消防给水管道，水压试验合格后，安装顶棚龙骨和顶棚面板，留置自动喷淋头，烟感器安装口。

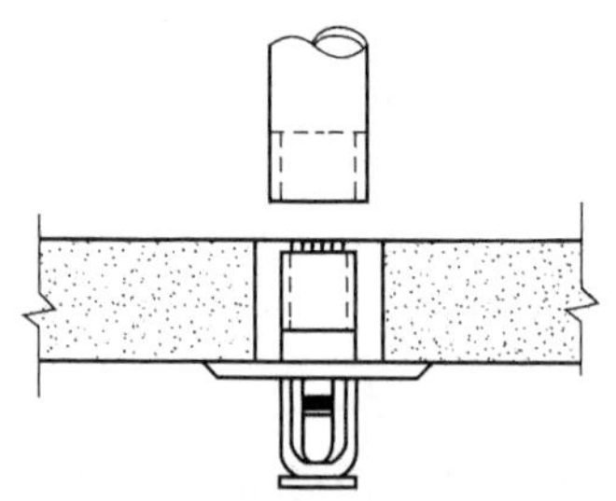

图 4.18 水管预留不到位

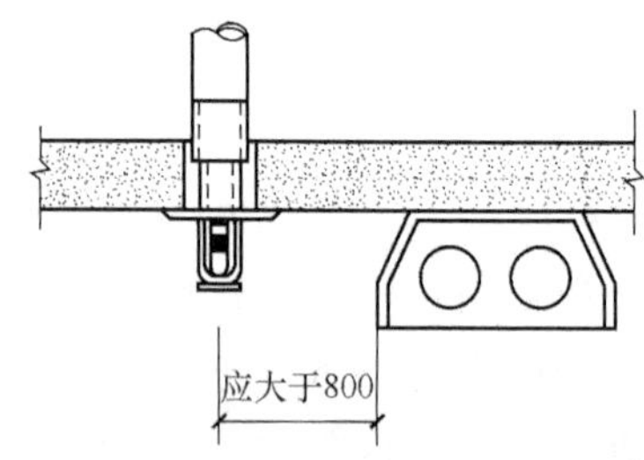

图 4.19 喷淋头周围不能有遮挡物

4.4.7 不同高度顶棚连接

为了满足特定的功能要求（如影剧场的观众厅），或者为了使顶棚在空间高度上产生变化，形成一定的立体感，在现代化建筑的装饰中，吊顶往往都要通过高低差变化来达到空间限定，丰富造型，满足音响、照明设备的安装及对特殊效果的要求，因此

高低差的处理，也就成为现代建筑吊顶中的一个十分重要的问题。图 4.20 为铝合金吊顶高低差做法示意。

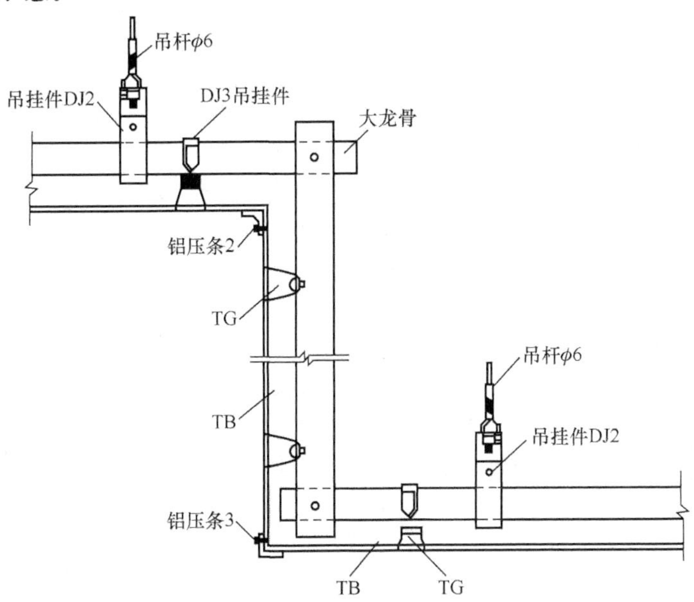

图 4.20　铝合金吊顶高低差做法

4.4.8　不同材质顶棚交接处理

同一顶棚上过渡面及不同材质交线收口做法见图 4.21（a）～（c）。

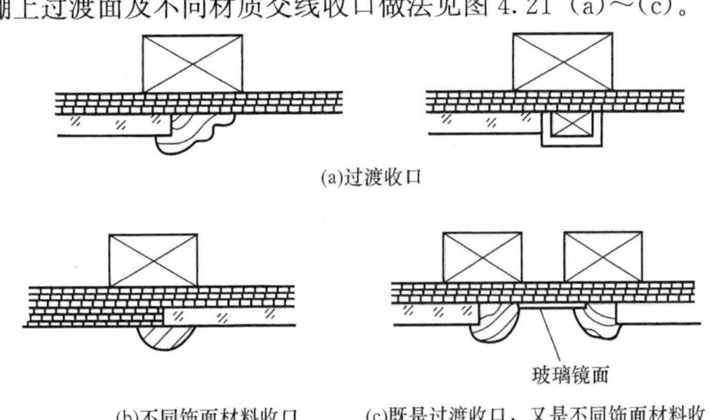

图 4.21　过渡面及不同材质交线收口做法

4.4 随堂测试

4.5 特殊顶棚构造

格栅顶棚
施工工艺

4.5.1 格栅顶棚

格栅类顶棚也称开敞式吊顶，它是在藻井式顶棚的基础上发展形成的一种独立的体系。格栅类顶棚效果独特，艺术处理手法简洁而富于变化，具有其他形式的吊顶所不具备的韵律感和通透感，因此，近年来在各种类型的建筑中应用较多。格栅吊顶形式见图 4.22。

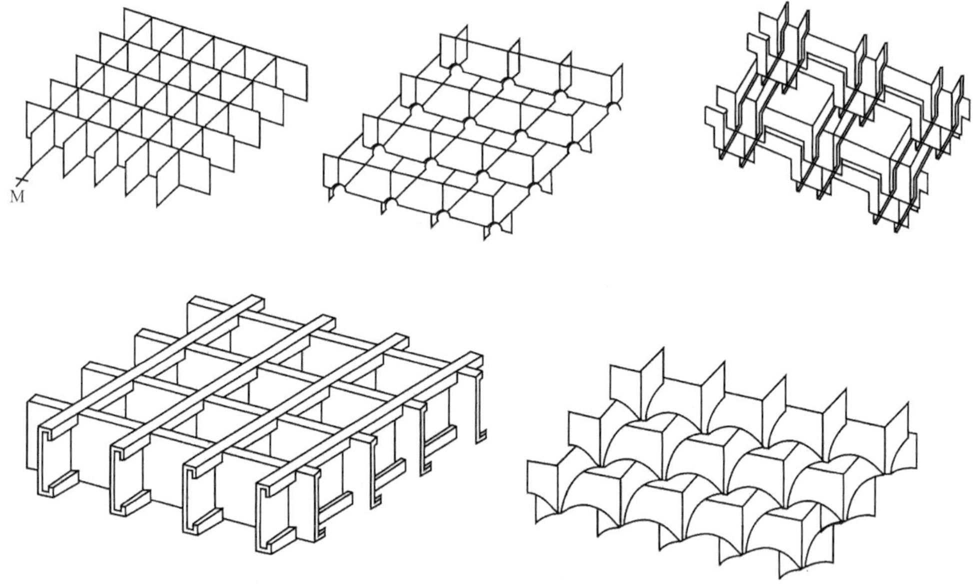

图 4.22 格栅吊顶形式

格栅类顶棚是通过一定的单体构件组合而成的，单体构件的类型繁多，不胜枚举。从制作的材料来分有木材构件、金属构件、灯饰构件及塑料构件等。格栅式顶棚的单体连接构造，在一定程度上影响着单体构件的组合方式，甚至整个顶棚的造型。标准单体构件的连接，通常是采用将预拼安装的单体构件插接、挂接或榫接在一起的方法，见图 4.23。当然，格栅式吊顶不一定非要使用专门生产的标准格栅构件，利用普通铝合金条板，通过一定的托架和专用的连接件，亦可构成格栅式吊顶。

格栅类吊顶的安装构造，大体上可分为两种类型。一种是将单体构件固定在可靠的骨架上，然后再将骨架用吊杆与结构相连，这种方法一般用于构件自身刚度不够、稳定性较差的情况，见图 4.24。另一种方法是对于用轻质、高强材料制成的单体构件，不用骨架支持，而直接用吊杆与结构相连。这种预拼装的标准构件的安装要比其他类型的吊顶简单，而且集骨架和装饰于一体。在实际工程中，为了减少吊杆的数量，通常采用了一种变通的方式，即先将单体构件用卡具连成整体，再通过通长的钢管与吊杆相连。这样做，不仅使施工更为简便，而且可以节约大量的吊顶材料，见图 4.25。

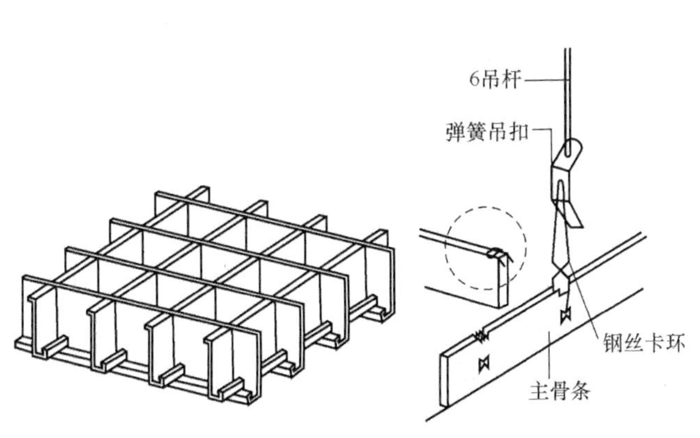

图 4.23　条板的十字连接

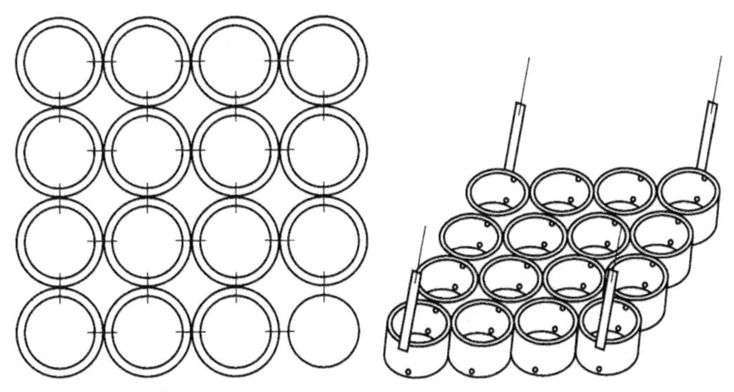

图 4.24　格栅类吊顶的安装构造（一）

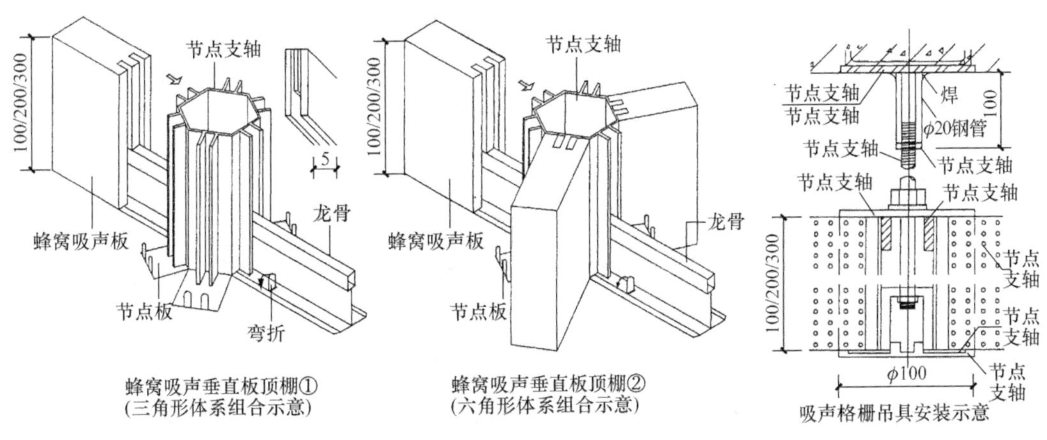

图 4.25　格栅类吊顶的安装构造（二）

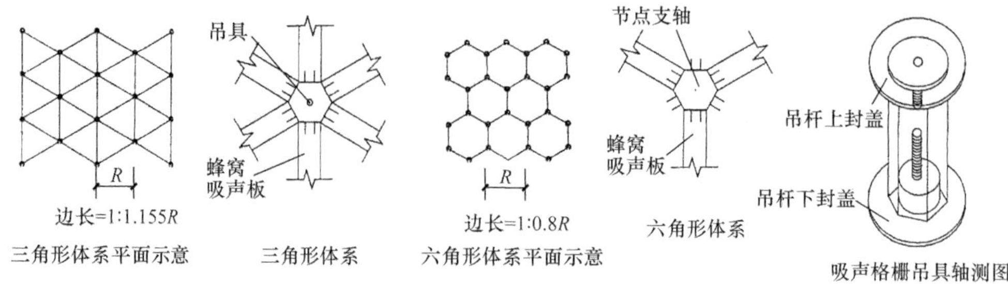

图 4.25（续）

格栅类顶棚的上部空间处理，对装饰效果的影响很大，因为吊顶是敞口的，上部空间的设备、管道及结构情况，对于层高不是很高的房间来说，是清晰可见的。目前，比较常用的办法是用灯光的反射，使其上部发暗，空间内的设备、管道变得模糊，用明亮的地面来吸引人的注意力。也可将顶板的混凝土及设备管道刷上一层灰暗的色彩，借以模糊人的视线。但是无论何种处理方法，都是将模糊上部空间、突出吊顶作为基本出发点。

1. 木格栅顶棚装饰构造

用木板、胶合板加工成单体构件组成格栅式吊顶，在建筑上应用也比较多。主要原因是木板、胶合板具有易于加工成型、重量轻、表面装饰可选择的余地大等优点。但是，在使用时，由于木材等的可燃烧性，在某些防火要求高的建筑中使用受到一定的限制。

木制单体构件的造型多种多样，由此形成各种不同风格的木格栅顶棚。图 4.26 所示为木制长板条吊顶和木制方格吊顶。此外，还有采用方块木与矩形板交错布置组成的吊顶，以及用横、竖和不同方向板条交错布置形成的吊顶。

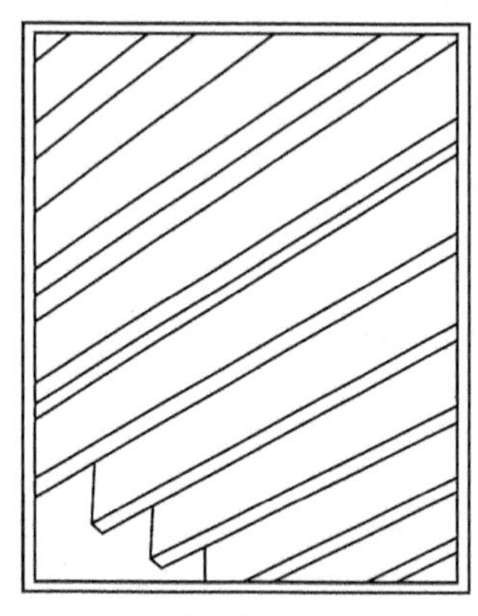

(a)木制长板条吊顶

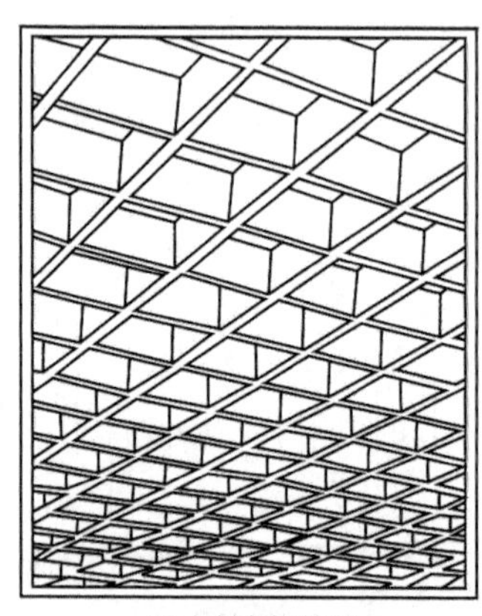

(b)木制方格吊顶

图 4.26　木格栅顶棚

近年来，用于木格栅顶棚的防火装饰板的出现克服了上述木制单体构件可燃烧性的缺点。防火装饰板既有木板质量轻、加工方便的优点，同时表面又已完成装饰，因而得到了广泛的使用。

将防火装饰板加工成标准单体构件，安装时将标准单体构件用卡具连成一个整体，在连接处再同悬吊的钢管相连。

2. 金属格栅顶棚装饰构造

金属条板等距离排列成条式或格子式的顶棚，对照明、吸声和通风均创造良好的条件，在格条上面设置灯具，可以在一定角度下，减少对人的眩光；在竖向条板上打孔，或者在格条上再做一水平吸声顶棚，均可改善吸声效果；另外，在格条上设风口也可提高进风的均匀度。金属格栅顶棚的类型见表 4.9。

表 4.9　金属格栅顶棚类型

类型	特点	构造做法	图例
铝合金格栅顶棚	影响格栅顶棚装饰效果的主要因素是格栅的形式及组合方式	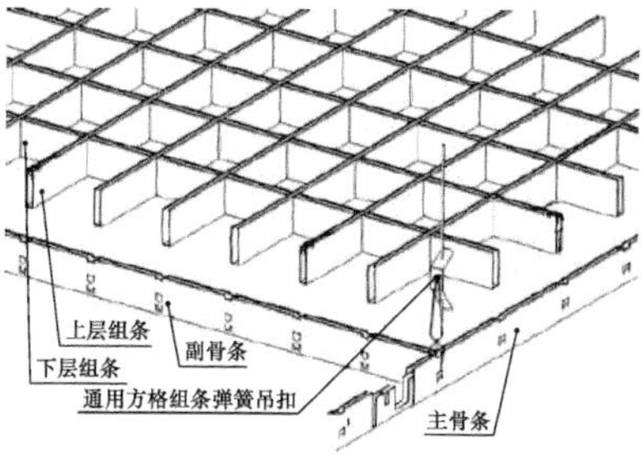	
铝合金条式顶棚	虽然在效果上是一种百叶式的、光栅式的，完全没有网格的效果，但通常仍将其与格栅式顶棚划入同一类	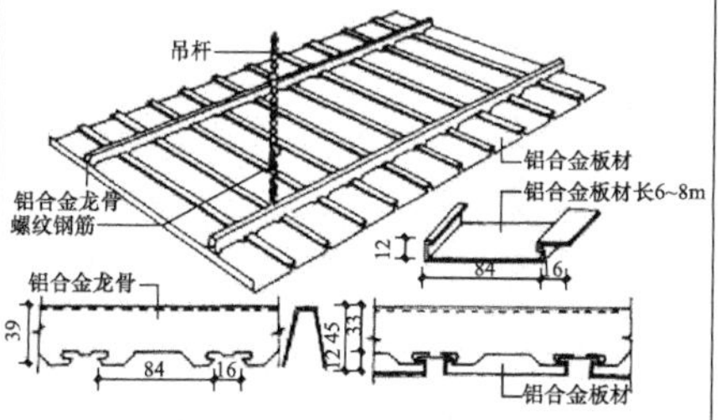	
挂片式吊顶	利用薄金属折板和一种专用的吊挂龙骨构成的	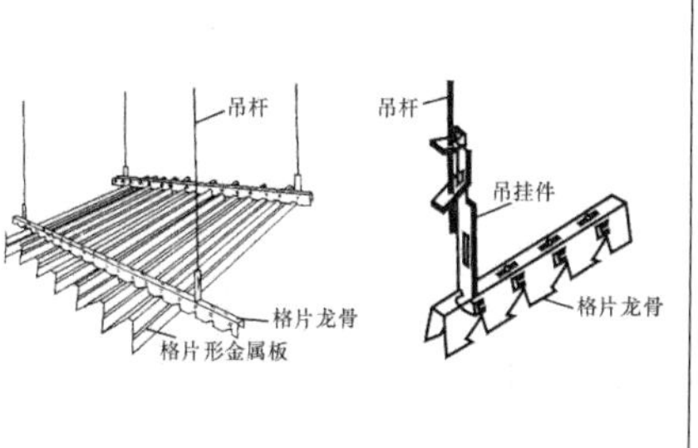	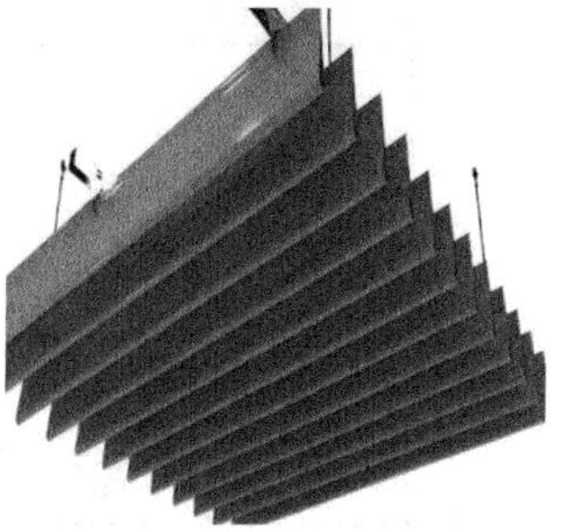

在金属格栅顶棚中应用得最多的是铝合金单体构件。在格栅式顶棚中，单体构件的常用尺寸是 610mm×610mm，用双层 0.5mm 厚的薄板加工而成。表面可以是阳极氧化膜，也可以是漆膜，色彩按设计要求加工。这种格栅重量较轻，一个标准单体构件，安装时用手轻轻一托即可就位。

用铝合金制成的单体构件，由于本身自重较轻，单体构件组合后又往往集骨架、装饰于一体，所以安装较为简单，只要将单体构件直接固定即可。也有的将单体构件先用卡具连成整体，然后再通过通长钢管与吊杆相连，这样做可以减少吊杆的数量，较之直接将单体构件用吊杆悬挂更为简单。

3. 灯饰格栅顶棚装饰构造

格栅式顶棚的单体构件，也有同室内的灯光照明布置结合起来的，有的甚至全部用灯具组成吊顶。吊顶与灯光照明关系比较密切，室内照明设置一般在吊顶部位布置灯光，因此，将照明的灯具加以艺术造型，使其变成装饰品，除了满足照度的要求外，本身也是吊顶的装饰。像这样照明与吊顶造型统一考虑的形式，一般也属于格栅类顶棚。

室内有柱子的空间，在吊顶与柱子相交的柱头部位，往往是处理的重点部位。在一般吊顶工程中，柱子要穿透吊顶，而空间的柱子，因其是结构的主要受力构件，无论是形体，还是效果，都给人一种力量的感受。如若吊顶的饰面在柱子周围凹进去，从透视的效果看，柱子穿透吊顶，打破吊顶的整体效果，而将柱头加大或饰以造型，同吊顶面不是简单的衔接而是立体造型，这样往往会获得烘托吊顶的艺术效果。对于格栅类吊顶，为了使通透的艺术效果与直立的柱子相协调，往往用柱壁上的灯具起到承上启下的作用。

4.5.2 透光材料顶棚

透光材料顶棚的构造与一般顶棚构造的不同之处在于其顶棚骨架需支承灯座和面层透光板两部分，所以须设置双层骨架，上下之间通过吊杆连接，上层骨架通过吊杆连接到主体结构上。面层透光板一般采用搁置方式与龙骨连接，以方便检修及更换顶棚内的灯具，也可采用粘贴方式并用螺钉加固，这时应设置进人孔和检修走道，并将灯座做成活动式，以便拆卸检修。

图 4.27 所示为透光材料顶棚的构造及透光面板与龙骨的连接构造。

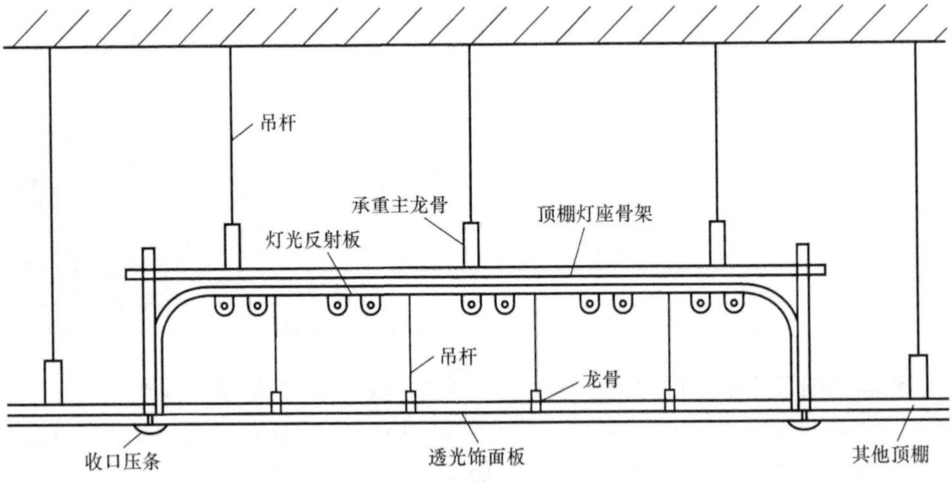

(a)顶棚构造

图 4.27 透光材料顶棚的构造及透光面板与龙骨的连接构造

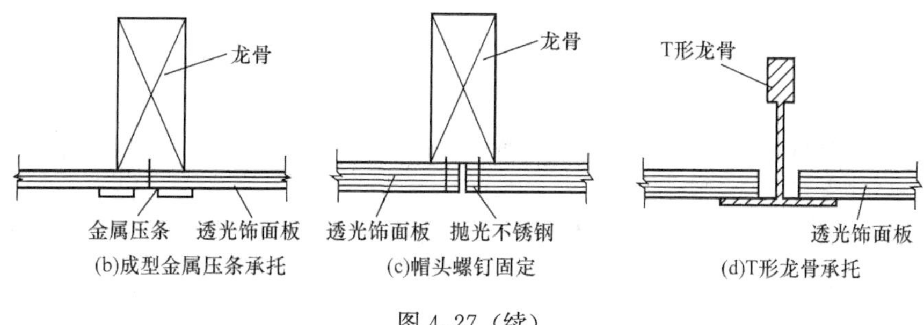

图 4.27（续）

4.5.3　装饰网架顶棚

在以网架结构作为屋面承重结构的房屋中，一般使杆件外露形成结构顶棚，因为构成网架的杆件本身很有规律的排列，这种结构的材料通常是由不锈钢球形节点组成，有结构本身的表现力，若能充分利用这一特点，有时能获得优美的韵律感。若在网架上面铺设具有吸声功能的屋面材料，或者部分玻璃屋面，将会巧妙地组合照明、通风、防火、吸声等设备，以显示顶棚与结构韵律的和谐，形成统一的优美的空间景观。这种顶棚广泛用于体育建筑及展览厅等公共建筑。

4.5.4　织物装饰顶棚

织物装饰顶棚是指用绢纱、布幔等织物悬挂于室内顶部的做法，又称软体顶棚。这类顶棚的装饰效果丰富，吸声效果好，故常用于影剧院类建筑。考虑到室内装饰的防火性能要求，在织物选择时宜采用阻燃织物。

织物装饰顶棚的构造做法可以利用钢丝、钢管作为骨架衬托设计成各种曲线造型。

4.5 随堂测试

4.6　顶棚装饰构造的特殊问题

4.6.1　顶棚内部的管线敷设和检修通道

1. 顶棚内部的电管线敷设

可以先在顶棚内部敷设管线或管线敷设与顶棚安装同时进行，其构造做法是：

1）确定顶棚吊杆位置，放安装位置线。

2）用膨胀螺栓固定支架，将线槽管线敷设在安装位置上。

3）装顶棚龙骨和顶棚面板，预留灯具、送风口、自动喷淋头和烟感器等安装口。

2. 检修通道

检修通道也称“马道”，为吊顶内的人行通道，主要用于吊顶中各类设备、管线、灯具、通风口安装、维修等使用，常用的马道做法有以下两种。

（1）简易马道

采用30mm×60mm的U形龙骨两根，槽口朝下固定于吊顶的主龙骨上，其安全装置为直径为8mm的吊杆，并在吊杆焊30mm×30mm×3mm的角钢做水平栏杆扶手，其高度距马道顶面600mm，见图4.28（a）。

（2）普通马道

采用30mm×60mm的V形龙骨4根，槽口朝下固定于吊顶的主龙骨上，其安全装置为立杆与扶手，立杆间距为1000mm，扶手距马道顶面600mm，见图4.28（b）；或采用8mm圆钢按中距60mm作踏面材料，圆钢焊于两端50mm×5mm的角钢上，立杆与扶手均采用30mm×3mm角钢制作，扶手距踏面材料为600mm高，见图4.28（c）。

上述两种马道的宽度均不宜过大，一般以一个人能通行为宜。

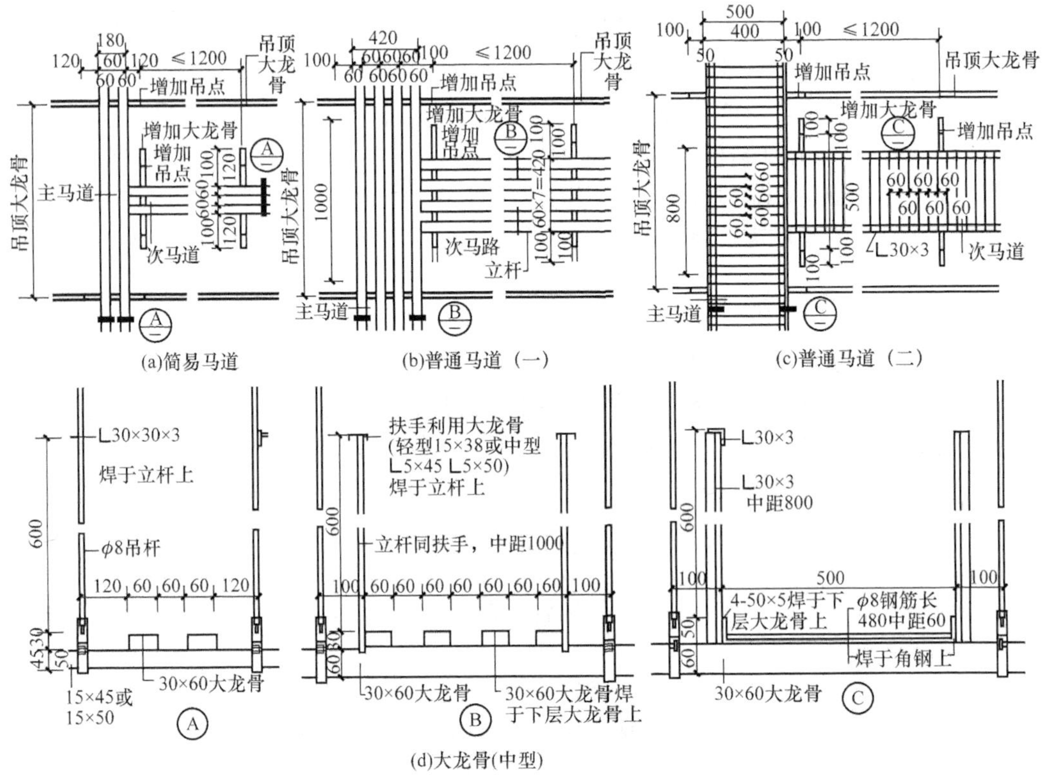

图4.28　马道构造图

注：简易马道为偶尔上人马道。

4.6.2　顶棚吸声、反射与隔声

顶棚的吸声是通过将吸声材料装置在顶棚面层，使噪声源发出的噪声碰到这些材料时被部分吸收，从而达到降低噪声的目的。

顶棚面层材料的吸声系数越大，它对声音的吸收能力越强；反之，它对声音的反射能力就越大。吸声系数大的顶棚材料有超细玻璃棉板、矿棉板、软质纤维板、木丝

板、穿孔板材等。

声音从室外传到室内或从一个房间传到另一个房间，有许多不同的途径，如通过墙壁、门窗、楼板、地面、基础及各种设备管道等，概括起来分为通过空气传声和通过建筑结构固体传声两个方面。

顶棚隔声处理就是要考虑隔绝空气传声和固体传声。厚重而又坚硬的钢筋混凝土楼板可以有效地隔绝空气传声，但隔绝撞击声的效能却很差。会有人以为增加楼板的厚度或重量会对隔绝撞击声有所帮助，事实上这样做除了增加造价和结构自重外，对固体传声隔绝效果不大，这是由于声波在固体中传播速度很快，衰减很小。相反，多孔材料，如毡、毯、软木、玻璃棉等，隔绝空气传声效果虽然很差，但对防止固体传声的效果较好。

顶棚隔声的有效途径是使顶棚与结构层分离，即在楼板下加设吊顶，对隔绝撞击声和空气传声都能起一定的作用。但由于固体传声具有侧向间接穿透的特性，部分声音能通过吊杆传至顶棚面层，通过四周刚性连接的墙体传至楼下，所以，要想处理好隔声必须与楼板隔声同时进行，如将楼板采用不完全性的连接构造，即在两者之间加设弹性垫层等。

小　结

顶棚的作用是满足使用功能的要求，协调室内空间环境，同时美化室内空间，满足人们的精神需求。顶棚按构造分为直接式顶棚和悬吊式顶棚。直接式顶棚包括直接抹灰顶棚、直接格栅顶棚和结构顶棚。悬吊式顶棚又称吊顶，包括活动式装配吊顶、隐蔽式装配吊顶、板材式吊顶、开敞式吊顶和整体式吊顶。

悬吊式顶棚龙骨包括主龙骨、次龙骨、横撑龙骨。龙骨采用的材料有木龙骨、金属龙骨。悬吊式顶棚采用的板材有各种木板、石膏板、金属板、玻璃及 PVC 条板等。饰面板与龙骨骨架可采用钉接、胶粘、搁置、扣挂等方式连接。

悬吊式顶棚的细部构造包括顶棚与墙体的交接处理、分层式顶棚高低交接处的构造处理，顶棚灯具的安装构造、顶棚上人孔与检修走道的构造和顶棚通风口、消防设备、音响与通信设备等的安装构造。

复习思考题

4.1　常用的直接式顶棚有哪几种做法？

4.2　什么是悬吊式顶棚？它由哪几部分组成？各部分起什么作用？

4.3　板材类吊顶主要有哪几种？简述它们的装饰构造。

4.4　简述石膏板材类吊顶的构造做法。画出有关节点构造图。

4.5　简述金属板材吊顶的构造做法。画出与墙面相交处的节点构造图。

4.6　简述格栅类顶棚的装饰构造做法。

绘图实践作业

已知某办公楼的平面图和剖面图（图 4.29），层高为 3.6m，共六层；顶棚拟做板材吊顶。装饰材料和做法自定。要求用 2 号图纸一张，以铅笔或墨线笔绘图，不能使用描图纸，达到施工图的要求（只要将构造表示清楚即可，不必画出立体图）。

4.1　顶棚装饰构造平面图，比例 1∶50。

4.2　顶棚装饰构造剖面图，比例 1∶50。

4.3　顶棚与墙面相交处节点图，比例 1∶10。

4.4　顶棚与窗帘盒相交处节点图，比例 1∶10。

4.5　顶棚与灯具连接的节点图，比例 1∶10。

4.6　顶棚与检修孔或通风孔连接的节点图，比例 1∶10。

4.7　顶棚与自动喷淋头连接的节点图，比例 1∶10。

4.8　若有不同材质，画出顶棚不同材质相交处的节点图，比例 1∶10。

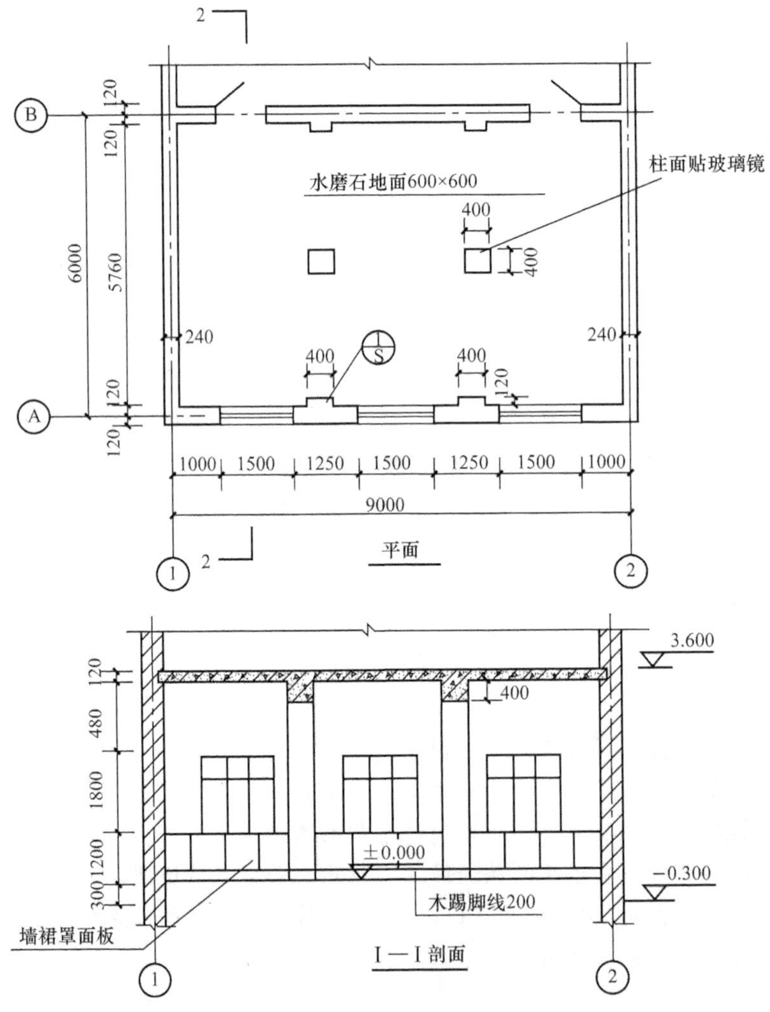

图 4.29　某办公楼平面图、剖面图

第5章 门窗装饰构造

教学目标

1. 熟悉门窗的作用与分类。
2. 掌握木门窗的装饰构造做法，能绘制其构造图。
3. 掌握塑钢门窗的安装构造做法，并能绘图。
4. 熟悉特种门的构造特点和要求。

课程思政

随着时代的不断发展，建筑门窗的种类不再单一，由木门窗到钢门窗再到铝合金门窗和塑料门窗，门窗的制造工艺也越发先进，同时向着安全、轻质、高强的方向发展。

课程思政案例：2020年3月21日，广东省汕头市一居民自建房一层发生火灾，事发时房主一家7口正在二楼睡觉，发现起火后，全家迅速转移至天台等待救援。最终，火被消防员扑灭，未造成人员伤亡。据了解，该房主在消防安全整治中落实了物防改造措施，在一楼至二楼楼梯口处加设防火门和防火隔墙，成功阻隔了火势和浓烟向上蔓延，为人员逃生自救和消防员到场救援灭火争取了充足的时间。通过本案例的学习，要深刻认识到在日常生活中我们应遵守相应的消防制度，防患于未然，安全无小事，于细微之处见安全。

思维导图

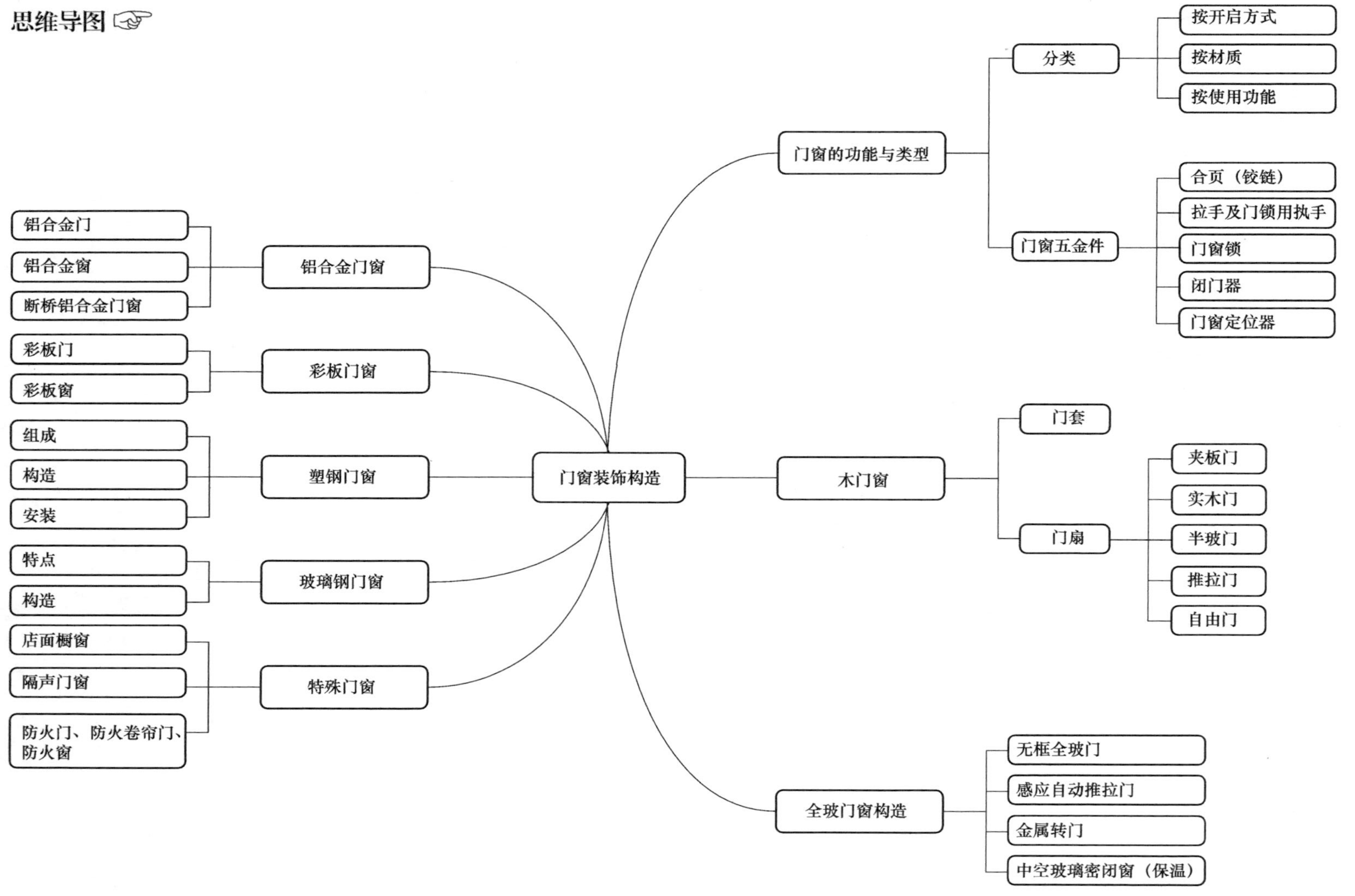
门窗装饰构造
门窗的功能与类型
分类
按开启方式
按材质
按使用功能
门窗五金件
合页（铰链）
拉手及门锁用执手
门窗锁
闭门器
门窗定位器
木门窗
门套
门扇
夹板门
实木门
半玻门
推拉门
自由门
全玻门窗构造
无框全玻门
感应自动推拉门
金属转门
中空玻璃密闭窗（保温）
铝合金门窗
铝合金门
铝合金窗
断桥铝合金门窗
彩板门窗
彩板门
彩板窗
塑钢门窗
组成
构造
安装
玻璃钢门窗
特点
构造
特殊门窗
店面橱窗
隔声门窗
防火门、防火卷帘门、防火窗

5.1　门窗的功能与类型

门窗是建筑物的重要组成部分，是特殊的室内外分隔部件。它的一般作用是交通、通风和采光。根据不同建筑的特性要求，门窗的功能也是多样的，如防火、防盗、保温隔热、隔声，甚至防辐射等。此外，门窗的造型、色彩和材质选择对建筑物的装饰效果影响也很大，并被纳入建筑立面设计的范围之内。

5.1.1　分类

门窗的种类很多。按不同形式、材质、功能可分为以下几种。

1. 按开启方式

按开启方式分，门有平开门、弹簧平开门、推拉门、旋转门、折叠门、升降门、卷帘门等，见图 5.1。

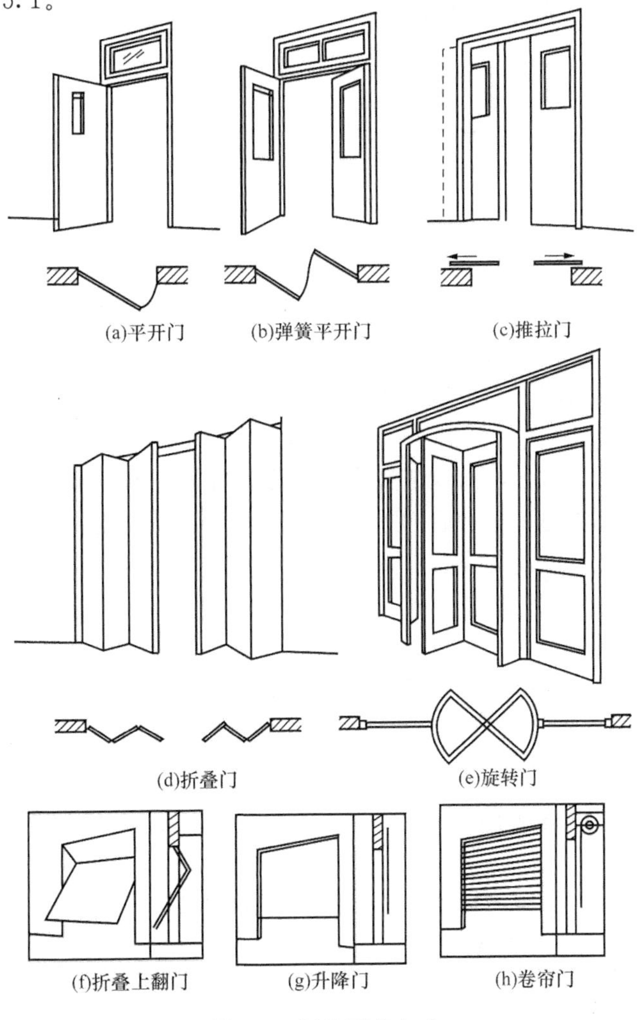

图 5.1　门的开启方式

窗有固定窗、平开窗、推拉窗、悬转窗、平开悬转窗、百叶窗等，见图 5.2。

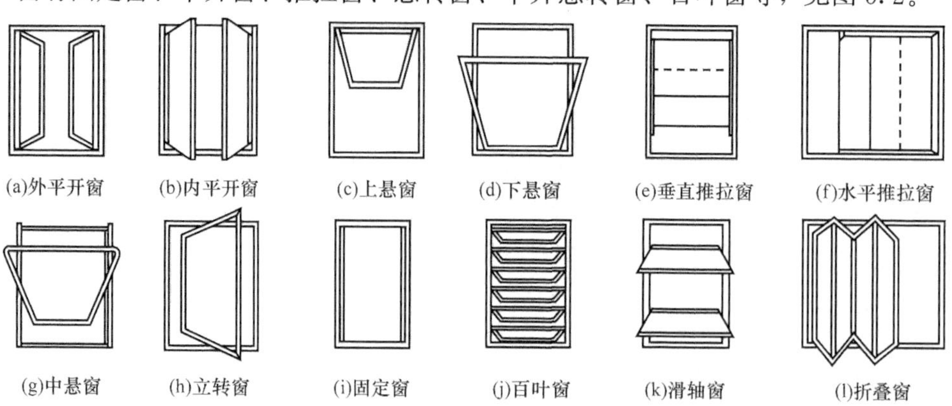

图 5.2　窗的开启方式

2. 按材质

按材质可分为木门窗、铝合金门窗、钢门窗、塑料门窗、塑钢门窗、全玻门窗、玻璃钢门窗等。

3. 按使用功能

按使用功能可分为防火门窗、防盗门窗、泄爆门窗、隔声门窗、保温门窗、特殊门窗等。

5.1.2　门窗五金件

门窗五金件的种类、材料较多。一般来说，门窗五金件有以下几个大类：拉手（执手）、铰链（合页）、插销、锁具、滑轮、滑轨、自动闭门器、限位器、防拆卸装置等。每一大类根据门窗的种类不同而又有很多品种。

1. 合页（铰链）

合页主要安装于门窗上，而铰链更多安装于橱柜上。按材质分类主要分为不锈钢铰链和铁铰链；按底座类型分为脱卸式和固定式两种；按臂身的类型又分为滑入式和卡式两种；按门板遮盖位置又分为全盖（直弯、直臂一般盖 18mm）、半盖（中弯、曲臂一般盖 9mm），内藏（大弯、大曲）门板全部藏在里面。合页见图 5.3（a）。

2. 拉手及门锁用执手

拉手有普通拉手、底板拉手、管子拉手、铜管拉手、不锈钢双管拉手、方形大门拉手、双排（三排、四排）铝合金拉手、铝合金推板拉手等。其造型花色多样，可根据需要选用。

门锁用执手，一般是执手配相应锁具，并用执手开关门扇，见图 5.3（b）。

3. 门窗锁

门窗锁品种繁多，可分为插锁、弹子锁、球形门锁和专用门锁等；根据保密的需要，有组合门锁和电子卡片门锁等新产品。

4. 闭门器

闭门器是门头上一个类似弹簧的液压器，当门开启后能通过压缩释放，将门自动关上，类似弹簧门作用，可以保证门被开启后，准确、及时地关闭到初始位置，见图 5.3（c）。按安装在门扇上的不同部位，又分为外装式门顶闭门器、内嵌式门顶闭门器、门底弹簧、地弹簧（落地闭门器）。

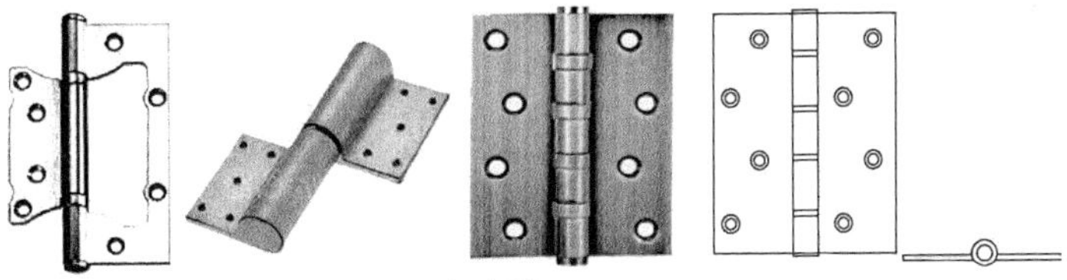

(a) 合页

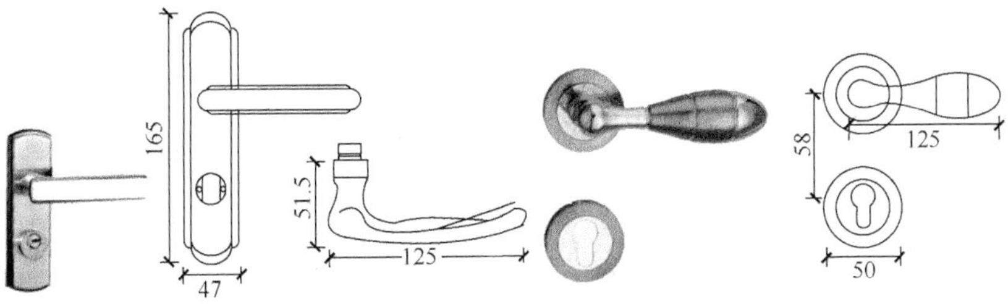

(b) 门锁用执手

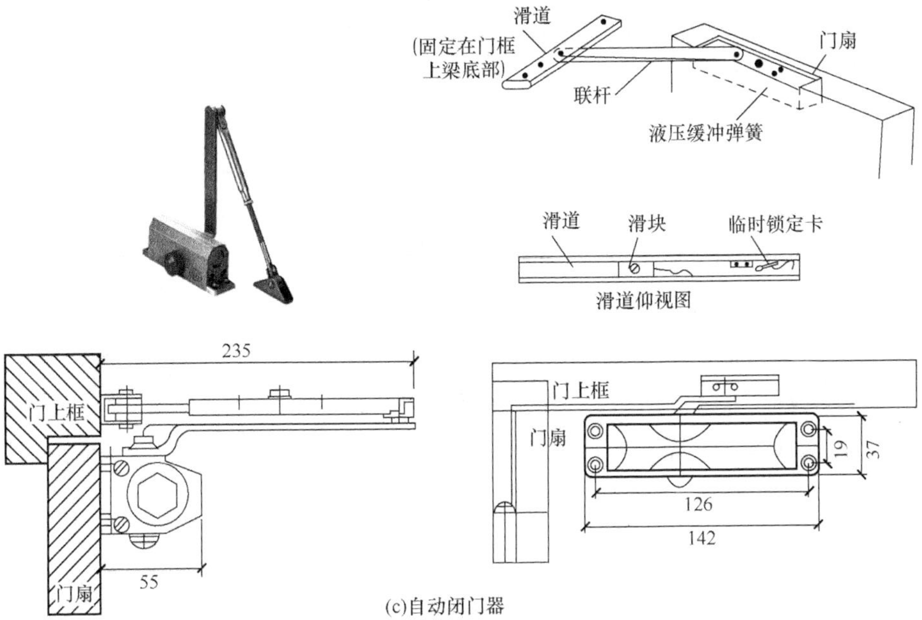

(c)自动闭门器

图 5.3　门窗五金件及构造

5. 门窗定位器

门窗定位器一般装于门窗扇的中部或下部，作固定门窗扇之用。常用品种有风钩、橡皮头门钩、门轧头、脚踏门掣和磁力定门器等。

5.2 木 门 窗

5.2.1 门套

门的安装施工

门套是一种建筑装潢术语，是指门里外两个门框，也有直接称作门框的，其主要的作用是固定门扇和保护墙角等，用来保护门免受刮伤、腐蚀、破损、脏污。门框的断面形式与门的类型、层数有关，同时应利于门的安装，并应具有一定的密闭性。

5.2.2 门扇

门扇是指门可自由开启的部分，常用的木门扇有夹板门、实木门、推拉门、自由门等。

1. 夹板门

夹板门亦称平板门，由骨架和面板组成，其构造如图 5.4 所示。门扇骨架可用木龙骨构成格形纵横肋条，肋距约为 200～400mm。骨架两面粘贴基层板，外观平整光滑。通过在面层上进行装饰可达到丰富的立面效果，如油漆套色饰面、粘贴防火板、线条装饰造型、微薄木拼花拼色等。

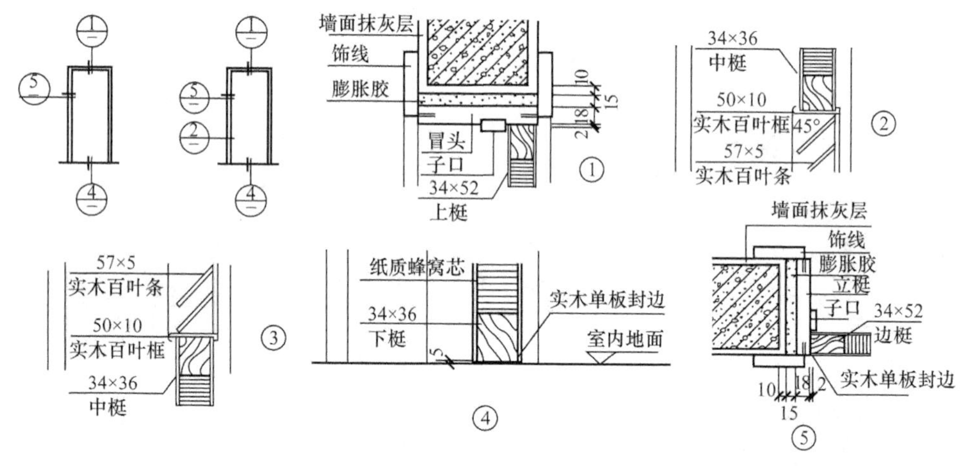

图 5.4 夹板门构造

2. 实木门

实木门一般分为原木镶板门和实木嵌板门。原木为天然木质制成门扇框，装嵌原木板而成。实木嵌板门多用人造木材，如木工板、高密度板等，通过原木饰面拼合而成，如图 5.5 所示。实木门可通过框架的造型变化或压条的线形处理，可使门的造型效果丰富多彩。

实木门图片

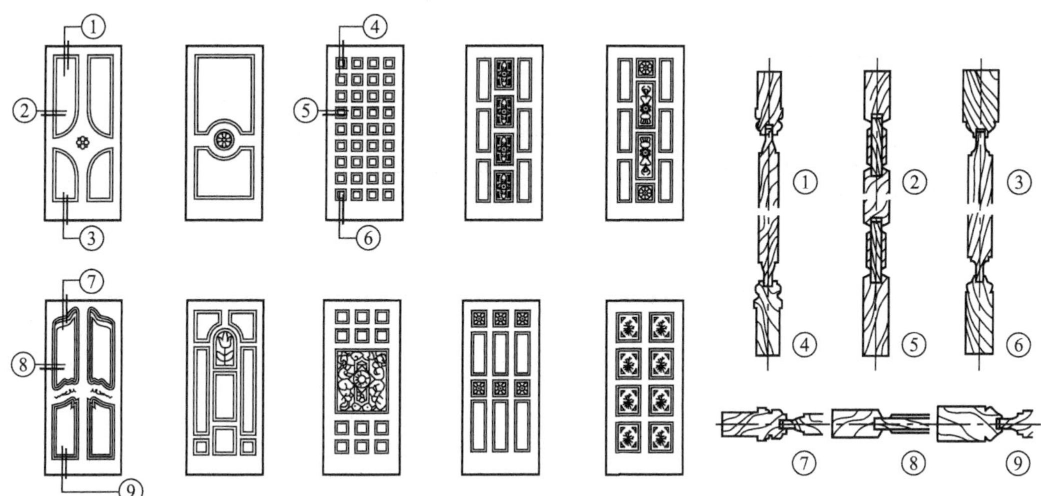

图 5.5　实木门

3. 半玻门

半玻门以木制、金属（铝合金、不锈钢等）或其他材质为门框做成，通过玻璃组合，形成不同样式和不同开启方式的门扇，这种门扇具有形式多变、光线通透性好等特点。半玻门如图 5.6 所示。

半玻门图片

图 5.6　半玻门

4. 推拉门

推拉门是以推、拉方式进行门的开启和关闭，门扇的形式可做成夹板门或实木门造型，由于占用空间较少，一般用于室内。推拉门须安装轨道，有吊轨或地轨等结构形式。

5. 自由门

自由门是通过框扇间弹簧铰链的作用，使其可在 180°范围内自由转动的门。其门扇类型多样，如图 5.7 所示。

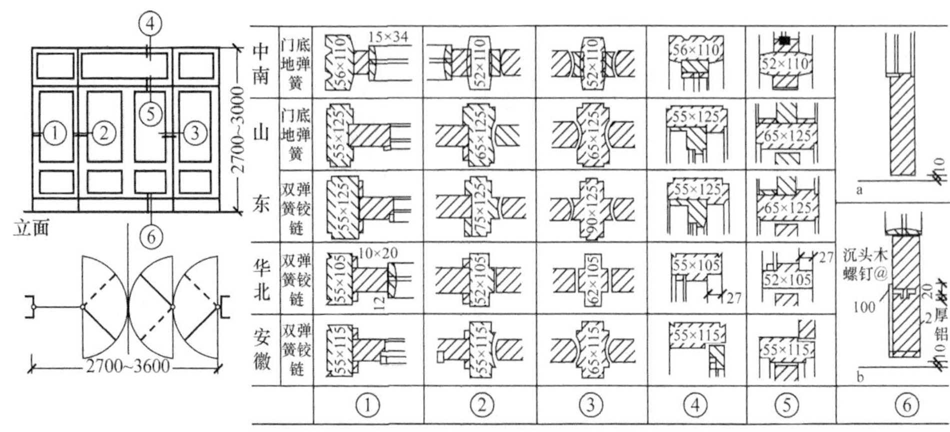

图 5.7　自由门构造

5.1、5.2 随堂测试

5.3　全玻门窗构造

5.3.1　无框全玻门

无框全玻门是直接用大玻璃作门扇，无门扇框的玻璃门，以地弹簧作为固定连接与开启门扇的装置。玻璃厚度一般在 12mm 以上，具体厚度视门扇的尺寸而定。因地弹簧埋于地下，门扇上下一般设置门夹以便与地弹簧连接，门夹饰面有木制面、铝饰面、钛金面、不锈钢面等。地弹簧及全玻地弹门安装如图 5.8 所示。

5.3.2　感应自动推拉门

感应自动推拉门常用于公共建筑的主要出入口，其门扇采用铝合金或不锈钢作外框，也可以是无框的全玻璃门。其控制系统用微波感应系统或超声波、红外线传感器进行开启控制。自动推拉门为中分式推拉门，门扇运行时有快、慢两种速度，可以使启动、运行、停止等动作达到最佳协调状态。

感应自动推拉门的构造：

感应自动门地面上装有导向性下轨道。地面施工时，应在相应位置预埋 50mm×75mm 方木，长度为开启门宽的两倍。安装门体前，撬出方木条，安装下轨道。自动门上部机箱用 18 号槽钢作支撑横梁，横梁两端与墙体内的预埋钢板焊接牢固，以确保稳定。自动门机电装置如图 5.9 所示。

5.3.3　金属转门

金属转门常用于宾馆的主要出入口。按材质分有铝质和钢制两种；按金属转门的转壁分有双层金属装饰板和单层弧形玻璃等；按金属转门的扇型分有单体和多扇型组

合体。转门玻璃厚度一般为 5～6mm，活扇与转壁之间采用毛条密封，门扇多为逆时针旋转，在旋转主轴下部有可调节阻尼装置，保证门扇旋转平稳。金属转门可以保证室内温度散失量小。旋转门构造如图 5.10 所示。

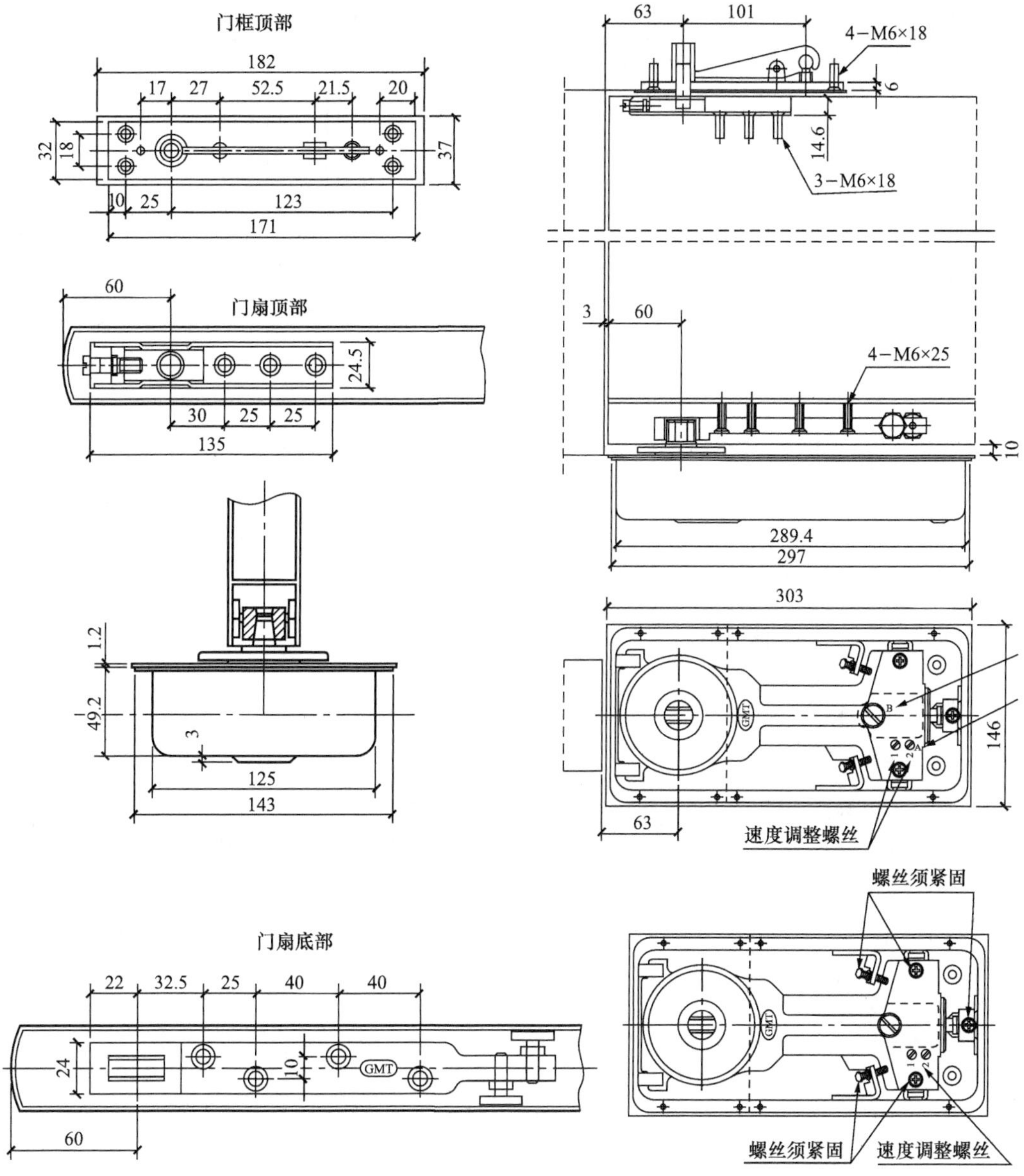

图 5.8 地弹簧及全玻地弹门安装示意

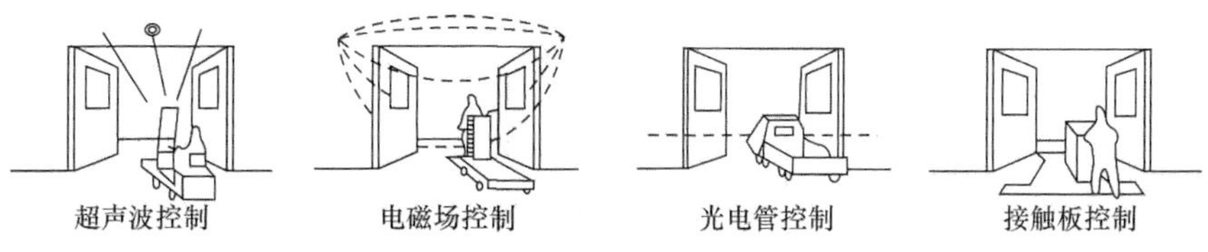

图 5.9 自动门机电装置

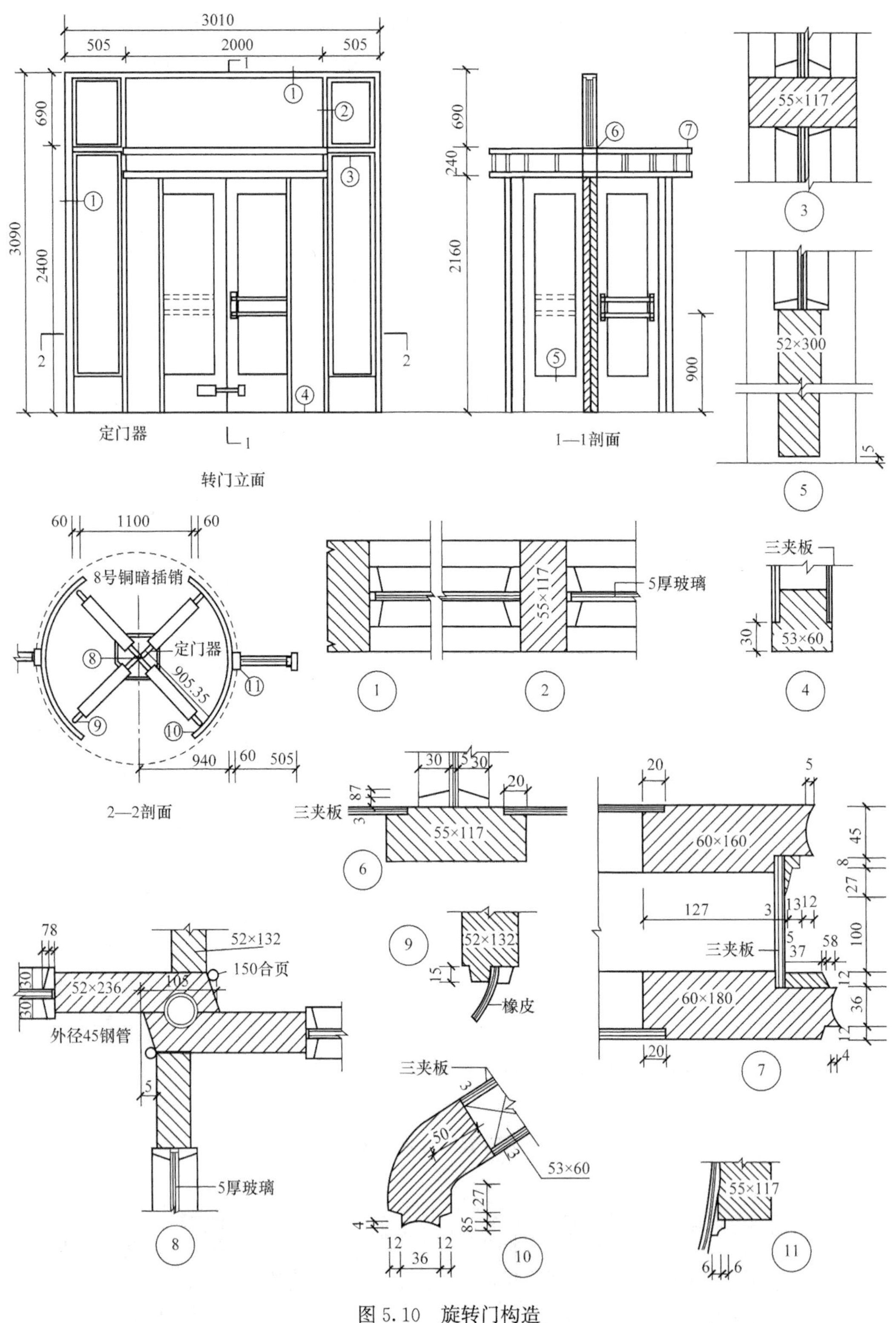

3010
505
2000
505
690
2400
3090
240
2160
900
定门器
转门立面
1—1剖面
55×117
52×300
60
1100
60
8号铜暗插销
定门器
905.35
940
60
505
2—2剖面
5厚玻璃
三夹板
53×60
30
55×117
三夹板
87
20
60×160
127
60×180
45
8
27
100
12
36
12
52×132
52×236
150合页
外径45钢管
5厚玻璃
橡皮
53×60
50
36

图 5.10 旋转门构造

5.3.4 中空玻璃密闭窗（保温）

密闭窗多用于有防尘、保温、隔声等要求的房间。在构造上应注意：尽量减少窗缝，包括墙与窗框之间、窗框与窗扇之间、窗扇与玻璃之间的缝隙。对缝隙做好密闭填塞，选用适当的窗扇及玻璃的层数、间距、厚度，以保证达到密闭效果。

1. 窗扇与窗框的密闭处理

窗扇与窗框的密闭处理一般有三种方式：贴缝式、内嵌式、垫缝式。

1）贴缝式［图 5.11（a）］：密闭条附在窗框外沿，嵌入小槽钢内或用扁钢固定，安装比较简便，便于检查质量。但当开启扇尺寸较大或小槽钢的固定件间距较大时，小槽钢易翘曲影响密闭质量。

2）内嵌式［图 5.11（b）］：密闭条装在框、扇之间的空腔内堵住窗缝，其构造简单，不受窗扇开启形式的影响，不妨碍安设窗纱。但不易检查质量，对制作安装的精度要求较高。

3）垫缝式［图 5.11（c）］：密闭条装在框、扇接触面处，或嵌入窗料的小槽中，或用特制胶粘贴于窗料上。其构造简单，密闭效果好，但加工精度要求高。

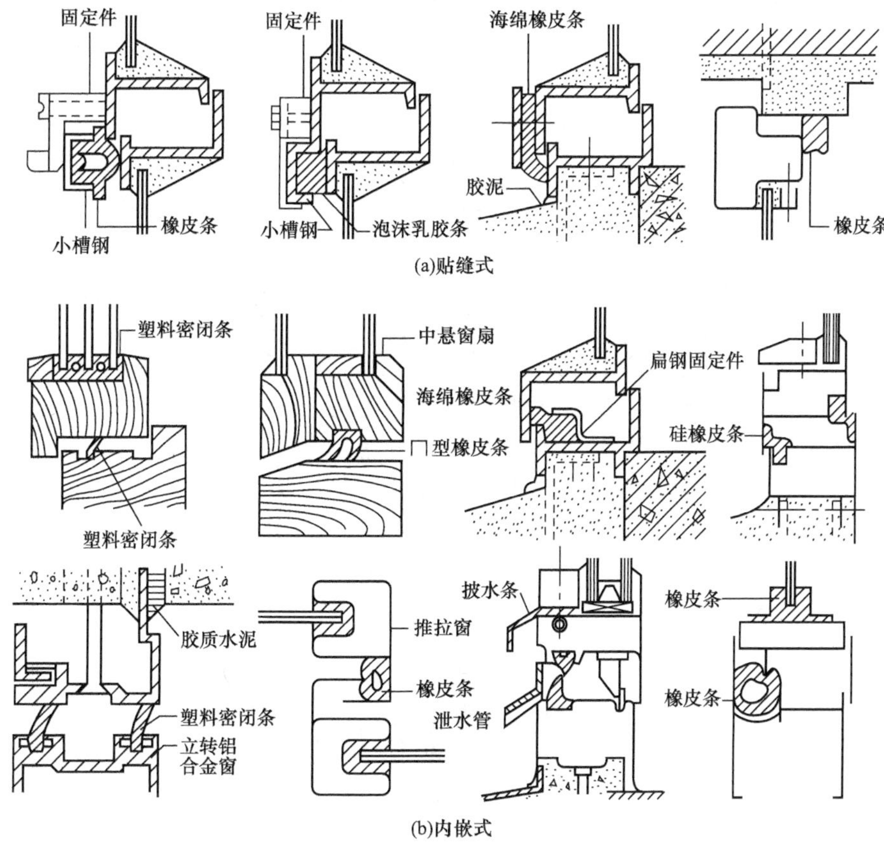

图 5.11 窗扇与窗框间的密闭处理

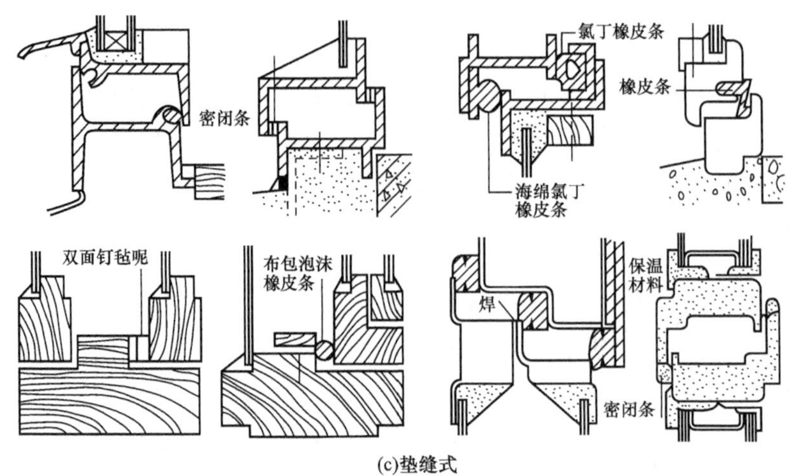

(c)垫缝式

图 5.11（续）

2. 玻璃与窗扇间的密闭处理

可用各种防水油膏、压条、卡条、油灰等进行处理。

3. 中空玻璃保温密闭钢窗实例

如图 5.12 所示，中空玻璃是用 3mm 厚玻璃及 3mm 厚磨砂玻璃采用黏结法制成，其黏结剂配方为 6201 环氧树脂∶701 固化剂∶乙辛基醚＝100∶(20～25)∶适量（重量比）。玻璃四周夹 2 条 3mm×8mm 玻璃条，用胶液将玻璃条与玻璃黏结在一起。中空玻璃内充干燥氮气或干燥空气，空气间层厚为 6.3mm。框、扇间密闭条采用贴缝式，嵌入小槽钢内，固定压脚每扇 6 个。

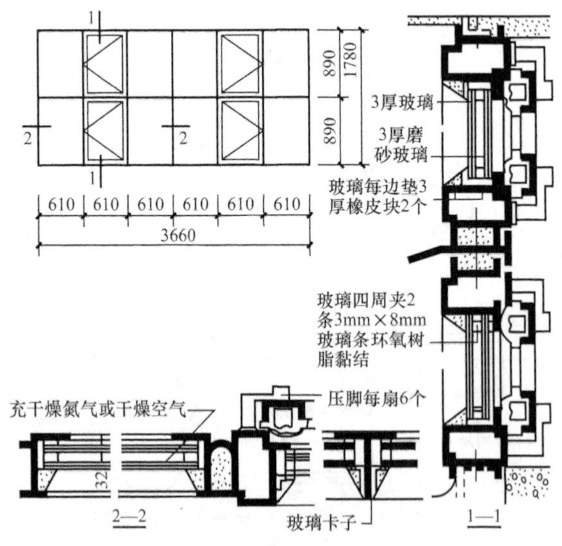

图 5.12　中空玻璃保温钢窗实例

5.4　铝合金门窗

铝合金门窗用料系薄型结构，它自重轻、强度高、外形美观、色彩多样、密封性能好、耐腐蚀、寿命长，广泛用于住宅和公共建筑。近年来，断桥铝合金型材的应用，大大提高了门窗的保温、隔热、隔声效果，对建筑物的节能有很大的作用。其表面处理方法一般有阳极氧化、涂漆膜和氧化着色。通过表面处理，可提高铝合金的耐腐蚀性并获得某种色彩。

铝合金壁厚不得小于 0.8mm，地弹簧门型材壁厚不得小于 2mm。外墙门窗型材壁厚一般为 1.0～1.2mm，基本风压≥0.7kPa 的地区则不应小于 1.2mm。

门窗框与洞口的连接采用柔性连接，门窗与墙体等的连接固定点，每边不得少于两点，且间距不得大于 0.7m。在基本风压≥0.7kPa 的地区，不得大于 0.5m；边框端部的第一固定点距端部的距离为 0.1～0.2m。与砖墙连接固定时，严禁采用射钉直接固定。框的外侧与墙体的缝隙内填沥青麻丝外抹水泥砂浆填缝，表面用密封膏嵌缝。

5.4.1　铝合金门

铝合金门系列名称是以门框的厚度构造尺寸为区分依据的。如：50 系列铝合金平开门是指平开门门框厚度为 50mm 宽；90 系列铝合金推拉门是指门框厚度为 90mm 的铝合金推拉门。

铝合金门一般有平开门、推拉门、有框地弹簧门、无框地弹簧门四种基本形式。

下面以平开门为例说明铝合金门的连接构造特点。

平开铝合金门具有密闭性能好、隔声防尘的特点，有内、外两种开启方式，并可带纱门。图 5.13 是 55 系列平开门立面简图及节点构造图。

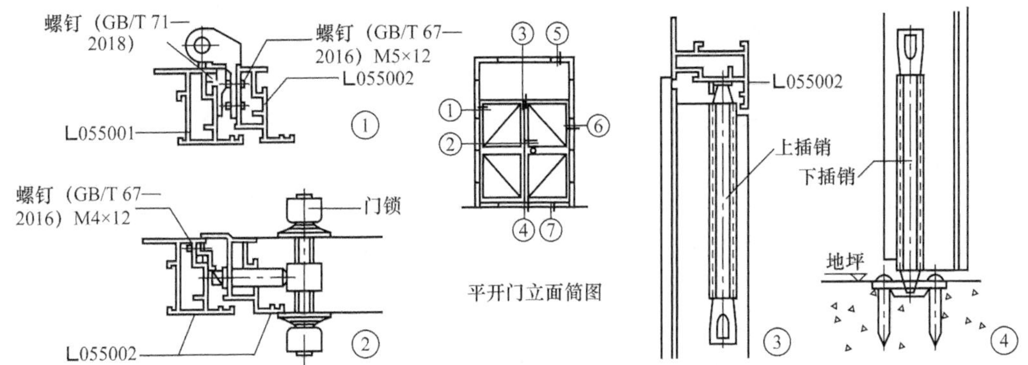

图 5.13　55 系列平开门立面简图及节点构造

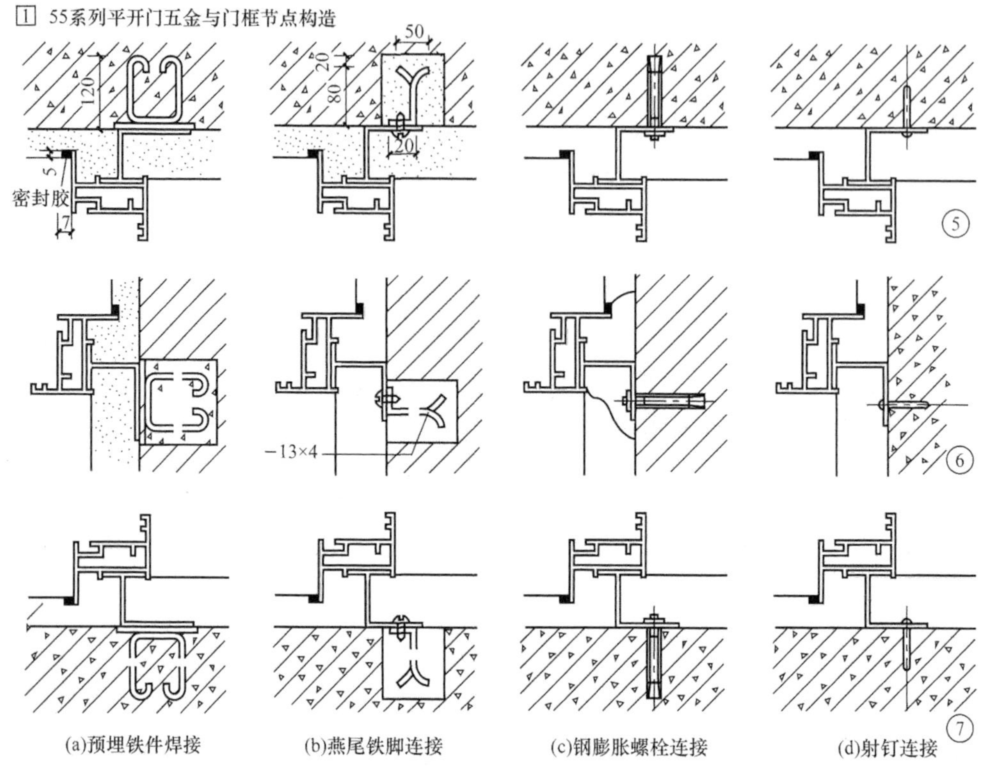

图 5.13（续）

5.4.2 铝合金窗

铝合金窗一般有平开窗（滑轴平开、合页平开）、推拉窗、立转窗、悬开窗、百叶窗几种类型。

1. 铝合金窗的五金选用

1）不锈钢滑轴铰链可采用不同开启角度，可使窗扇在任意开启角度上自动定位；铰链的连杆机构的滑块与滑轨摩擦力可调；窗扇开启后能方便地从室内清洁室外一侧的玻璃。

2）内开窗执手安装高度 h 的确定：扇高 700mm 时，采用单执手；700mm＜扇高≤1000mm 时，h＝200mm；1000mm＜扇高≤1200mm 时，h＝250mm；1200mm＜扇高≤1400mm 时，h＝300mm。

3）上悬窗亮子执手位置：扇宽＜900mm 时，安装一个执手，位置居中；扇宽≥900mm 时，安装左右两个执手，距两端 200mm。

2. 铝合金窗构造

以滑轴平开窗为例，平开窗、滑轴平开窗具有较好的密闭防尘性，广泛应用于各类建筑。图 5.14 所示为 60 系列滑轴平开窗构造。

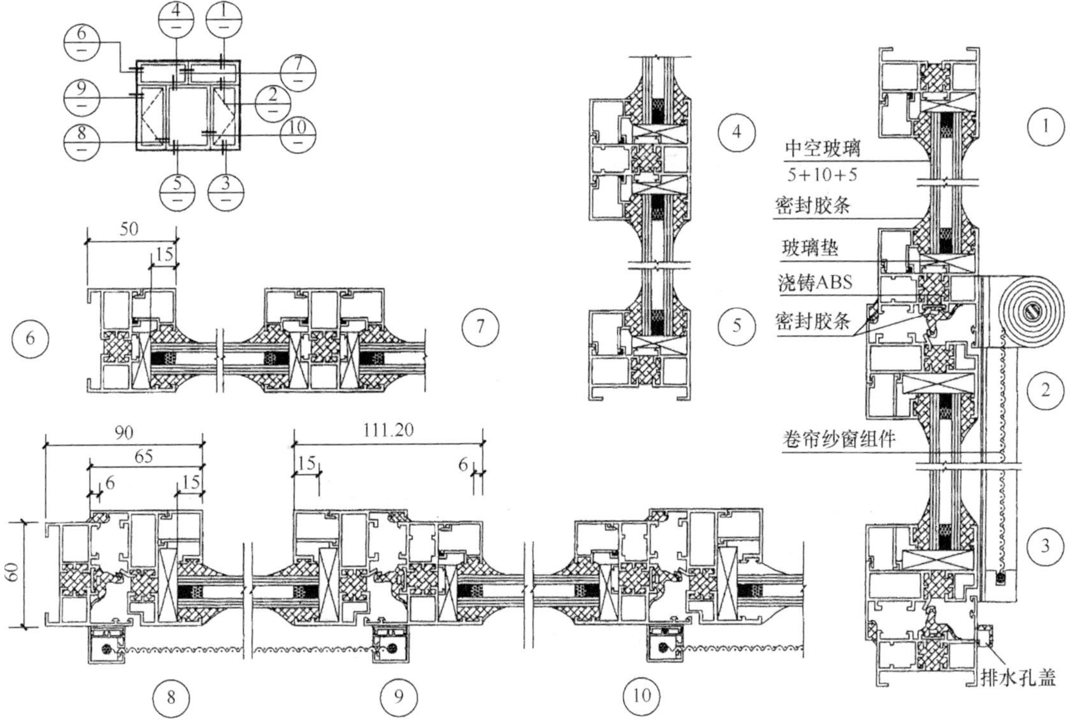

图 5.14　60 系列滑轴平开窗构造

5.4.3　断桥铝合金门窗

隔热“断桥”铝型材是将铝合金门窗框分成三部分，即外部铝合金框和中间部分连接内外的“穿条”及内部铝合金框，中间的穿条又叫“断桥”，它起到阻隔热传递的作用。三部分连接的方法是在隔热铝型材穿条滑道两内壁碾压形成如锯齿状齿道，然后将聚氯乙烯硬质塑料穿条或者尼龙材质穿条通过穿条设备穿入已开好齿的隔热铝型材齿道内，通过辊压设备将隔热铝型材与穿条辊压在一起。穿条（即断桥的形式）将铝合金型材分成 3 个腔体或多个腔体，使热量在传导过程中形成空气传导，起到节能保温的作用。还有的断桥铝合金型材，型材中间为实心填充，把型材分成两个腔体的构造形式。图 5.15 和图 5.16 为断桥铝合金平开窗断面构造和细部构造。

断桥铝合金门窗所用材料要求结构强度高、隔热和抗老化性好。应具备保温性好、隔声性好、耐冲击、气密性好、水密性好、防盗性好、免维护等特点。

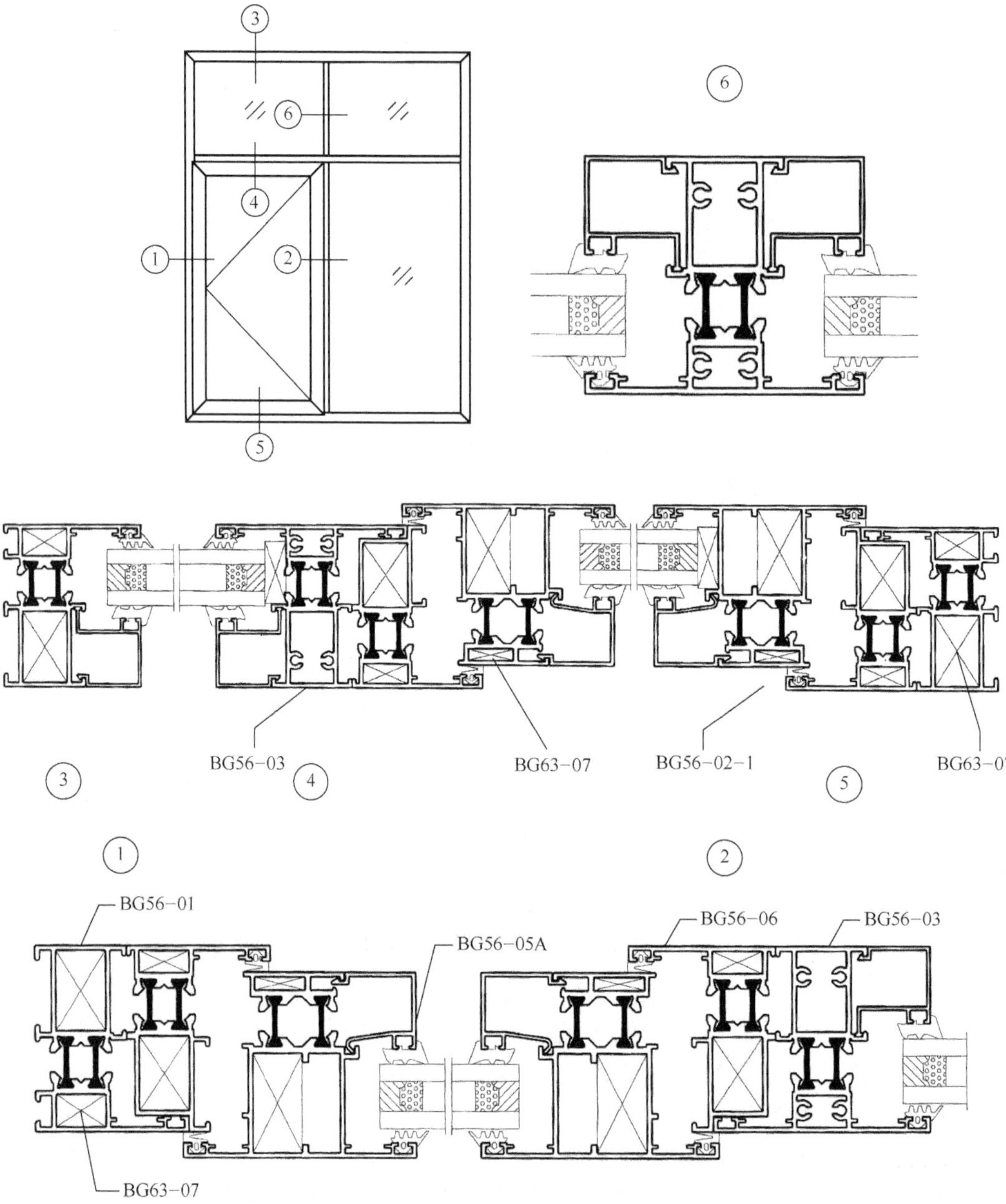

图 5.15　断桥铝合金平开窗断面构造

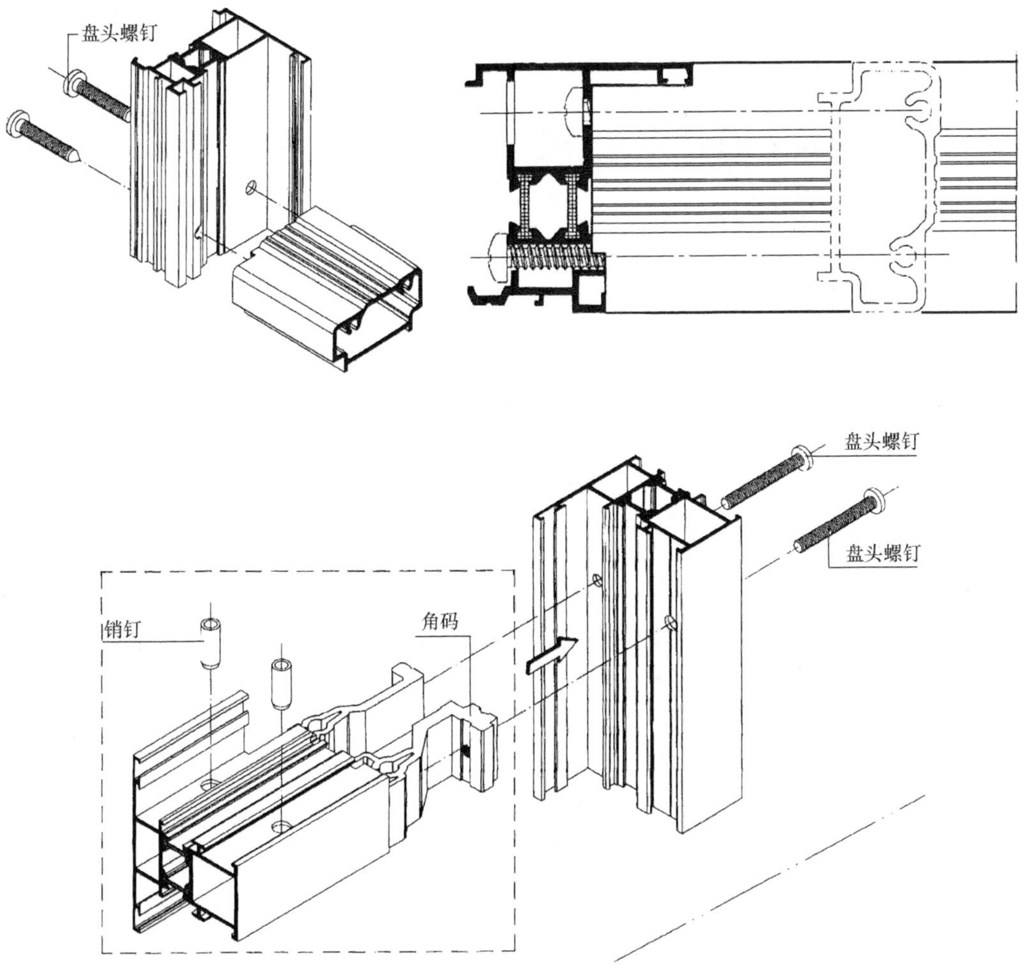

图 5.16　断桥铝合金 T 形连接细部构造

5.3、5.4 随堂测试

5.5　彩板门窗

彩板门窗是意大利塞柯公司在 20 世纪 70 年代独创的一种金属门窗，其门窗型材直接采用彩色涂层钢板为原料进行轧制，成窗工艺先进。成窗时将经切割下料、自动冲床打孔、冲豁的各种异型管材与裁切好的 3～4mm 厚平板玻璃或中空玻璃同时送入气动式自动组装台，将玻璃周边包裹橡胶密封条后，在压合状态下将门窗四角用特制的组角件和螺钉连接起来。最后，将门窗的全部缝隙用橡胶密封条封闭。

彩板门窗具有以下几个方面的特点：①重量轻；②强度高；③采光面积大；④保

温性能、密闭性能好；⑤外形挺实美观、平整度高，具有多种色彩，装饰性好；⑥产品种类多，可适合多种需要，且价格较低。

彩板门窗的洞口尺寸，除特殊要求者外，一般以300mm（3Mo）为单位加长。

彩板门窗按构造有两种形式：一种为带附框门窗，适用于外墙面为大理石、玻璃马赛克、瓷砖、各种面砖等材料，或门窗与内墙面需要平齐的建筑；一种为不带附框门窗，门窗与墙体直接连接，适用于装修档次较低的建筑。

5.5.1 彩板门

1. 框墙间隙及固定点的位置

1）框墙间隙：一般上口间隙为10～15mm，横向间隙为15～33mm。

2）固定点位置的确定：门框的每侧最少需要四个固定点。一般在所有的组角及设有横档（门扇上的中冒头）的部位均不应设固定点，而且最近的固定点与框边沿的距离应不小于180mm。其余的部分可按所需连接件的数量等分配置，如图5.17所示。

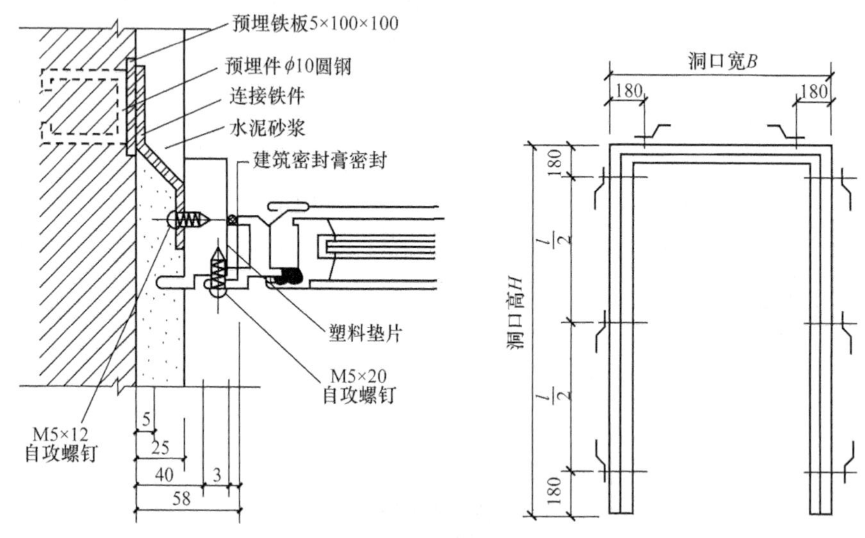

图5.17　固定点（或连接件）的位置

2. 彩板门的安装构造

以双面弹簧门为例，彩板门的构造特点如图5.18所示。图5.18（a）为双面弹簧门安装的平剖节点，图5.18（b）为纵剖节点示意。

5.5.2 彩板窗

1. 彩板窗的框墙间隙及固定点的位置

一般框墙间隙除下口间隙为10～30mm外，余者皆与彩板门相同。其固定点数量可按下述原则确定：当窗框尺寸<1200mm时，每侧最少需要两个固定点；当窗框尺寸为1500～1890mm时，每侧最少需要三个固定点；当窗框尺寸≥2100mm时，每侧最少需要四个固定点。依此类推。

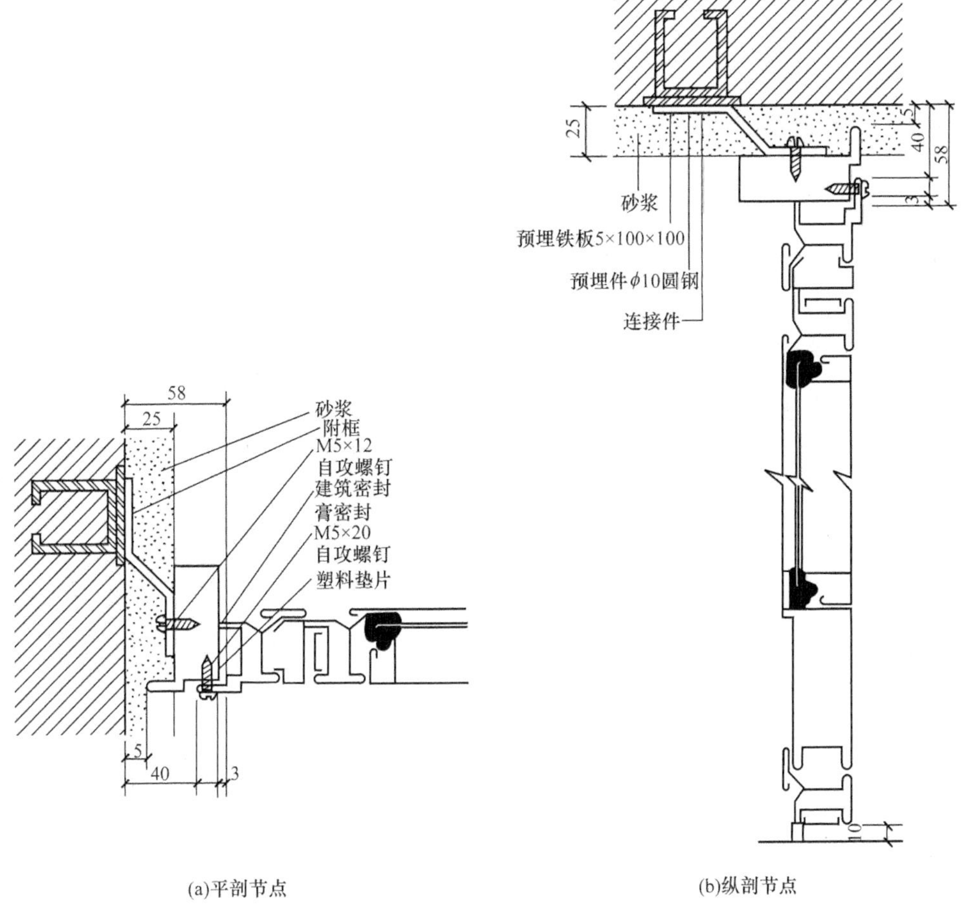

(a)平剖节点　　(b)纵剖节点

图 5.18　双面弹簧门节点构造

2. 彩板窗的安装构造

以平开窗、推拉窗为例说明彩板窗的连接构造特点。

(1) 平开窗的连接构造

1) 连接件附框安装法：图 5.19 (a) 所示是平开窗的一种连接构造。其特点是采用附框、通过连接件进行固定，窗与内墙齐平。

2) 直接固定法：如图 5.19 (b) 所示，该种安装方法的最大特点是没有使用附框，直接用膨胀螺栓将窗框固定在洞口处的墙体上的。这种方法只是用于装饰要求比较低的建筑及室内外墙体饰面已经结束的工程。

(2) 推拉窗的安装

推拉窗的安装除必须使用推拉窗框料、扇料和轨道料之外，在是否采用附框、框墙连接方法等方面与其他窗型基本一致。图 5.20 是推拉窗的一种安装构造。

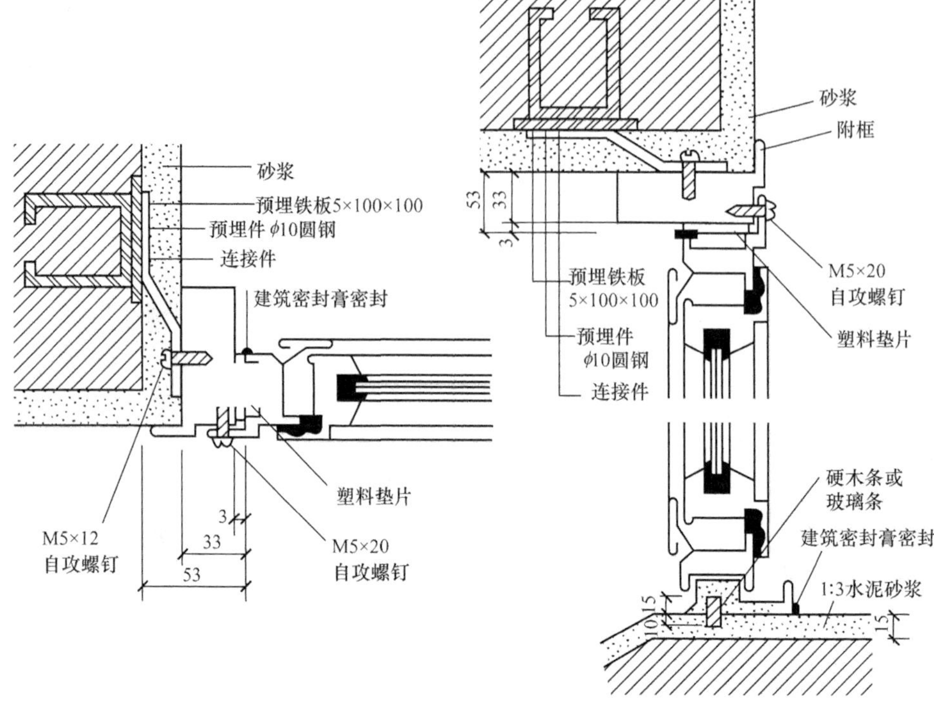

(a)连接件附框安装法

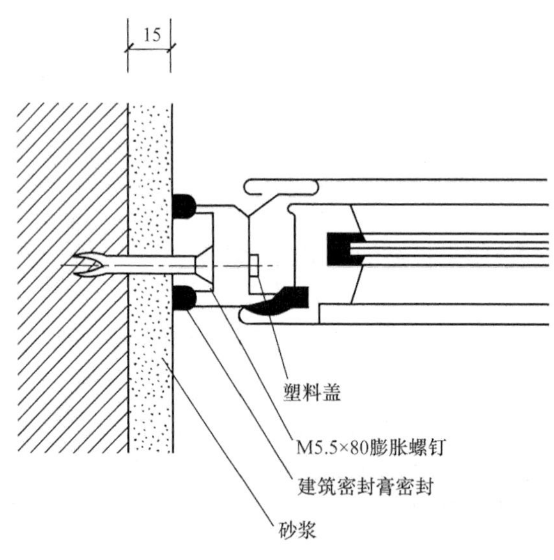

(b)直接固定安装法

图 5.19　平开窗安装构造示意

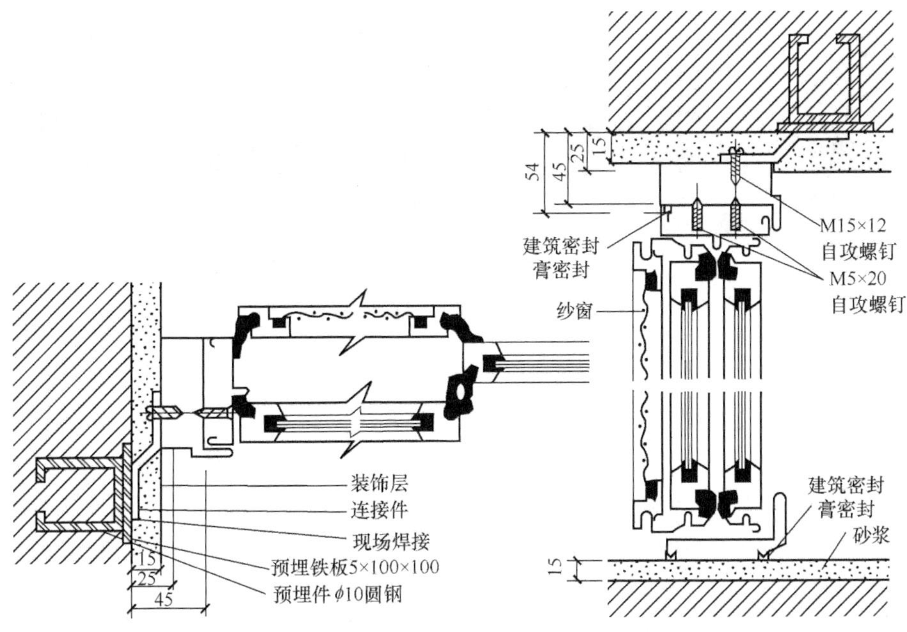

图 5.20　推拉窗安装构造

5.6　塑钢门窗

塑钢门窗以硬质聚氯乙烯（UPVC）为原料，配置一定的着色剂、阻燃剂、抗老化剂、润滑剂等填充剂，用挤出机挤出各种多腔截面的材料，在这些材料的内腔中加入衬钢，用热熔焊接法，使之成为框、扇，通过安装五金件，满足其开启功能。一般按用途分为主型材和副型材。主型材在门窗结构中起主要作用，截面尺寸较大，如框料、扇料、门边料、分格料、门芯料等；副型材是指在门窗结构中起辅助作用的材料，如玻璃条、连接管以及制作纱扇用的型材等。塑钢门窗框与洞口的连接安装构造与铝合金门窗框墙连接相同。

1. 塑钢门窗的组成

1）塑钢框：包含里面的钢衬厚度。为了加固塑钢型材，塑钢窗里面都应该夹有钢衬，钢衬有 1.2mm、1.5mm 两个厚度。

2）玻璃：一般采用浮法玻璃，厚度为 4mm。浮法玻璃较普通玻璃的区别就在于杂质少且更透亮。

3）五金件：塑钢门窗一般配有滑轮、合页、门窗锁等五金部件。

4）纱窗：分为尼龙网、不锈钢网两种。

2. 塑钢门窗的构造

塑钢门窗框料、扇料等如图 5.21 所示。

图 5.21 塑钢门窗框、扇料

3. 塑钢门窗的安装

门窗安装采用预留洞口后安装的方法，洞口尺寸以 300mm 为准，门洞宽度 900～2100mm，高度 2100～3300mm；安装缝宽度方向一般为 20～26mm，洞口顶面为 20mm。窗洞宽度 900～2400mm，高度 900～2100mm；安装缝宽度和高度方向一般均为 40mm。适应风负荷不超过 800N/m^2。

门窗固定方式：门窗框连接件（铁脚）与洞口墙体连接，一般采用机械冲孔胀管螺栓固定，或预埋木砖（60mm×120mm×120mm，涂防腐油）螺钉固定。连接件位置排列：靠门窗框夹角边为 150mm，中距不大于 600mm。框间连接固定如图 5.22 所示。塑钢门窗的安装节点如图 5.23 所示。

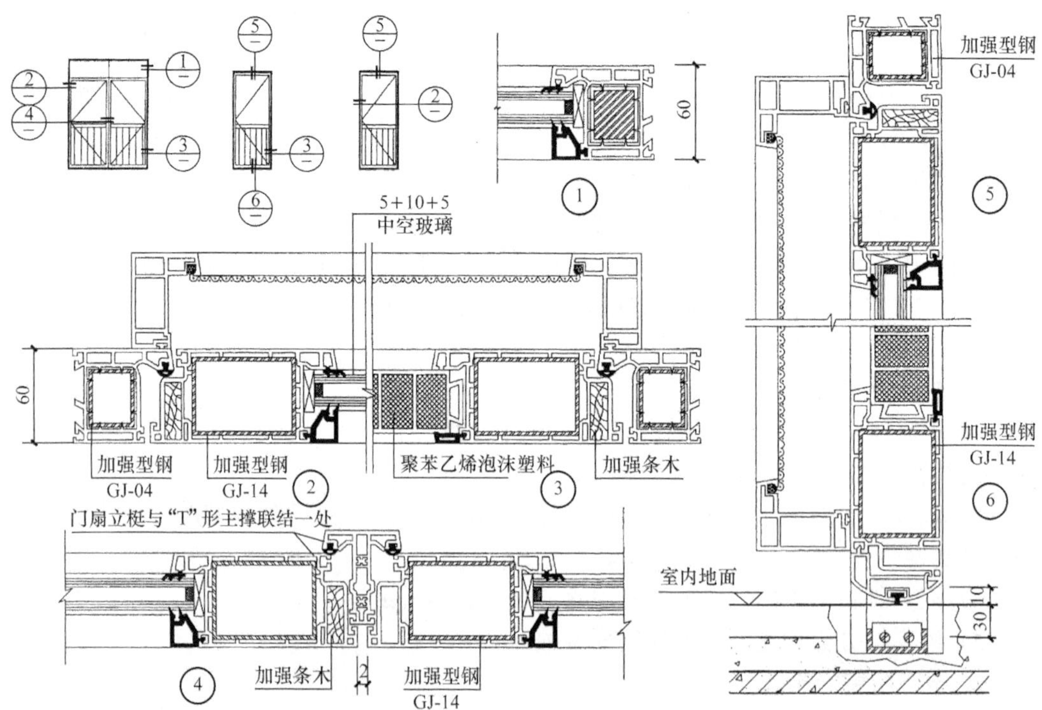

图 5.22 框间连接固定

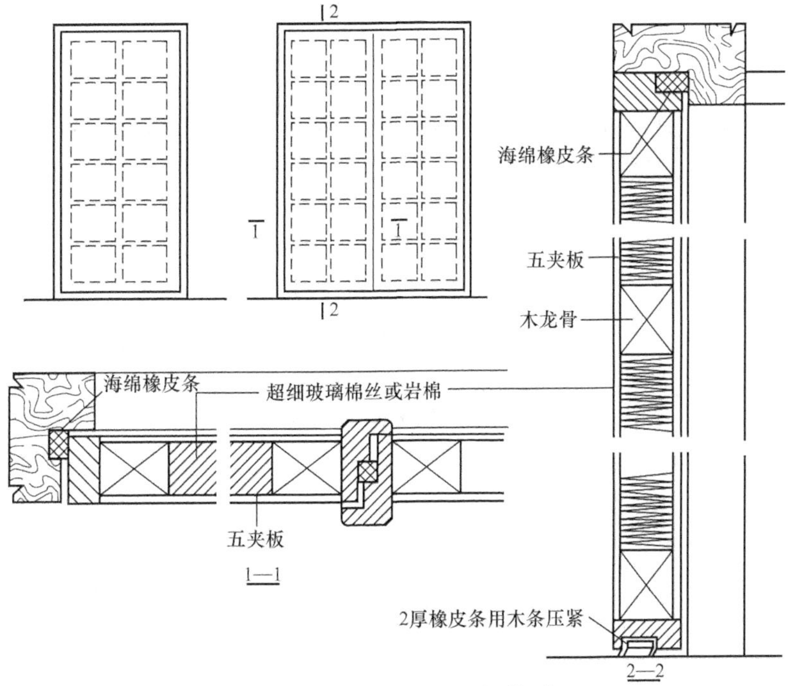

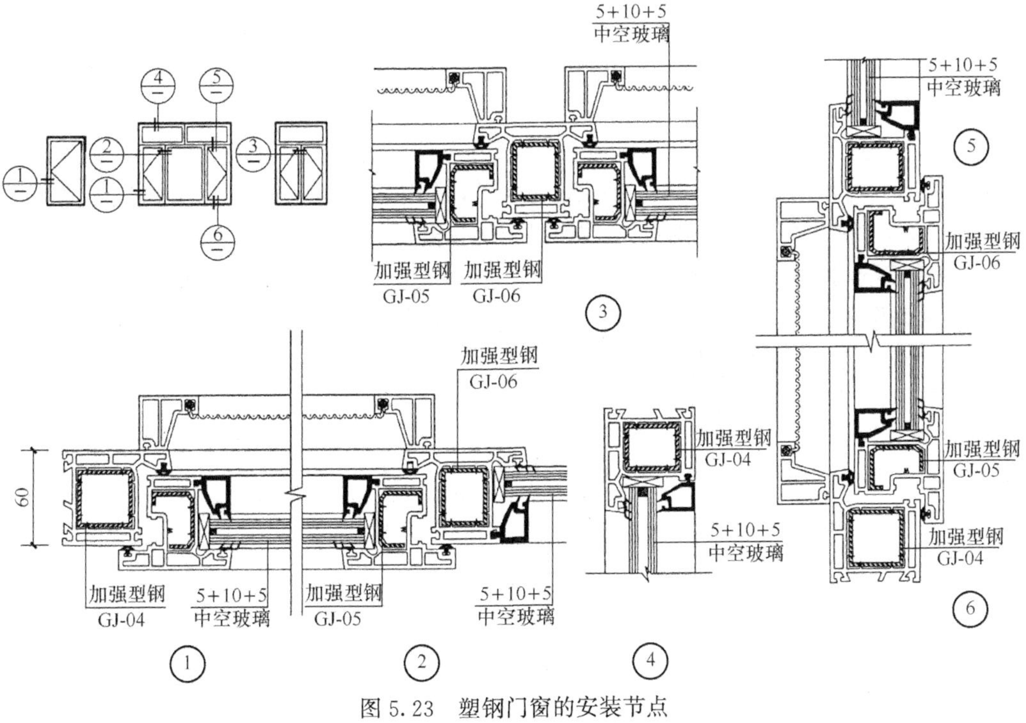

图 5.23　塑钢门窗的安装节点

5.5、5.6 随堂测试

5.7 玻璃钢门窗

玻璃钢型材门窗是以玻璃纤维及其制品为增强材料，以不饱和聚酯树脂为基体的玻璃纤维增强复合材料，通过拉挤工艺生产出空腹型材，经过切割、组装、喷涂等工序制成门窗框，再装配上毛条、橡胶条及五金件制成的门窗。据有关部门检测，优质玻璃钢门窗型材符合国家强制性标准规定的各项有害物质限量指标，属于绿色环保产品。玻璃钢型材制成的门窗与其他材料相比，既有钢窗、铝窗的坚固性，又有塑钢门窗的保温、节能、隔声性能，同时还具有高温不膨胀、低温不收缩、重量轻、强度高、无须钢衬加固等优点。

1. 玻璃钢门窗的特点

1）强度高不易变形：玻璃钢型材的密度为 1.8～2.0g/cm^3，约为铝合金的 2/3；其拉伸强度和弯曲强度约为铝合金的 2 倍，塑钢的 4～5 倍，玻璃钢型材弥补了塑钢型材强度低、易变形的缺点。

2）保温、隔声效果好：玻璃钢型材导热系数低，且玻璃钢型材门窗为空腹结构，具有空气隔热层，保温效果佳。优质玻璃钢门窗保温性能优于国家标准《建筑外门窗保温性能检测方法》（GB 8484—2020）中的保温性能一级指标；玻璃钢型材热变形温度较高（约为 200℃），即使长时间处于烈日下也不会变形；其线膨胀系数与建筑物和玻璃相当，在冷热温差变化较大环境下，不易与建筑物及玻璃之间产生缝隙，可大大提高玻璃钢门窗的密封性能；玻璃钢型材的树脂与玻璃纤维复合结构的振动阻尼很高，对声音的阻隔量可达 26～30dB。

3）寿命长：玻璃钢门窗对无机酸、碱、盐、大部分有机物、海水及潮湿环境都有较好的抵抗力，对于微生物也有抵抗作用，因此除适用于干燥地区外，同样适用于多雨、潮湿地区，沿海地区和化工场所。与其他材质的门窗相比，玻璃钢门窗使用寿命长。

2. 玻璃钢门窗的构造

玻璃钢型材采用多腔设计，设有欧式连接槽，可选用多种连接件，制作平开、悬开、平开-悬开复合开启、悬开-推拉复合开启等多种形式窗，可安装单玻、中空、防弹等各种玻璃。门窗固定方式同塑钢门窗。

5.8 特殊门窗

5.8.1 店面橱窗

店面橱窗是商业建筑展示商品或进行宣传摆放展品的专用窗，前者多附属于建筑物的首层，后者一般单独存在。橱窗需要解决好防雨遮阳、通风采光、冷凝水排除及灯光布置等问题。

1. 橱窗的尺度

橱窗距室外地坪高度一般为 300～450mm，最高应≤800mm。橱窗深度一般为 600～2000mm。橱窗的窗口高度随建筑物的层高及展示的展品而定。

2. 橱窗的构造

橱窗的地面宜采用木地板，且应高出室内地面不小于 200mm。橱窗玻璃一般选用

6～12mm 厚的普通浮法玻璃或钢化玻璃，且根据展品的不同而考虑防盗性能。橱窗的框架可用钢材、钢木、铝合金、不锈钢、木材等制作。

5.8.2　隔声门窗

隔声门窗常用于室内必须保持安静的房间装饰工程中，如播音室、录音室等。隔声门窗构造设计的要点在于门窗扇隔声能力的保证和门窗缝隙密闭性能的处理，这是两个重要环节。

1. 门扇的隔声

门扇的隔声能力称为隔声量，以分贝（dB）表示。隔声量越高，门扇隔声性能越好。门扇的隔声量与所选用的材料及构造有关，提高门扇隔声量常用的方法有如下几种。

1）选择隔声性能较好的填充材料，例如选用玻璃棉、矿棉、玻璃纤维板、毛毡等，以提高门扇的隔声能力。

2）适当增加门扇的重量。原则上门扇越重隔声量越好，但过重则开启不便，且容易损坏，因此，门扇重量应适中，通常采用 1.5～2.5mm 厚的钢板作为门扇的面层和衬板。

3）合理利用空腔构造。利用空腔也可达到隔声的目的，并且可以节约装饰材料，是比较经济方便的一种方法。

4）采用多层复合结构。在两层面板之间填充吸声材料，如玻璃棉、玻璃纤维板等。因不同的材料和方法所隔绝的声音频率有所差别，采用不同的材料及构造层次可以较好地隔离各种不同频率的声音，从而达到比较全面的隔声效果。

图 5.24 是钢制带亮子隔声门构造。

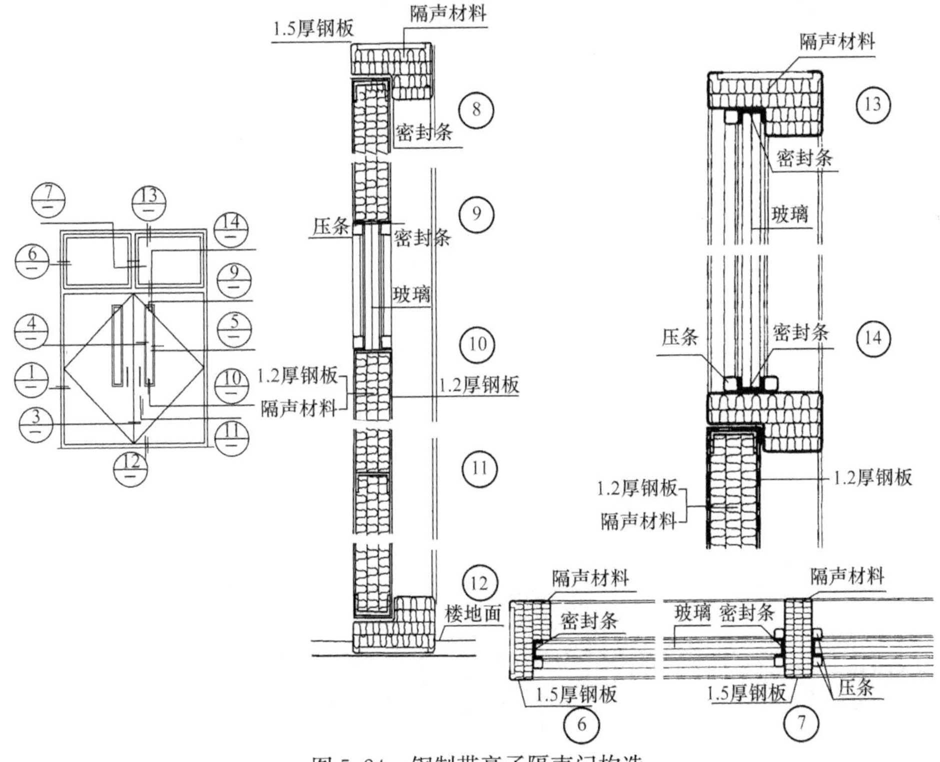

图 5.24　钢制带亮子隔声门构造

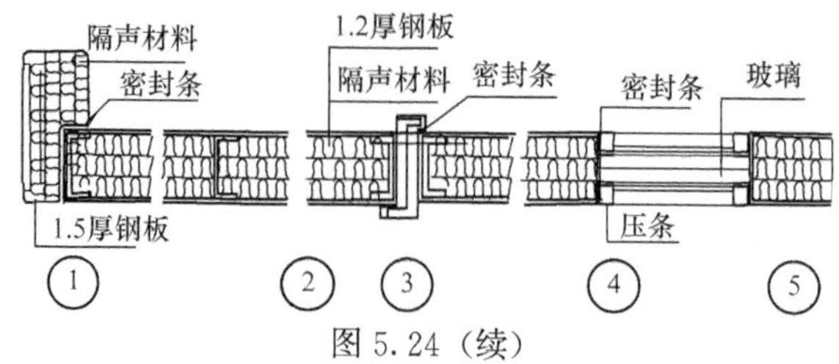

图 5.24（续）

2. 门窗缝隙处理

门窗开启的缝隙之间应密闭而连续，任何一点疏漏都将影响门窗整体的隔声效果。门窗缝隙处理主要考虑门扇与门框之间，对开门扇之间，以及门扇与地面之间的缝隙处理。方法有以下两种。

1）在缝隙中填设密封材料是较为有效的处理方法。密封材料一般选用橡胶条、橡胶管、羊毛毡、泡沫塑料、海绵橡胶条等。

2）缝隙采用搭接构造，如斜口缝、高低缝等，以便阻断声音直接由缝隙传入室内。另外，隔声门窗还应注意五金安装处的薄弱环节，防止出现缝隙或形成声桥。

图 5.25 是隔声门门缝密封方法。

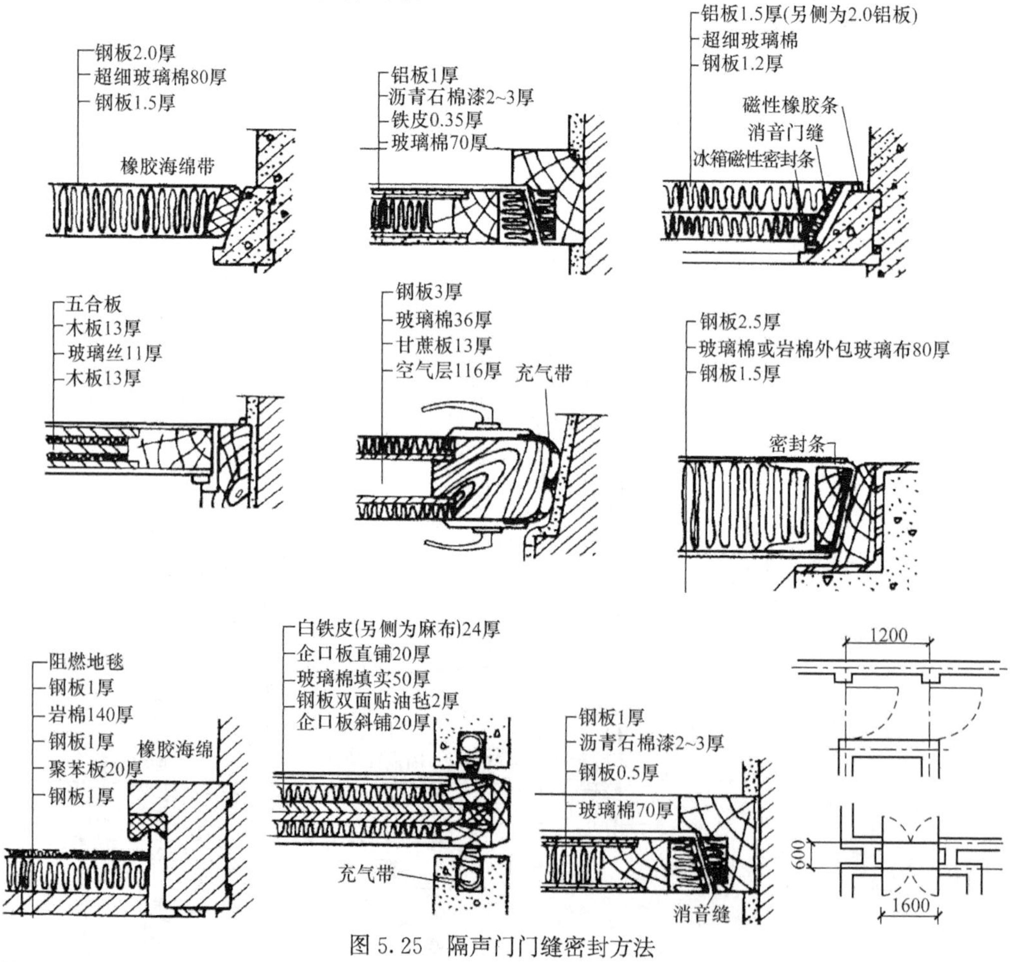

图 5.25　隔声门门缝密封方法

3. 隔声门基本构造做法

隔声门饰面材料一般宜选用整体板材，如硬质木纤维板、胶合板、钢板等，不宜采用拼接的木板，避免木板干缩产生的缝隙影响隔声，但木板可作为面层的垫层，其厚度为 15mm 左右，表面钉贴一层人造革面，内填岩棉。

图 5.26 是胶合板饰面隔声门构造实例。

隔声窗一般采用双层或三层玻璃的固定窗形式，以减少缝隙。为避免共振和吻合效应的产生，两层玻璃间不应平行，且应留有较大的间距（≥100mm），并把玻璃安放在弹性材料（如软木、呢绒、海绵、橡胶条等）上，在两层玻璃之间沿周边填放吸声材料。

图 5.27 是隔声窗构造做法。

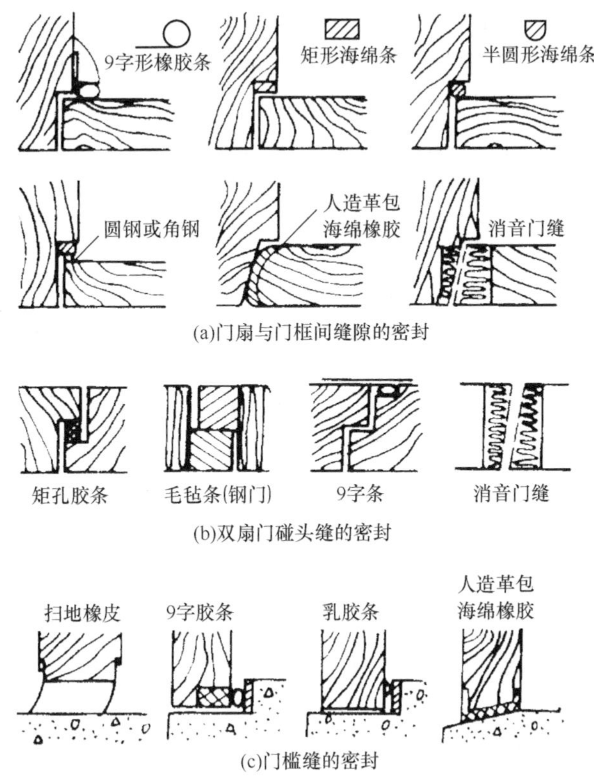

图 5.26　胶合板饰面隔声门构造

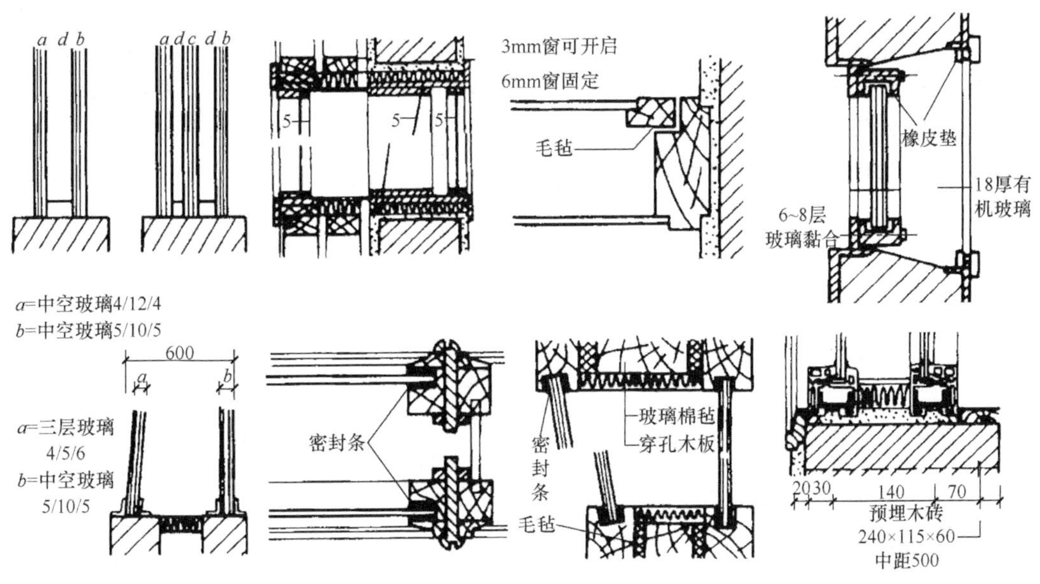

图 5.27　隔声窗构造

隔声门窗可以采用冷轧薄钢板，门窗框及门扇框截面内填充隔声材料。门窗扇框应密封良好，所有金属构件表面应进行防腐处理。隔声门有带观察窗和不带观察窗的形式，一般为平开门。窗玻璃可根据隔声性能等级要求，采用单层玻璃、双层玻璃、中空玻璃等。

隔声门窗安装在建筑物墙体上，应与墙内埋件焊接连接，或用膨胀螺栓安装，但锚固强度必须满足要求。

图 5.28 是隔声门与墙体固定连接实例。

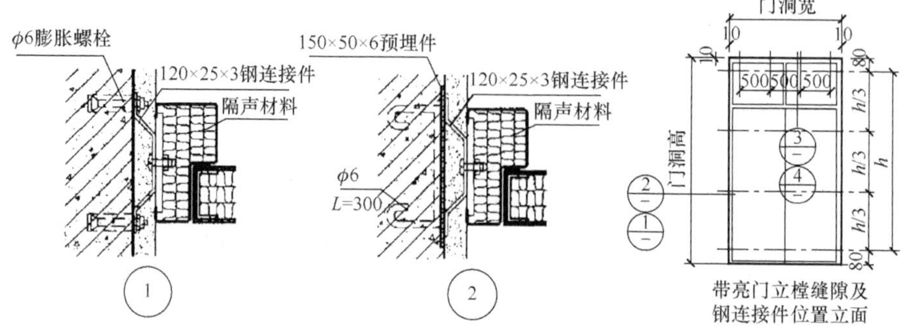

图 5.28　隔声门与墙体固定连接

5.8.3　防火门、防火卷帘门、防火窗

防火门的等级

1. 防火门

防火门是火灾发生后阻隔火灾蔓延的消防设备，多用于防火墙上、高层建筑的楼、电梯口，以及高层建筑的竖向井道检查口及防火分区之间，一般为常闭状态。防火门可以手动开启和自动开闭。手动开启多用于民用建筑，自动开闭多用于公共建筑或工业建筑的仓库和车间，并另设推拉门一道，以备平时关闭之用。根据建筑物消防耐火极限等级不同，建筑物内的防火门的等级也不同。

防火门的种类

（1）防火门的种类

防火门的种类如图 5.29 所示。

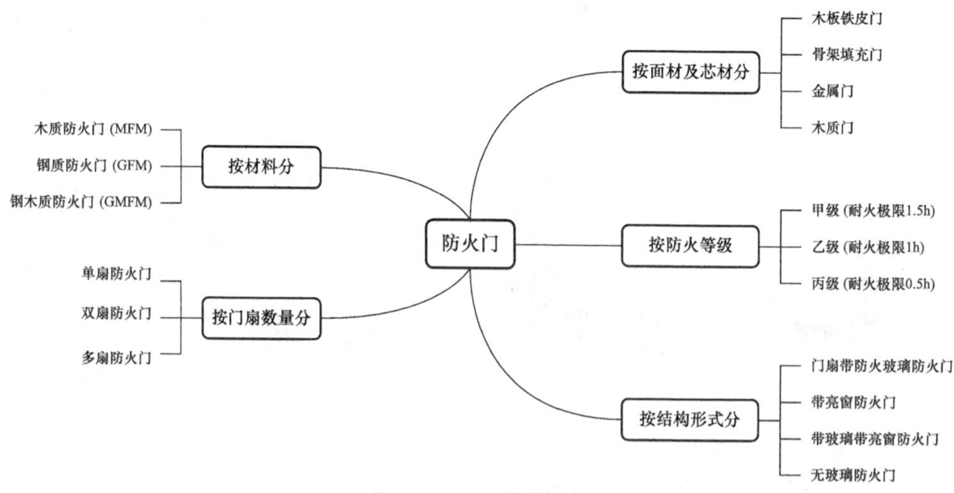

图 5.29　防火门的种类

(2) 防火门的组成

防火门一般由门扇、防火锁、防火合页（铰链）、闭门器、防火插销、防火密封条组成。

(3) 防火门的构造

珍珠岩
（填充料）

1）钢木质防火门　用钢质和难燃木质材料或难燃木材制品制作门框、门扇骨架、门扇面板，门扇内若填充材料，则填充对人体无毒无害的防火隔热材料，并配以防火五金配件。这种门采用钢木组合制造，门框料采用 1.5mm 厚钢板冷弯成型，做成双裁口断面。门扇采用钢骨架，面板采用阻燃胶合板组装而成，内部填充阻燃芯材。总厚度为 40mm，其余同钢质防火门。

2）钢质防火隔声门　用钢质材料制作门框、门扇骨架和门扇面板，门扇内若填充材料，则填充对人体无毒无害的防火隔热材料，并配以防火五金配件。这种门的门框料采用 2mm 厚的优质冷压薄钢板，经过冷加工成形，采用双裁口做法。门扇采用 2mm 厚钢板，门内填充耐火芯材及粘贴吸声材料（聚苯板），表面涂有防锈剂，总厚度为 60mm。主要用于有防火及隔声要求的空间，如图 5.30 所示。

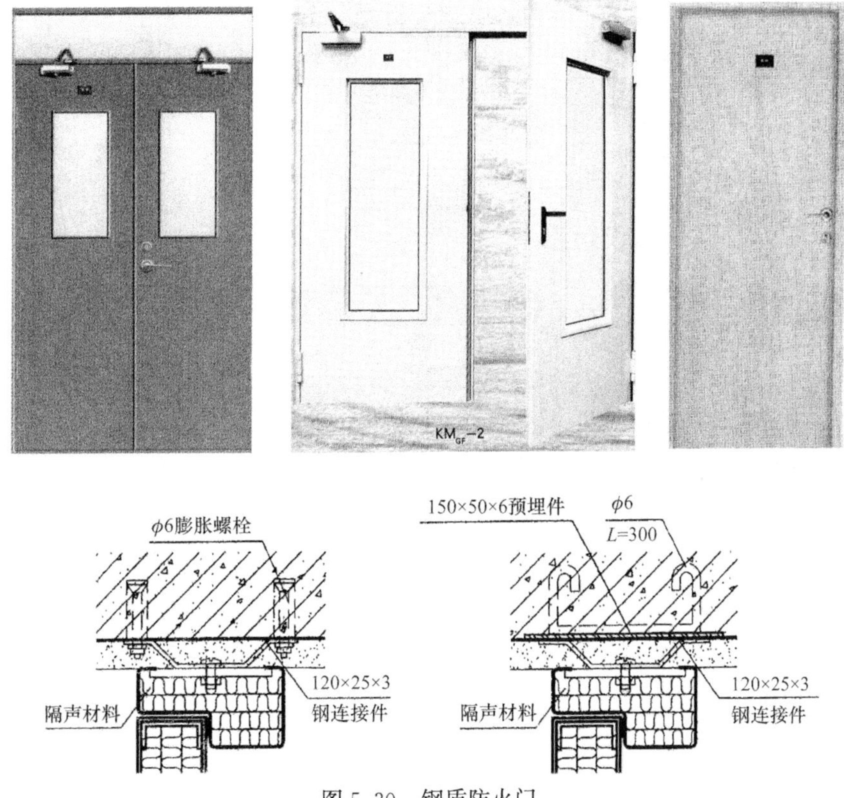

图 5.30　钢质防火门

3）木质防火门　用难燃木材或难燃木材制品制作门框、门扇骨架、门扇面板，门扇内若填充材料，则填充对人体无毒无害的防火隔热材料，并配以防火五金配件。如图 5.31 所示，(a) 为一般防火门立面，(b) 为门扇木骨架，(c) 为木质防火门节点构造，(d) 为几种门扇的构造做法和耐火极限。

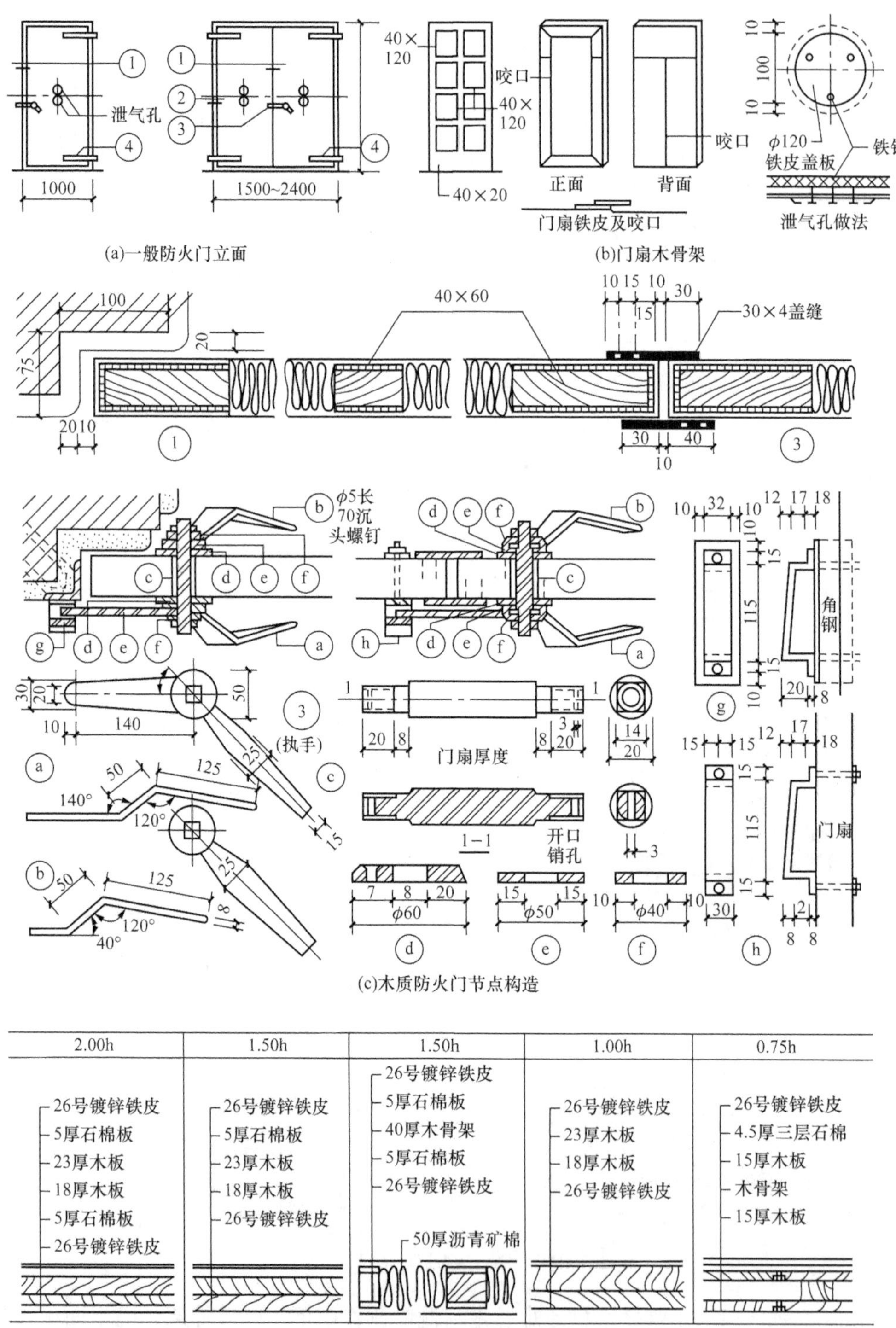

(a)一般防火门立面

(b)门扇木骨架

(c)木质防火门节点构造

(d)几种门扇构造做法和耐火极限

图 5.31 木质防火门

2. 防火卷帘门

防火卷帘门是由帘板、卷筒体、导轨、电力传动等部分组成。帘板由 1.5mm 的冷轧带钢轧制成 C 形钢扣片，重叠连锁而成，具有刚度好、密闭性能优异的特点。亦可采用钢质 L 形串联式组合构造。这种门还可配置温感、烟感、光感报警系统，水幕喷淋系统。遇有火情会自动报警，自动喷淋，门体自控下降，定点延时关闭，使受灾人员得以疏散。其耐火极限为 1.3～4h。

防火卷帘门一般安装在墙体的预埋铁件上或混凝土门框预埋件上。一般洞口宽度不宜大于 4.5m，洞口高度不宜大于 4.8m。防火卷帘门构造如图 5.32 所示。

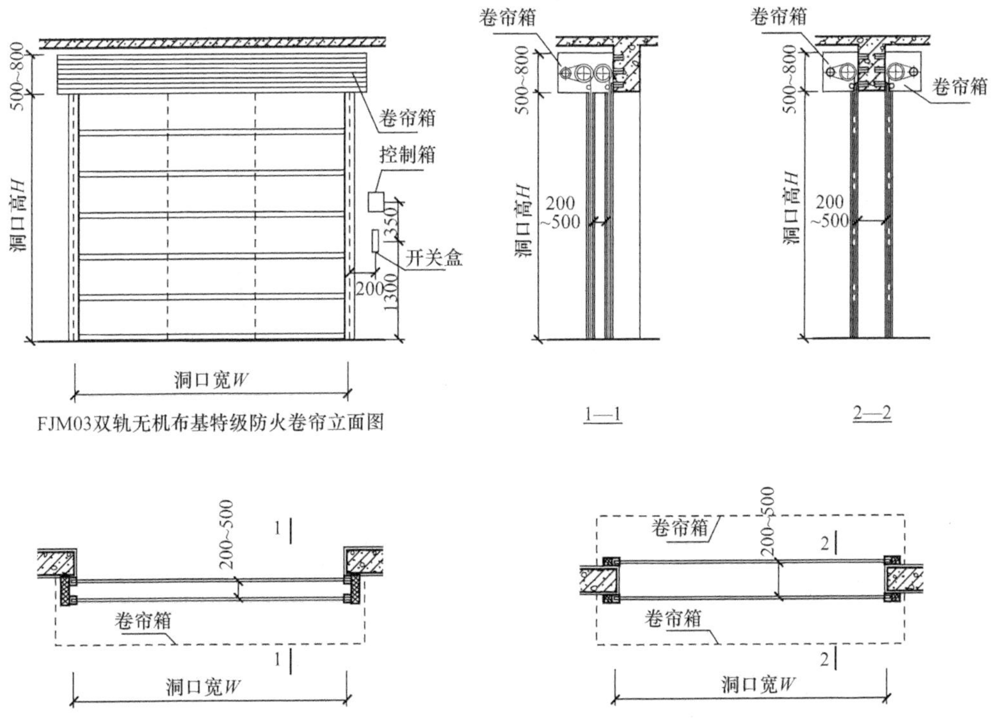

图 5.32　防火卷帘门构造

3. 防火窗

防火窗是指用某种材料制作框架，在一定时间内能满足耐火稳定性、耐火完整性、耐绝热性并且可以正常采光的窗，是火灾发生后阻隔火灾蔓延的消防设施。防火窗在建筑中被广泛应用于大楼外墙窗、楼梯通道窗、房间走廊分隔窗、房间分隔窗等防火分区位置的防火墙上。

防火窗根据框架材料可以分为钢质防火窗和木质防火窗，有固定式、平开式、推拉式等多种开启形式。其耐火等级：Ⅰ级为 90min，Ⅱ级为 60min，Ⅲ级为 45min，Ⅳ级为 30min；隔声效果和隔热性均根据所使用的防火玻璃性能而定；钢质防火窗窗体钢板可根据需要采用不锈钢板、镀锌板或普通钢板等；防火玻璃窗的标准玻璃为白色透明玻璃，根据用户需要也可加工成茶色、蓝色、镀膜、磨砂或带工艺图案的玻璃。钢质防火窗构造见图 5.33。

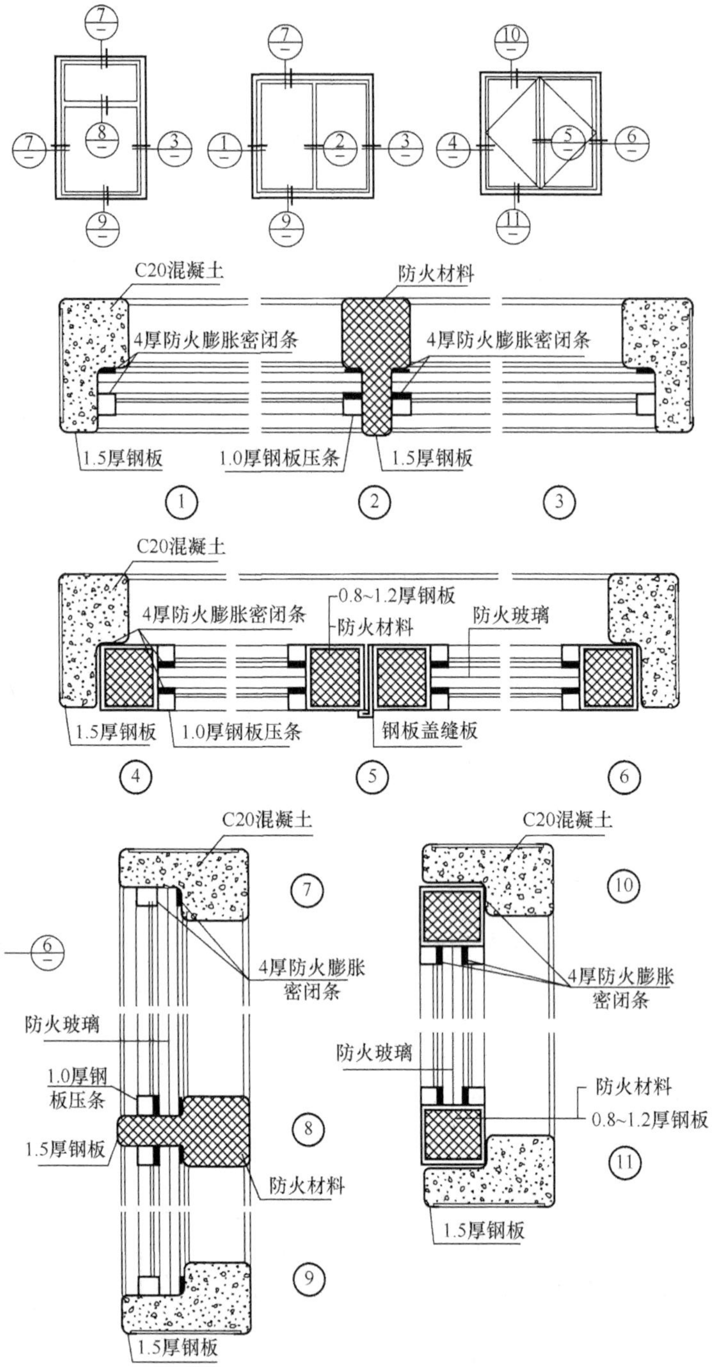

C20混凝土
防火材料
4厚防火膨胀密闭条
4厚防火膨胀密闭条
1.5厚钢板
1.0厚钢板压条
1.5厚钢板

C20混凝土
0.8~1.2厚钢板
4厚防火膨胀密闭条
防火材料
防火玻璃
1.5厚钢板
1.0厚钢板压条
钢板盖缝板

C20混凝土
4厚防火膨胀密闭条
防火玻璃
1.0厚钢板压条
1.5厚钢板
防火材料
1.5厚钢板

C20混凝土
4厚防火膨胀密闭条
防火玻璃
防火材料
0.8~1.2厚钢板
1.5厚钢板

图 5.33 钢质防火窗构造

57、5.8 随堂测试

小　　结

本章介绍了门与窗的类型、特点、尺度和构造，重点阐述了木门窗、铝合金门窗、塑钢门窗的构造，门窗的装饰从外形上有传统中式和欧式两种，应注意各种形式的门窗与建筑的风格要统一，并考虑建筑功能与其所在部位的要求。

复习思考题

5.1　门窗的作用有哪些?

5.2　什么是外框架门? 什么是内框架门?

5.3　塑钢门窗的安装构造有哪些特点?

5.4　铝合金门窗与墙体怎样连接?

5.5　防火门有哪些构造要求?

5.6　彩板门窗有哪些构造特点?

5.7　隔声门采用哪些材料? 有何构造要求?

绘图实践作业

5.1　绘制塑钢窗安装构造。

5.2　绘制隔声门安装构造。

5.3　试设计一适用于西餐厅的装饰实木门立面图及其构造。

第6章 楼梯、电梯、自动扶梯装饰构造

教学目标 ☞

1. 掌握楼梯各部位构造做法，能够绘制楼梯踏步、栏杆扶手装饰构造图。
2. 了解电梯装饰构造内容，掌握电梯门套装饰构造做法。
3. 了解自动扶梯的装饰构造内容和要求。

课程思政 ☞

楼梯是建筑物的垂直交通设施。楼梯构件的安全可靠是人在上面行驶的安全保障，除此之外，楼梯的细节做得好也能有效提高满意度和幸福感，如扶手高度、扶手转折处理、踏步宽高比、踏步防滑处理等，这就要求设计施工人员既要按照设计规范要求设计施工，又要根据现实情况，具体问题具体分析。本章引入课程思政案例“幼儿园楼梯间距过宽，掉下儿童”，学生了解建筑装饰及施工时需严格按照规范做法，避免此类安全事故。

思维导图 ☞

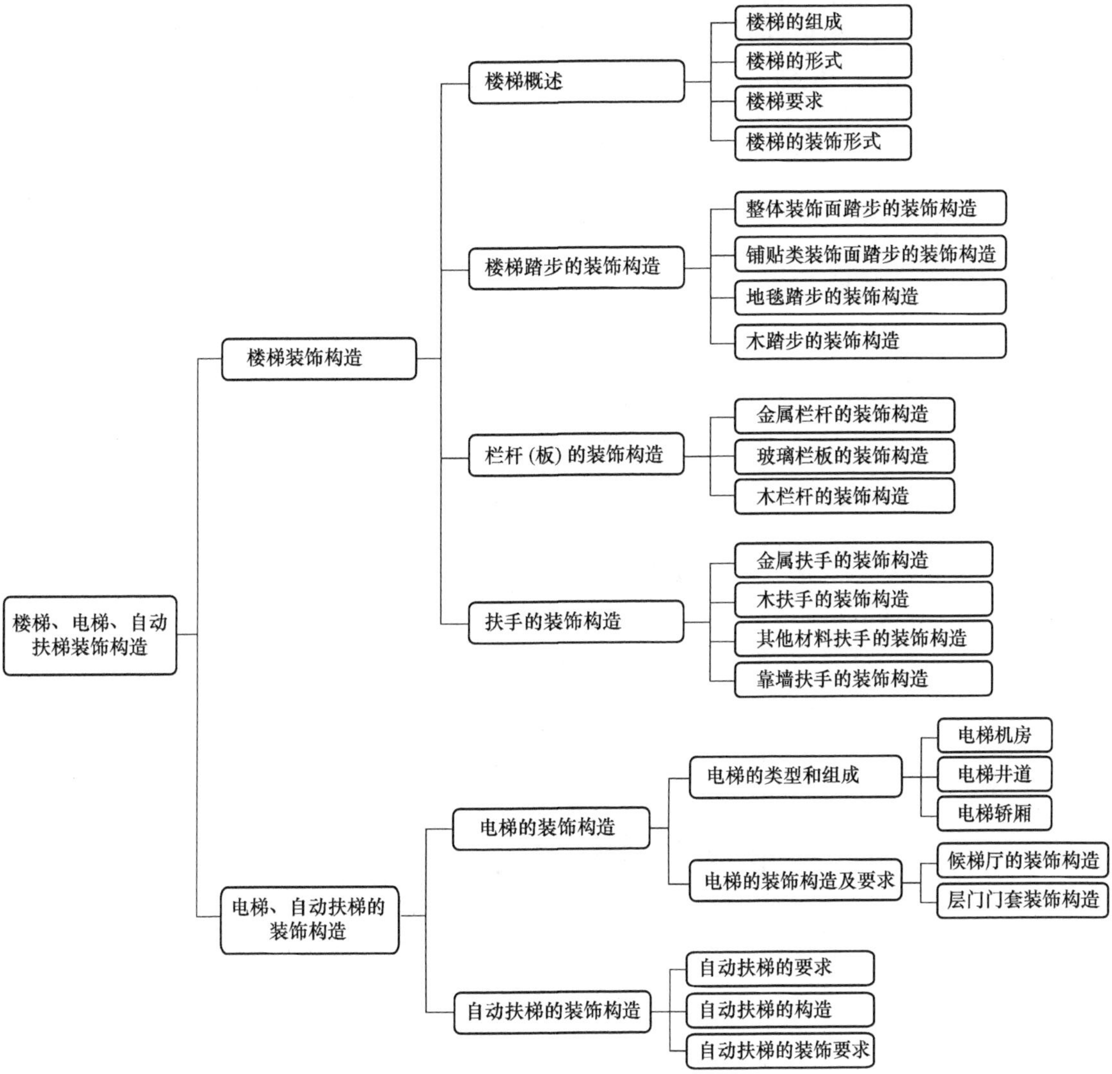

- 楼梯、电梯、自动扶梯装饰构造
  - 楼梯装饰构造
    - 楼梯概述
      - 楼梯的组成
      - 楼梯的形式
      - 楼梯要求
      - 楼梯的装饰形式
    - 楼梯踏步的装饰构造
      - 整体装饰面踏步的装饰构造
      - 铺贴类装饰面踏步的装饰构造
      - 地毯踏步的装饰构造
      - 木踏步的装饰构造
    - 栏杆（板）的装饰构造
      - 金属栏杆的装饰构造
      - 玻璃栏板的装饰构造
      - 木栏杆的装饰构造
    - 扶手的装饰构造
      - 金属扶手的装饰构造
      - 木扶手的装饰构造
      - 其他材料扶手的装饰构造
      - 靠墙扶手的装饰构造
  - 电梯、自动扶梯的装饰构造
    - 电梯的装饰构造
      - 电梯的类型和组成
        - 电梯机房
        - 电梯井道
        - 电梯轿厢
      - 电梯的装饰构造及要求
        - 候梯厅的装饰构造
        - 层门门套装饰构造
    - 自动扶梯的装饰构造
      - 自动扶梯的要求
      - 自动扶梯的构造
      - 自动扶梯的装饰要求

6.1 楼梯装饰构造

在房屋中、联系上下各层的垂直交通设施有楼梯、电梯、自动扶梯、爬梯及坡道等。设有电梯和自动扶梯的建筑物，也有必要同时设置楼梯。在设计中要求楼梯坚固、耐久、安全、防火；做到上下通行方便，便于搬运家具物品，有足够的通行宽度和疏散能力。同时楼梯还要求造型美观，具有良好的装饰效果。

6.1.1 楼梯概述

1. 楼梯的组成

楼梯一般由楼梯梯段、平台、栏杆（板）和扶手组成，如图 6.1 所示。

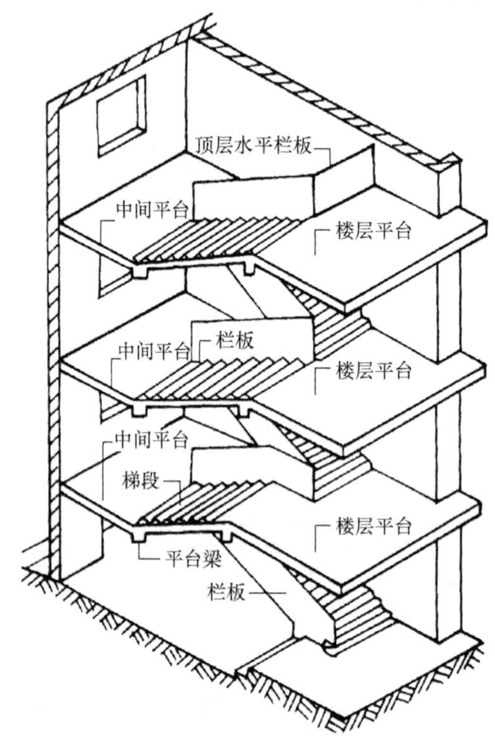

图 6.1 楼梯的组成

2. 楼梯的形式

楼梯的分类方法及类型见表 6.1。

表 6.1 楼梯的分类方法及类型

分类方法	楼梯类型
按位置分	室内楼梯和室外楼梯
按使用性质分	主要楼梯、辅助楼梯、疏散楼梯和消防楼梯等

续表

分类方法	楼梯类型
按材料分	木楼梯、钢楼梯和钢筋混凝土楼梯等
按梯段数量和上下方式分	单跑、双跑、三跑、四跑、交叉式、剪刀式、圆形、螺旋形楼梯等
按平面形式分	封闭楼梯、非封闭楼梯、防烟楼梯

3. 楼梯要求

(1) 平面尺寸和构造要求

楼梯平面尺寸和构造要求如图 6.2 所示。

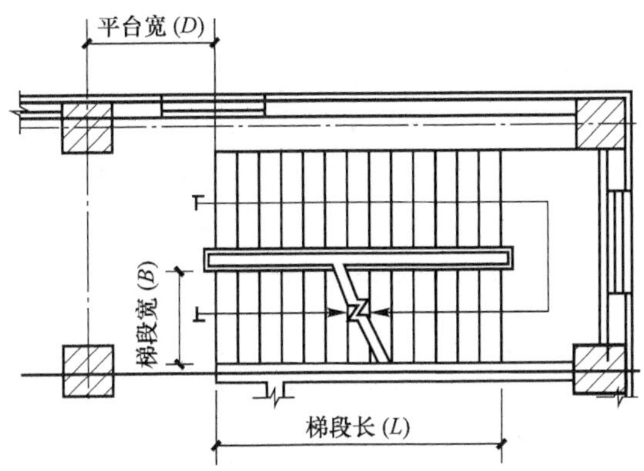

图 6.2　楼梯的平面尺寸和构造要求

楼梯踏步尺寸，即楼梯踏步宽度和高度的设计应符合《民用建筑设计统一标准》(GB 50352—2019) 中的规定，见表 6.2。

表 6.2　楼梯踏步最小宽度和最大高度　　单位：m

楼梯类别		最小宽度	最大高度
住宅楼梯	住宅公共楼梯	0.260	0.175
	住宅套内楼梯	0.220	0.200
宿舍楼梯	小学宿舍楼梯	0.260	0.150
	其他宿舍楼梯	0.270	0.165
老年人建筑楼梯	住宅建筑楼梯	0.300	0.150
	公共建筑楼梯	0.320	0.130
托儿所、幼儿园楼梯		0.260	0.130
小学学校楼梯		0.260	0.150
人员密集且竖向交通繁忙的建筑和大中学校楼梯		0.280	0.165
其他建筑楼梯		0.260	0.175
超高层建筑核心筒内楼梯		0.250	0.180
检修及内部服务楼梯		0.220	0.200

（2）立面尺寸和构造要求

楼梯净空及立面尺寸要求见图 6.3。

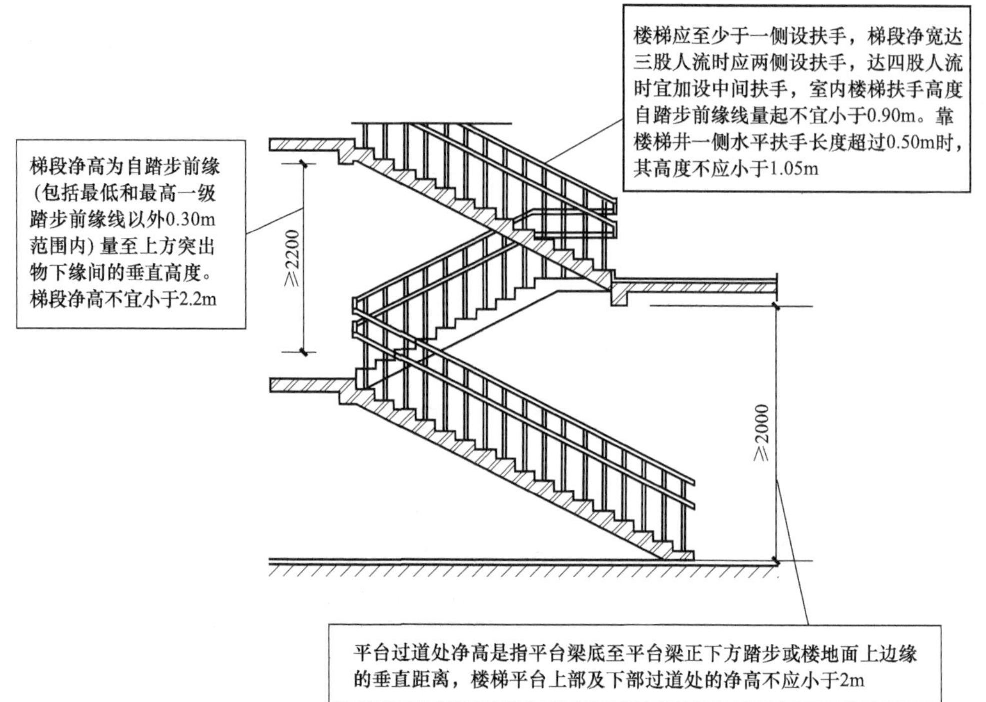

图 6.3　楼梯的净空及立面尺寸要求

4. 楼梯的装饰形式

楼梯的装饰形式很多，采用装饰标准不同，装饰材料和效果也不尽相同。踏面和踢面的装饰有水泥砂浆、水磨石、人造石、天然石材、木制材料、地毯、其他材料等。栏杆（板）的装饰有金属、玻璃、木制材料等。金属制品包括铜、不锈钢（钛金）、普通钢、铸铁等。铜制品主要有铜管；不锈钢（钛金）材料有圆管、方管、圆钢；普通钢有圆管、方管、圆钢、扁铁等。扶手的材料有金属制品、木制、其他材料等。金属制品一般为铜管、不锈钢（钛金）圆管、方管，木制品为各种实木，其他材料如塑料、高分子材料、石材等。

6.1.2　楼梯踏步的装饰构造

楼梯水泥砂浆踏步面层施工

在楼梯踏步的装饰中，装饰材料的不同，装饰施工方法一般不同。如大部分踏面上的装饰面上较平整光洁，使用中会出现行人滑倒现象，所以除木制踏面或毛面踏面外，在其他材料的踏面上一般设置防滑设施，如防滑条、防滑槽等。

1. 整体装饰面踏步的装饰构造

整体装饰面踏步是指装饰面经连续施工形成一体的踏步，一般有水泥砂浆踏步和水磨石踏步。水泥砂浆面可以做饰面，也可以做其他饰面（如地毯）的基层，如图 6.4 和图 6.5 所示。

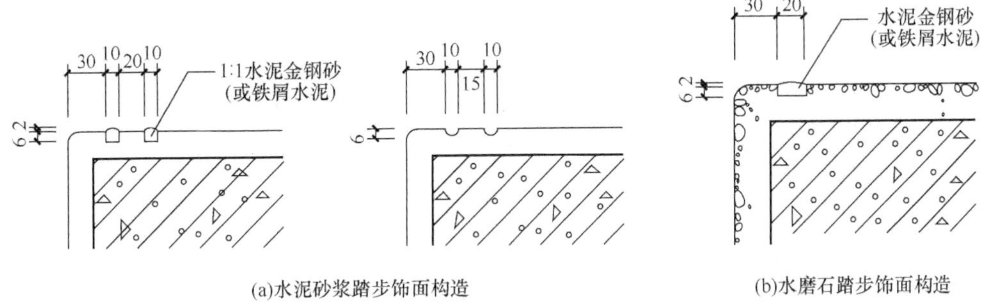

(a)水泥砂浆踏步饰面构造

(b)水磨石踏步饰面构造

图 6.4　整体装饰面踏步的装饰构造

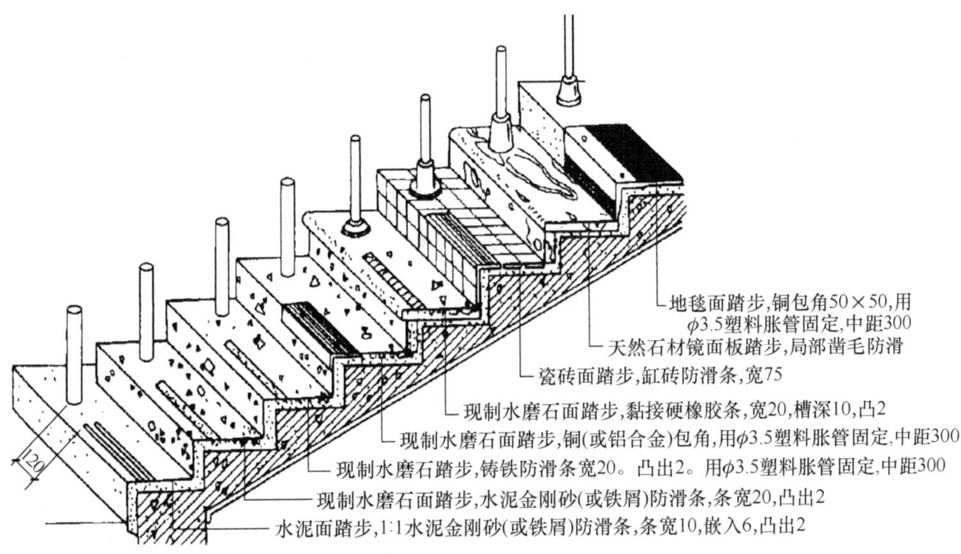

图 6.5　楼梯踏步的装饰构造（水泥砂浆做基层）

2. 铺贴类装饰面踏步的装饰构造

铺贴类装饰面踏步的材料主要是块状材料，如瓷砖、墙地砖、水磨石板、花岗岩板、大理石板、青石板等。铺贴类装饰面一般采用水泥砂浆做结合层与原踏步固定，常见的构造有墙地砖（瓷砖）的装饰构造（图 6.6）和花岗岩板（水磨石板、大理石板、青石板）的装饰构造（图 6.7 和图 6.8）。

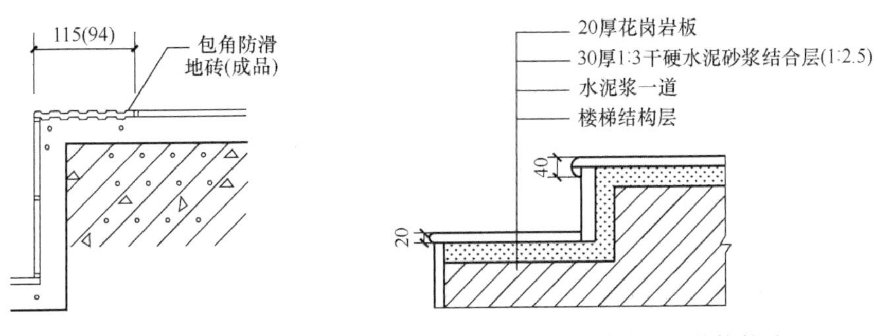

图 6.6　墙地砖（瓷砖）的装饰构造

图 6.7　花岗岩板的装饰构造

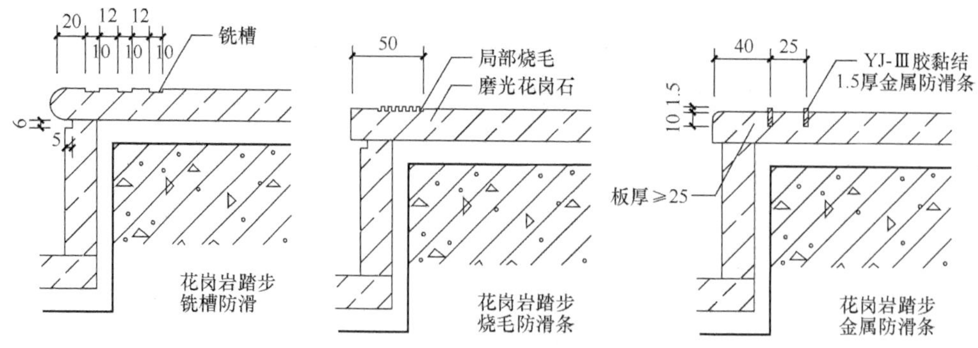

图 6.8　花岗岩板踏步的装饰构造

3. 地毯踏步的装饰构造

在踏步上铺设地毯要固定牢固，不能有卷边、翻起现象，其表面要平整，视线范围无明显拼接缝隙。踏步铺设地毯的方法一般有直接黏结固定、倒刺板固定等，如图 6.9 所示。

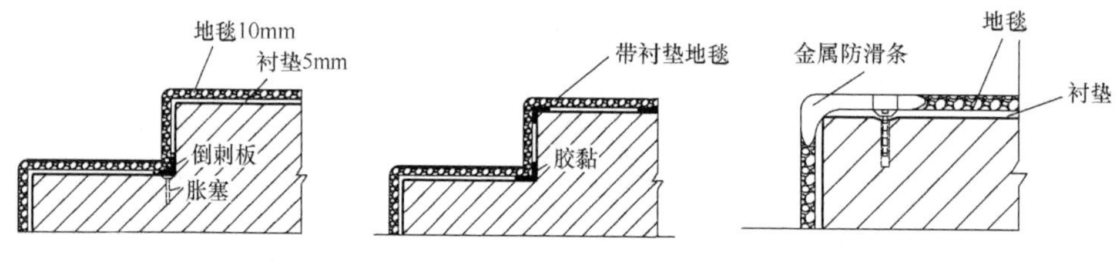

图 6.9　地毯踏步的装饰构造

4. 木踏步的装饰构造

木制踏步（图 6.10）一般多用于住宅户内楼梯踏步，踏面板和踢面板为实木或复合木质材料，木材要通过处理满足防火要求。木制踏步的楼梯梁除钢筋混凝土外，还可采用型材或实木材料（图 6.11）。

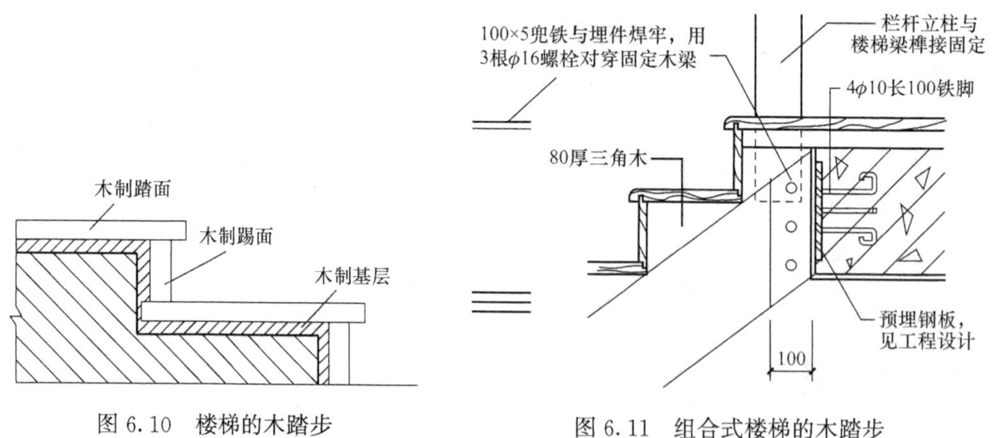

图 6.10　楼梯的木踏步　　　　图 6.11　组合式楼梯的木踏步

6.1.3　栏杆（板）的装饰构造

栏杆（板）应有一定的强度，其与踏面、地面和墙面以及与扶手之间的连接固定

要牢固，栏杆（板）的安装视踏步装饰面的不同，连接方法也不同。栏杆与踏面的固定最常见的方法是与植在原混凝土楼梯踏面里的预埋件焊接；没有预埋件时，也有将栏杆埋入踏面的孔洞（预留或现打）里，用细石混凝土浇筑或素灰、强力胶固定；或者将钢板用膨胀螺栓在原混凝土楼梯踏面上后焊接。栏杆（板）要尺寸准确，加工精细，以达到装饰效果。

1. 金属栏杆的装饰构造

（1）普通钢制栏杆

普通钢制栏杆有圆管、方管、圆钢等，栏杆之间的缺口和花饰采用方管、圆钢、扁铁等材料。钢制栏杆的表面要进行处理，一般方法有刷漆、喷漆、烤漆、喷塑、电镀等。钢制栏杆安装时一般与踏面的预埋件焊接（图 6.12），栏杆立柱与地面的交接处用装饰盖收口。预埋件采用钢板，钢板一面焊钢筋呈 U 形，埋入原结构内。钢制栏杆的装饰构造如图 6.13 所示。

（2）铜、不锈钢（钛金）栏杆

铜、不锈钢（钛金）材质栏杆的种类较多，除与预埋件焊接外，装配式不锈钢栏杆也有用膨胀螺栓通过栏杆上的法兰座直接将栏杆立柱固定在地面上的，见图 6.14。

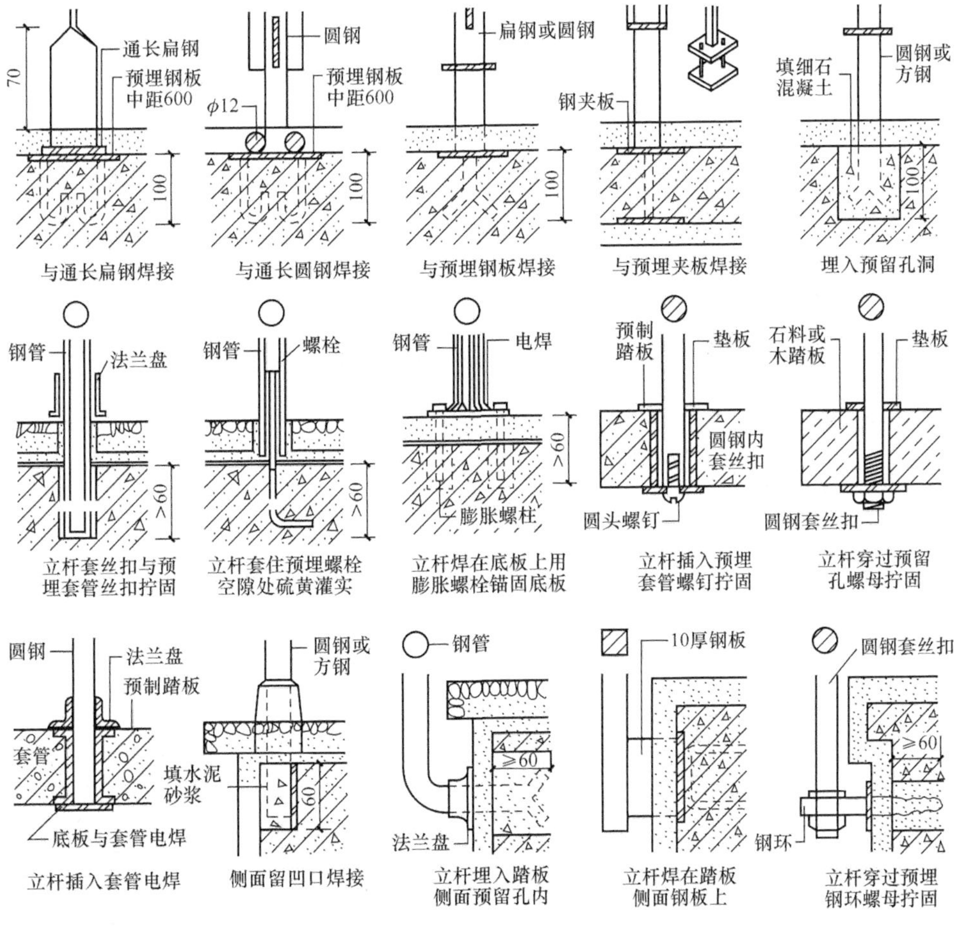

图 6.12　钢制栏杆立杆的连接方式

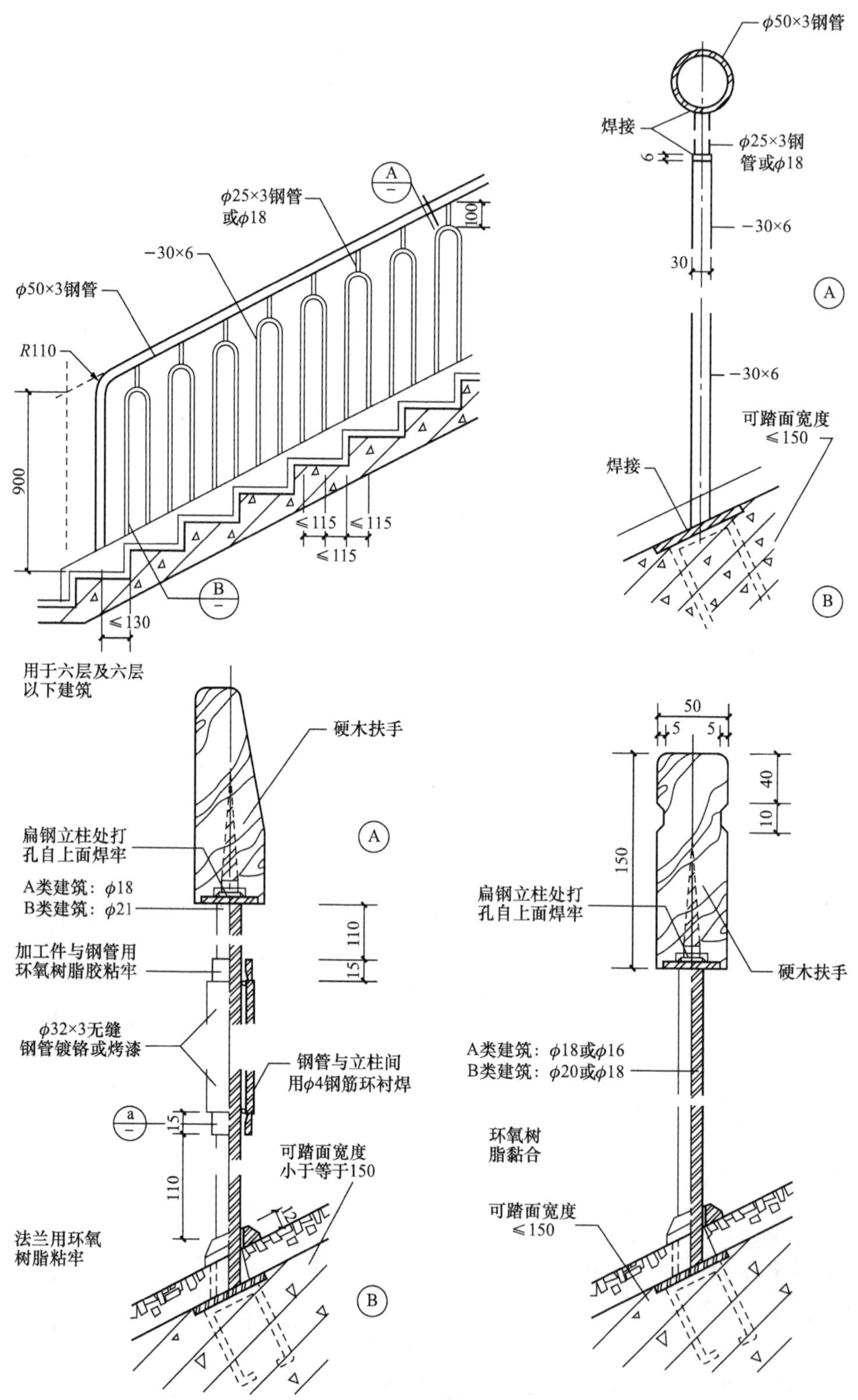

图 6.13 钢制栏杆的装饰构造

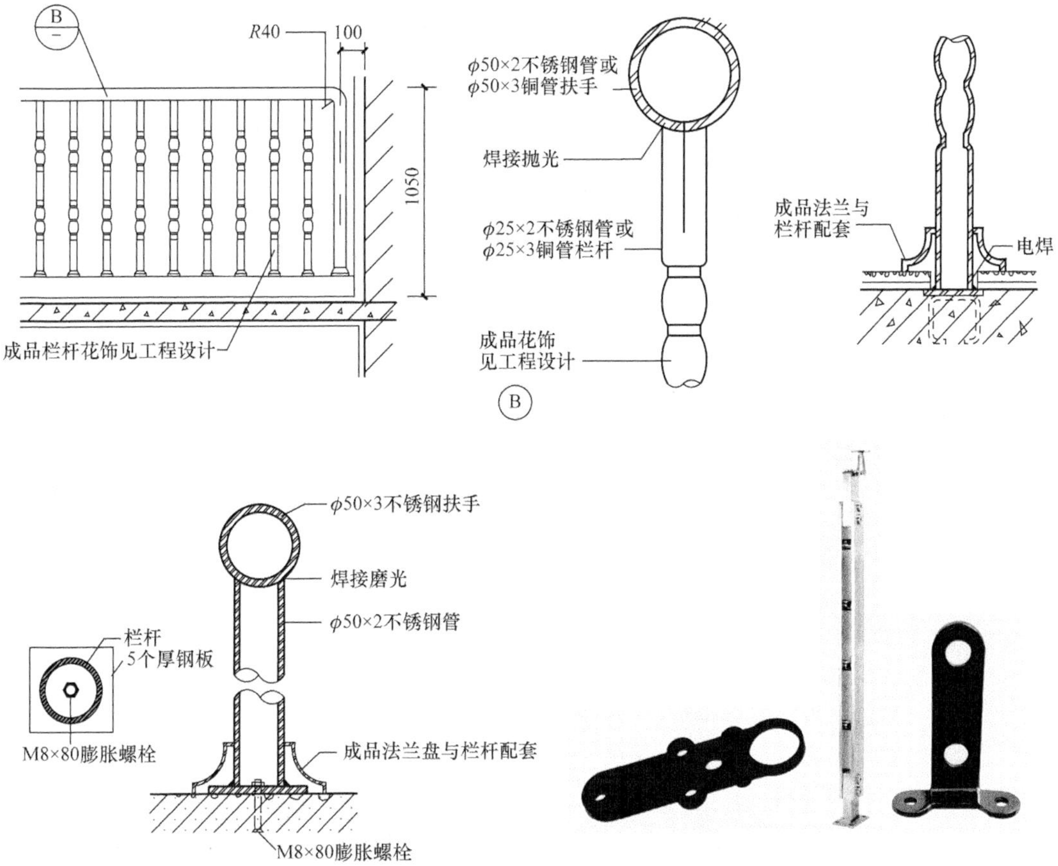

B
R40
100
1050
成品栏杆花饰见工程设计
φ50×2不锈钢管或
φ50×3铜管扶手
焊接抛光
φ25×2不锈钢管或
φ25×3铜管栏杆
成品花饰
见工程设计
成品法兰与
栏杆配套
电焊
φ50×3不锈钢扶手
焊接磨光
φ50×2不锈钢管
栏杆
5个厚钢板
M8×80膨胀螺栓
成品法兰盘与栏杆配套
M8×80膨胀螺栓

图 6.14　铜、不锈钢（钛金）栏杆的装饰构造

(3) 铸、锻铁栏杆

铸、锻铁栏杆同钢制栏杆一样也需进行表面处理，固定方式同钢制栏杆。

2. 玻璃栏板的装饰构造

一般采用 6mm 以上厚玻璃或玻璃与其他材料组合。有全玻式栏板和半玻式栏板。栏板的固定方式因栏板的形式不同而不同。

(1) 全玻式栏板

全玻式栏板是全部用玻璃作为栏板，楼梯栏板的上部采用木扶手、不锈钢或黄铜管扶手，其连接一般有几种方式：一是在木扶手或金属管扶手的下部开槽，将厚玻璃栏板插入槽内，以玻璃胶封口固定；二是在金属管扶手的下部安装卡槽，将厚玻璃栏板嵌装卡槽内以玻璃胶封口固定；三是用玻璃胶将厚玻璃栏板直接与金属管黏结；四是采用配件与扶手连接。扶手与玻璃栏板的连接如图 6.15 所示。玻璃栏板下部与楼梯结构的连接（图 6.16）做法有：一是用角钢将玻璃板夹住定位，然后打玻璃胶固定玻璃并封闭缝隙；二是在采用整体装饰面或天然石材饰面板作楼梯面装饰时，在安装玻璃栏板的位置留槽，留槽宽度大于玻璃厚度 5～8mm，在槽底加垫木垫块，将玻璃栏板安放于槽内，用玻璃胶封闭。玻璃栏板单块之间的连接，不得挤紧拼紧，应留出 8mm

间隙，间隙内注入硅酮系列密封胶，如图 6.17 所示。

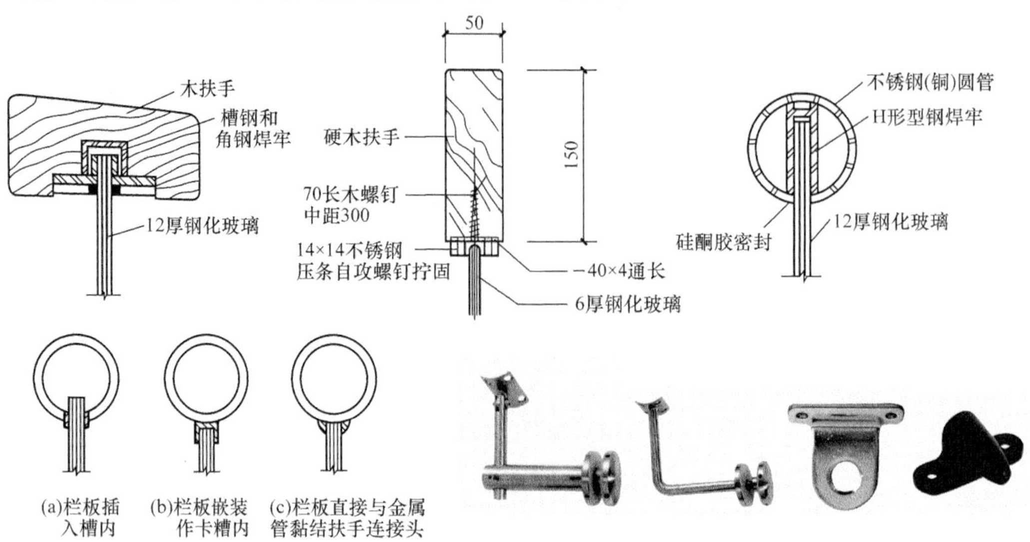

图 6.15　扶手与玻璃栏板的连接

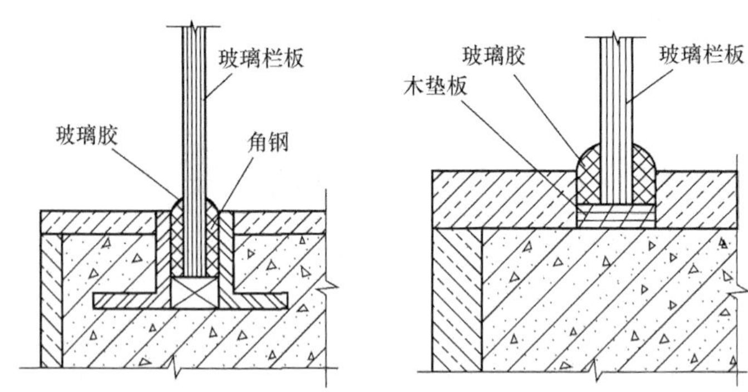

图 6.16　玻璃栏板下部与楼梯结构的连接

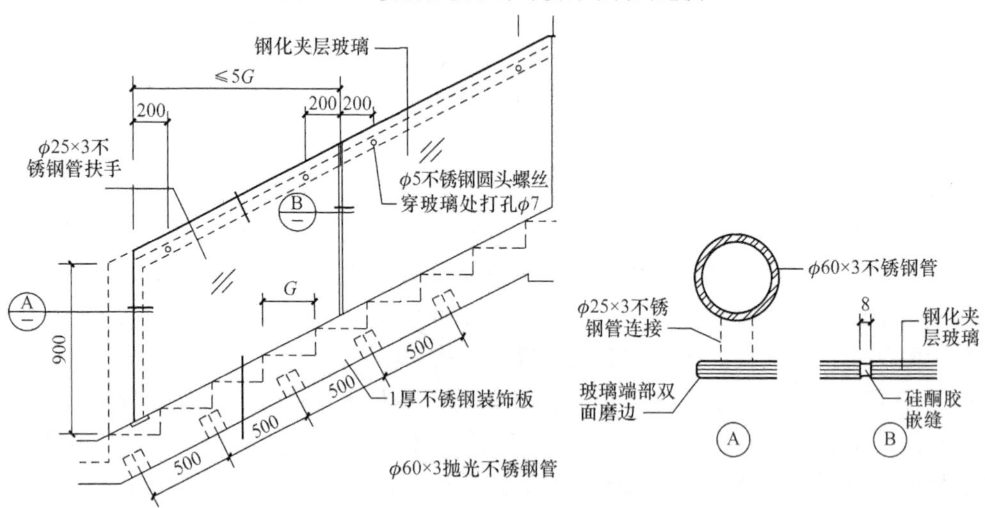

图 6.17　栏板与栏板的连接

图 6.17（续）

(2) 半玻式栏板

半玻式栏板多由金属支撑和玻璃栏板组成。其固定方式有：用金属卡槽将玻璃栏板固定在金属立柱间加玻璃胶黏结；在栏板立柱上开槽，将玻璃栏板嵌装在立柱上并用玻璃胶固定，或者用玻璃连接件与金属支撑连接，如图 6.15 所示。

3. 木栏杆的装饰构造

木制栏杆与木扶手一般采用榫接加胶固定，如图 6.18 所示；与木制踏面连接的做法：在踏面的底部有钢板预埋件，用 4mm 厚扁铁做成套筒，套筒与预埋件焊牢。将栏杆的榫头插入套筒，然后要木螺钉固定，见图 6.19。

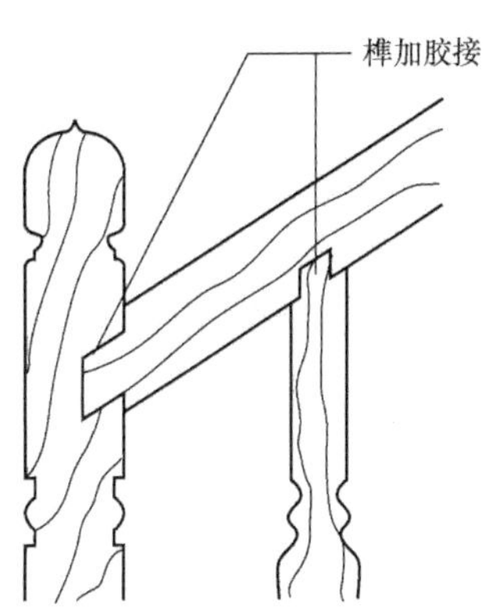

图 6.18　木扶手与木栏杆连接

6.1.4　扶手的装饰构造

扶手的材料有金属制品、木制、其他材料等。扶手作为人行走时依扶之用，扶手的表面形状要触摸感觉舒适，所以表面形状多以圆面、曲面为主。图 6.20 是不同材质的扶手断面。

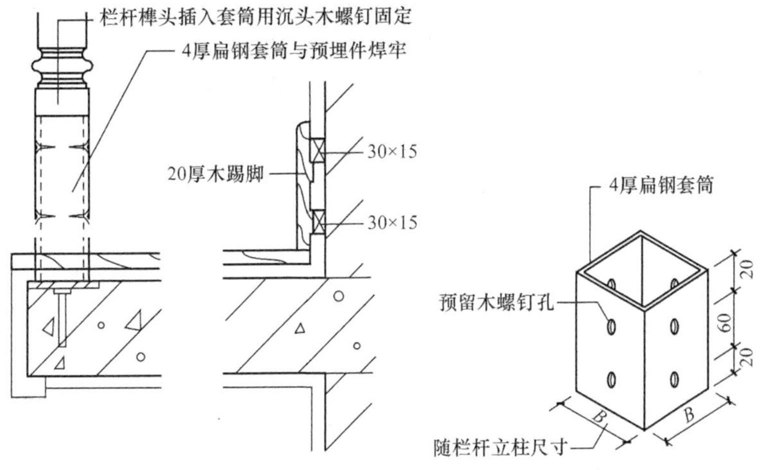

图 6.19　木栏杆与木踏面连接

1. 金属扶手的装饰构造

金属扶手的装饰构造与栏杆（板）的形式和材质有很大的关系。可采用焊接、黏结、螺栓连接、配件连接等。

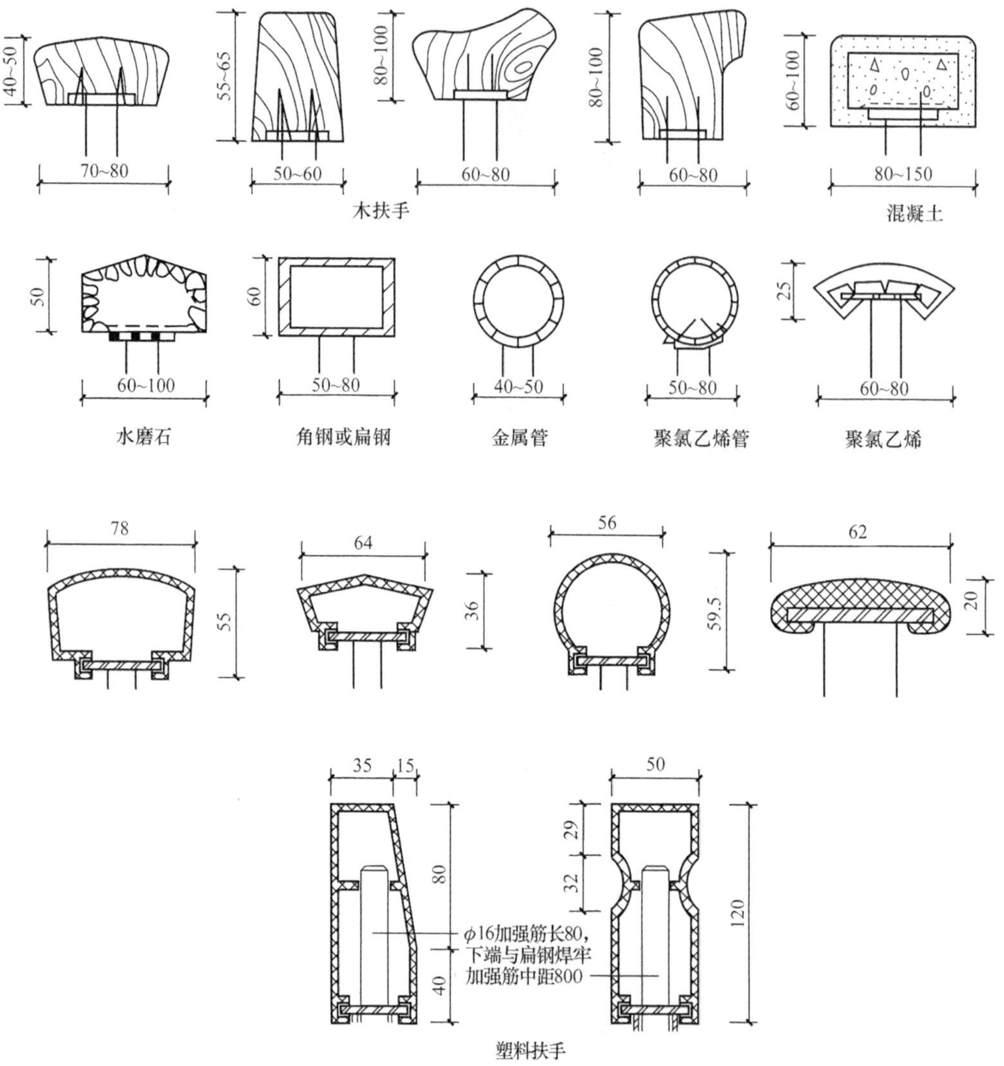

木扶手　混凝土

水磨石　角钢或扁钢　金属管　聚氯乙烯管　聚氯乙烯

ϕ16加强筋长80，下端与扁钢焊牢　加强筋中距800

塑料扶手

图 6.20　不同材质的扶手断面

2. 木扶手的装饰构造

木扶手与木栏杆连接时一般采用榫接加胶固定，见图 6.18；与钢制栏杆连接时一般用采用螺钉连接，见图 6.13；与玻璃栏板连接时采用黏结或者用玻璃连接件，见图 6.15。

3. 其他材料扶手的装饰构造

扶手还可以采用硬塑料、水泥砂浆、水磨石、大理石和人造石等材料制作。它们与栏杆（板）的连接视材料的性质而定，可以和金属扶手、木扶手方法相同，也可以通过扶手材质的要求另作处理。

4. 靠墙扶手的装饰构造

靠墙需安装扶手时，可以不用栏杆（板），直接与墙面固定。具体做法一般是在墙上开 120mm×120mm×180mm 洞，将埋件一端做成燕尾状或焊接钢板，将洞内清理干净，放入埋件，埋件长度为 160mm，然后用 C20 细石混凝土填实。靠墙扶手的装饰构造见图 6.21。

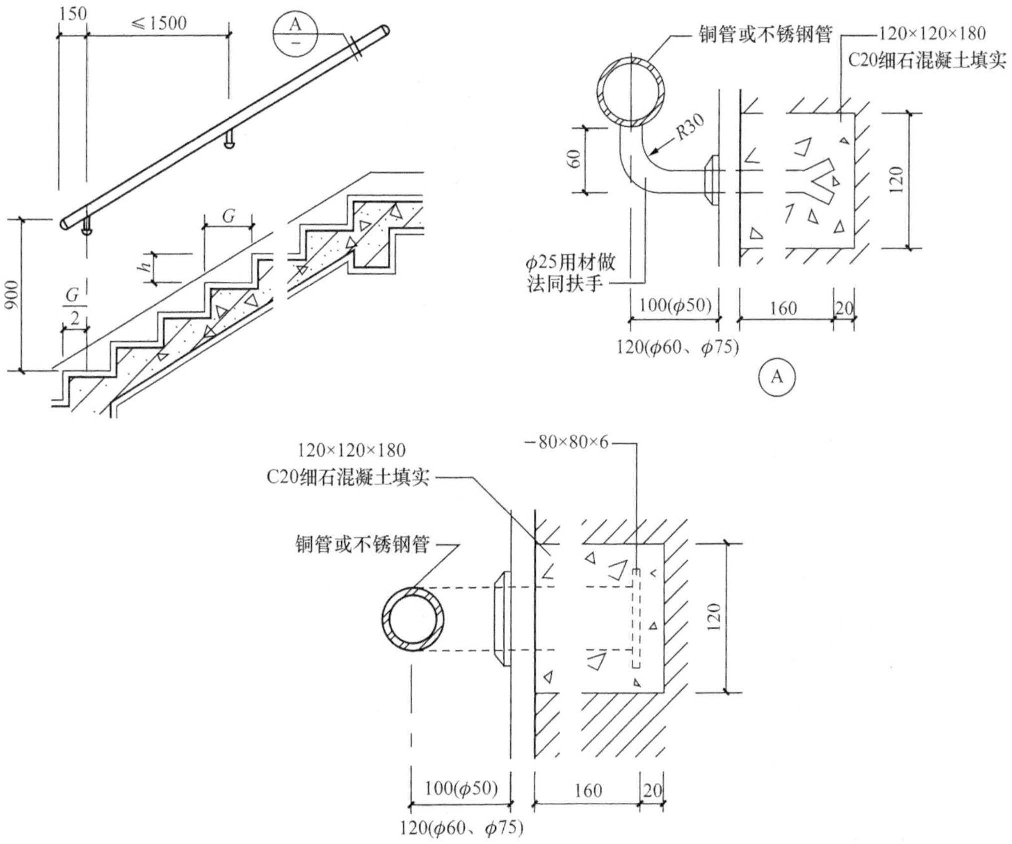

图 6.21　靠墙扶手的装饰构造

6.2　电梯、自动扶梯的装饰构造

6.2.1　电梯的装饰构造

电梯是由电力驱动，自动升降的一种垂直交通设施。电梯升降速度快、占地面积小，在高层建筑及一些中低层的公共建筑中，如写字楼、宾馆、饭店、医院、商店等，应用非常广泛。

1. 电梯的类型和组成

电梯按用途分为客梯、货梯、客货两用电梯、病床梯和杂物梯等。电梯主要由机房、井道、轿厢、层门等几部分组成，见图 6.22。

(1) 电梯机房

机房应为专用的房间，其围护结构应保温隔热，室内应有良好通风、防尘，宜有自然采光，不得将机房顶板作水箱底板及在机房内直接穿越水管或蒸汽管。电梯机房一般设置在电梯井道的顶部，少数也有设在底层井道旁边的。机房地板应能承受一定的压力，地面采用防滑材料，通向机房的道路应畅通且门窗防雨，当建筑物的功能有要求时，机

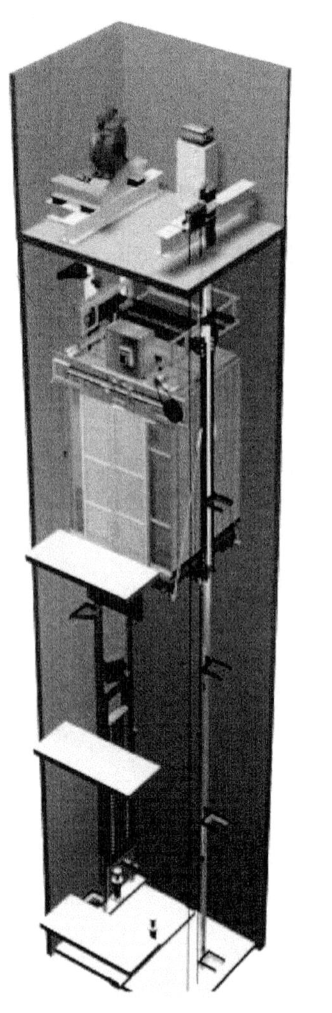

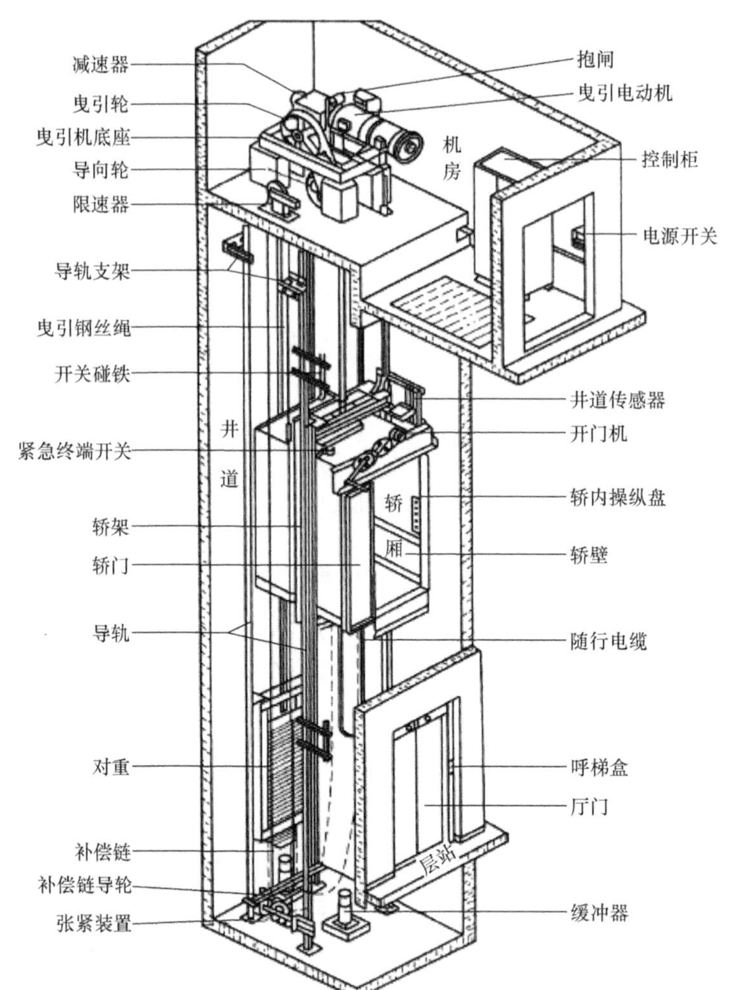

图 6.22 电梯组成

房的地板、墙壁和房顶应能大量吸收电梯运行产生的噪声。为便于安装，机房的楼板应按机器设备要求的部位留孔洞。主电源开关应装在机房内入口处距地面 3～5m 的墙上。

(2) 电梯井道

井道是电梯运行的通道，应为电梯专用，井道内一般不得装设与电梯无关的设备，如电缆、管道等。电梯井道可以用砖砌筑或钢筋混凝土浇筑。电梯的井道应有无孔的墙，底板和顶板完全封闭，井道的墙地面和顶板材料应具足够的机械强度、坚固和不燃烧。井道顶部应设置通风孔，其面积不得小于井道水平断面面积的 1%，通风孔可直接通向室外。井道四壁应垂直，当相邻两层地坎的距离超过 11m 时，其中间位置应设安全门。电梯井道底坑不应有漏水或渗水，底坑底部应光滑平整且做防水处理。在井道有出入口、电梯导轨、导轨撑架、平衡重（对重）及缓冲器等，见图 6.22。

(3) 电梯轿厢

轿厢作为运载乘客和货物的主要空间，一般要求其内部整洁优美，厢体经久耐用。

电梯轿厢多采用金属框架，内部主要对壁面、地面和顶棚进行装饰，这些装饰是厂家依据客户的标准要求提供的。例如，壁面一般采用光洁有色钢板、有色有孔钢板、不锈钢板、塑料型材板等作为面层；地面采用花格钢板、橡胶地板革、石材等材料饰面；顶棚则是采用透光板材吊顶、不锈钢格栅吊顶，内装荧光灯局部照明；等等。轿厢装饰见图 6.23～图 6.26。

图 6.23　观光梯轿厢

图 6.24　货梯轿厢

图 6.25　客梯轿厢

图 6.26　轿厢顶棚装饰

2. 电梯的装饰构造及要求

电梯的装饰内容主要是对候梯厅和层门的门套进行的。装饰的材料和效果根据建筑物本身的功能和装饰要求来确定。

（1）候梯厅的装饰构造

候梯厅人流较多，对候梯厅天棚、地面和墙面的装饰视建筑物本身的装饰效果要求来确定。墙面多采用高级的装饰材料，如花岗岩板、大理石板、不锈钢板、铝塑板、玻璃、木饰面、壁纸等。具体做法参照第 3 章墙体装饰构造。

（2）层门门套装饰构造

在层门的门框与门洞周边一般都制作装饰门套，一方面增加装饰的效果，另一方面也起到保护层门的作用。突出墙面的门套的装饰材料一般与墙面的材料不同，装饰材料的种类使用的比较多，如花岗岩板、大理石板、不锈钢板、彩钢板、铝塑板、木饰面等。

6.2.2 自动扶梯的装饰构造

1. 自动扶梯的要求

设置自动扶梯或自动人行道所形成的上下层贯通空间，应符合防火规范所规定的有关防火分区等要求。自动扶梯出入口畅通区的宽度不应小于 2.50m，畅通区有密集人流穿行时，宽度应加大。自动扶梯的栏板应平整、光滑和无突出物；扶手带顶面距自动扶梯前缘、自动人行道踏面板或胶带面的垂直高度大于 0.9m。自动扶梯的梯级、自动人行道的踏板或胶带上空，垂直净高不应小于 2.30m；自动扶梯的倾斜角不应超过 30°，当提升高度不超过 6m，额定速度不超过 0.50m/s 时，倾斜角允许增至 35°；倾斜式自动人行道的倾斜角不应超过 12°。

2. 自动扶梯的构造

自动扶梯由电机机械牵动，梯段踏步连同扶手同步运行，机房设在地面以下或悬在楼板下面，楼层下做装饰外壳处理，底层则做地坑。在其机房上部自动扶梯口处做活动地板，以利检修。地坑应做防水处理。自动扶梯的构造见图 6.27。

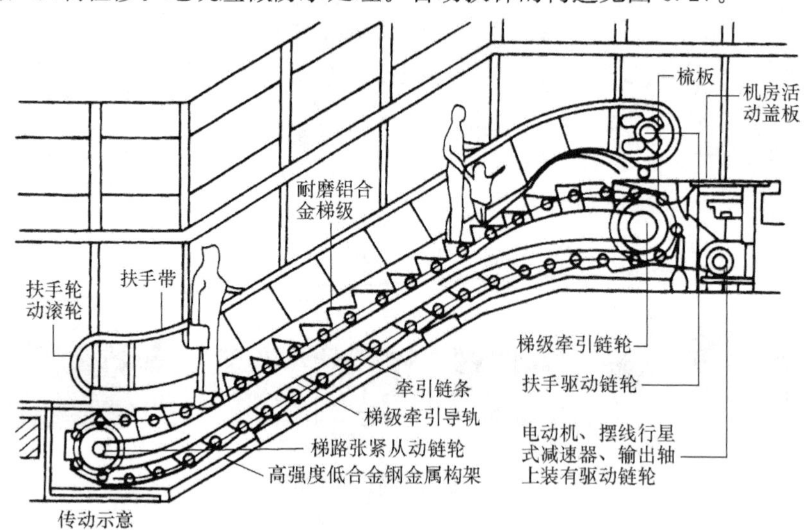

图 6.27 自动扶梯的构造

3. 自动扶梯的装饰要求

自动扶梯的装饰一般是厂家根据用户的需要来确定。主要装饰的部位为扶手带、栏板和梯级。扶手带的装饰材料，支撑底盖板有玻璃、喷漆钢板、不锈钢板等，侧盖板有喷、烤漆钢板、不锈钢板等；栏板的装饰材料有全透明型、透明型、半透明型、不透明型四种形式，前三种内可装有光源；梯级的装饰材料有铝合金和不锈钢板等。

第 6 章 随堂测试

小　结

楼梯是建筑物的垂直交通设施，楼梯的装饰装修部位有楼梯踏步、踏口、栏杆、扶手。楼梯踏步面的装饰装修一般采用抹灰饰面踏步、瓷砖踏步、石材踏步和地毯踏步饰面。栏杆既是保证安全的构件，也是楼梯的主要装饰部位，因此栏杆既要有一定的承载能力，又要有较好的装饰效果。栏杆或栏板与扶手和楼梯踏面的可靠连接是人在楼梯上行走安全的保证，这些部位的构造做法需要重点掌握。踏口的装修是为防滑而采取的措施。

电梯是公共建筑、多层和高层建筑必备的垂直交通设施，有垂直电梯和自动扶梯两种形式，电梯入口的装饰是重点内容。

复习思考题

6.1　楼梯应考虑哪些方面的装饰？你认为如何装饰最理想？

6.2　楼梯踏步面层材料一般有哪些？举出两种构造做法。

6.3　楼梯踏步防滑措施有哪些？举出两种构造做法。

6.4　楼梯的栏杆、栏板和扶手各采取什么方式进行固定？

6.5　栏杆、栏板与扶手有哪些尺寸方面的要求？

6.6　电梯一般由哪几部分组成？电梯层门的门套可用什么材料装饰？

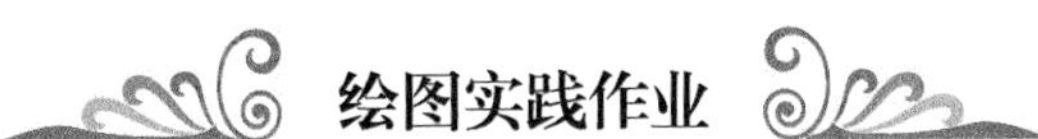

绘图实践作业

已知某办公楼梁板式双跑楼梯，多层（层数自定）现浇钢筋混凝土结构。楼层层高均为 3.0m，楼梯间的进深为 5.1m，开间为 2.7m。装饰材料和做法自定。要求用 2 号图纸一张，以铅笔或墨线笔绘图，达到施工图要求。

6.1　楼梯装饰构造平面图（只画标准层），比例 1∶50。

6.2　楼梯装饰构造剖面图，比例 1∶50。

6.3　踏步装饰构造图，比例 1∶5 或 1∶10。

6.4　栏杆（板）与楼梯段连接详图，比例 1∶5。

6.5　栏杆（板）与扶手连接详图，比例 1∶5。

6.6　扶手横断面详图，比例 1∶1。

6.7　顶层水平栏杆与墙体连接详图，比例 1∶5。

6.8　扶手转弯处理大样图，比例 1∶10。

第7章 屋顶装饰构造

教学目标 ☞

1. 熟悉屋顶造型的材料和构造做法。
2. 掌握屋面的防水材料及构造做法。
3. 掌握上人屋面屋顶花园、采光屋顶的构造设计做法。
4. 掌握雨篷的结构体系，并能绘制构造图。

课程思政 ☞

屋顶面积相当于城市面积的五分之一，如果对这些屋顶合理改善并加以利用，会使城市在环境与绿化方面得到整体的提升。若屋顶建筑的附加重量超过楼顶本身的荷载，就可能引发屋顶坍塌，甚至破坏整栋楼的建筑结构，影响整个楼体的安全，缩短楼房的使用年限，同时会对其他居民的利益造成严重伤害。屋顶种植在满足其使用功能、绿化效益、园林美化的前提下，必须注意其安全方面的要求。屋顶种植还要注意防风，如果屋顶的盆栽不进行科学的加固，可能被风吹走，导致高空坠物，危害他人的生命财产安全。屋顶是一种公共资源，需要在保障公共利益的前提下有序开发。

思维导图

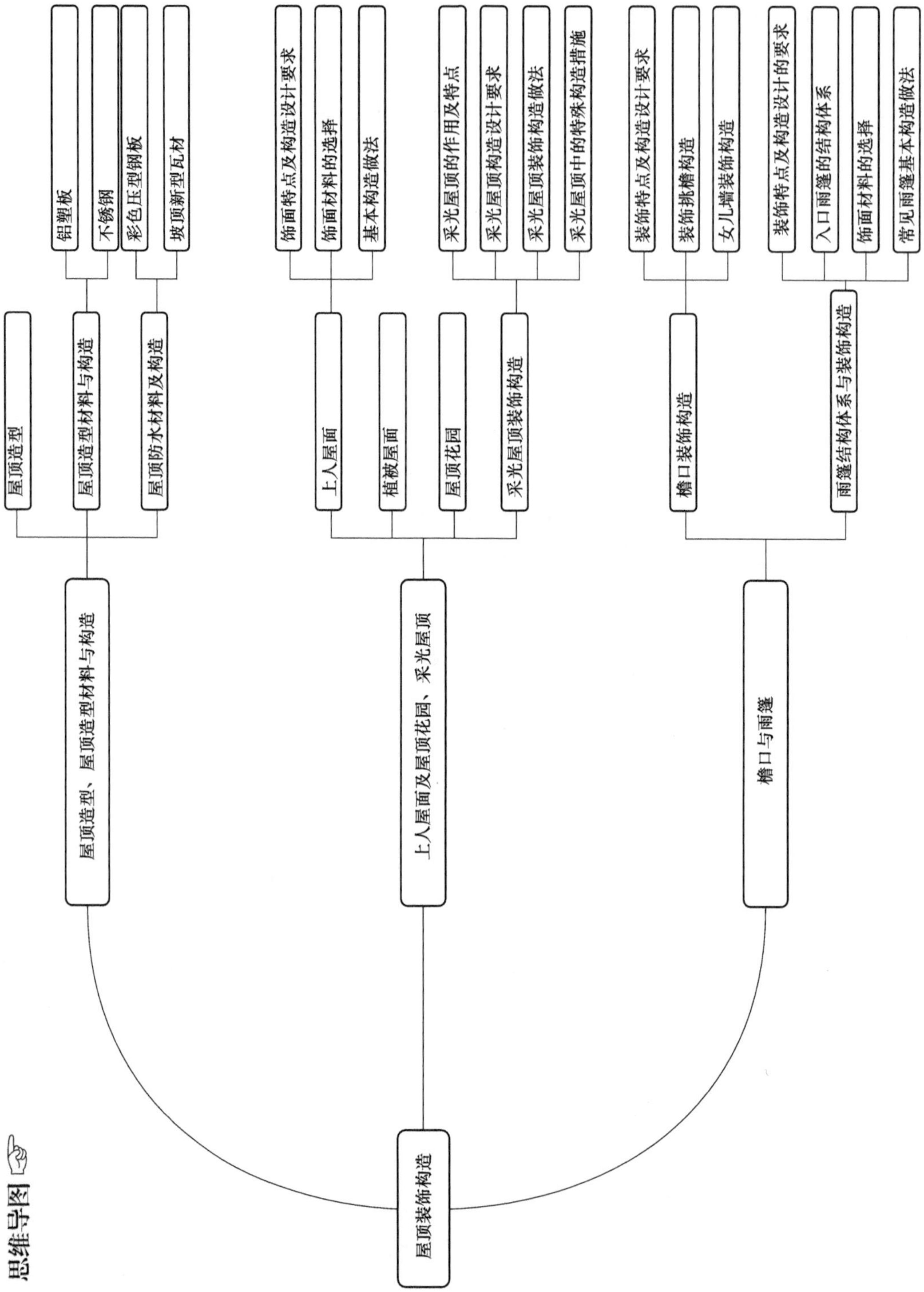

- 屋顶装饰构造
  - 屋顶造型、屋顶造型材料与构造
    - 屋顶造型
    - 屋顶造型材料与构造
      - 铝塑板
      - 不锈钢
    - 屋顶防水材料及构造
      - 彩色压型钢板
      - 坡顶新型瓦材
  - 上人屋面及屋顶花园、采光屋顶
    - 上人屋面
      - 饰面特点及构造设计要求
      - 饰面材料的选择
      - 基本构造做法
    - 植被屋面
    - 屋顶花园
    - 采光屋顶装饰构造
      - 采光屋顶的作用及特点
      - 采光屋顶构造设计要求
      - 采光屋顶装饰构造做法
      - 采光屋顶中的特殊构造措施
  - 檐口与雨篷
    - 檐口装饰构造
      - 装饰特点及构造设计要求
      - 装饰挑檐构造
      - 女儿墙装饰构造
    - 雨篷结构体系与装饰构造
      - 装饰特点及构造设计的要求
      - 入口雨篷的结构体系
      - 饰面材料的选择
      - 常见雨篷基本构造做法

7.1　屋顶造型、屋顶造型材料与构造

建筑物的屋顶造型往往是点睛之笔，对建筑外观效果影响很大（图 7.1）。而对建筑群体而言，屋顶是形成良好天际线的重要因素。随着高层建筑的增多和空中交通的发展。越来越多的屋顶暴露在视野里，形成了建筑的“第五立面”。人们开始比以往更加关注屋顶的美学价值。一个新颖漂亮的屋顶造型可以使原本平凡的建筑变得夺目。同时人们还发现了屋顶的其他价值。

屋顶简介

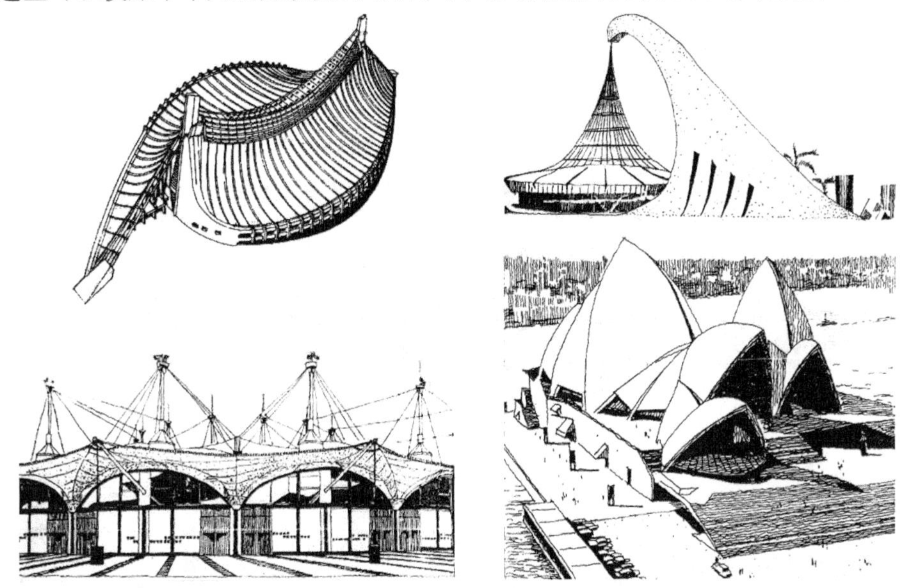

图 7.1　屋顶造型的动人效果

1）商业广告价值。在屋顶上不仅可以竖立钢架固定广告牌、霓虹灯，也可以在屋顶平面上涂写文字、商标。例如，从上海金茂大厦上俯视四周能看见很多建筑物屋顶上装有广告牌。

2）生态平衡价值。建筑物密度的增大改变了人类聚居的环境质量，产生了“热岛效应”等危害。在屋顶上做绿化，有益于改善环境。

3）土地资源价值。人类拥有的土地有限，而使用土地的需要是无限的、日益膨胀的。利用屋顶形成空中平台等同于开发出了“新大陆”，可用来作为疏散避难、体育运动等场所。

4）安放设备的价值。水箱、冷却塔等设备的安放已较普遍，也可以作为发射或接收天线、太阳能收集器等设备的安放场地。

以下仅讨论其中几个与建筑装饰关系密切的方面。

7.1.1　屋顶造型

屋顶造型是建筑中造型最丰富、最能体现建筑特色的部分。不同地域、不同民族的人们创造了各不相同的屋顶造型（图 7.2～图 7.4）。大致上，可把屋顶分为平屋顶、坡屋顶、曲面屋顶三大类。平屋顶有许多优点，但在造型上，平屋顶简单有余变化不足，无非就是女儿墙、挑檐、女儿墙加挑檐等三种形式；而坡屋顶和曲面屋顶的造型变化较多、丰富多彩（图 7.5）。

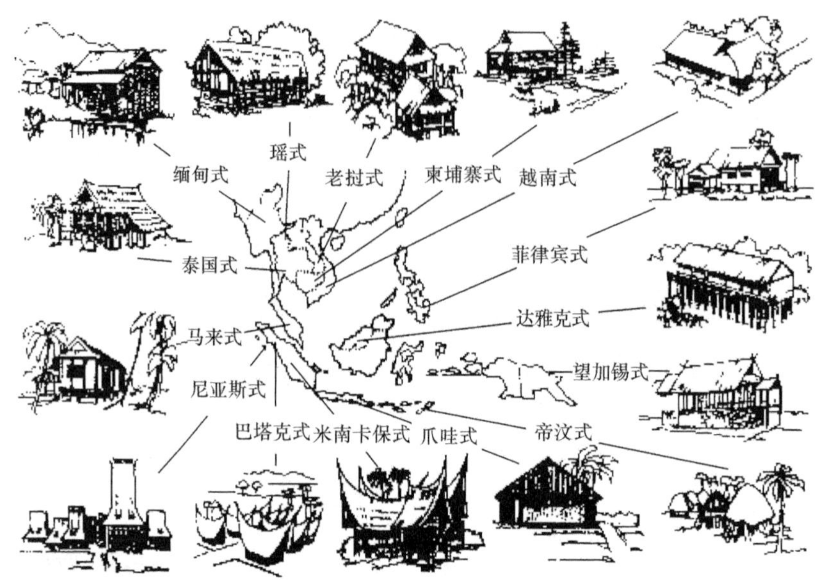

图 7.2　东南亚民居的屋顶

图 7.3　美国民居的屋顶

图 7.4　非洲民居的屋顶

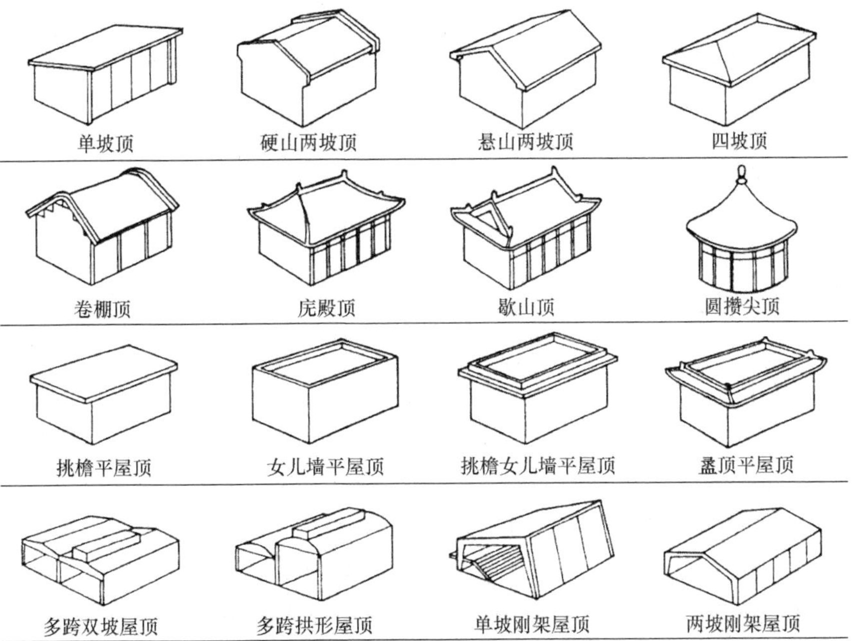

图 7.5　屋顶的类型

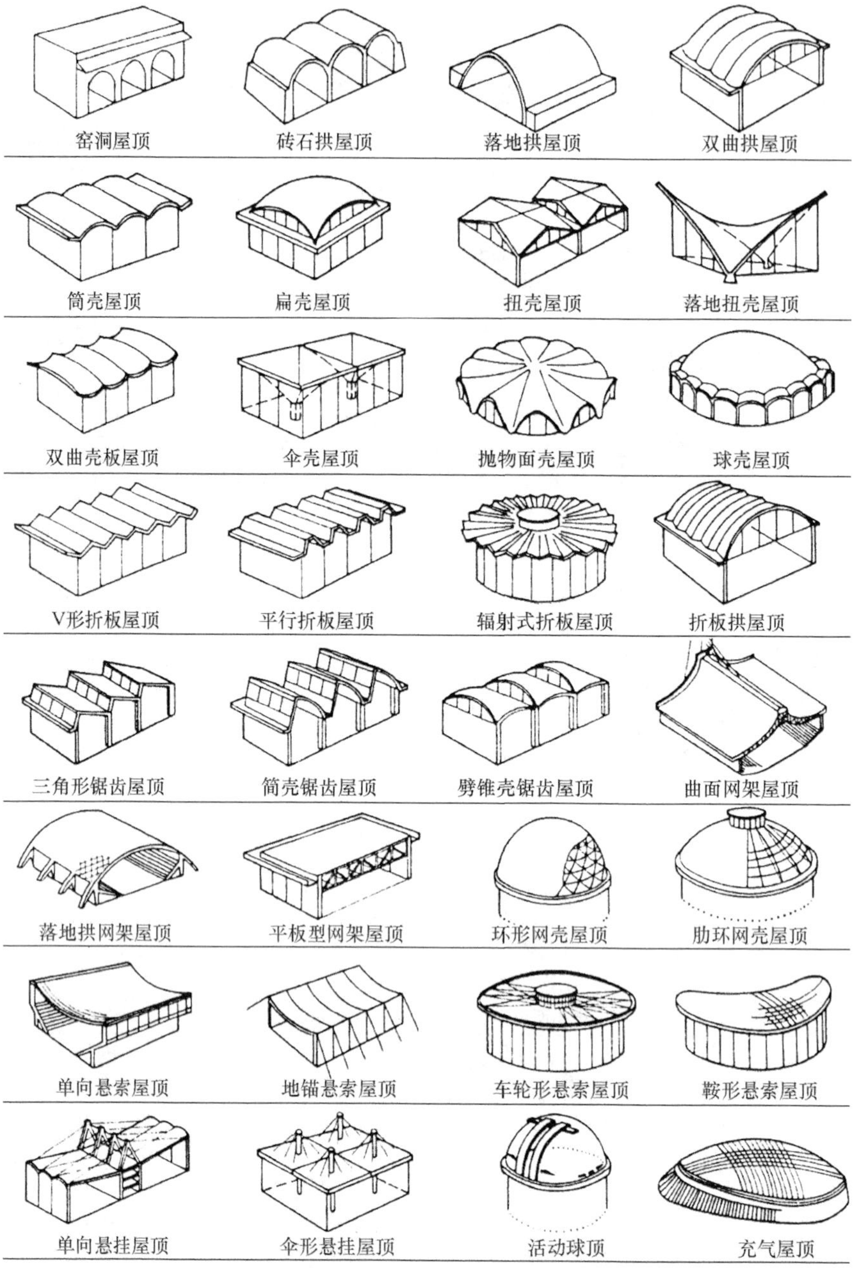

窑洞屋顶 砖石拱屋顶 落地拱屋顶 双曲拱屋顶

筒壳屋顶 扁壳屋顶 扭壳屋顶 落地扭壳屋顶

双曲壳板屋顶 伞壳屋顶 抛物面壳屋顶 球壳屋顶

V形折板屋顶 平行折板屋顶 辐射式折板屋顶 折板拱屋顶

三角形锯齿屋顶 筒壳锯齿屋顶 劈锥壳锯齿屋顶 曲面网架屋顶

落地拱网架屋顶 平板型网架屋顶 环形网壳屋顶 肋环网壳屋顶

单向悬索屋顶 地锚悬索屋顶 车轮形悬索屋顶 鞍形悬索屋顶

单向悬挂屋顶 伞形悬挂屋顶 活动球顶 充气屋顶

图 7.5（续）

然而，屋顶造型一般是在设计建筑物本身时就已经形成的。设计屋顶造型是建筑师的任务，而不是装饰设计人员的任务。坡屋顶和曲面屋顶一旦形成，后期（装饰设计时）的变化反而较小，而平屋顶则给后期改变造型留下了无限的可能。所以，建筑装饰中就屋顶讨论时，其实在很多情况下就是在讨论平屋顶的问题。在讨论平屋顶的问题时，了解坡屋顶和曲面屋顶的丰富造型效果，目的也仅在于开阔思路，最终是将平屋顶装饰出千变万化的效果。

7.1.2　屋顶造型材料与构造

屋顶造型与屋顶结构和表面材料有关。这里不讨论关于结构的问题，将来工作中的结构问题宜请结构工程师协助解决。此处，仅就与表面装饰效果有关的内容讨论。

1. 铝塑板

铝塑板是非常具有现代感且适应性很强的中、高档材料。它是在两层铝卷板间夹入聚氯乙烯塑料板形成的（表 7.1）。一般分为室外板和室内板。

悬挂铝塑板安装视频

表 7.1　铝塑板规格

厚度	每层铝板厚 0.12～0.46mm（室外板铝片厚度须大于 0.21mm），塑料板厚 2～3mm，故总厚 3～4mm，也有总厚 6～8mm 的
重量	每平方米仅重 4～6kg
尺寸	一般尺寸为 1.22m×2.44m，出厂最大尺寸可达 1.25m×6.0m
面层处理	表面可做阳极处理、丙烯酸和聚酯烤漆（室外板以氟碳树脂涂装的面层最佳）
面层图样	平整精致、色泽均匀、颜色多样，最常见的有银灰、乳白、墨绿等，也有木纹、石纹等仿真图纹的
加工造型	加工造型非常方便（图 7.6），可做圆弧面、直角、锐角、钝角等弯折加工，也可加工切割任意曲线或缺口

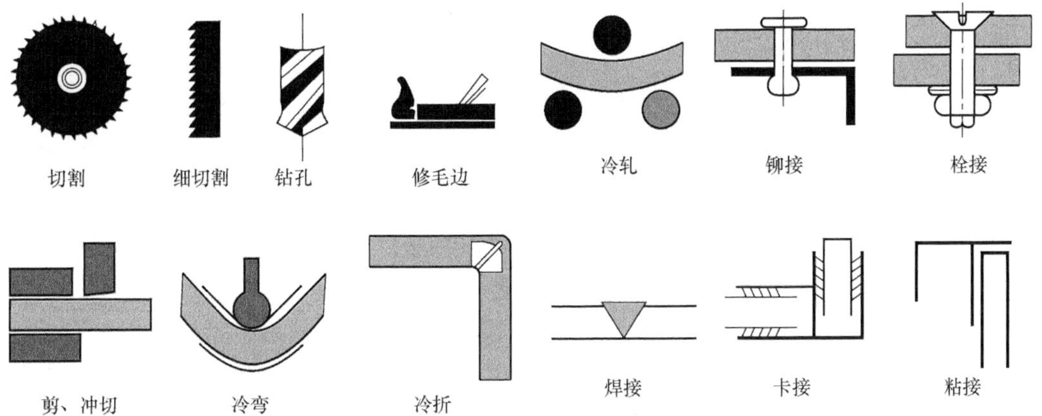

图 7.6　铝塑板的基本加工类型图

铝塑板亦可加工弯折成槽形或弧形，用螺钉固定安装在金属骨架上（图 7.7）。这种构造做法节省了木基层板和专用胶费用、自重也较轻、表面刚度较大，适应温度变形能力好。一般不会脱落，后期维修也方便。但使用材料多、加工难度稍大、造价较高。

铝塑板造型构造做法如图 7.8 所示。

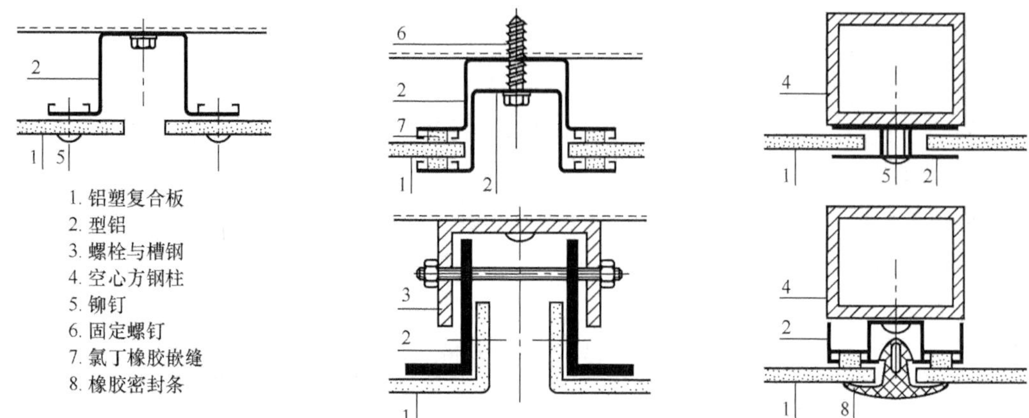

图 7.7　铝塑板用螺钉固定安装在金属骨架上

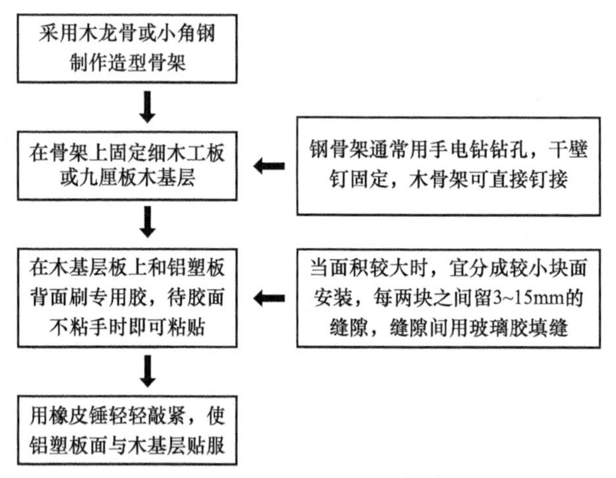

图 7.8　铝塑板造型构造做法

2. 不锈钢

不锈钢是一种较铝塑板更豪华高贵的材料，它是在碳钢（含碳量小于 0.20%的铁碳合金）中有目的地加入了耐腐蚀的合金元素（镍或铬含量大于等于 12%）形成的特殊性能钢。含镍的不锈钢耐腐蚀能力较强。不锈钢可加工成板材、管材、型材和各种连接件，表面可加工成无光泽的或抛光发亮的。还可以通过化学浸渍着色处理，可制得褐、蓝、黄、红、绿等各种彩色不锈钢。

不锈钢可裁割、整形、焊接制成各种造型，甚至可以用不锈钢薄板卷边、咬口、焊接成覆盖整个屋面的刚性防水层（如北京中国国际贸易中心大展览厅）。不锈钢金属的光泽及分量感都给人以高雅的感觉，经久不变的外观效果也令人满意。不锈钢造型构造应注意以下几点。

1）不锈钢板弯折成型，开孔，切缝一般都应在专用机械上完成，手工制作难以获得足够精度。当板较厚（≥2.0mm）时尤其如此。

2）板中开较大孔径的孔时，一般需要用等离子切割机加工，费用较高。

3）管材壁厚较小时承力性能不好，若确需要承载较大的外力时，应在不锈钢管内套碳钢管，并按结构计算要求确定管径及壁厚，然后进行可靠焊接。

4）不锈钢的焊接点可用砂布轮和毡轮打磨平整并抛光。镜面不锈钢板或镜面不锈钢管打磨结束后可达到表面无缝的效果，肉眼很难看出焊接痕迹。但雾面或丝面的不锈钢板，打磨后会使局部反射率提高，暴露出接缝位置，因此，构造设计中应事先处理这个问题，如认真安排接缝位置，使接缝的显现不给人“打补丁”的感觉，而使接缝看起来像材料的肌理、隐现的底纹。

5）不锈钢焊接须采用氩弧焊，工效较低。

7.1.3　屋面防水材料及构造

我们已知，屋面防水与屋面排水关系密切。防水材料性能越好，排水坡度就可以越平缓。排水越顺畅，防水措施也就越不容易出问题。

屋面防水施工工序

屋面防水材料一般为两大类：柔性防水和刚性防水。近年来又研制或引进了新型材料和构造方法，下面做简单介绍。

1. 彩色压型钢板

彩色压型钢板是 20 世纪 80 年代由国外引进的一种新型板材。其构造通常是在上下两层面层中夹入高效保温材料而成，如图 7.9 所示。

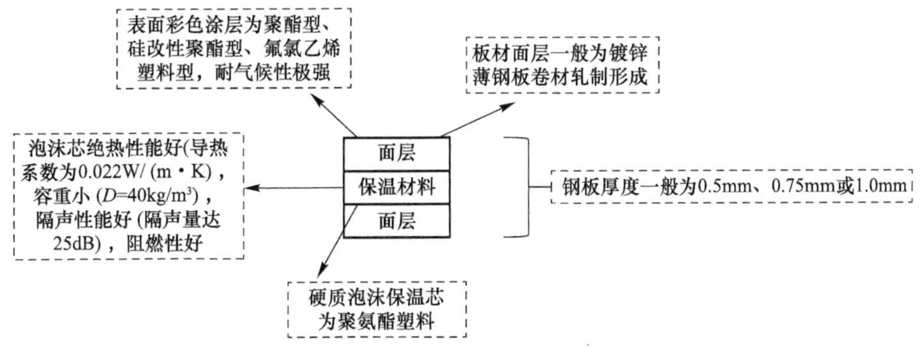

图 7.9　彩色压型钢板构造组成

彩色压型钢板可用做屋面板，也可用做墙板。具有施工速度快、安装简便、连接牢固可靠、施工不受季节限制、造型制作方便、色彩丰富、装饰效果好等特点。彩色压型钢板板材完全可以达到承重、保温、防水三合一的要求。

彩色压型钢板构造做法一般是采用螺栓和抽芯铆钉与型钢檩条等骨架连接，然后用密封膏封缝。在檐口等特殊部位则需用特定形状的配件搭盖封闭。彩色压型钢板安装的构造节点精度要求控制在毫米以内。彩色压型钢板典型构造做法见图 7.10 和图 7.11。

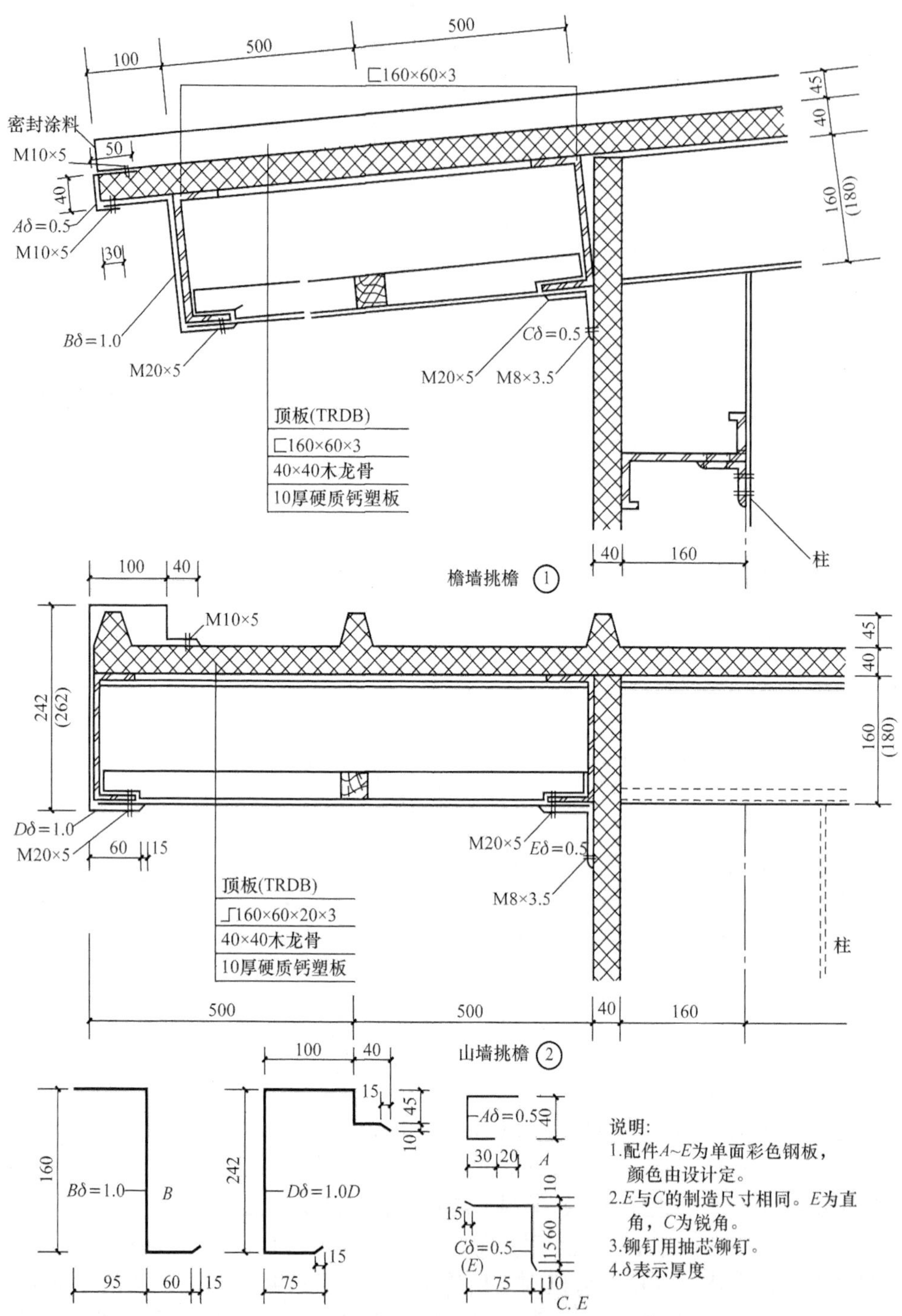

说明:

1. 配件A~E为单面彩色钢板，颜色由设计定。
2. E与C的制造尺寸相同。E为直角，C为锐角。
3. 铆钉用抽芯铆钉。
4. δ表示厚度

图 7.10　彩色压型钢板挑檐口构造

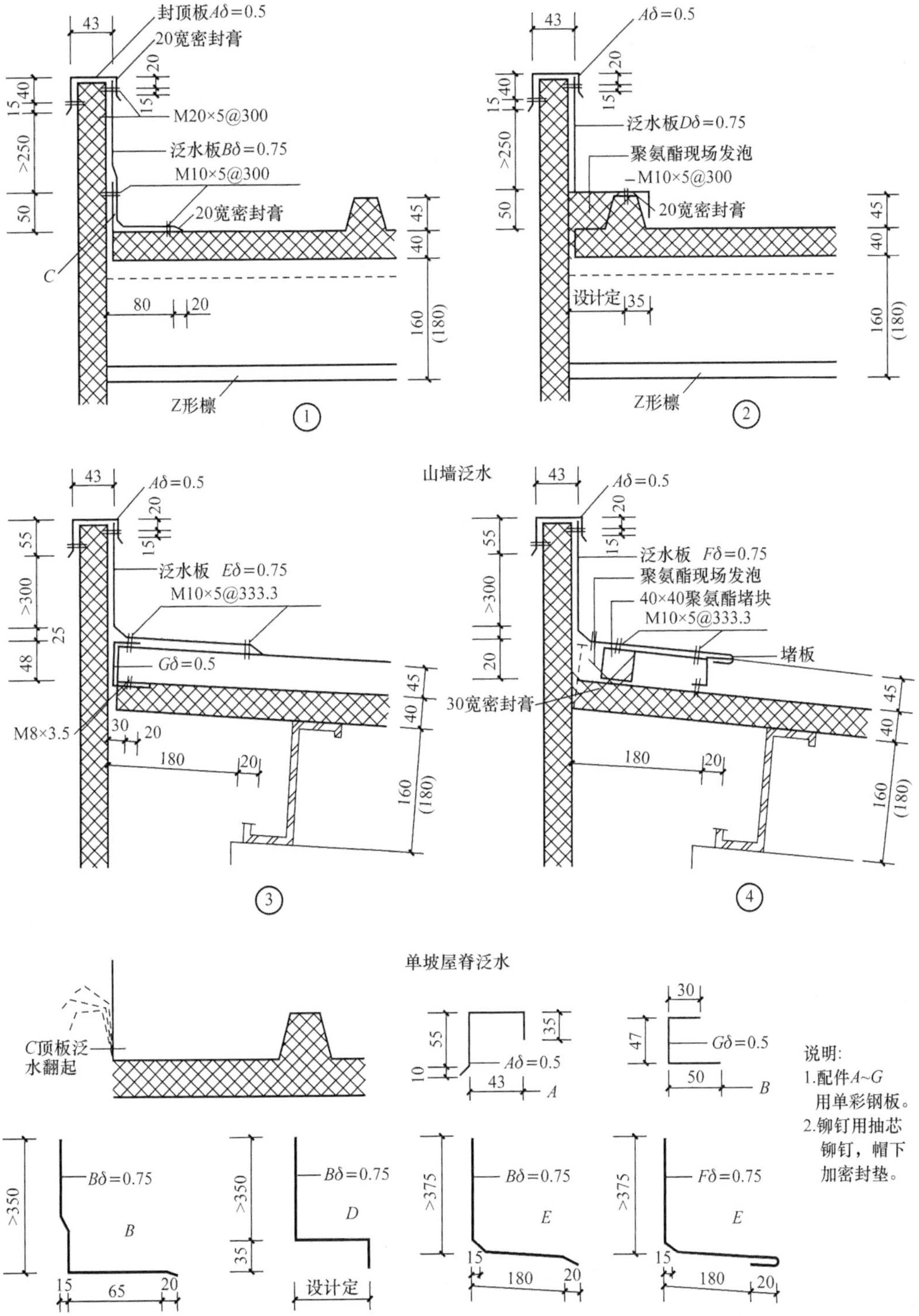

封顶板$A\delta=0.5$

20宽密封膏

M20×5@300

泛水板$B\delta=0.75$

M10×5@300

20宽密封膏

C

Z形檩

①

$A\delta=0.5$

泛水板$D\delta=0.75$

聚氨酯现场发泡

M10×5@300

20宽密封膏

设计定

Z形檩

②

山墙泛水

$A\delta=0.5$

泛水板 $E\delta=0.75$

M10×5@333.3

$G\delta=0.5$

M8×3.5

③

$A\delta=0.5$

泛水板 $F\delta=0.75$

聚氨酯现场发泡

40×40聚氨酯堵块

M10×5@333.3

堵板

30宽密封膏

④

单坡屋脊泛水

C顶板泛水翻起

$A\delta=0.5$ A

$G\delta=0.5$ B

$B\delta=0.75$ B

$B\delta=0.75$ D

设计定

$B\delta=0.75$ E

$F\delta=0.75$ E

说明:

1.配件A~G用单彩钢板。

2.铆钉用抽芯铆钉，帽下加密封垫。

图 7.11 彩色压型钢板女儿墙泛水

金属拱型波纹屋顶

在彩色压型钢板的基础上，我国研制开发了一种金属拱形波纹屋顶（简称 MMR 屋顶）。该屋顶结构是在施工现场用成型机将彩色镀锌钢卷板冷轧成拱形波纹型材，后用自动封边机将若干这样的型材连接为整体，再经吊装就位固定即成。该结构自重小（14～25kg/m^2），不需要梁架支承，跨度可达 40m。跨度不小于 28m 的屋顶比传统结构至少节约投资 400 元/m^2，施工速度快，10000m^2 屋顶仅用 25 天即可完成；60 年使用周期，保修期 10 年。

2. 坡顶新型瓦材

坡顶新型瓦材

传统黏土瓦块小、较重、吸水率大、易破碎，目前较少使用。现将近年来逐渐多用的新型瓦材特点进行介绍，见表 7.2。

表 7.2 新型瓦材特点

瓦材名称	定义	特点
PVC 耐候塑胶波形瓦（红泥塑料瓦）	该瓦以聚氯乙烯树脂和红泥加配合剂制成	具有耐候性好、滞燃、耐腐耐冲击等特点。一般成品尺寸为 1820mm×780mm。有透明瓦、半透明瓦及着色瓦（铁锈红、乳白、淡蓝、果绿）等品种
彩色沥青油毡瓦	该瓦以玻纤毡做胎材，氧化沥青浸涂	上撒彩色矿物粒，下覆石英砂及塑料薄膜形成。具有可塑、脱水、美化、质轻、施工简便、维修方便等特点。一般成品尺寸为 1000mm×333mm。油毡瓦与传统黏土瓦相比，是柔性瓦，适合任何形状和坡度的坡屋面，而且重量仅为后者重量的 1/5，使用寿命一般为 20～30 年。在美国，油毡瓦是一种广泛使用的防水材料，在新修屋面上所占的比例为 53.9%
彩色水泥瓦	该瓦以水泥和砂经搅拌挤压成型，上色上光，养护等工艺制成	具有抗折抗渗、吸水率低的特点。一般成品尺寸为：平瓦 420mm×330mm、脊瓦 420mm×245mm，异型瓦按设计尺寸要求加工
轻质隔热保温瓦	采用轻质隔热材料	不仅具有装饰和防水作用，而且具有保温隔热作用，可减少一部分瓦下保温材料用量，并对瓦下防水材料、结构材料起到一定的保护作用

7.2 上人屋面及屋顶花园、采光屋顶

7.2.1 上人屋面

上人屋面是指利用平屋顶作为人们休息、活动场所的屋面做法。上人屋面为在多层或高层建筑中的人们提供了接近大自然的空间场所。在城市用地日趋紧张的情况下，充分利用屋顶平面是个有效选择。如利用低层的屋面作为高层建筑的入口平台和绿化、活动平台，还有许多中小学因占地有限，把运动场地放在楼顶上，甚至一些写字楼也在楼顶上设置了网球场等，这些都需要做成上人屋面。它使人们的室外活动免受道路车辆的影响，增加了安全性。

1. 饰面特点及构造设计要求

上人屋面的饰面特点与室外地面做法有相似之处，但由于其下部有供人们使用的建筑空间，故构造设计时应注意下列要求。

(1) 应保证屋面的防、排水性能

屋面及露台直接暴露在室外，受到雨、雪的侵蚀，为防止水体渗透对室内空间的影响，屋面构造必须考虑抗渗漏和排水系统的设置问题，如考虑防水层、排水坡度、积水沟、雨水口及落水管等。

(2) 应满足建筑内部的保温、隔热要求

建筑屋面是围护构件，在寒冷地区应考虑对室内保温，炎热地区则应考虑隔热和通风，因此，在上人屋面的构造设计中，常常需要设置保温层或隔热层。

(3) 应满足屋面的耐久性要求

上人屋面及露台由于人和物的作用，对面层有较大的冲击和摩擦，因此，在其构造设计，尤其是面层的设计中，应选择抗冲击性和耐磨性好的饰面材料。另外，自然界中风、雨、雪、日晒和空气中的有害介质对面层也有较大的侵蚀作用，应在饰面材料的选择及构造设计中加以考虑。

(4) 应满足屋面的装饰要求

上人屋面是人们休息与活动的场所，对环境质量的要求与室外庭院空间等是同样的，其构造设计中应注意色彩、质感的选择以及饰面分格图案的划分，并应结合周围环境设置一些花池，小品等设施，丰富屋顶及露台的环境空间，为人们创造一个清新而舒适的露天环境。

2. 饰面材料的选择

上人屋面饰面材料一般选用预制钢筋混凝土架空板、水泥砖、水泥花砖、铺地缸砖等块材，也可采用现浇混凝土层作为面层，常见材料规格见表 7.3。

表 7.3　常见饰面材料规格

材料名称	常见规格
预制钢筋混凝土架空板	495mm×495mm×50mm
水泥花砖	200mm×200mm×20mm，分单色和多色图案
铺地缸砖	150mm×150mm×13mm、100mm×100mm×10mm、150mm×100mm×20mm 以及六角形缸砖等，颜色一般有暗红色、黄色、白色等
水泥砖	200mm×20mm×25mm

此外，上人屋面应考虑防水及保温等材料的选择，防水材料一般多选择油毡、沥青等柔性材料，或细石混凝土等刚性材料，保温材料有加气混凝土块、水泥蛭石、水泥珍珠岩板等。

3. 基本构造做法

(1) 面层的铺设构造

上人屋面饰面构造层次：有保温要求的屋面，一般自结构层表面向上依次为保温层、防水

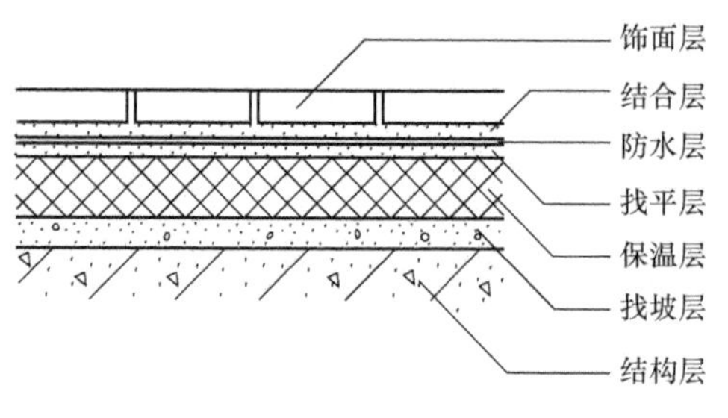

图 7.12　上人屋面的构造层次

及相应的找平等构造层、面层（图 7.12）。而有隔热要求的建筑，可在屋面面层下部或室内吊顶中做通风层（图 7.13）。

面层的铺设有三种情况。一是采用现浇的方法，如在防水层上现浇 30～40mm 厚的细石混凝土面层，每隔 2m 左右设一道变形缝，并用沥青胶嵌满。二是架空铺设的方法，将预制钢筋混凝土板架设在砖墩上，再用 1∶1 水泥砂浆勾缝，架空层可作为通风层。三是实铺块材的方法，即在防水层上以粗砂做垫层，将饰面块材铺设在砂层之上。砂垫层可起到隔离面板与防水层，缓解面板对防水层的直接冲压，并渗排雨水，防止面层积水等作用（图 7.14）。

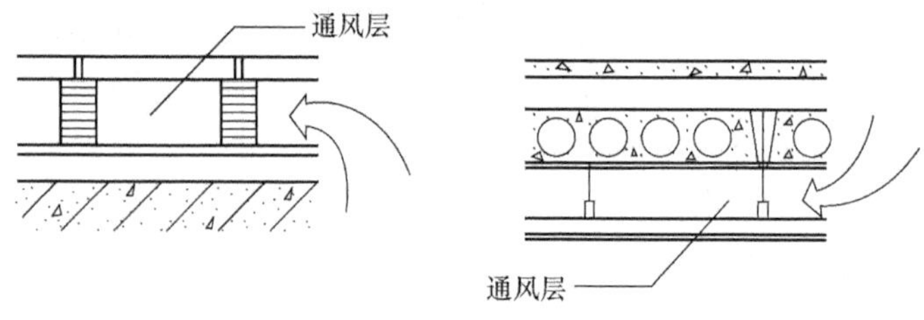

图 7.13　上人屋面通风层的设置

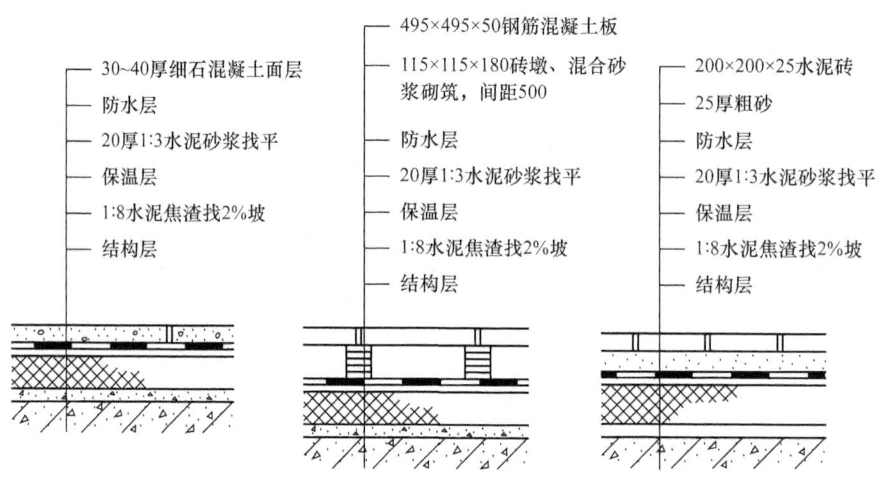

图 7.14　上人屋面装饰构造

（2）特殊部位节点构造

上人屋面及露台的特殊部位指檐口泛水、雨水口，屋面变形缝以及屋面上的出入口等部位，这些部位的做法与普通屋面做法的区别在于：第一应考虑安全，防止人员不慎坠落；第二，尽量减少屋面及露台的障碍设施，给人们提供更大的活动空间。

檐口设置女儿墙时，总高度不应小于 1100mm，泛水不加高，压顶做在女儿墙顶端，也可以在较低的女儿墙上加设扶手栏杆［图 7.15（a）、（b）］。设置挑檐口时，应在屋面四周内侧另做护栏［图 7.15（c）］。

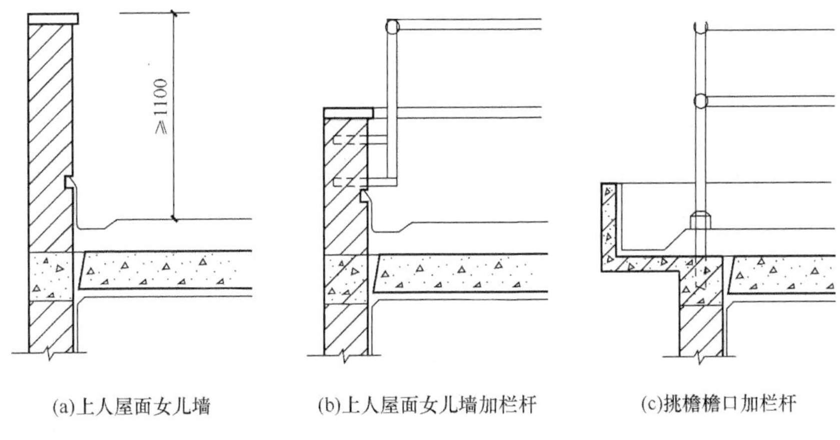

图 7.15　上人屋面檐口保护措施

雨水口一般采用扁平状的铸铁雨水口（挑檐使用）或采用穿墙雨水口（女儿墙使用）等，尽可能使屋面保持平整、清洁，以保证上人屋面及露台的使用便利和视觉美观。

屋面建筑出入口室内外应有一定高差，一般有两种做法：一是将室内楼面结构层抬高，室外入口处的屋面上做台阶；二是室内外结构层在同一高度，内外均做台阶。因室外有保温层、防水层等，占去一定厚度，故室内的台阶数通常要比室外多 1～2 级（图 7.16）。

高低跨建筑往往将低跨部分的屋顶作为露台，高跨部分留出入口。此时两跨之间应设变形缝，出入口处则采用挑板的做法，即从高跨部分挑出钢筋混凝土板，板下做变形缝处理构造，并做台阶与挑板配合使用（图 7.17）。

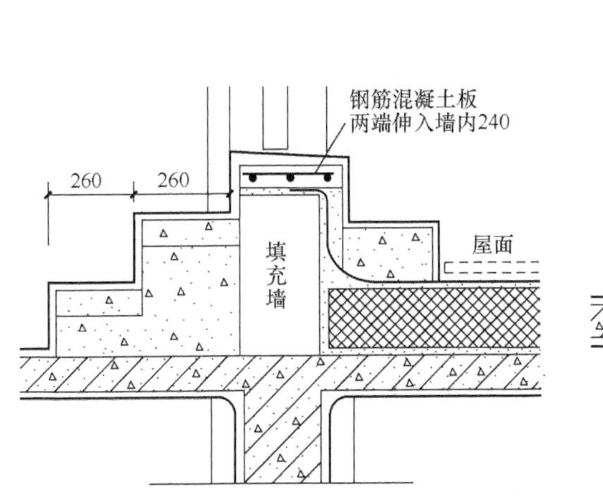

图 7.16　屋面出入口构造处理

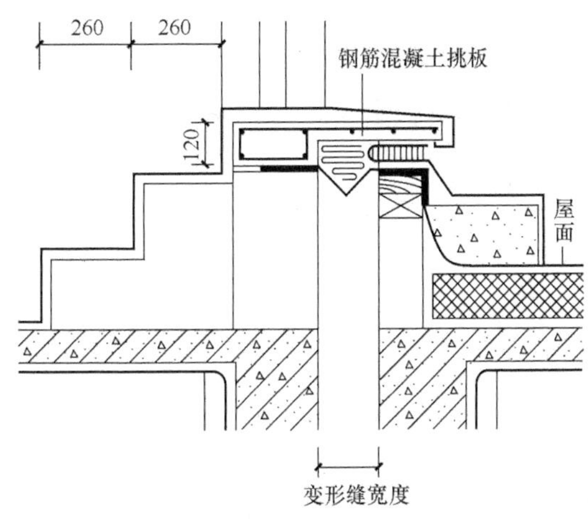

图 7.17　高低跨变形缝处屋面出入口构造处理

7.2.2　植被屋面

植被屋面又称种植屋面，是利用屋面面积种植花草或农作物的屋面形式。植被屋面有如下特点：

1）美化环境，改变建筑第五立面的效果。

2）利用绿色植物改善环境质量。

3）所种植的蔬菜花草可产生一定的经济效益。

4）有利于增强屋顶的隔热性能，夏季隔热，冬季保温。

5）减缓防水层的老化，利于防水。

6）屋面荷载大。

7）前期产生一定的投入和管理费用。

植被屋面的种植层一般是等厚的。种植层通常不用普通的土壤，因其自重大，所产生的荷载对屋顶结构不利（种植层土壤的配制以及相关构造详见 7.2.3 屋顶花园）。为方便植被屋面的管理，应在屋面上分块设置种植土，各块之间设走道板联系。走道板下为排水通道。走道板由钢筋混凝土预制而成，平面尺寸一般为 500mm×500mm 或 500mm×1000mm，厚 50mm。在支撑走道板的砖砌矮墙上，每隔 250mm 竖缝留空（不填砌筑砂浆），以泄除种植土中的多余水分，泄水口处应堆大卵石防堵。图 7.18 所示是××大学图书馆植被屋面实例。

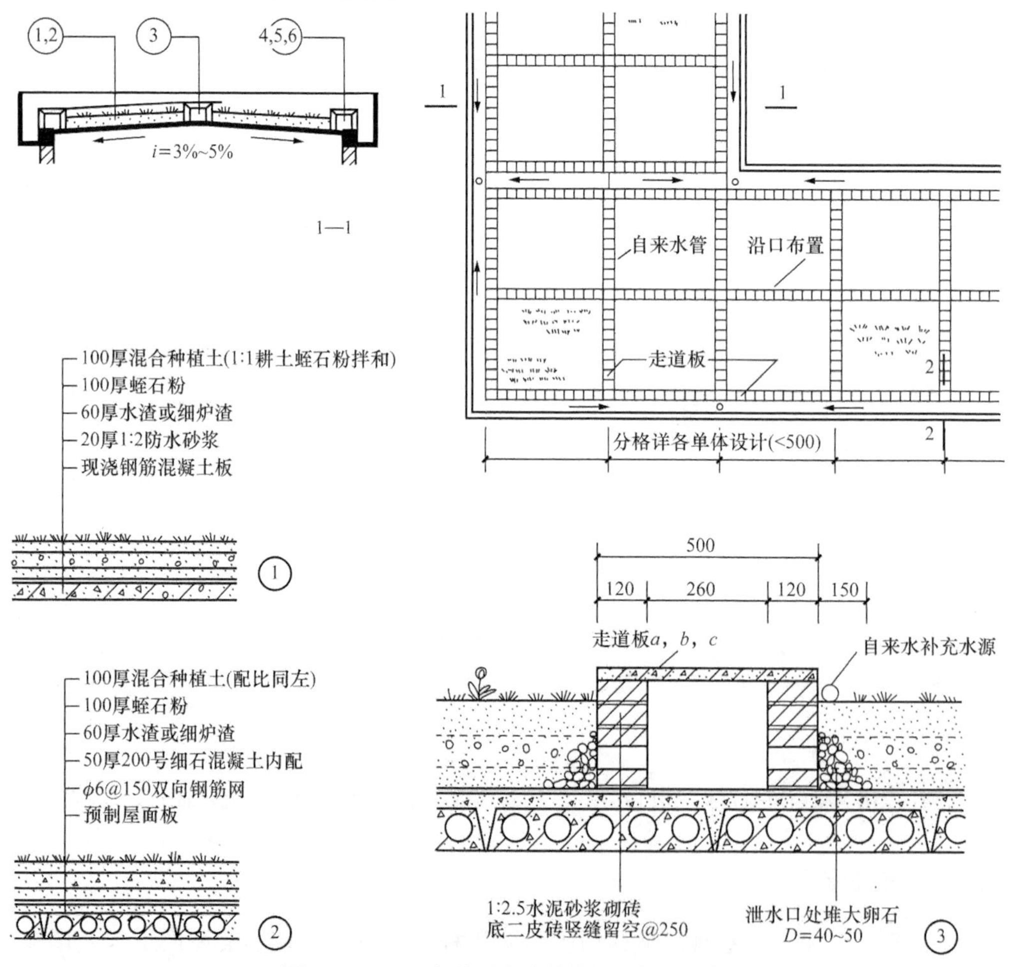

图 7.18　××大学图书馆植被屋面构造实例

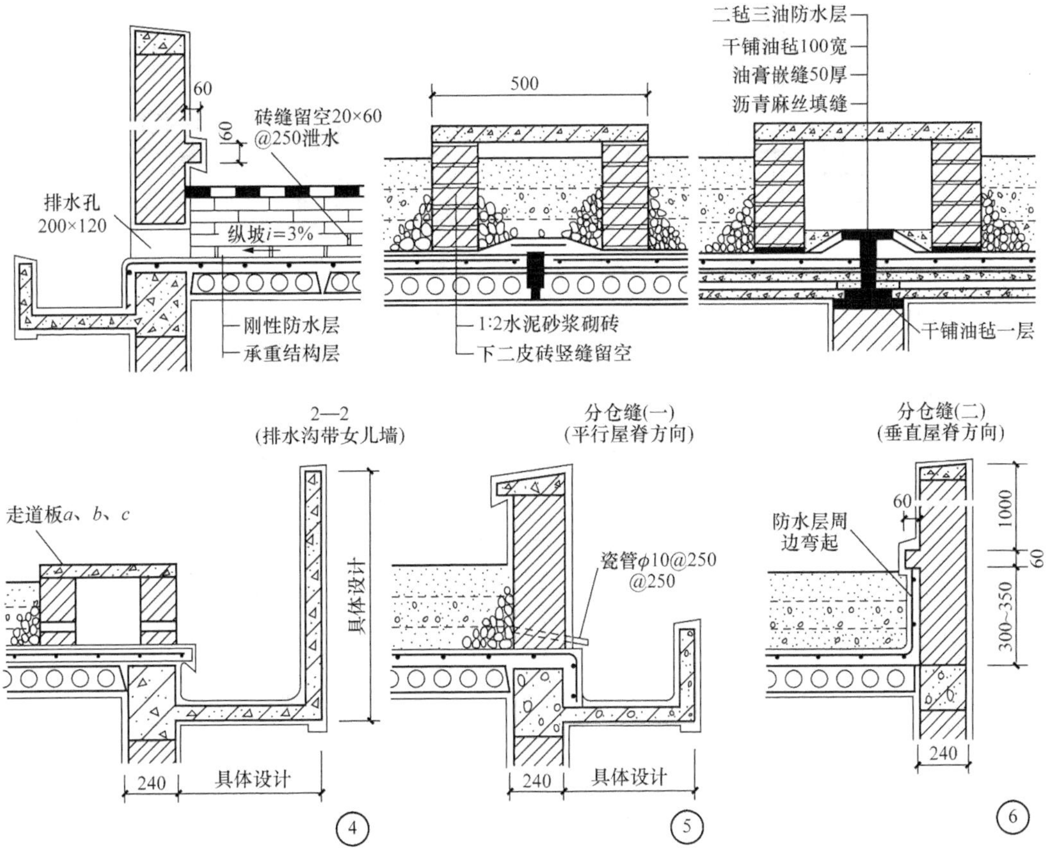

2—2
(排水沟带女儿墙)

分仓缝(一)
(平行屋脊方向)

分仓缝(二)
(垂直屋脊方向)

图 7.18（续）

7.2.3　屋顶花园

屋顶花园是指在屋顶或天台上种植树木花卉建造亭廊、花架、水池等形成的园林(图 7.19)。屋顶花园具有以下功能：美化环境调节心情；改善生态、增加城市绿化面积；改善屋顶眩光、美化城市景观；隔热与保温；蓄集雨水。

屋顶花园与地面上的花园不同，其不利因素是：造价高、屋面荷载大、排水防水要求高。

屋顶花园可分为以下几种类型：

按空间开敞程度分为：开敞式、半开敞式、封闭式。

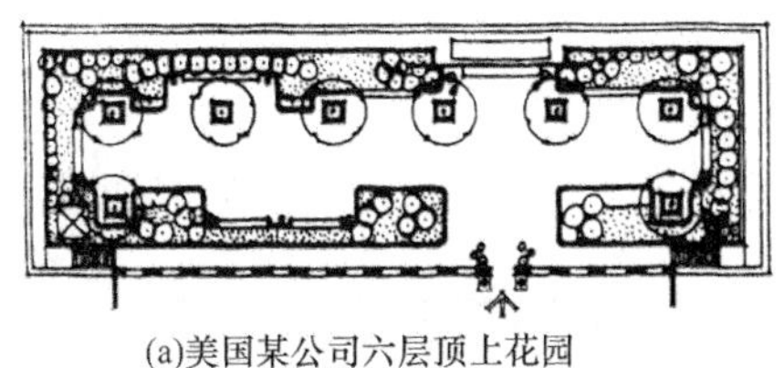

(a)美国某公司六层顶上花园

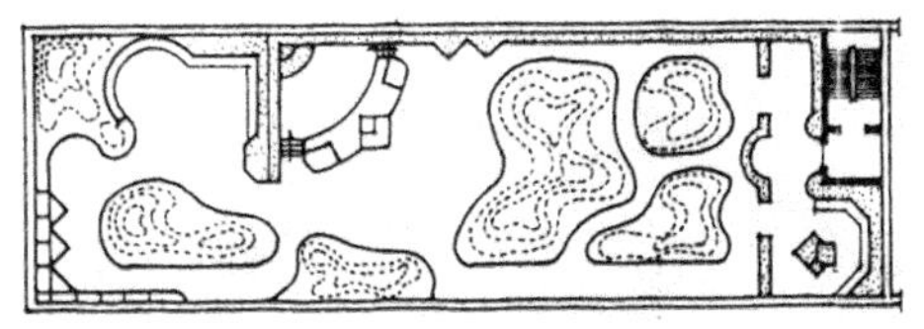

(b)北京林业大学主配楼屋顶花园

图 7.19　屋顶花园

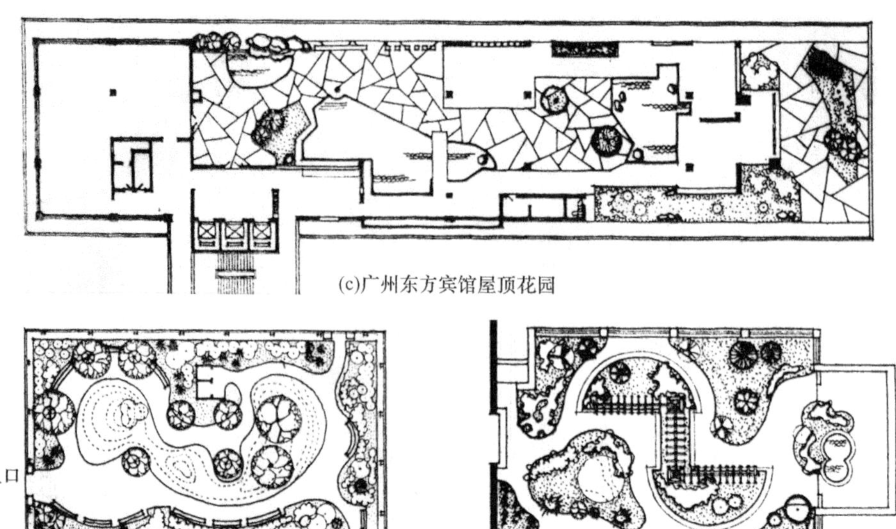

(c)广州东方宾馆屋顶花园

(d)美国某公司屋顶花园

(e)兰州某办公楼屋顶花园

图 7.19（续）

如何打造屋顶花园

按绿化形式分为：成片种植式（地毯式、自由式、苗圃式）、分散式、周边式、庭院式。

按建造时间分为：新建式、改建式。

屋顶花园建造中须注意以下几个问题：种植区构造层次的合理设置；结构问题；排水和防水问题；植物防风固定问题。下面分别叙述。

1）种植区构造层次的合理设置。绿色植物是屋顶花园的主体。种植区的形式可有花池式和自然式两种。后者与园路结合，曲折起伏达到步移景异的效果。种植区内可根据地被花草、灌木、乔木的品种和形态，构成一定的绿色生态群落。不同种植物对种植土深度要求不同。如图 7.20 所示，屋顶出现局部的微高差变化，增加了造景层次，又便于屋顶排水。种植土可由腐殖土、泥炭、蛭石、珍珠岩、煤渣、砂土、发酵木屑等材料配制而成，其容重一般在 600～1600kg/m^3 之间。种植土较自然耕植土轻，持水量大，营养适中。如北京长城饭店采用的是东北林区腐殖草炭灰、蛭石和砂土(0.7∶0.2∶0.1)，容重 780kg/m^3。种植区构造层次及做法见图 7.21。

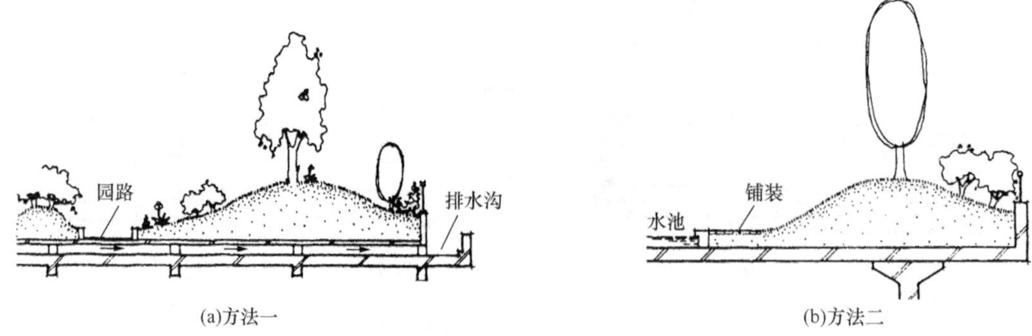

(a)方法一

(b)方法二

图 7.20　种植土厚度及形成必要厚度的方法

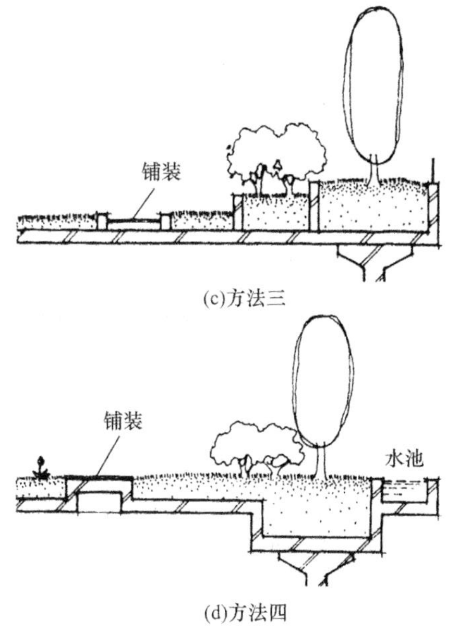

(c)方法三

(d)方法四

植株大小与必要的种植土层深度

草　　本	A	C	C	C	C	C
小　灌　木	–	A	C	C	C	C
大　灌　木	–	A	B	C	C	C
浅根性乔木	–	–	A	B	C	C
深根性乔木	–	–	–	A	B	C

注：–——植物栽植困难，不可能成活
　　A——增加水分及经常管理，植物有可能生存
　　B——台阶式种植，有利于植物生存
　　C——一般的管理，植物即能生存

1.5%~2.0%排水坡度

种植土厚	15cm	30cm	45cm	60cm	90cm	150cm
排水层厚	–	10cm	15cm	20cm	30cm	30cm

(e)植株种植土厚及排水层厚

图 7.20（续）

2）屋顶花园的结构承重问题。一般新建建筑设置屋顶花园时，设计人员已就屋顶荷载作了充分考虑。但当在旧建筑上改建屋顶花园时，就必须对屋顶结构进行重新设计验算和加固。通常屋顶花园新增加的荷载是原有结构所无法承受的。一般不上人屋顶其面荷载约 150kg/m²，上人屋顶约 250kg/m²，而屋顶花园的面荷载常在 300kg/m² 以上，甚至达到 1500kg/m²。为此，除对整个层面板加固外，还应有意识探求减少荷重的方法（图 7.22），将荷载较大的树木景石等设在梁或柱的位置上。

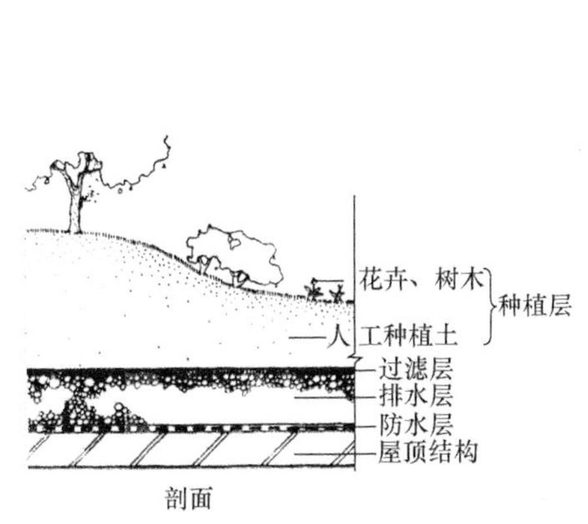

(a)屋顶花园基本构造层次

种植物
人工合成种植土
玻璃纤维布过滤层
200陶粒层排水层
SBS防水层
20找平层
100加气混凝土
250厚楼板

(b)北京丽京花园别墅屋顶花园施工图构造

图 7.21　屋顶花园种植区构造层次及做法实例

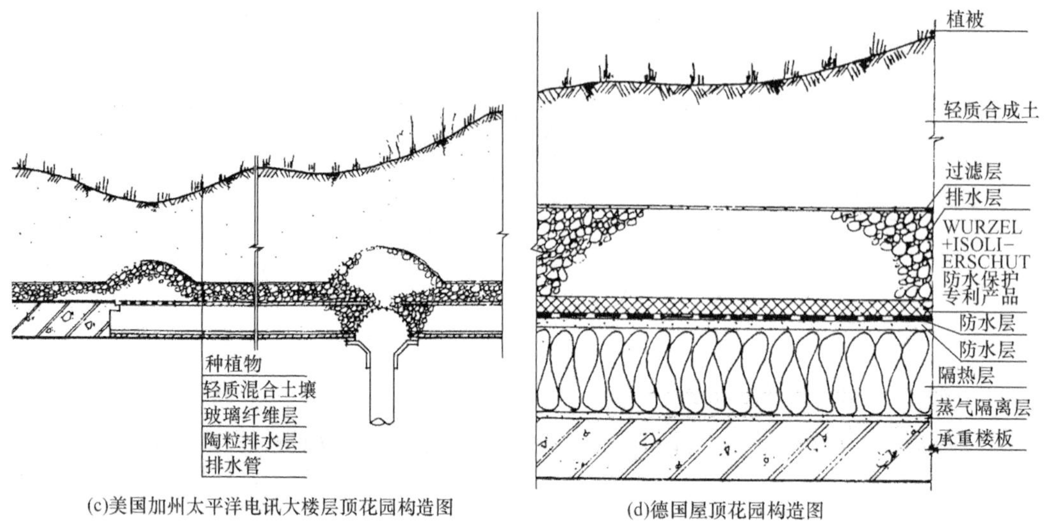

(c)美国加州太平洋电讯大楼层顶花园构造图

(d)德国屋顶花园构造图

图 7.21（续）

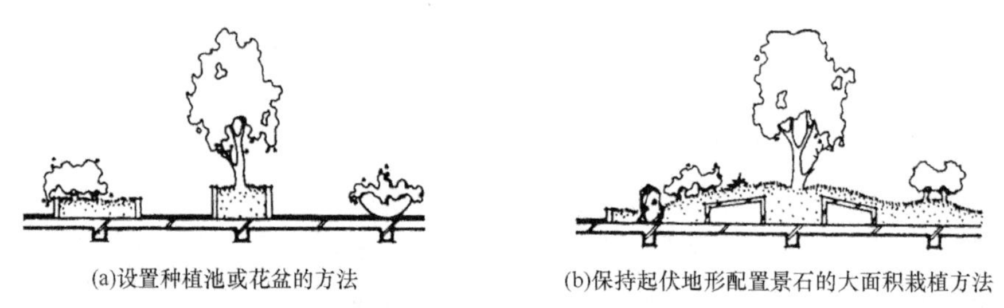

(a)设置种植池或花盆的方法

(b)保持起伏地形配置景石的大面积栽植方法

图 7.22　减少屋顶花园荷重的方法

亭廊花架等的结构连接问题。屋顶花园中的建筑小品宜小、巧、轻，以减轻屋顶荷载。亭廊花架的立柱以型钢、型铝或竹木建造为宜。在旧建筑屋顶上增建亭廊花架时，立柱的下脚不可穿透防水层直接与结构层连接，否则易造成渗漏雨水的后患。应在局部增建支墩，在支墩上通过预埋铁件连接（图 7.23）。

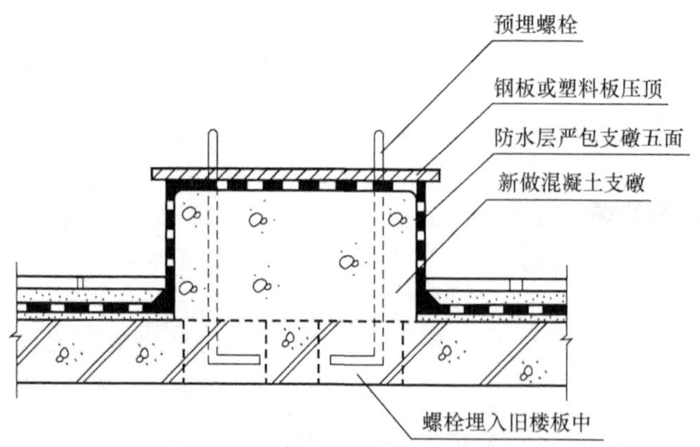

图 7.23　在旧建筑屋顶上增建支墩构造

3）屋顶花园的防水排水是仅次于结构承重的另一个至关重要的问题。防水须万无一失，因为防水一旦失败，造成屋顶漏水，就必须将屋顶防水层以上的排水层、过滤层、种植土、各类地被植物、花卉树木和屋顶上所有的园林工程全部去除，这样才能彻底找出屋顶漏水的原因和部位。更为棘手的是，往往是在屋顶的各项工程全部完成后，开始正常使用时，才能真正检验出屋顶是否漏水。为此，在建造屋顶花园前，一定要确认屋顶防水工程完整无损之后方能施工。对未经雨季考验的新建工程，宜临时封闭所有排水孔，在屋顶上存放深度为 100mm 左右的积水，待 24 小时后再检查室内是否有渗漏现象，尤其是各种管道穿出屋顶的部位和挑檐等易漏部分更要仔细检查。对旧建筑上已使用多年的防水层则宜彻底翻建后再做屋顶花园。

屋顶花园的排水设计（图 7.24）应与原屋顶排水设计协调。不应封堵、隔绝或改变原排水口和坡度。特别是大型种植池排水层下的排水管道，要与屋顶排水口配合，注意相关的标高差，使种植池内多余浇灌水能顺畅排出。由于屋顶花园会增加原排水系统的负荷，且浇灌水和水池污水中均含有植物根叶、泥沙等杂物，会使排水口及管道堵塞。因此新建花园在设计时要加大管道直径，而改建的屋顶花园上应设法不使杂物流入管道。为了确保修建屋顶花园后，建筑物的屋顶绝对不漏水和屋顶下水道畅通无阻，在经济条件允许时，可以考虑采用双防水、双排水系统，即在建筑物原设的防水、排水系统之外，在屋顶花园的种植区和水池处再增加一道防水、排水措施。防水层宜选用一些高级防水材料和做法，如国外有用硬塑料或紫铜板做防水层的。

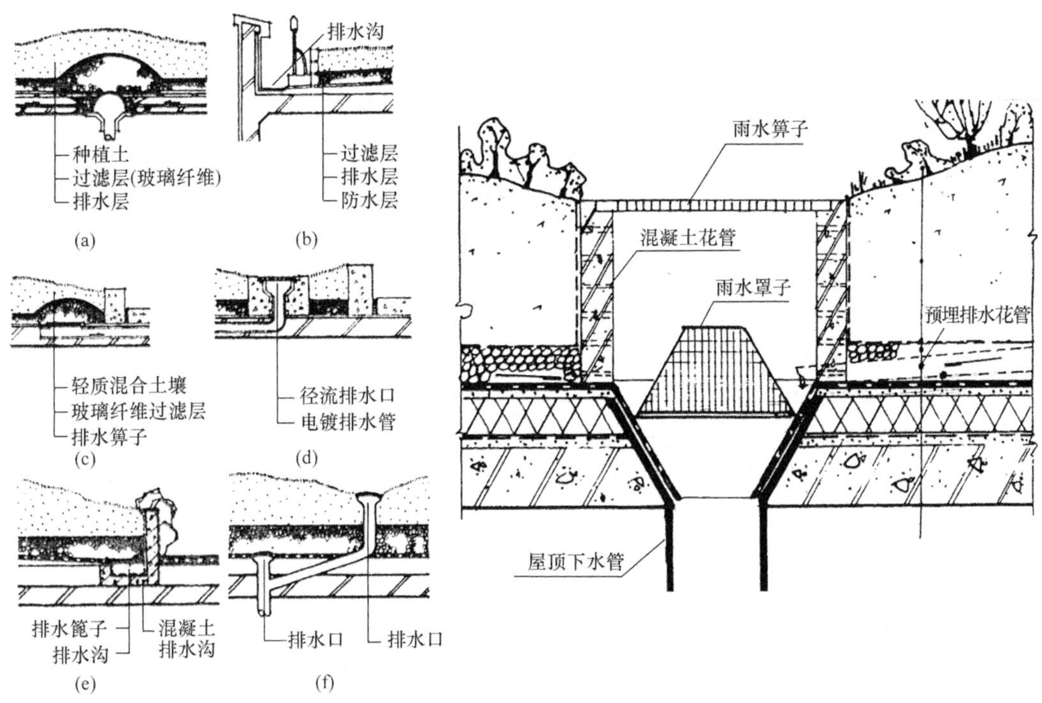

图 7.24　屋顶花园排水构造

4）屋顶花园中植物防风固定问题。由于考虑减轻屋顶结构承受的荷载，种植土的深度应尽可能小，种植土的容重也要尽可能小。屋顶上的风力一般较地面强大，如果不对乔木和较大的灌木进行特殊的加固，则可能被连根拔起。加固方法有：

- 在树木根部土层下，埋塑料网或金属网扩大根系固土作用。
- 在树木根部结合自然地形的置石，堆置一定数量的石体，以压固根系。
- 将树木主干成组组合，绑扎支撑并注意尽量使拉杆组成三角形不变体系，等等。见图 7.25。

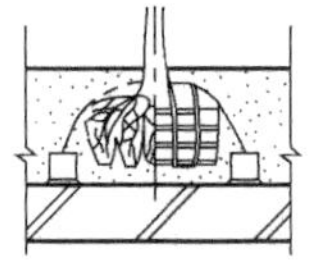
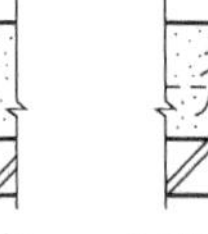
(a)根部绳砣固定

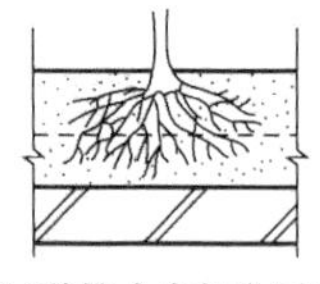
(b)种植土内加金属网

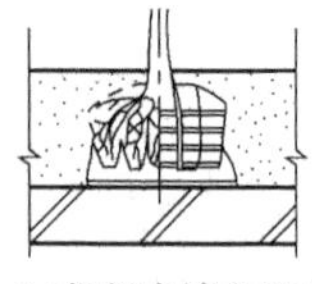
(c)根部支撑盘固定

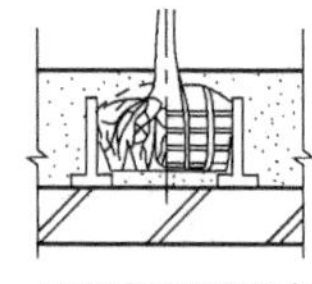
(d)根部周围固定

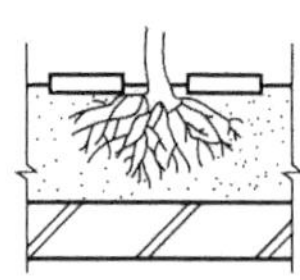
(e)种植土表压重物

图 7.25　植物防风固定构造

7.2.4　采光屋顶装饰构造

采光屋顶是指建筑物的屋顶材料全部或部分被玻璃、塑料、玻璃钢等透光材料所取代，从而形成兼有装饰和采光功能的顶部结构构件。

1. 采光屋顶的作用及特点

（1）采光屋顶的作用

采光屋顶的作用是采光和装饰。随着国民经济和建筑技术水平的发展，采光屋顶的应用日趋广泛，尤其是宾馆、展览馆、商贸中心等大型公共建筑的中庭，常常使用采光屋顶作为重点装饰构件，取得良好的空间装饰效果。

（2）采光屋顶的特点

1）使建筑室内同时兼有内外空间的双重环境特征。采光屋顶既可以提供遮风避雨的室内环境，同时又可将室外的自然光线和天空景色引入室内，使人们身在室内即能体会接近大自然的感觉。

2）充分利用自然光，减少了室内的照明费用。同时，通过温室效应，也降低了采暖费用，节约了能源。

3）具有较强的装饰性。丰富多彩的屋顶造型和变化无穷的自然景观，增强了建筑室内空间环境的艺术感染力，与此同时，其特殊的外观也为室外建筑形象增添了光彩。

2. 采光屋顶构造设计要求

采光屋顶由于所处的位置特殊，技术要求比较高，设计时应满足以下要求。

（1）结构安全要求

采光屋顶位置比较特殊，屋顶构件承受的荷载也较为复杂，有风荷载、雪荷载、自重荷载以及地震作用等。因此，采光屋顶的所有构配件均须满足强度、刚度等力学性能要求，并应采取必要的防护措施，以确保屋顶结构的安全。

（2）防、排水要求

作为屋顶构件，防水与排水是采光屋顶的基本要求。因此，屋顶构配件须有良好

的密封性能，并应设置必要的排水坡度和设施，解决防渗漏问题。

(3) 防结露要求

采光屋顶是一种围护构件，在冬季当室内外温差较大时，在采光屋顶构件的内侧就可能会出现结露现象，产生凝结水。凝结水的滴露将直接影响室内空间的使用，甚至会引发事故。为此，应采取措施避免结露现象的发生，或有组织地排除凝结水不使其滴落。

(4) 防眩光要求

采光屋顶所处的顶部位置很容易引入太阳的直射光线，在室内形成眩光，从而影响室内空间的使用，为此，应采取必要的措施，防止眩光的产生。

(5) 防火要求

在一些大型公共建筑中使用采光屋顶，容易给建筑防火、排烟设计造成一定困难。如公共建筑中庭，往往贯穿多层楼层，楼层间相互通透，给建筑防火分区和排烟设计带来一些麻烦。因此，在采光屋顶的构造设计中应尽可能地配合建筑防火设计，处理好防火、排烟问题。

(6) 防雷要求

采光屋顶骨架构件多采用金属制造，防雷问题也非常突出。应在采光屋顶的构造设计中严格考虑防雷措施，以防止发生意外事故。

3. 采光屋顶装饰构造做法

(1) 采光屋顶的形式及构造组成

根据采光屋顶的尺度大小及平面形状，其形式可分为单元式和复合式两种。

1) 单元式采光屋顶　单元式采光屋顶又称采光罩，形状有穹形、拱形和多角锥形。它是由透光罩体和各种防水围框、紧固件、开启体等组成的。透光罩体可采用单层或双层形式。单元式采光罩可以单独使用，也可以按设计要求组合成大型采光屋顶。其特点是设计灵活，不易破碎，且有良好的密封、防水、保温、隔热等性能，自重轻，施工也比较方便。

2) 复合式采光屋顶　复合式采光屋顶是一种较大型的组合式屋顶采光构件。它是由骨架、透光材料及密封材料等组成的。这种采光屋顶尺度较大并可做成各种形状，如三角带、四坡顶、多边形及大型穹顶等。其特点是设计灵活、采光面积大、室内自然气氛较浓，装饰性较好。但由于其安装节点多，安全密封、防结露等构造设计较为复杂，安装技术要求较高，维修也有一定困难。

采光屋顶的形式如图 7.26 所示。

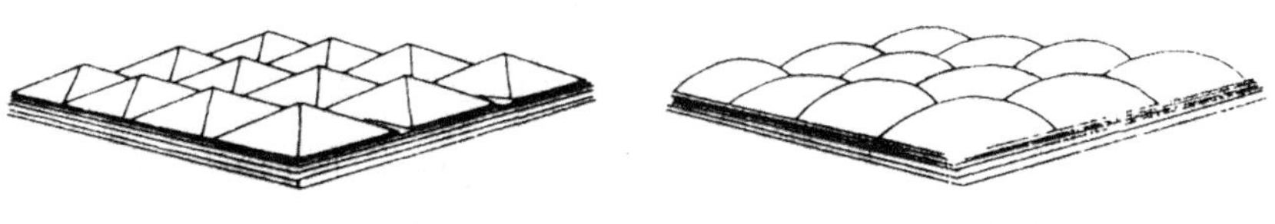

(a)四角锥单元组合式　　(b)圆形单元组合式

图 7.26　采光屋顶的形式

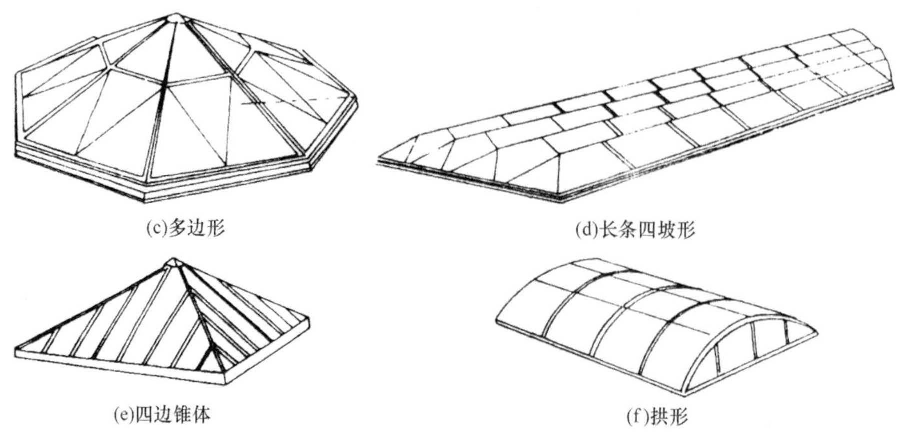

(c)多边形 (d)长条四坡形

(e)四边锥体 (f)拱形

图 7.26（续）

(2) 采光屋顶的材料选择

常用透光材料

1) 透光材料　采光屋顶透光材料的选择主要是从安全方面考虑，应有良好的抗冲击性，同时也应具有较好的保温、防水等性能。

常用的透光材料有夹丝玻璃、夹层安全玻璃、钢化玻璃、有机玻璃以及玻璃钢等（见表 7.4）。

表 7.4　常用透光材料做法与特点

透光材料名称	做法	特点
夹层安全玻璃	是将两片或两片以上的平板玻璃，用聚乙烯塑料黏合在一起制成的	其强度很高，且能碎而不落，并有良好的吸热性能，透光系数为 28%～55%。夹层安全玻璃的品种有白色和茶色等
钢化玻璃	是利用加热到一定温度后又迅速冷却的方法，或化学方法进行特殊钢化处理的玻璃	其强度高、耐磨损且破碎后形不成具有锐利棱角的碎块，较为安全。钢化玻璃透光率较高，可达 87%。钢化玻璃的厚度在 4～5mm
有机玻璃	是由甲基丙烯酸甲酯聚合而成的高分子化合物。是一种开发较早的重要热塑性塑料	耐冲击性能和保温性能良好，透光率也较高，可达 90%以上，并能加工成各种曲面形状，是单元式采光罩的主要制作材料
玻璃钢	一般指用玻璃纤维增强不饱和聚酯、环氧树脂与酚醛树脂基体，以玻璃纤维或其制品作增强材料的增强塑料	其强度高、耐磨损、光线柔和、装饰性较好。玻璃钢种类有半透明的平板和弧形板等

2) 骨架材料　采光屋顶的骨架主要有金属型材骨架体系和钢筋混凝土梁架等结构体系。金属型材骨架体系是采用钢型材或铝合金型材做成的采光屋顶结构，用以支承玻璃饰面。钢筋混凝土梁架体系是采用钢筋混凝土梁架做成网格形结构，可用来支承复合式采光屋顶构件，也可在每个网格上直接安装单元式的采光罩，形成组合采光罩屋顶，有很强的装饰性。

骨架材料的截面形状和尺度不但要适合玻璃的安装固定，还必须经过结构计算，

以保证采光屋顶的结构安全。

常见采光屋顶的骨架布置形式如图 7.27 所示。

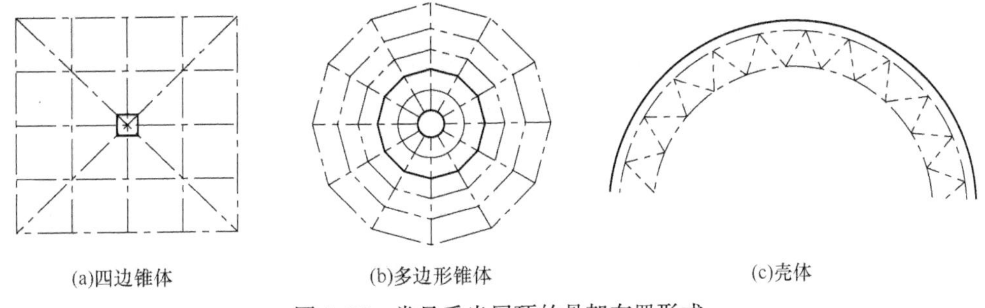

图 7.27　常见采光屋顶的骨架布置形式

3）封缝材料　骨架与玻璃之间应设置缓冲材料，常用的是氯丁橡胶衬垫，各接缝处应以密封膏密封，铝合金骨架用硅酮密封膏，型钢骨架可用氯磺化聚乙烯或丙烯酸密封膏等。

(3) 常见采光屋顶的基本构造做法

1）采光罩单元组合式采光屋顶　采用钢筋混凝土井字梁架作为屋顶结构支承体系，梁的上端加宽翼缘，并在梁架组成的方格四周的翼缘上做成井壁，即可形成采光罩的结构基层。

采光罩的安装构造是先在井壁上安装木框，用螺栓固定，然后在木框上表面或侧面做橡胶衬垫，安装采光罩。如需安装开启式采光罩则需加设铝框及相应配件作为开合构件。

采光罩与相邻采光罩之间所形成的沟槽可作为排水沟，铺设防水及保温材料并找坡，排除屋面积水。

图 7.28 所示为四角锥形采光罩的构造做法。

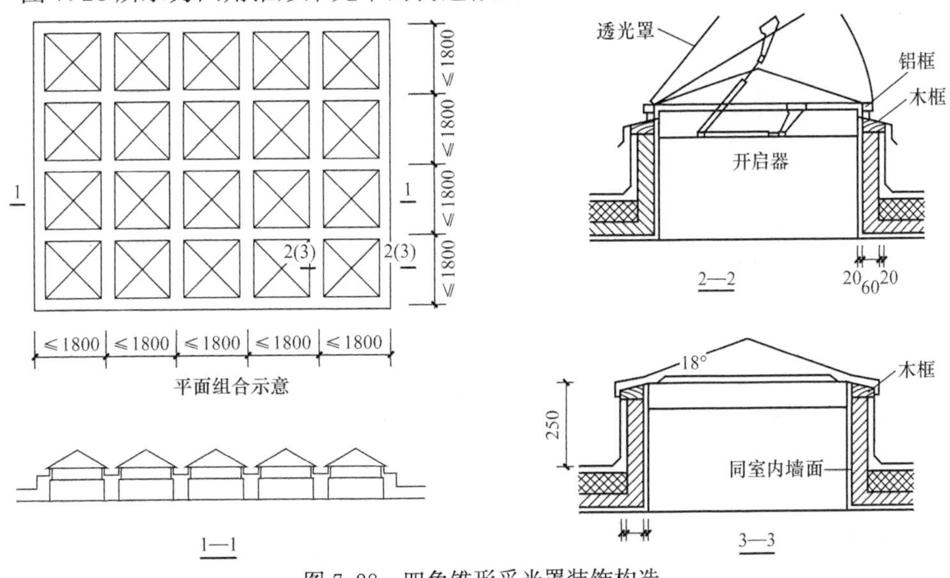

图 7.28　四角锥形采光罩装饰构造

2）双坡铝合金玻璃采光屋顶　双坡铝合金型材玻璃采光屋顶是一种常见的采光屋

顶形式，其骨架为铝合金型材，外观整洁，装饰性较好。该屋顶的构造要点是骨架与主体结构、骨架与骨架之间以及骨架与透光材料之间的连接固定方法。

骨架与主体结构、骨架与骨架之间一般应采用型钢或钢板制成的专用连接件进行连接。图 7.29 中骨架与钢筋混凝土支座，就是通过扁钢弯成的连接件以及螺栓、膨胀螺栓等连接固定的。骨架与透光材料则需通过金属压条、螺栓以及密封衬垫等材料连接固定。

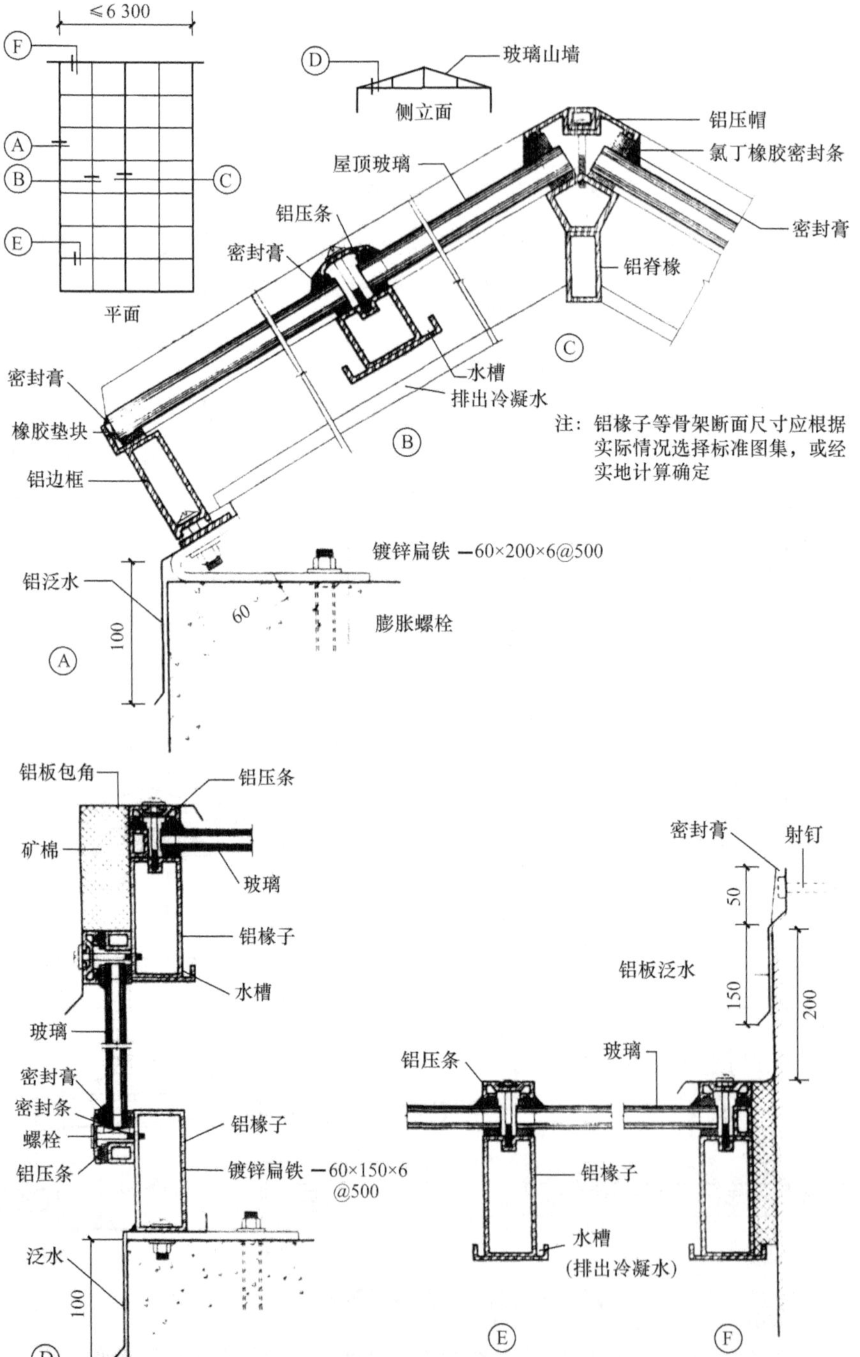

图 7.29　双坡铝合金玻璃采光顶装饰构造

3）多边形铝合金型材玻璃采光屋顶　多边形铝合金型材玻璃采光屋顶的构造做法与双坡采光屋顶基本相同，只是其骨架布置呈放射形式，玻璃为梯形或三角形，骨架断面根据玻璃倾斜角度的不同，也有一定的变化（图 7.30）。

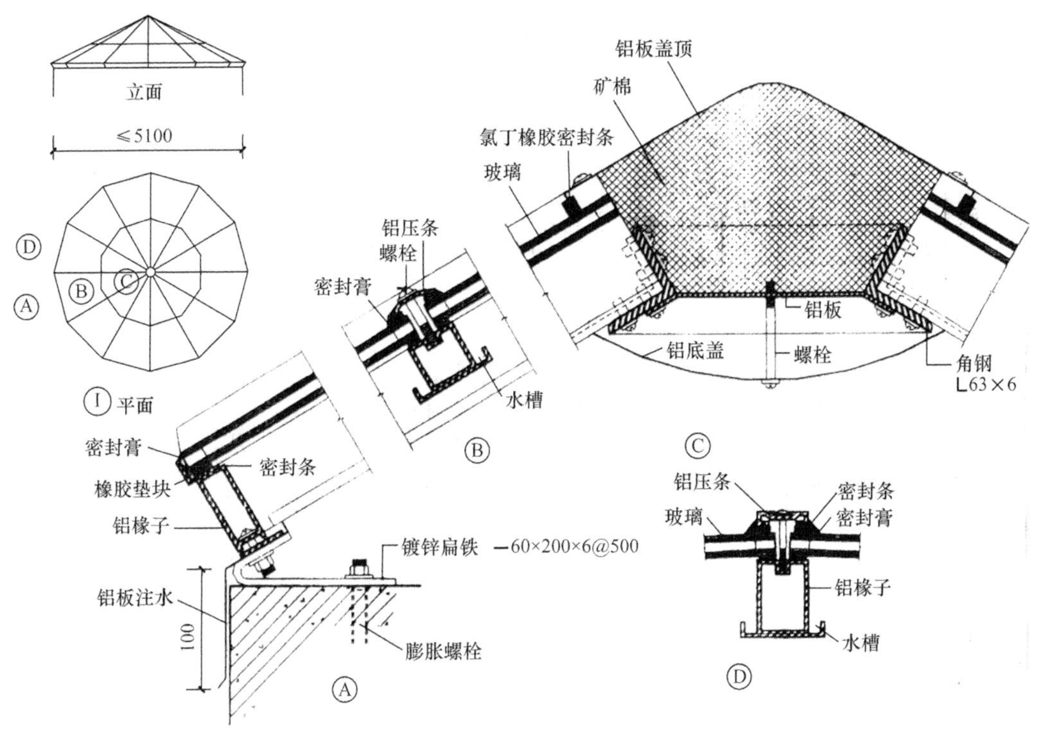

图 7.30　多边形铝合金玻璃采光屋顶装饰构造

4. 采光屋顶中的特殊构造措施

（1）防、排水措施

1）设排水坡度　采光屋顶常设排水坡度有：1/3、5/12、1/2、7/12、2/3，且坡度不宜小于 1/4。

2）接缝处理　采光屋顶接缝防水构造应可靠，并应采用性能优越的封缝材料进行处理。

3）加排水槽　室内金属型材上可加设排水槽，以便将漏进内侧的少量雨水排走。

（2）防结露措施

1）提高采光屋顶内侧表面温度　可在采光屋顶周围加暖水管或吹送热风，使透光材料及骨架内表面温度保持在结露点的温度之上，以防止凝结水的产生。

2）保证排水坡度　采光屋顶排水坡度在 1/3 以上时，可利用其骨架材料上所设的排水槽将雨水排掉，也可专门设置排露水的水槽，但排水路径不宜过长，否则可能会因积水过多而导致滴落（图 7.31）。

3）合理选用材料　选择较好的透光材料，如采用中空玻璃等。

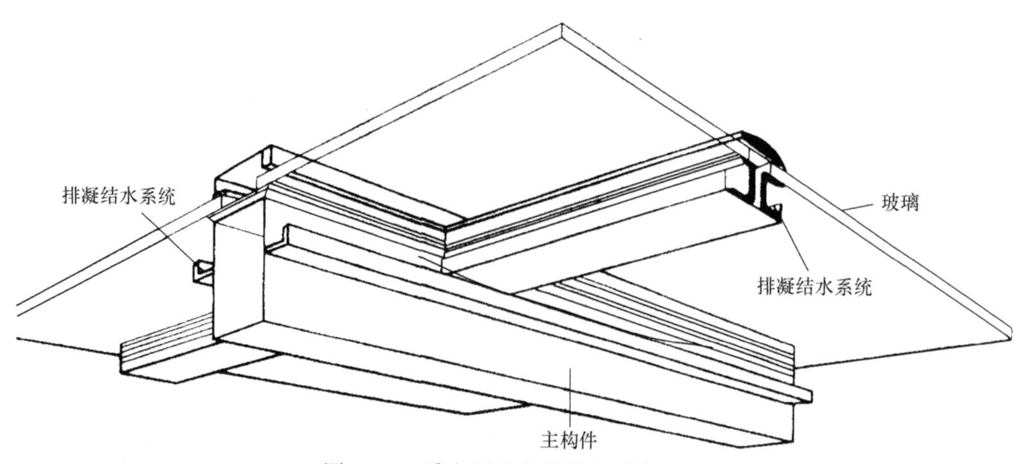

图 7.31 采光顶排出凝结水系统示意

（3）防眩光措施

1）使用磨砂玻璃、乳白玻璃等漫反射透光材料。

2）在采光屋顶下加设折光片吊顶。折光片可选用塑料、有机玻璃片、金属片等。将折光片有规律地排列成为各种图案，组成格栅式吊顶，即可遮挡顶部的直射光线（图 7.32）。

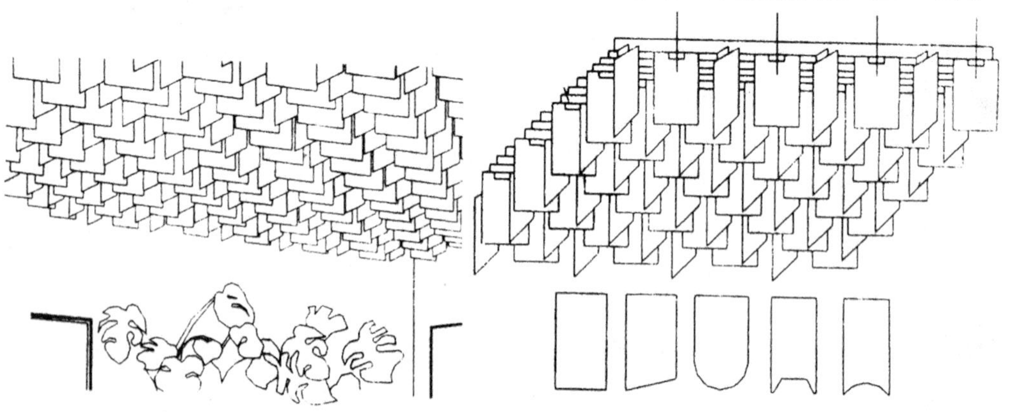
图 7.32 格栅式折光片吊顶示意

（4）防火、排烟措施

应严格按照有关建筑设计防火规范的要求进行室内外空间防火安全设计。对采光屋顶的金属骨架采用自动灭火设备或喷涂防火材料等措施加以保护，并在屋顶设计中考虑防排烟构造措施，等等。

（5）防雷措施

采光屋顶防雷主要措施是将采光屋顶部分设置在建筑物防雷装置的 45°线范围以内，并保证该防雷系统的接地电阻小于 4Ω。

7.1、7.2 随堂测试

7.3 檐口与雨篷

7.3.1 檐口装饰构造

1. 装饰特点及构造设计要求

檐口是建筑物外墙顶端与屋面边缘相交处的过渡构件，是建筑室外装饰设计的重点处理对象。檐口形式常常影响着建筑外观，尤其是低层和多层建筑，可采用不同形式的檐口，丰富建筑立面效果。但由于其位置特殊，也往往给装饰构造设计带来一定的难度。对檐口装饰构造设计一般有以下几点要求：满足审美要求；满足功能要求；满足安全要求；满足经济要求。

2. 装饰挑檐构造

檐口一般有两种做法，即水平挑檐口和垂直女儿墙做法。水平挑檐可以在建筑外部的顶端形成横向线条，造成活泼舒展的形象。

挑檐又分直挑檐口和坡挑檐口两种。直挑檐口是指出挑檐口板上翻的部分垂直于水平屋面。直挑檐口结构通常采用钢筋混凝土，饰面材料可选用水泥砂浆等抹面类或石板、面砖等块材类，与外墙饰面种类相同。直挑檐口装饰构造做法如图 7.33 所示。

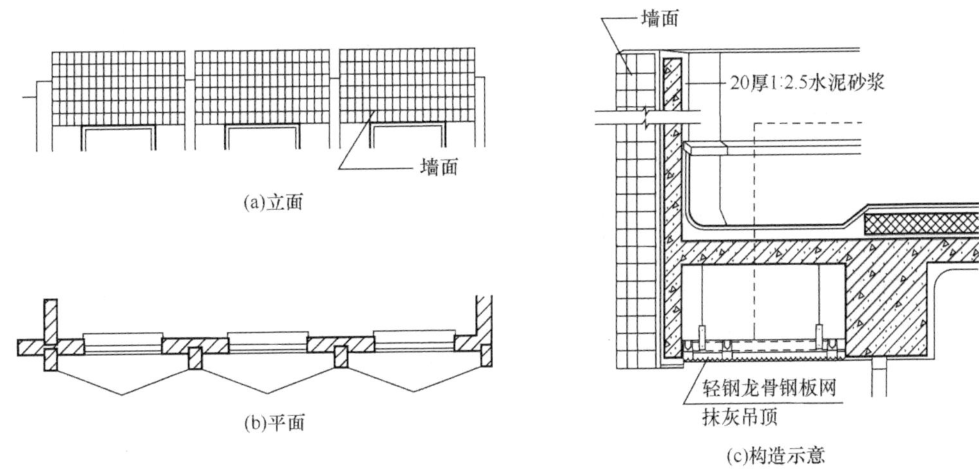

图 7.33 直挑檐口构造做法

坡挑檐口由于其形式与中国传统建筑有一定的联系，外观较别致，常常为中小型公共建筑或住宅建筑所采纳。坡挑檐口饰面材料除选择抹面及块材外，常使用瓦材饰面，如红陶瓦、琉璃瓦、传统琉璃瓦等。坡挑檐口的常见形式及构造做法如图 7.34 所示。

3. 女儿墙装饰构造

女儿墙是外墙在屋面边椽向上的延伸部分，其结构基层即是外墙墙体结构的延续部分。女儿墙的高度应根据外观要求，功能要求（泛水的高度及上人时的保护高度等）

和结构形式来确定，一般为 500～1100mm。女儿墙的形式有实砌式和镂空式两种。实砌式即外墙墙体（或框架填充墙）继续向上砌筑完成，墙面可以与外墙平齐，也可做凸凹花式纹样，见图 7.35（a）、（b）。镂空式女儿墙中部为透空花格形式，见图 7.35（c）。

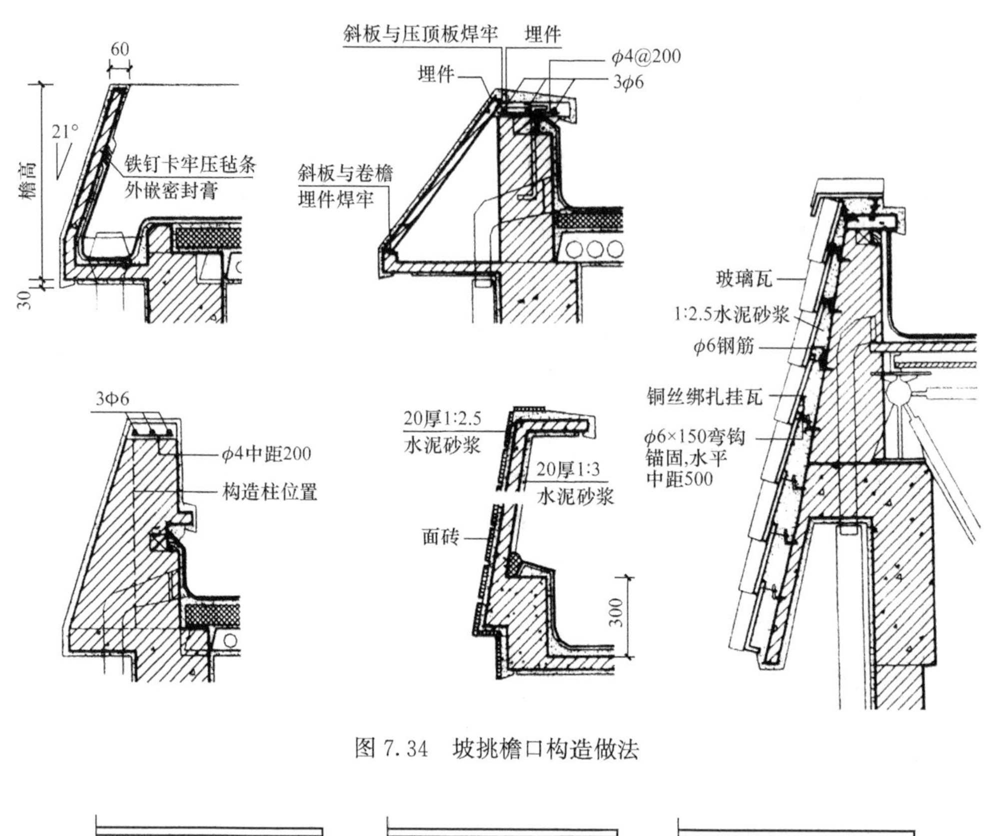

图 7.34　坡挑檐口构造做法

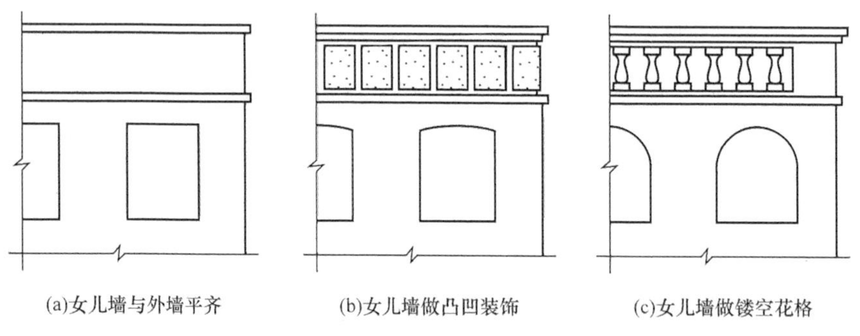

图 7.35　女儿墙装饰种类

女儿墙檐口的装饰面层多采用外墙饰面材料，如水泥砂浆、水刷石等抹灰材料，以及花岗石、面砖、玻璃等块状材料。女儿墙檐口的构造做法与外墙面做法相同，只是压顶构造应有可靠的连接以保证女儿墙的安全。

图 7.36 是几种常见的女儿墙饰面做法。

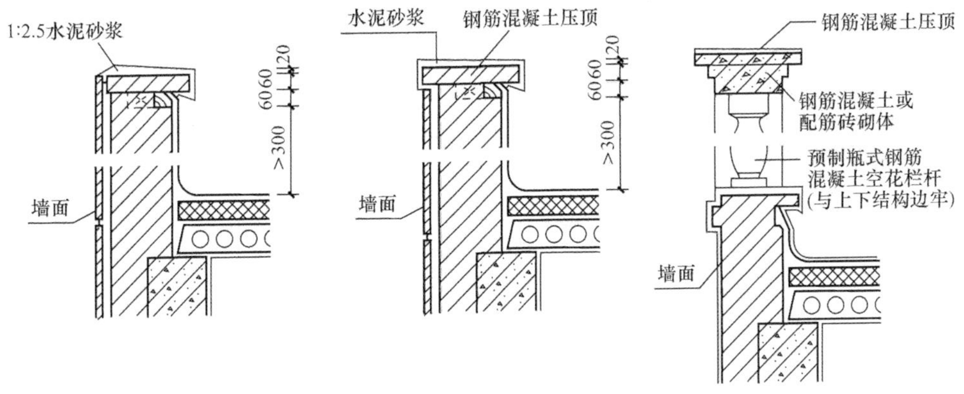

图 7.36　女儿墙装饰构造

7.3.2　雨篷结构体系与装饰构造

1. 装饰特点及构造设计的要求

入口雨篷，即入口上方的构件及其装饰。入口雨篷的作用通常是：强调建筑入口，提供照明设施，以及遮阳、挡雨、排水等。较高级的入口雨篷装饰工程常见于商业、办公和文化、娱乐建筑等场所，是公共建筑门面装饰工程的重要组成部分。为此，入口雨篷装饰构造设计应满足下列要求：

1）入口雨篷的构造设计应反映建筑场所的性质和特征，如商业性、文化性和娱乐性等。

2）应与建筑整体和周围环境相协调，既要考虑雨篷的装饰特色，又要使建筑整体及其环境协调统一。

3）应满足必要的功能要求，如遮挡雨水、入口照明等，应有适宜的尺度，并配备相应的照明设施。

4）应保证雨篷结构和构造设施的安全，并考虑适当的耐久年限。应根据使用者的投资情况和使用性质合理地设计、选材及选择适当构造措施，使入口雨篷的装饰构造设计美观、经济、适用、安全。

2. 入口雨篷的结构体系

通常雨篷是凸出主体结构的构件，因此，入口雨篷应有可靠的结构支承体系，以保证其整体的安全。从建筑装饰工程的角度来看，雨篷可以分为钢筋混凝土结构雨篷、钢结构雨篷、轻金属折叠支架结构雨篷及综合结构雨篷等。

（1）钢筋混凝土结构雨篷

钢筋混凝土结构雨篷是常见的入口雨篷结构形式，具有结构牢固、造型浑厚有力、坚固耐久，不受风雨影响等特点。这类雨篷按结构受力特点又分为板式和梁板式，板式结构一般用于小型入口雨篷，梁板式结构用于大中型入口雨篷的支承体系，见图 7.37（a）、（b）。钢筋混凝土结构雨篷一般应与主体结构同时施工。设计中应着重注意雨篷结构的抗倾覆问题，必要时可在入口处增设钢筋混凝土柱和梁架，组成门廊式雨篷，见图 7.37（c）。

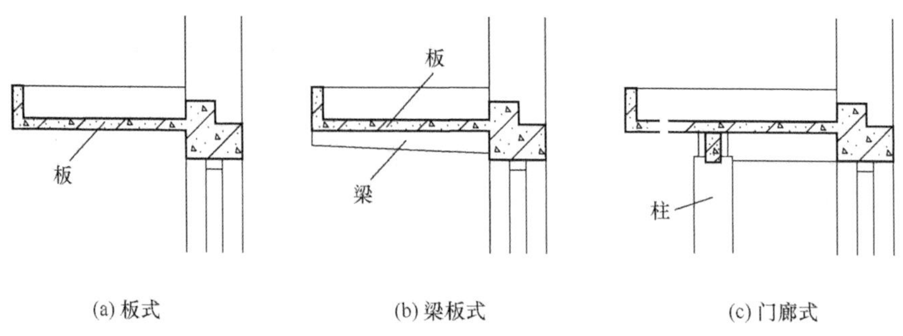

图 7.37　钢筋混凝土雨篷的结构类型

（2）钢结构雨篷

钢结构雨篷采用槽钢、角钢、钢索组成钢构架，或采用钢管、空心钢球等组成球节点网架，并采用悬挑或悬吊的方式与主体结构相连接，形成雨篷的结构支承体系（图 7.38）。钢结构雨篷的结构与造型有着简练、轻巧的特点，该类型组装灵活、施工也比较方便快捷，是现代装饰工程中，尤其是门面改造工程中常用的结构形式。

钢结构雨篷的缺点是构件容易生锈，因此，钢结构构件及其连接件必须考虑防锈措施，如镀锌刷防锈漆等。

钢结构雨篷的组合节点、结构与主体的连接节点无论采用焊接连接还是螺栓连接，都应牢固可靠，确保雨篷结构体系的安全。

（3）轻金属折叠支架结构雨篷

轻金属折叠支架结构雨篷采用金属方管、型钢、型铝等轻质金属型材，组装成可以折叠的活动支架体系，并配以防水布饰面，形成折叠式活动雨篷（图 7.39）。该类型雨篷安装、维修均比较方便，使用灵活，装饰效果也较好。若在防水布上喷绘美术字或装饰图案还可起到广告的作用。

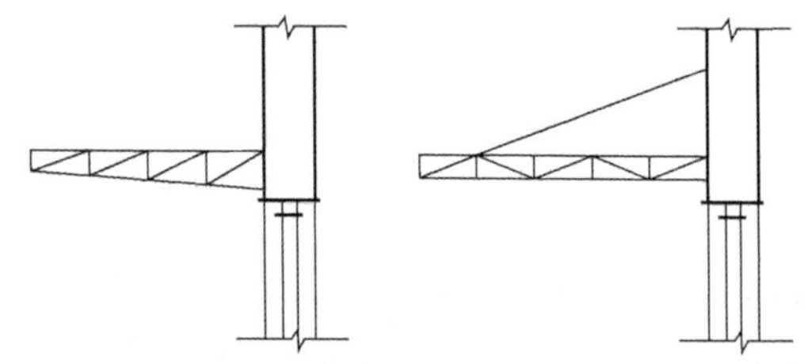

图 7.38　钢结构雨篷的结构类型

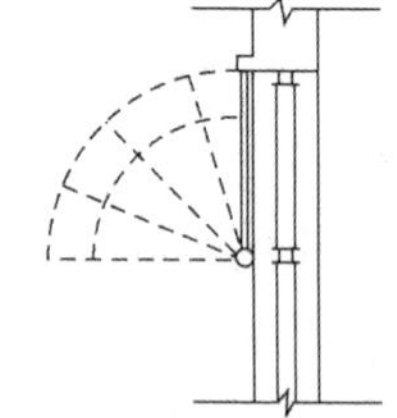

图 7.39　轻金属折叠支架雨篷结构

轻金属折叠支架结构雨篷应注意其金属构件的防锈处理。支架的各个节点也应牢固结实，避免下坠伤人。

（4）组合结构雨篷

组合结构雨篷是钢筋混凝土、钢结构混合使用的雨篷结构形式。如采用型钢组成骨架，再将预制的轻骨料钢筋混凝土板与骨架相连，形成结构的外基层，为面层装饰提供方便。也可在型钢骨架上支模，现浇钢筋网轻混凝土层，以便做成各种形状，丰

富雨篷的外形。这种结构形式组装灵活、快捷、结构基层也比较牢靠，是建筑门面装饰改造工程中较多见的结构形式。

3. 饰面材料的选择

入口雨篷的装饰面层可选用水泥砂浆，水刷石等整体式抹灰面层，也可选用天然石板、金属饰面板、玻璃板等板材面层，还可选用防水帆布、尼龙绸布、强力塑料革等软质饰面材料。不同的面层材料适合于不同的结构基层，如抹灰及贴面类适合于钢筋混凝土结构或组合结构基层；金属板、玻璃板可安装在钢结构或铝型材结构基层之上；软质制品则适合与轻金属折叠式支架结构配合使用。饰面材料的规格等应根据雨篷尺度的大小及饰面划分等情况而定。

4. 常见雨篷基本构造做法

入口雨篷的构造设计是以结构体系为依托设计必要的构造层次及设施，如饰面、灯具、防排水措施等。

(1) 饰面构造

装饰面层主要实施于雨篷正面，侧面及底部，采用玻璃作为透光雨篷或防水帆布作为折叠式雨篷时，施于顶部。饰面类型主要有灰浆、贴面、镶板、吊顶等（表 7.5）。雨篷各部位的饰面构造与室外墙面、吊顶等做法相同，只是采用金属、木料作为装饰材料或吊顶龙骨时，应对金属、木材等进行相应的防锈、防腐处理。

表 7.5　入口雨篷的饰面类型

类型	做法名称	基层主要结构类型	备注
抹灰类	水泥砂浆、水刷石、干粘石、剁斧石、喷涂等	钢筋混凝土、轻混凝土等	
贴面类	天然（预制）石材、面砖、金属板材、玻璃等	钢筋混凝土、轻混凝土等	天然石材应采用挂贴法
镶板类	玻璃、金属板材、塑料板材等	钢结构	玻璃为透光顶雨篷采用
吊顶类	钢丝网抹灰、金属板材、塑料板材、木板、玻璃等	钢筋混凝土、钢结构等	雨篷底部采用

(2) 灯具的安装

入口雨篷下部常需安装灯具，为夜晚照明使用。灯具多为吸顶灯，可固定在雨篷底部结构层上，有吊顶时也可与吊顶配合安装。雨篷灯具安装构造示意见图 7.40。

(3) 雨篷顶部防排水

入口雨篷顶部可采用多种排水方法，因结构基层的不同而异。钢筋混凝土结构顶部可在板上做防水砂浆防水层，或做油毡等卷材防水层；钢结构可采用金属波形瓦、石棉瓦等作为防水层；采光顶雨篷的玻璃即可作为防水层；折叠式雨篷则采用防水帆布防水。另外，还可选择仿传统建筑坡屋顶式的垂花雨篷，顶部的装饰瓦即是防水层。

各种防水层均考虑排水坡度，并选择适当的出水口位置。平顶钢筋混凝土雨篷的出水口常设在雨篷两侧，瓦顶雨篷则一般采用向前方排水的形式。

入口雨篷的排水组织形式见图 7.41。

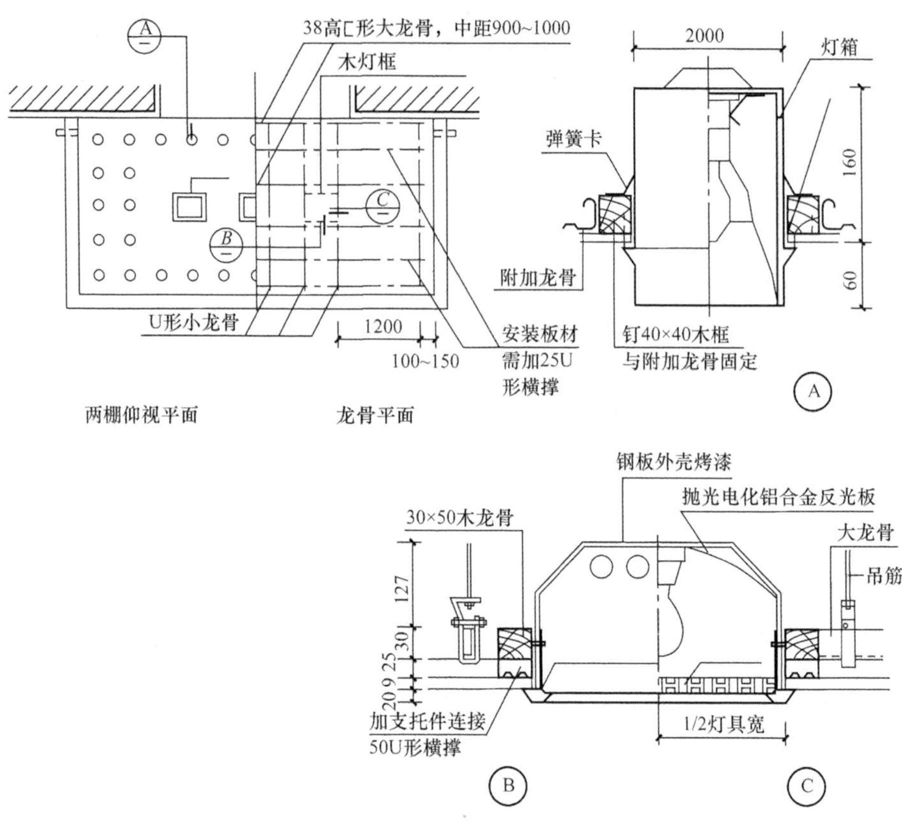

图 7.40　雨篷灯具装饰构造示意

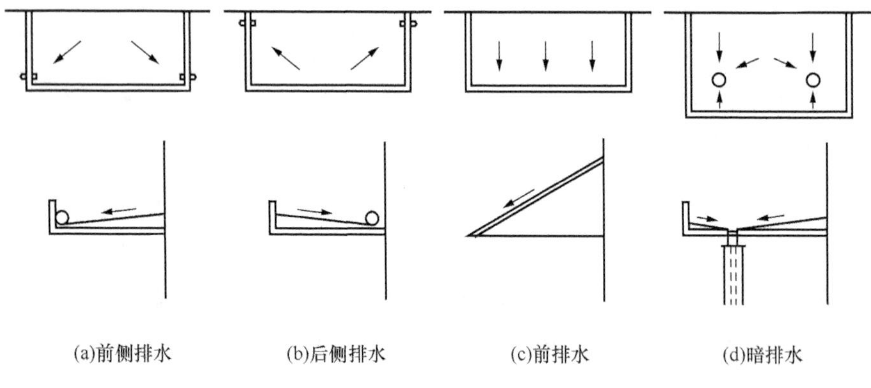

图 7.41　入口雨篷排水组织形式

（4）常见入口雨篷装饰构造

在装饰工程中，常见的入口雨篷主要有钢筋混凝土雨篷、钢结构雨篷，以及传统建筑坡屋顶式垂花雨篷等。另外，采光顶雨篷的应用也比较广泛，其构造形式与采光屋顶基本相同。

常见入口雨篷的装饰构造示例见图 7.42～图 7.44。

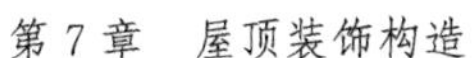

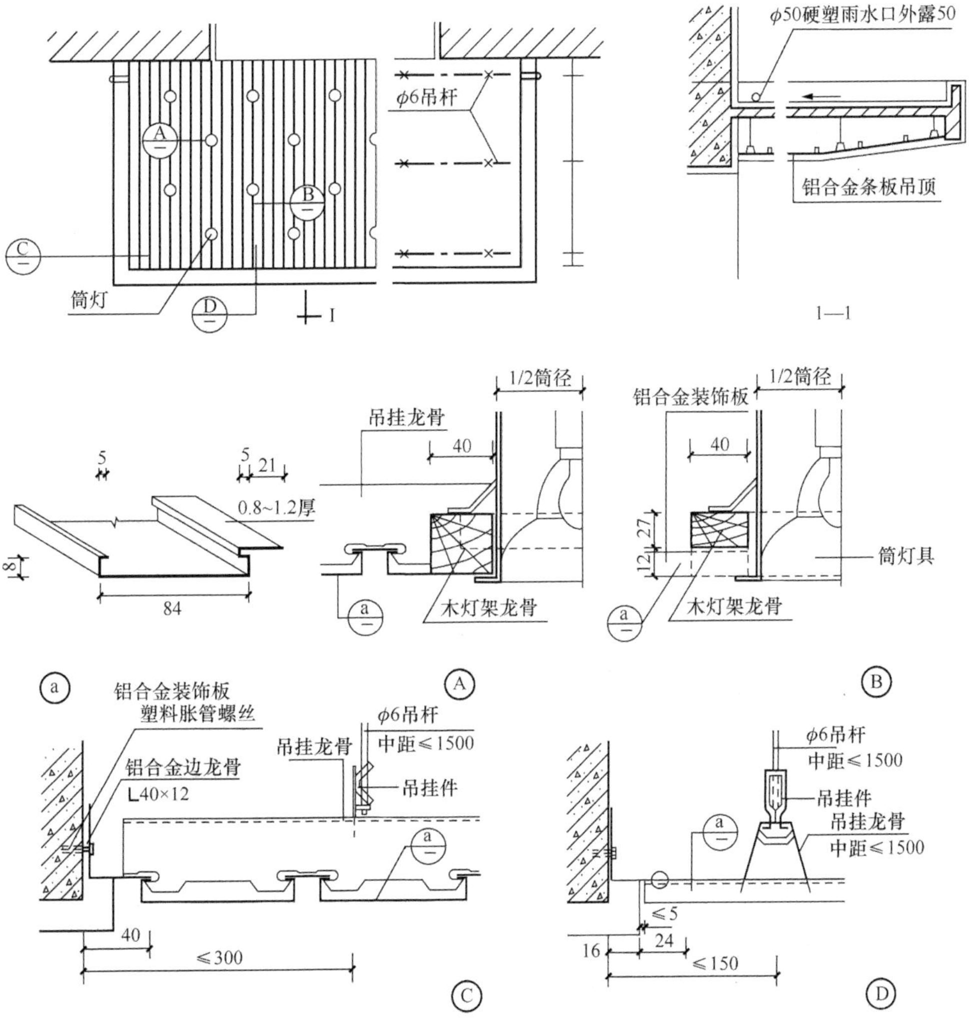

ϕ6吊杆
筒灯
I
ϕ50硬塑雨水口外露50
铝合金条板吊顶
1—1
5
5
21
0.8~1.2厚
18
84
1/2筒径
吊挂龙骨
40
木灯架龙骨
1/2筒径
铝合金装饰板
40
27
12
筒灯具
木灯架龙骨
铝合金装饰板
塑料胀管螺丝
铝合金边龙骨
L40×12
ϕ6吊杆
中距≤1500
吊挂龙骨
吊挂件
40
≤300
ϕ6吊杆
中距≤1500
吊挂件
吊挂龙骨
中距≤1500
≤5
16
24
≤150

图 7.42　钢筋混凝土雨篷装饰构造示例

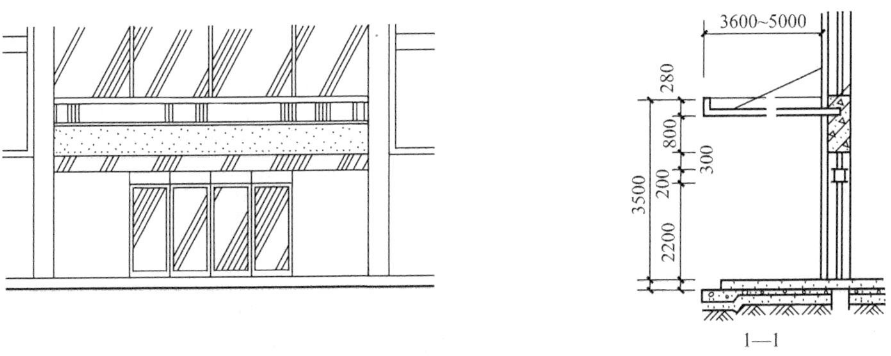

3600~5000
280
800
300
200
3500
2200
1—1

图 7.43　钢结构雨篷装饰构造示例

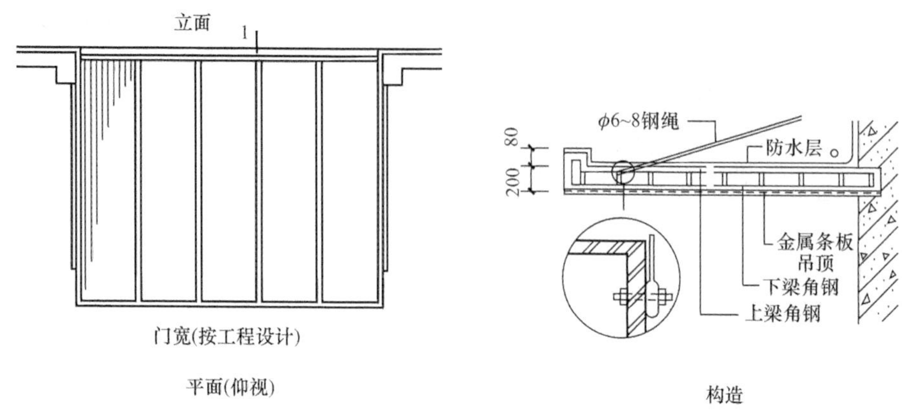

图 7.43（续）

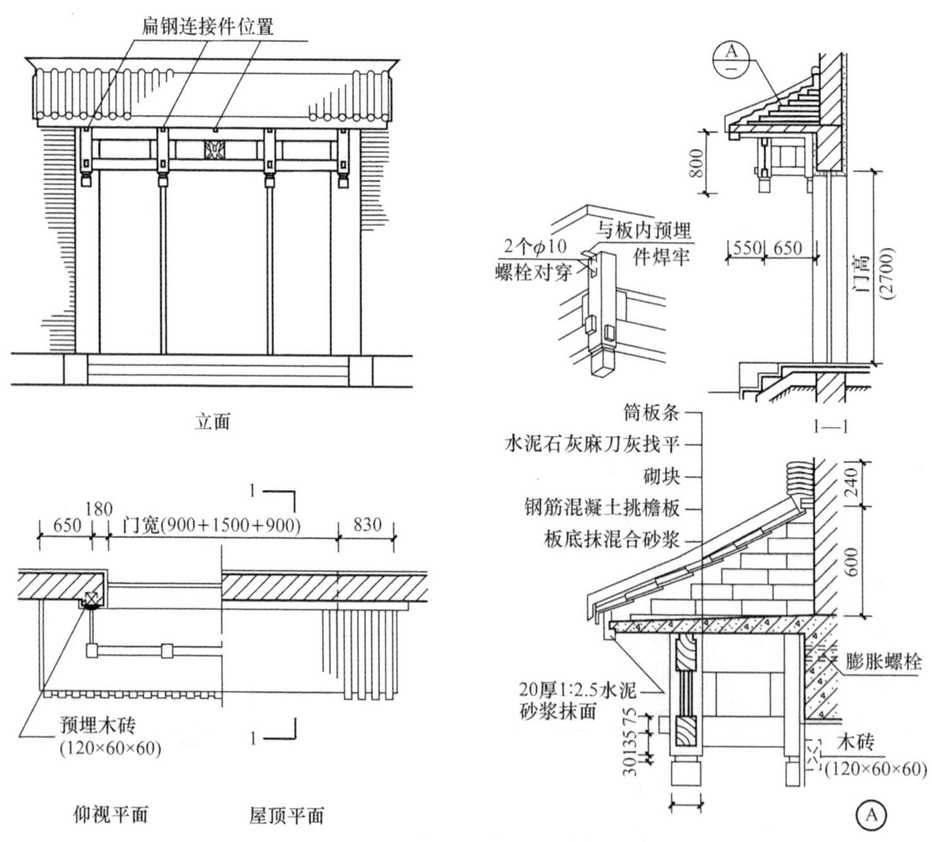

图 7.44　传统垂花雨篷装饰构造示例

(5) 国外优秀入口雨篷设计举例（图 7.45～图 7.48）

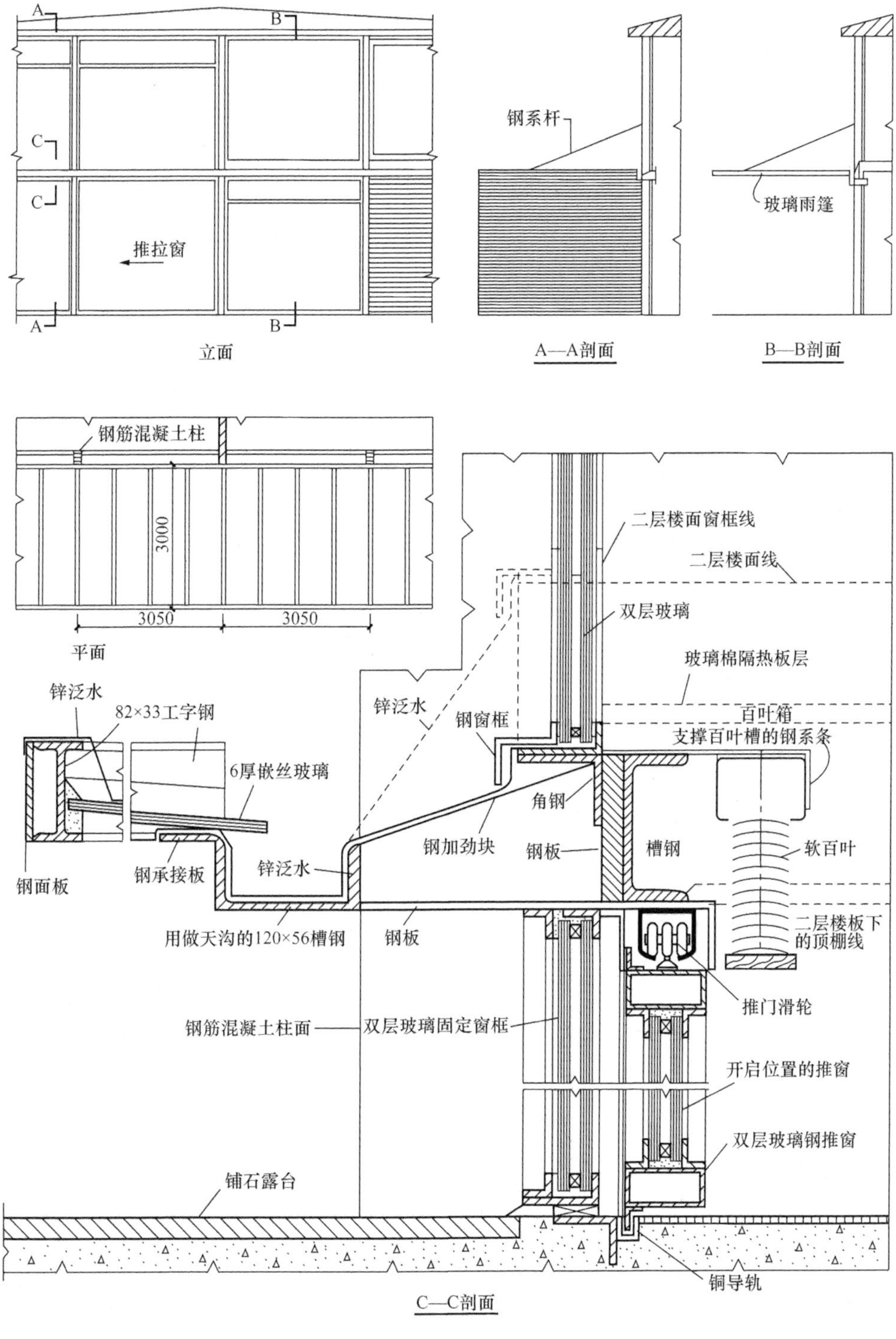

图 7.45　斜吊杆支承的玻璃雨篷

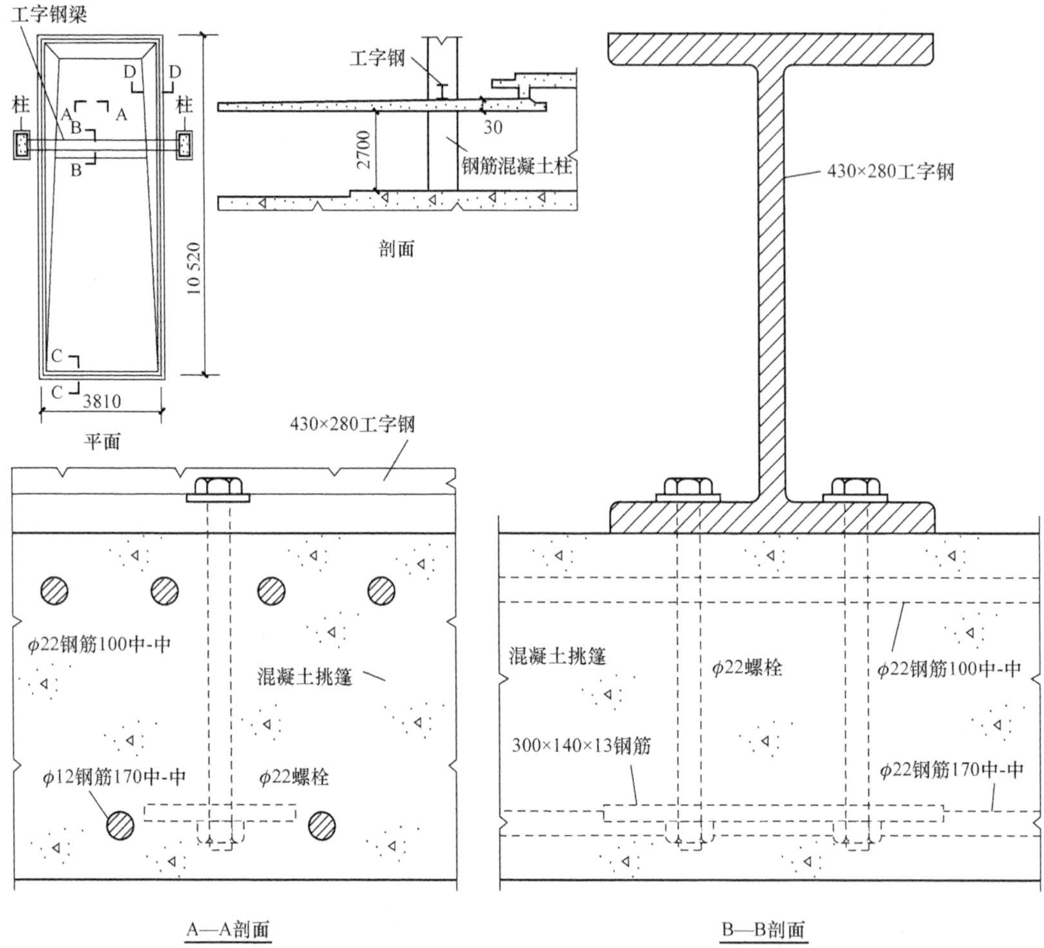

工字钢梁
柱
柱
A
A
B
B
D
D
C
C
3810
10 520
平面
工字钢
30
2700
钢筋混凝土柱
剖面
430×280工字钢
430×280工字钢
φ22钢筋100中-中
混凝土挑篷
φ12钢筋170中-中
φ22螺栓
A—A剖面
混凝土挑篷
φ22螺栓
φ22钢筋100中-中
300×140×13钢筋
φ22钢筋170中-中
B—B剖面

此为一长出挑雨篷，在短出挑一端，顶住二楼梁底，短出挑板加厚，雨篷周边加悬空铝合金框是为了有装饰效果，且不受自由落水时污水玷污

铝边框
φ22钢筋410中-中
固定螺钉
螺纹托杆埋挑篷内
φ22钢筋
滴水
C—C剖面
φ22钢筋100中-中
φ22钢筋
φ13钢筋
φ22钢筋170中-中
混凝土挑篷
滴水
铝边框
螺纹套管
D—D剖面

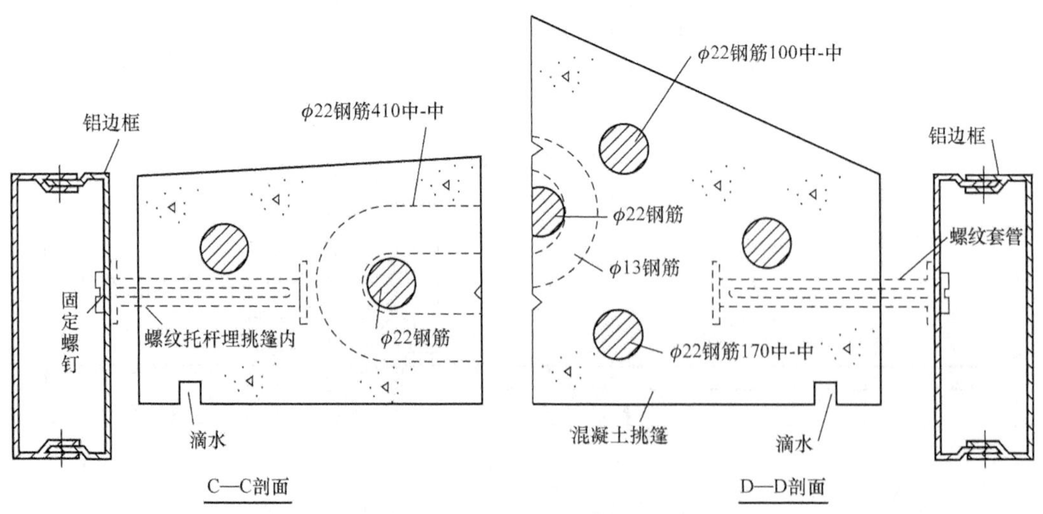

图 7.46　长出挑的钢筋混凝土雨篷

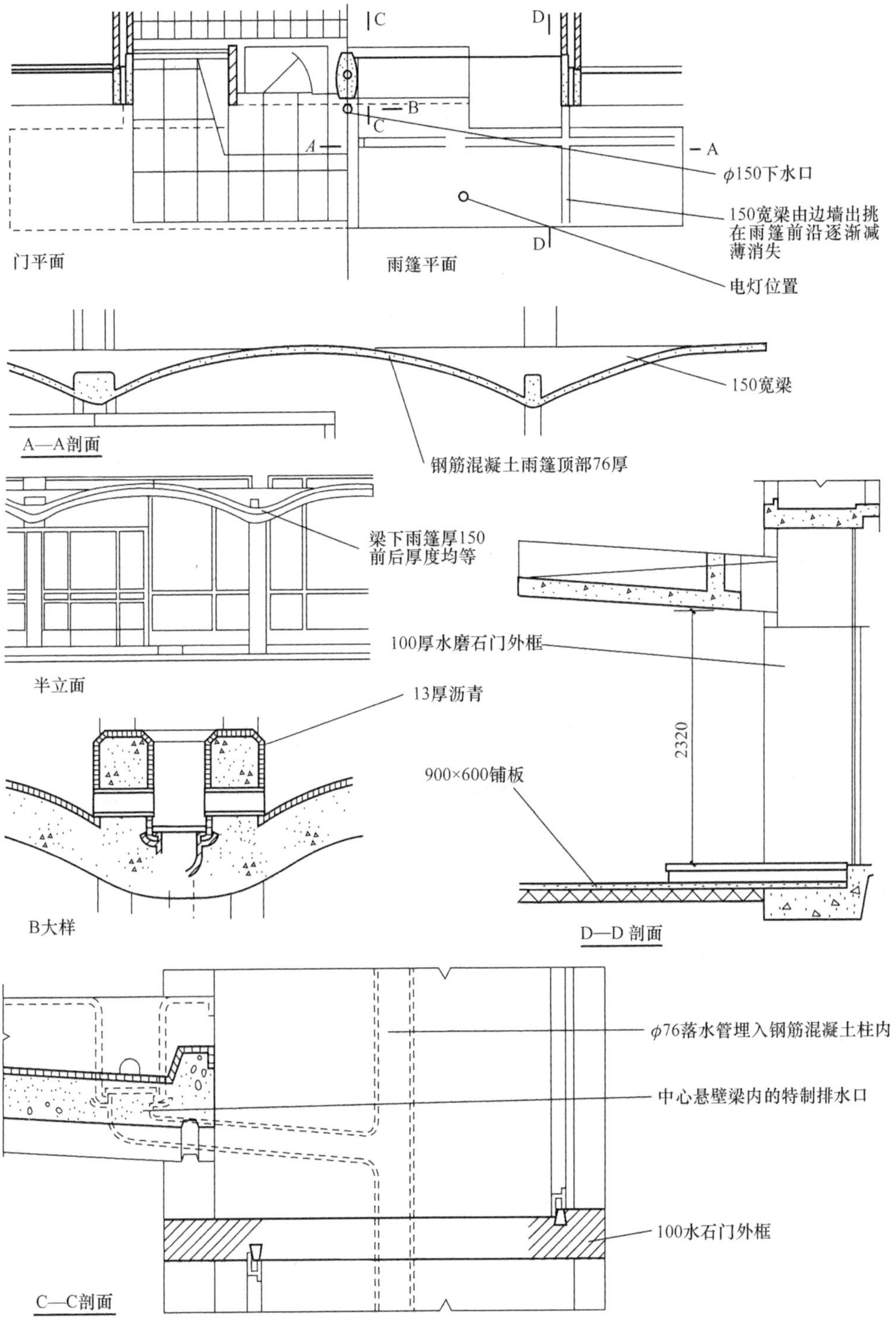

C
D
B
A
A
ϕ150下水口
150宽梁由边墙出挑在雨篷前沿逐渐减薄消失
门平面
雨篷平面
电灯位置

150宽梁
A—A剖面
钢筋混凝土雨篷顶部76厚

梁下雨篷厚150前后厚度均等
半立面
100厚水磨石门外框
13厚沥青
2320
900×600铺板
B大样
D—D 剖面

ϕ76落水管埋入钢筋混凝土柱内
中心悬壁梁内的特制排水口
100水石门外框
C—C剖面

图 7.47　波浪状钢筋混凝土雨篷

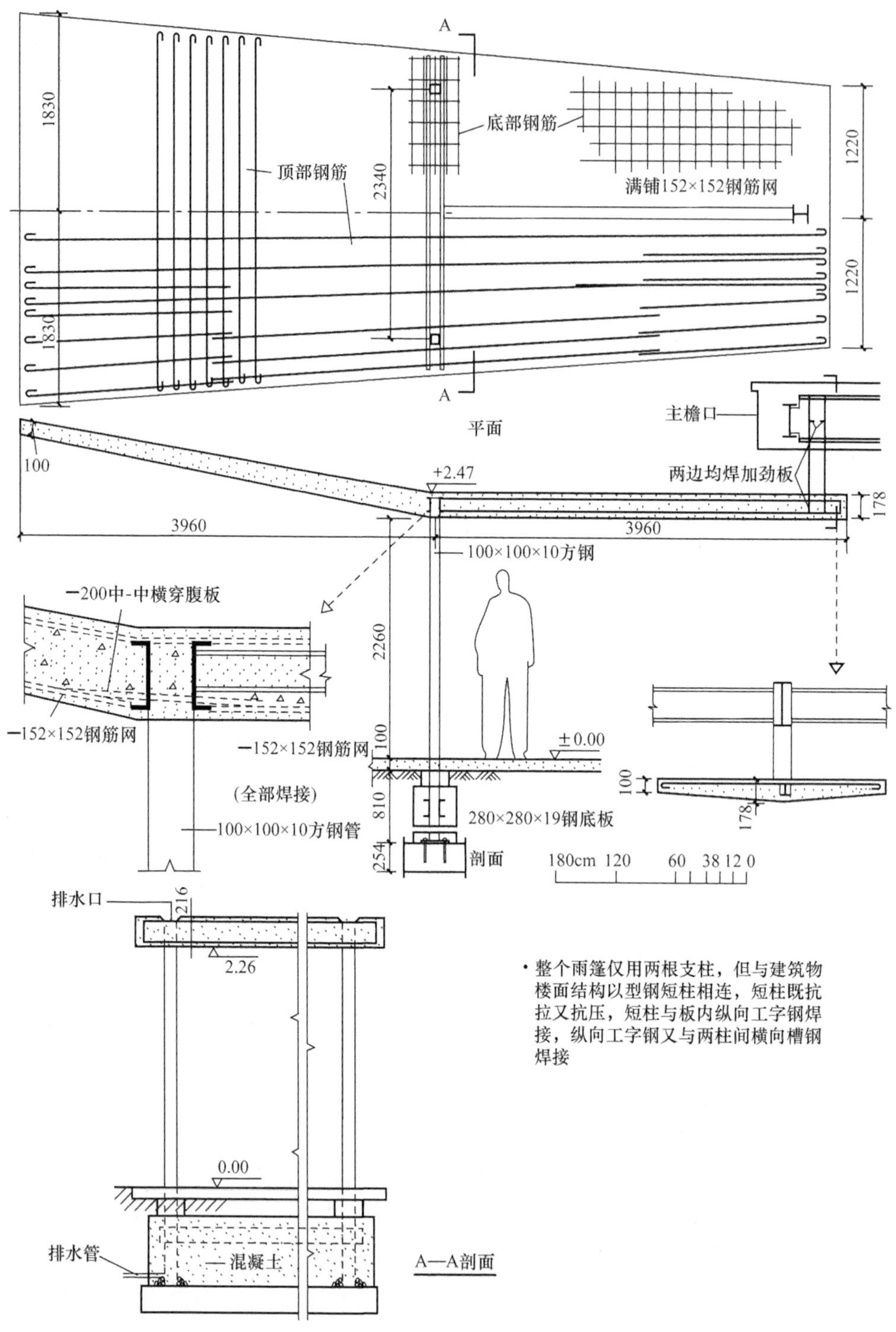

· 整个雨篷仅用两根支柱，但与建筑物楼面结构以型钢短柱相连，短柱既抗拉又抗压，短柱与板内纵向工字钢焊接，纵向工字钢又与两柱间横向槽钢焊接

图 7.48　立杆截面很小的大悬挑板雨篷

7.3 随堂测试

小　结

屋顶是建筑物的承重和围护构件，由防水层、结构层和保温层等组成，屋顶按其外形分为坡屋顶、平屋顶和曲面屋顶等。屋面的防水材料分为柔性防水材料和刚性防水材料。无论上人屋面、屋顶花园、采光屋顶应做好特殊节点构造，如檐口泛水、雨水口、变形缝等。雨篷有悬板式和梁板式之分，构造重点在于板面和雨篷板与墙体的防水处理。

复习思考题

7.1　铝塑板造型的构造做法什么？

7.2　装饰挑檐的类型和构造做法是什么？

7.3　上人屋面的基本构造层次及构造做法是什么？

7.4　屋顶花园有哪些功能？建造其必须注意哪些问题？

7.5　采光屋顶构造设计有什么要求？如何满足这些要求？

7.6　雨篷装饰构造设计应综合考虑哪些问题？

绘图实践作业

7.1　试将你所在的教学楼屋顶设计为上人的屋顶花园，供学生课后休息和读书使用。可 3～6 人一组，分工合作完成：①屋顶花园平面图；②屋顶花园效果图；③构造节点大样图。

7.2　试设计一雨篷，要求时尚美观，构思巧妙，现实可行。绘图表示其构造做法。

第8章 其他装饰构造

教学目标 ☞

1. 熟悉花格安装固定常用的材料。
2. 掌握金属花格的装饰构造做法。
3. 掌握招牌、吧台的装饰构造做法。
4. 了解人造水景的构造的形式。

课程思政 ☞

花格、柜台以及广告招牌等虽然属于装饰构造中的细节方面，但是在我们现实生活中的应用非常广泛。本章引入课程思政案例“花格榫卯技术”的视频，通过视频了解一位研究古典花格40年的木工师傅——陈标制作一件花格榫卯的复杂过程和精致工艺，从而认识到要成为一名成熟的花格木工不仅要会绘画、雕刻，还要会木工、设计等，缺一不可。通过视频故事认识并思考工匠精神，树立民族自信心和自豪感。

思维导图

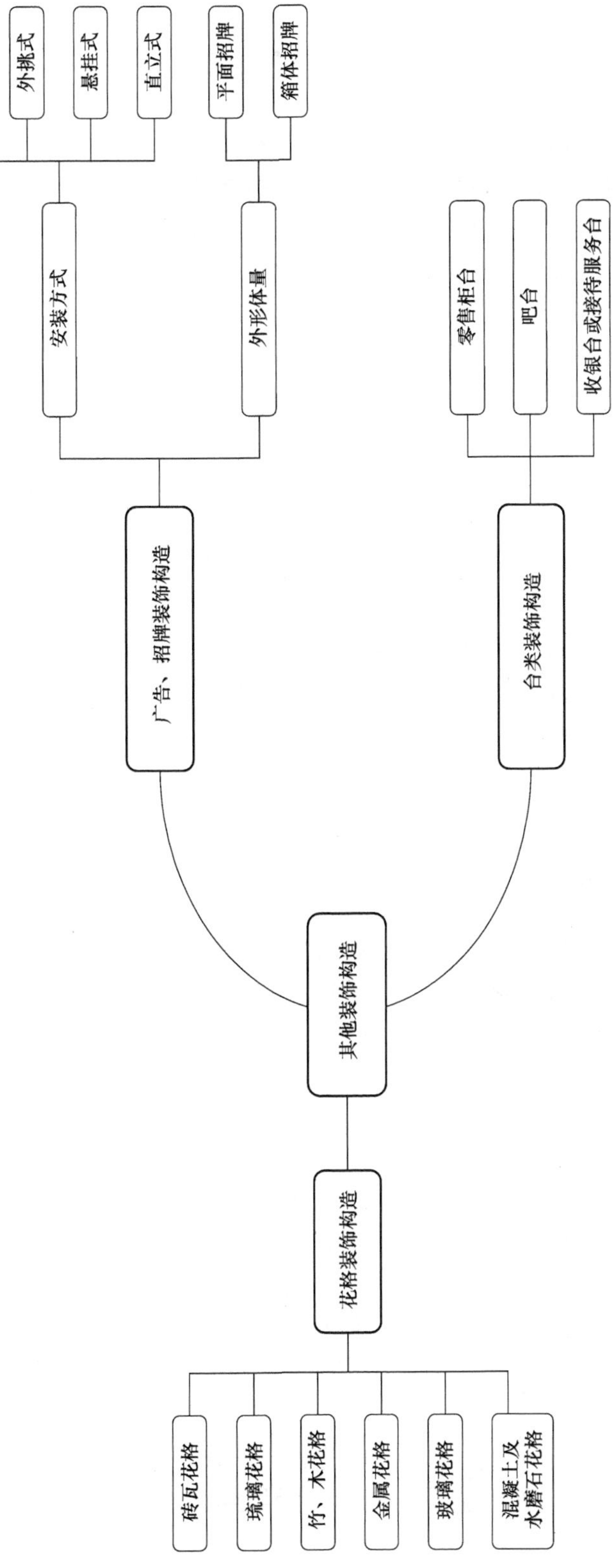

- 其他装饰构造
  - 花格装饰构造
    - 砖瓦花格
    - 琉璃花格
    - 竹、木花格
    - 金属花格
    - 玻璃花格
    - 混凝土及水磨石花格
  - 广告、招牌装饰构造
    - 安装方式
      - 附贴式
      - 外挑式
      - 悬挂式
      - 直立式
    - 外形体量
      - 平面招牌
      - 箱体招牌
  - 台类装饰构造
    - 零售柜台
    - 吧台
    - 收银台或接待服务台

8.1 花格装饰构造

花格安装固定常用的材料

建筑花格是建筑整体中一个华丽的组成部分。一般有水泥或混凝土花格、竹木花格、金属花格和玻璃花格等，通常用于建筑内部或外部空间的局部点缀。建筑花格不仅可用来装饰空间、美化环境，增进建筑艺术效果，同时还能起到联系和扩展空间的作用，并增加空间的层次和流动感；有的还兼有吸声、隔热的效果。

常见类型花格装饰构造

随着现代科学技术的飞跃发展，花格制品也日新月异，五彩纷呈。钛金膜层高新技术的出现，TG系列离子镀膜设备的开发，使金属饰面增添了雍容华贵、流光溢彩、永不磨损的仿金色，给室内外带来金碧辉煌的效果；艺术装饰玻璃（如各类立体雕刻玻璃、平面雕刻玻璃、仿镶嵌彩绘及浮雕彩绘玻璃等）的普及使用以其花饰新颖、制作精细、品质上乘又为花格增添了魅力，用于室内时，从外观到使用环境以及视觉效果，均显得异乎寻常的清新和高雅。

作为建筑整体的一个组成部分，建筑花格的设计和安装，必须从建筑的总体要求出发，保持与空间、环境的协调配合。从图案比较、选用材料、体型大小、色调和谐、制作安装质量各个方面必须做到精益求精，才能充分发挥建筑花格的综合效果。

8.1.1 砖瓦花格

1. 砖花格

砖花格就是用砌块砖砌筑的花格花墙。砌块砖要求质地坚固、大小一致、平直方整。一般多用1∶3水泥砂浆砌筑，其表面可做成清水或抹灰。根据立面效果可分为平砌砖花、凹凸面砖花，如图8.1所示。

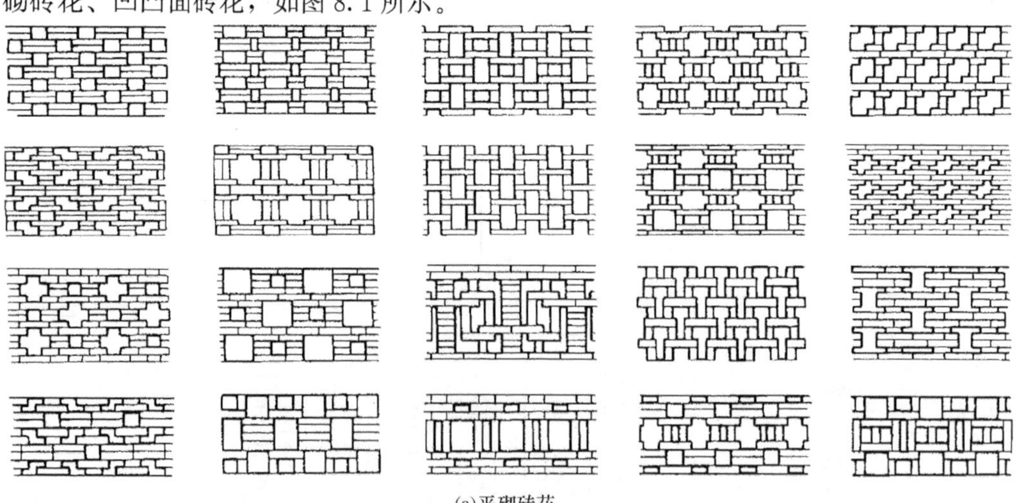
(a)平砌砖花

图8.1 砖花格

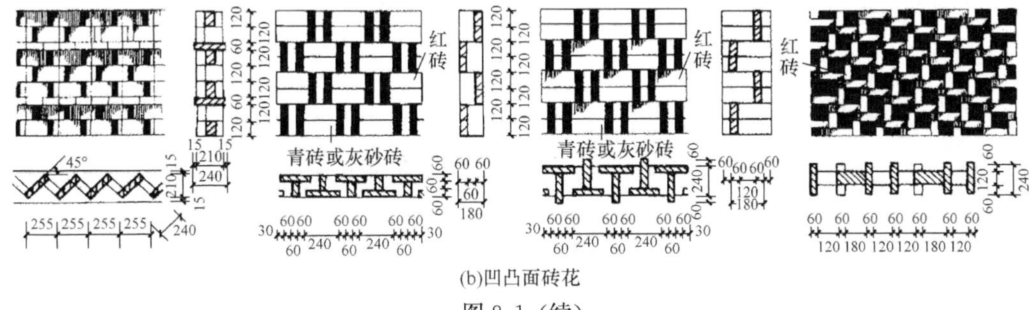

(b)凹凸面砖花

图 8.1（续）

砖花格墙的厚度根据砖的规格尺寸有 120mm 和 240mm 两种。120mm 厚砖花格墙砌筑的高度和宽度≤1500mm×3000mm；240mm 厚砖花格墙的高度和宽度≤2000mm×3500mm，砖花格墙必须与实墙、柱连接牢固。

2. 瓦花格

瓦花格就是用瓦砌筑的花格，在我国具有悠久的历史。这种形式的花格生动、雅致、变化多样，与不同的建筑部位结合形成花墙、漏窗、花屋脊等。它丰富了建筑形象，使建筑平添活泼的情趣。如图 8.2 所示，(a) 为瓦花屋脊，(b) 为花格类型，(c) 为与院墙结合的花格。

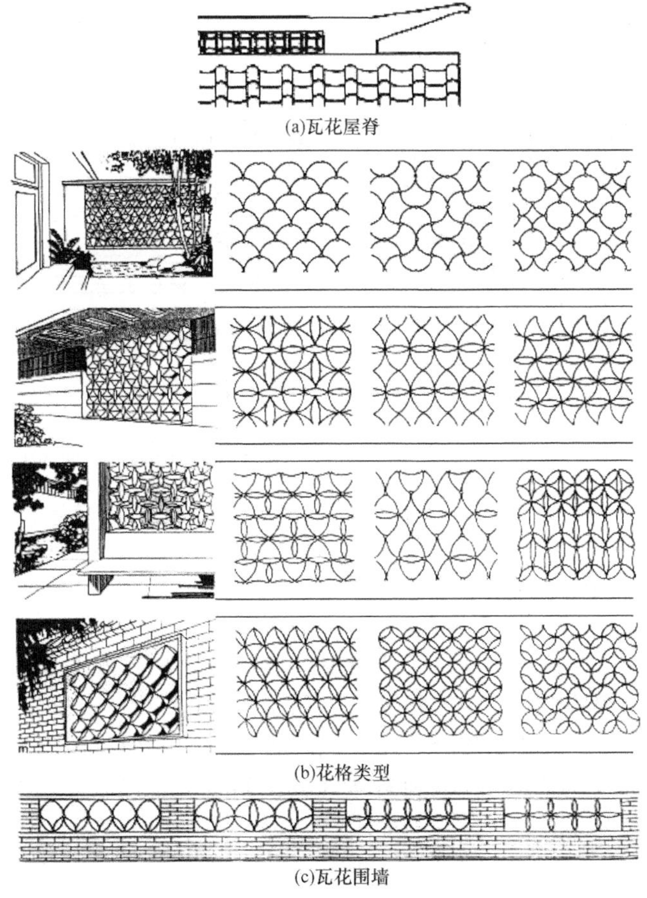

(a)瓦花屋脊

(b)花格类型

(c)瓦花围墙

图 8.2　瓦花格

瓦花格一般以白灰麻刀或青灰砌筑结合，高度不宜过大，顶部宜加钢筋砖带或混凝土压顶。

8.1.2 琉璃花格

琉璃花格是我国传统装饰配件之一。这种形式的花格色泽丰富多彩，经久耐用。近来经过不断改进和创新，可用于围墙、栏杆、漏窗等部位。如图 8.3 所示，(a) 为常见的琉璃花饰，(b) 为构件组合形式。

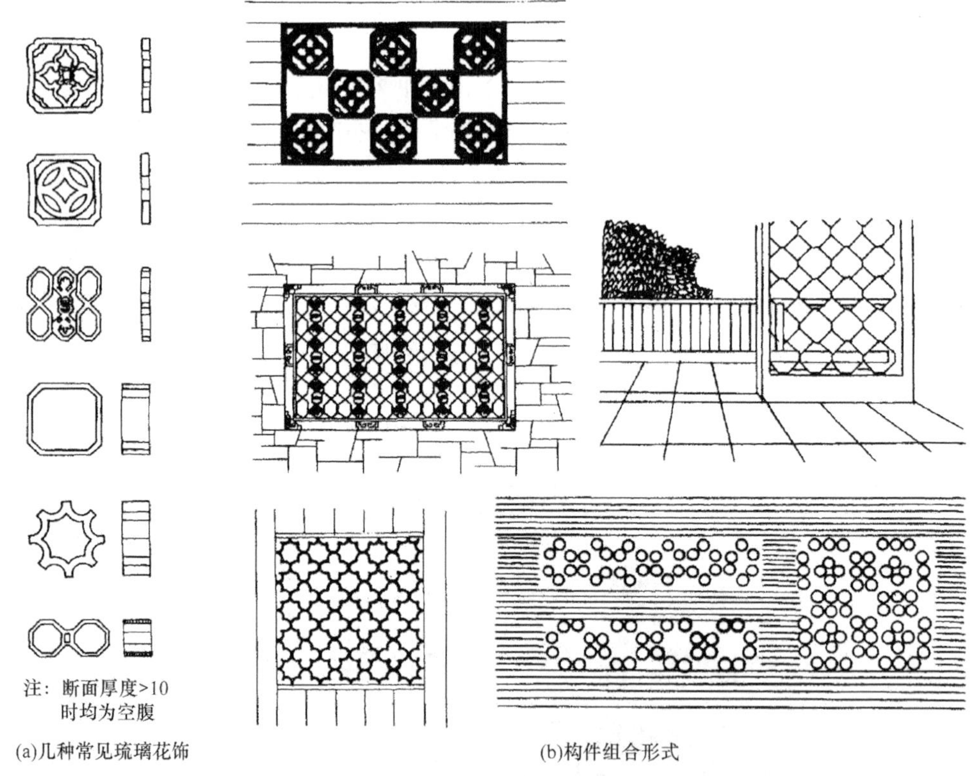

(a)几种常见琉璃花饰　(b)构件组合形式

图 8.3　琉璃花格基本构件及组合示例

琉璃花格一般用 1∶2.5 水泥砂浆砌筑结合，在必要的位置宜采用镀锌铁丝或钢筋锚固，然后用 1∶2.5 水泥砂浆填实。如图 8.4 所示，(a) 为组合形式，(b) 为剖断面图及节点构造。

8.1.3 竹、木花格

房子的记忆和生命
（宁波博物馆赏析）

竹、木花格格调清新，玲珑剔透，与传统图案相结合会具有浓郁的民族或地方特色，多用于室内的隔断和隔墙。竹、木花格很适于与绿化相配合，从而满足人们迫切希望“回归自然”的心理，表现现代人所追求的自然气息；并易与具有民族风格的室内陈设相协调，故而应用颇为广泛。

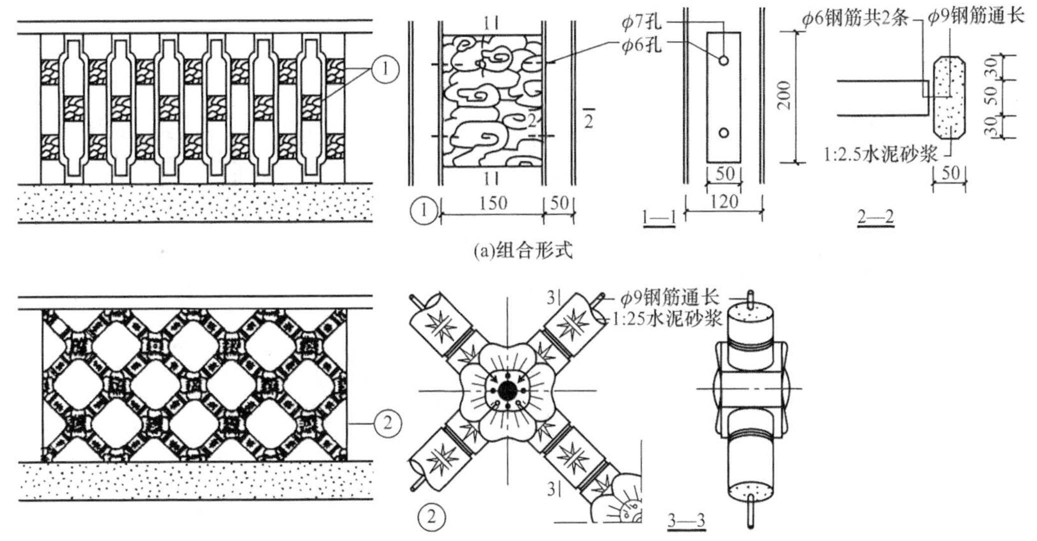

图 8.4　围墙实例及节点构造

1. 竹花格

竹材用于装修及花格时，应选用竹杆均匀、质地坚硬、竹身光洁且直径在 10～50mm 为宜。

竹材易生虫，在制作前应作防蛀处理，如经石灰水浸泡等。竹材表面可涂清漆，烧成斑纹、斑点，刻花刻字等。利用竹材本身的色泽和形象特点，用于装修及花格时，可获得清新自然，生动简雅的装饰效果。同时，与其他要素如木材、花盒相结合，可形成丰富的立面造型及空间的层次感，如图 8.5 所示。

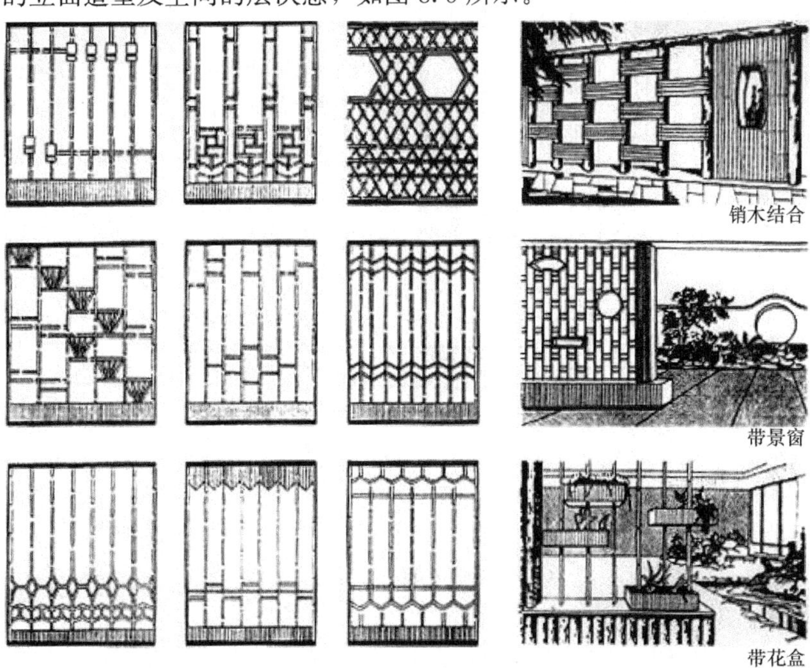

图 8.5　竹花格

竹构件的结合通常以竹销（或钢销）为主，此外还可用套、塞、穿等方法。或将竹材烘弯，或进行胶接，如图 8.6 所示。

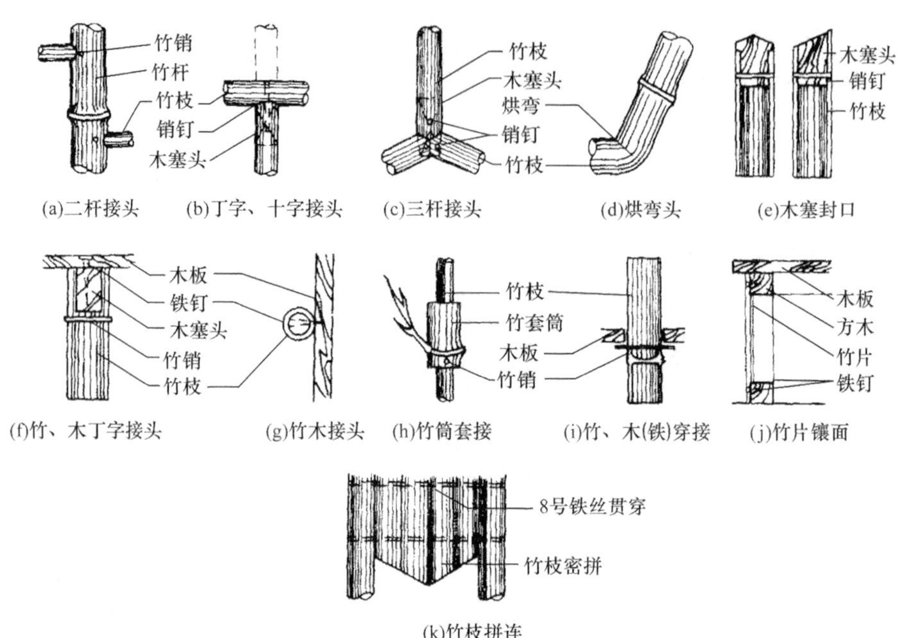

图 8.6　竹构件的结合方式

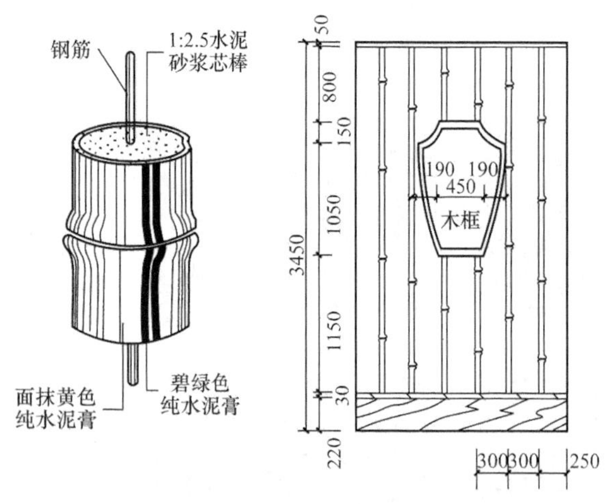

图 8.7　水泥仿竹花格

还有一种常用的竹花格做法是用水泥进行仿制，如图 8.7 所示。按长度用 1∶2.5 水泥砂浆预制成条形芯棒，直径约 70mm，内置钢筋（长度＜2000mm 的用 $\phi12$ 的钢筋，长度≥2000mm 的用 $\phi16$ 的钢筋），两端各伸出 30mm。然后用白水泥调成黄色纯水泥膏，模面塑成竹形，并预留一至两道凹槽。硬结后调制碧绿色纯水泥膏填满凹缝，磨光打蜡。

仿竹花格的安装可按预定位置将上端伸出的钢筋伸入混凝土梁、板并加以固定，下端固定于楼地面并砌筑砖踢脚线固定。

2. 木花格

木花格的造型极为丰富，如图 8.8（a）、（b）所示。用于通透式隔断的木材多为硬质杂木，其造型处理可与雕刻（浮雕或透雕）相结合达到不同的风格要求。其表面可涂色漆或清漆。

木材的连接方法多以榫接（图 8.9）为主，此外还有胶接、钉接和螺栓连接等方法。

(a)几种木花格图案组合

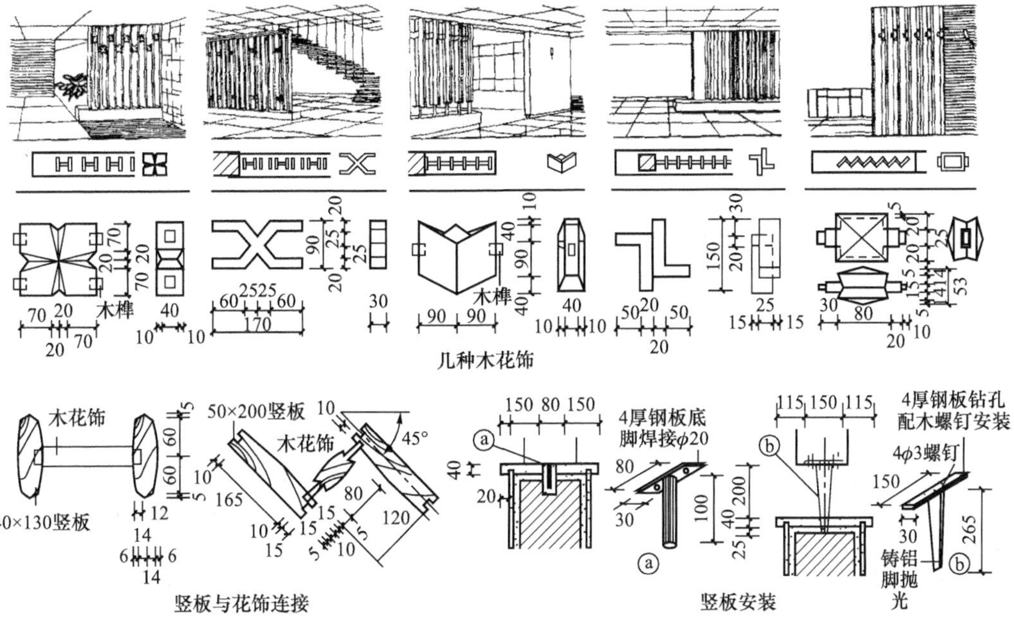

几种木花饰

竖板与花饰连接

竖板安装

(b)几种竖板式木花格示例

图 8.8　木花格

竹木花格还可与其他材料如玻璃、金属等结合，通过材质的对比效果丰富花格隔断的立面效果。

8.1.4　金属花格

金属花格的种类、造型多种多样，根据所用金属材料来分，有铁花格、钢花格、铜花格、铝合金花格。其造型效果根据图案、材料的不同而情调各异，可与彩色玻璃、有机玻璃或硬杂木饰件相结合，或通过涂漆、烤漆、镀铬或鎏金、包塑、贴铜箔或铝箔来取得富丽堂皇的装饰效果。

金属花格的成型方法有两种：一种是浇注成型，即利用模型铸出铁、铜或铝合金花格；另一种是弯曲成型，即用型钢、扁钢、钢管或钢筋预先弯成小花格，再用小花格拼装成大隔断，或者直接用弯曲成形的办法制成大隔断。

金属花格的连接可用焊接，也可用铆接或用螺栓连接。如图 8.10（a）所示，图中两款金属花格，其中花饰与立柱之间、花饰与花饰之间的连接都是通过焊接。

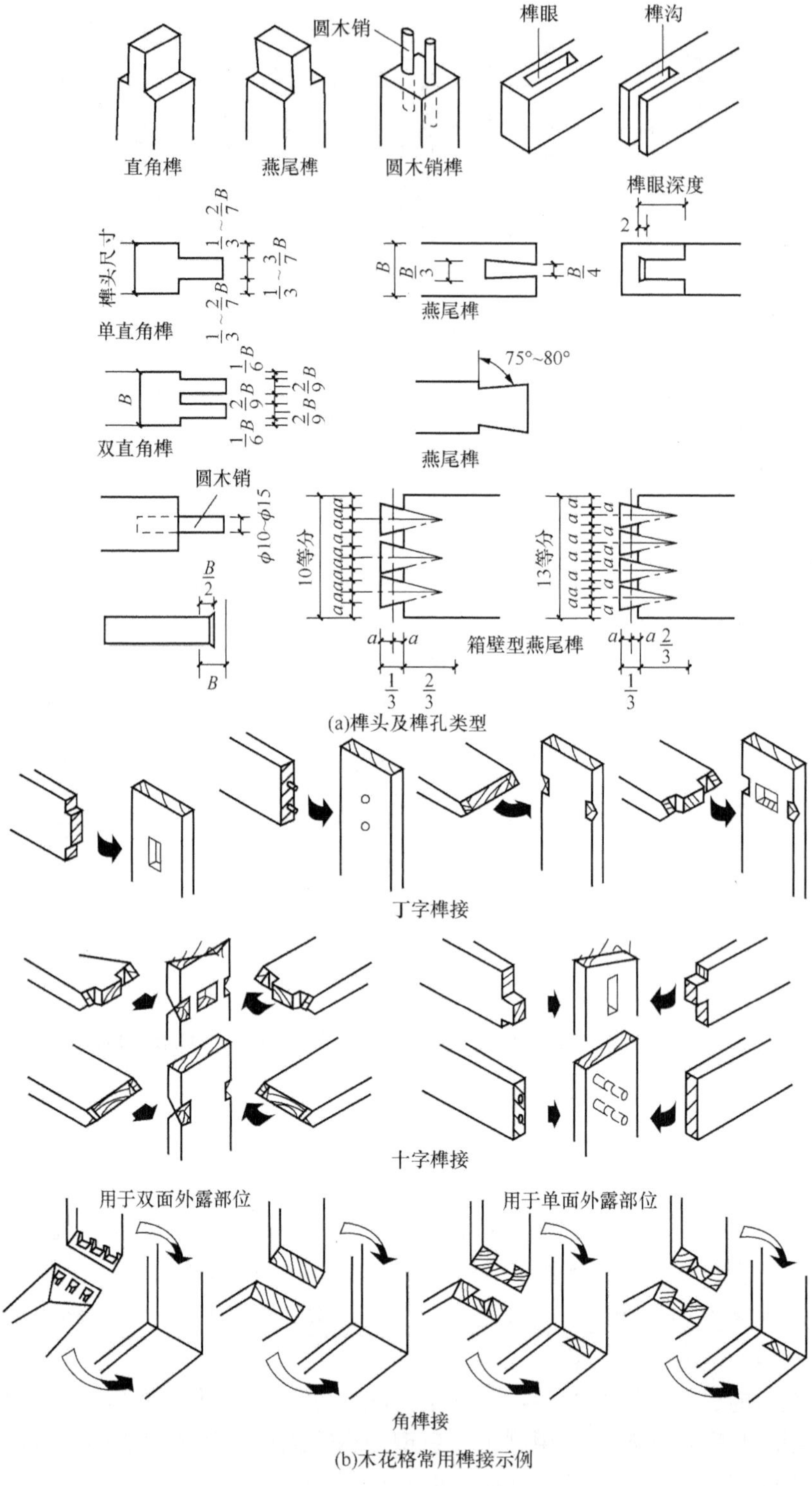

圆木销
榫眼
榫沟
直角榫
燕尾榫
圆木销榫
榫眼深度
榫头尺寸
单直角榫
燕尾榫
75°~80°
双直角榫
燕尾榫
圆木销
φ10~φ15
10等分
13等分
箱壁型燕尾榫
(a)榫头及榫孔类型
丁字榫接
十字榫接
用于双面外露部位
用于单面外露部位
角榫接
(b)木花格常用榫接示例

图 8.9　木花格的连接

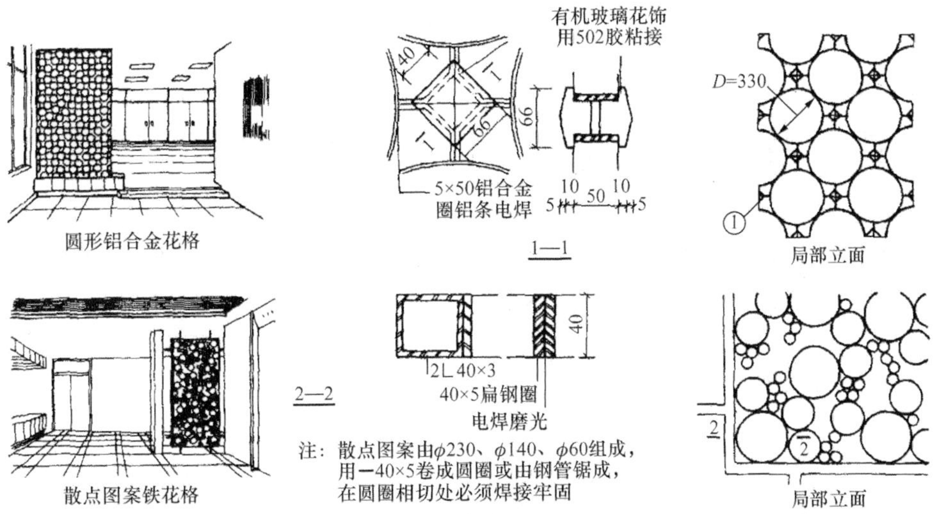

有机玻璃花饰
用502胶粘接

D=330

5×50铝合金
圈铝条电焊

10 50 10
5 5

圆形铝合金花格

1—1

局部立面

2L 40×3
40×5扁钢圈
电焊磨光

2—2

注：散点图案由ϕ230、ϕ140、ϕ60组成，
用−40×5卷成圆圈或由钢管锯成，
在圆圈相切处必须焊接牢固

散点图案铁花格

局部立面

(a)金属花格

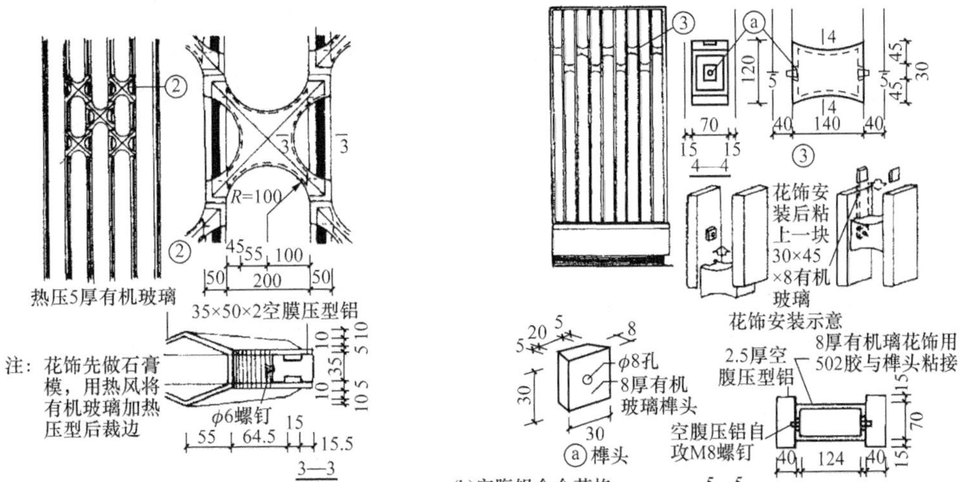

R=100

45 55 100
50 200 50

热压5厚有机玻璃

35×50×2空膜压型铝

注：花饰先做石膏
模，用热风将
有机玻璃加热
压型后裁边

ϕ6螺钉

55 64.5 15 15.5

3—3

70
15 15
4—4

40 140 40

花饰安
装后粘
上一块
30×45
×8有机
玻璃

花饰安装示意

ϕ8孔
8厚有机
玻璃榫头

ⓐ 榫头

2.5厚空
腹压型铝

8厚有机璃花饰用
502胶与榫头粘接

空腹压铝自
攻M8螺钉

40 124 40
8 8

5—5

(b)空腹铝合金花格

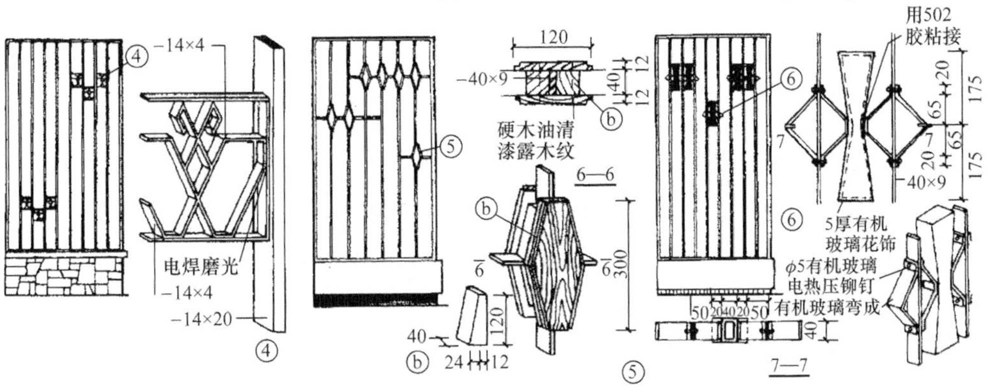

−14×4

电焊磨光
−14×4
−14×20

120
−40×9

硬木油清
漆露木纹

6—6

300

40
24 12

用502
胶粘接

−40×9

5厚有机
玻璃花饰

ϕ5有机玻璃
电热压铆钉
有机玻璃弯成

50 20 40 20 50

7—7

(c)扁钢花格

图 8.10　金属花格及局部

图 8.10（b）是两款空腹铝合金与有机玻璃相结合的花格立面简图和连接构造。左图中有机玻璃制作前先做石膏模，用热风将有机玻璃加热压型后裁边。右图中有机玻璃花饰的固定是通过一块带孔的有机玻璃榫头，这块榫头通过 M8 自攻螺钉固定于空腹铝合金立柱上，然后用 502 胶与花饰黏结，并粘上一块 30mm×45mm×8mm 有机玻璃作为加固。花饰具体尺寸见图中标注。

图 8.10（c）是两款扁钢立柱与硬木饰件、有机玻璃花饰的连接。左图为扁钢与硬木结合的花格立面简图和构造节点。用木螺钉和中间附加硬木使花饰与十字扁钢固定在一起。右图中有机玻璃之间用 502 胶黏结，有机玻璃与金属立柱之间用 $\phi 5$ 有机玻璃电热压铆钉连接固定。

图 8.11 是几种金属花格的连接方法示例。

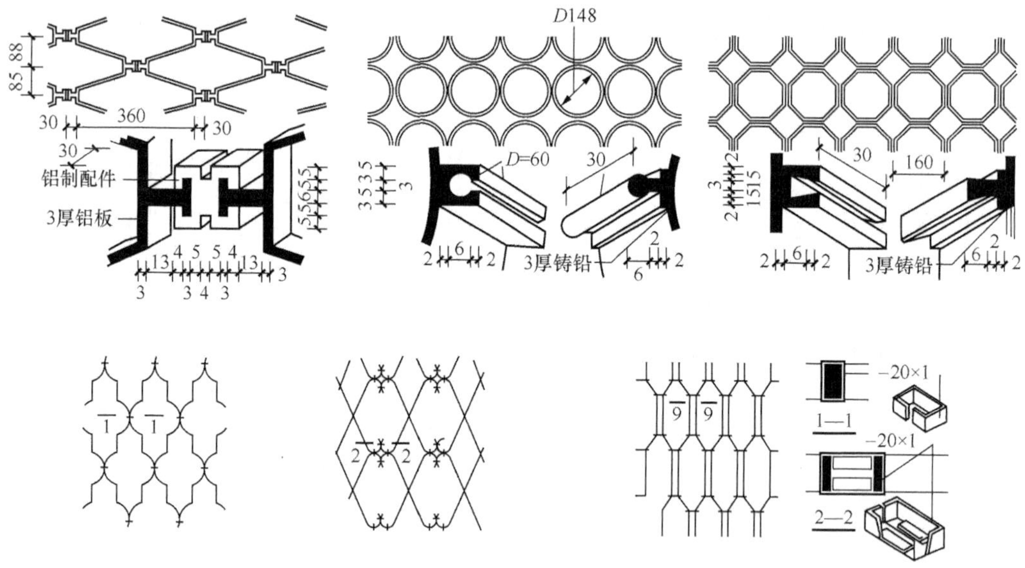

图 8.11　几种金属花格的连接方法

8.1.5　玻璃花格

玻璃花格是建筑室内装饰最常用的一种形式。常用的玻璃有彩色玻璃、套色刻花玻璃、银光刻花玻璃、压花玻璃、磨砂玻璃、夹花玻璃，或采用玻璃砖和玻璃管等。彩色玻璃是通过加入一定的矿物颜料使其呈现某种色彩；磨砂玻璃具有一定的透光和遮挡视线的性能；夹花玻璃是在两层平板玻璃中间夹上剪纸花；银光刻花玻璃的制作程序如图 8.12 所示。套色刻花玻璃的制作工艺，大体上与银光刻花玻璃相同，只是在玻璃制造时已套上各种颜色（即在一块玻璃内有一层光片一层色片）。腐蚀有色的一面，露出光玻璃，并可在腐蚀时控制不同的时间，使颜色有深浅之分。腐蚀后不用磨砂，装饰效果美观华丽。

玻璃花格多以木或金属作为框架，根据结合方式不同形成丰富的造型效果。图 8.13 是几种玻璃花格的立面效果和节点构造，以供参考。

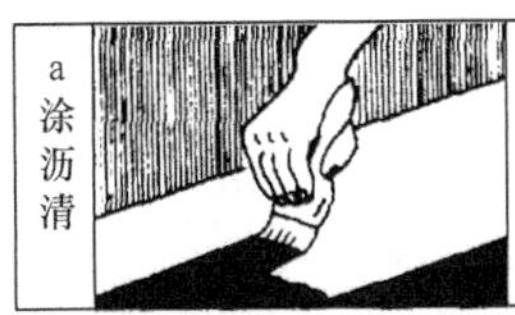

a 涂沥清

先把玻璃洗干净，待干燥后涂上一层沥青漆(可以尽量涂厚些)，以便将锡箔粘紧在琉璃板上

b 贴锡箔

待沥青漆干至不粘手时，将锡箔平整地贴在沥青漆面。要注意应尽量减少褶皱，避免产生空隙缝，以防漏酸

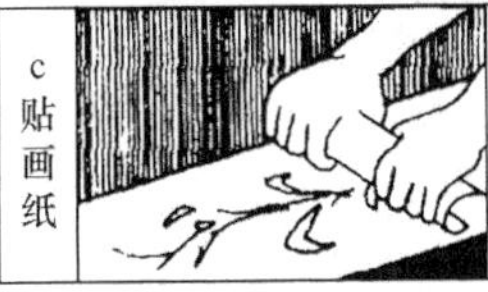

c 贴画纸

将设计好的图样画在打字纸上，然后在纸底面满涂浆。以裱贴方法将纸样贴在锡箔面上

d 刻纹样

待贴画干透后，用刻刀将纹样刻出，并把需要腐蚀的部分铲掉，再用汽油或煤油将此部位上的沥青漆洗干净

e 腐蚀

用木框封边，涂上石蜡以氢氟酸调清水1:5左右(体积比)倒在需要腐蚀的玻璃画面内，按需要深度控制腐蚀时间

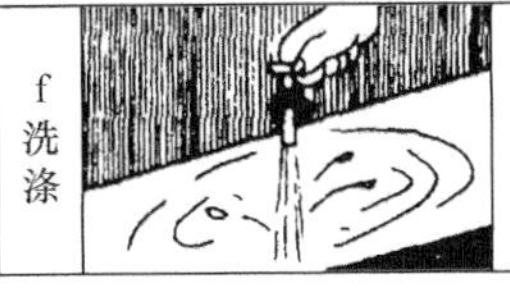

f 洗涤

将氢氟酸倒净，用水冲刷几次，把锡及漆用小铁铲铲去后，再用汽油将油腻擦净，最后用清水冲洗干净为止

g 磨砂

将腐蚀后的玻璃放在台面，用金刚砂加少量的水倒在玻璃上，以小块玻璃互相摩擦至未腐蚀的玻璃表面呈砂为止

图 8.12　银光刻花玻璃的制作程序

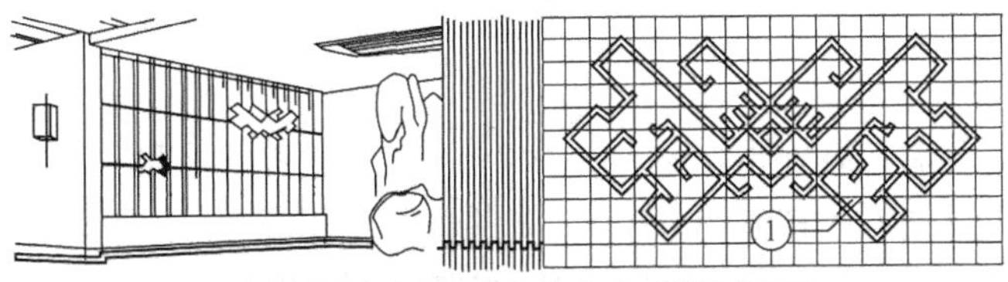

(a) 仿壮锦图案木花格彩色玻璃(广西壮族自治区)

(b) 刻花玻璃花格

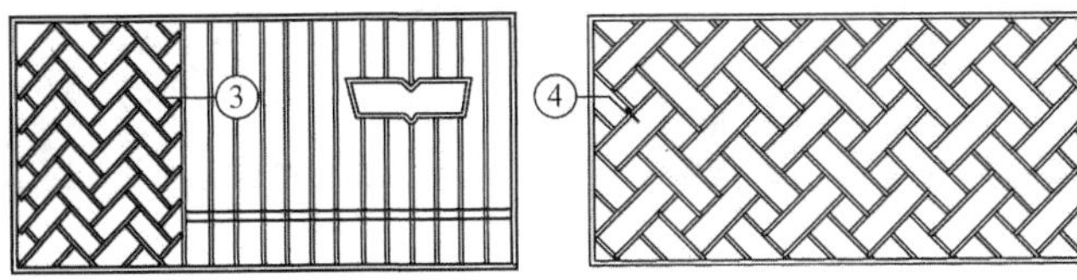

(c) 彩色玻璃花格

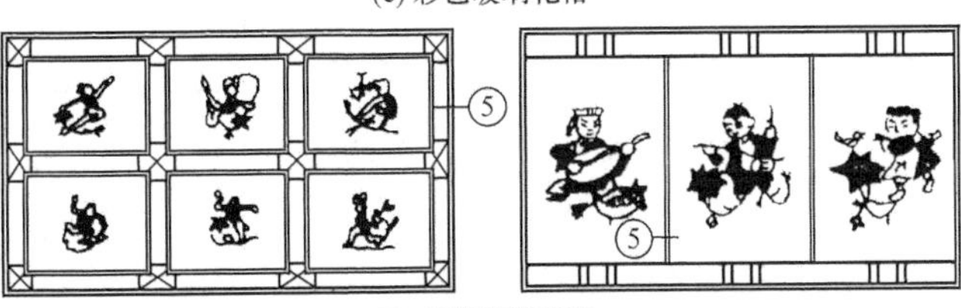

(d) 夹花玻璃花格

图 8.13　玻璃花格的立面效果和节点构造

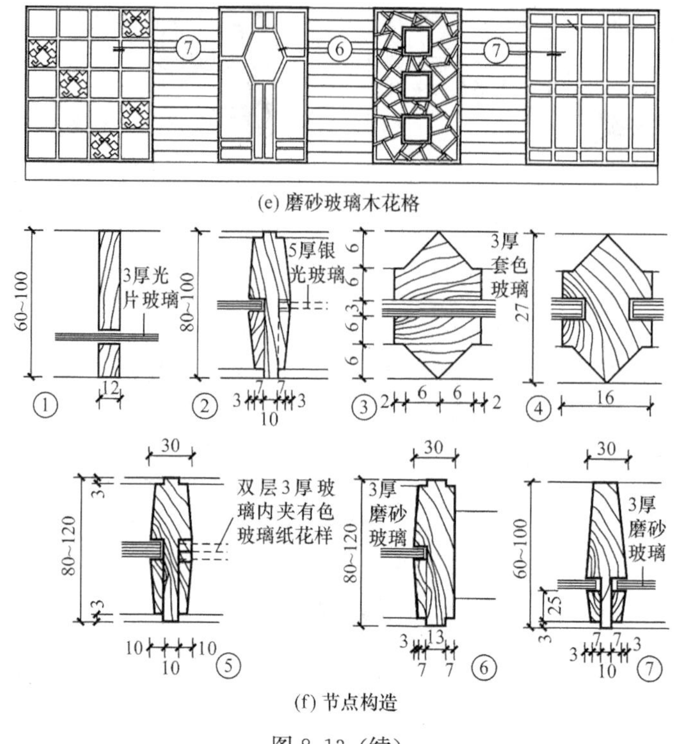

(e) 磨砂玻璃木花格

(f) 节点构造

图 8.13（续）

玻璃砖即特厚玻璃，有凹形与空心两大类，其图案和规格尺寸如图 8.14 所示。玻璃砖侧面有凹槽，以便嵌入白色水泥砂或灰白色水泥石子浆，从而将单块玻璃砖砌筑在一起。当面积较大时，玻璃砖的凹槽中应另加通长钢筋或扁钢，并将钢筋或扁钢同周围的建筑构件连接起来，以增强稳定性，玻璃砖隔墙构造如图 8.15 所示。

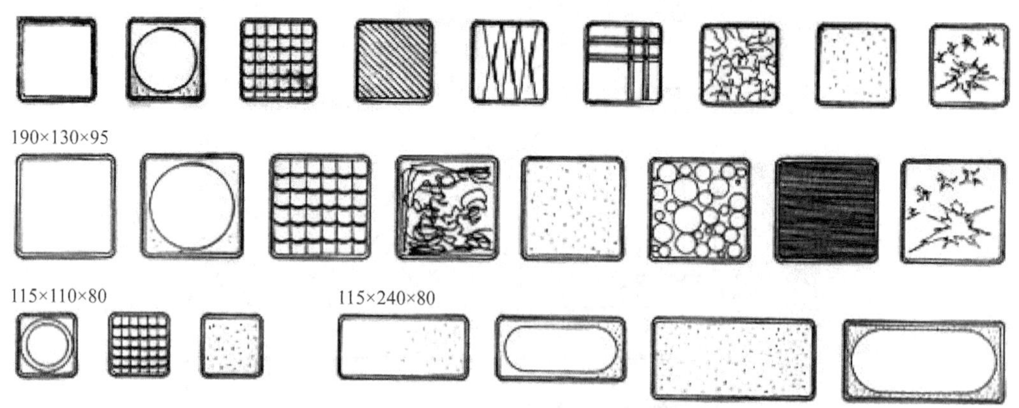

图 8.14　玻璃砖规格尺寸

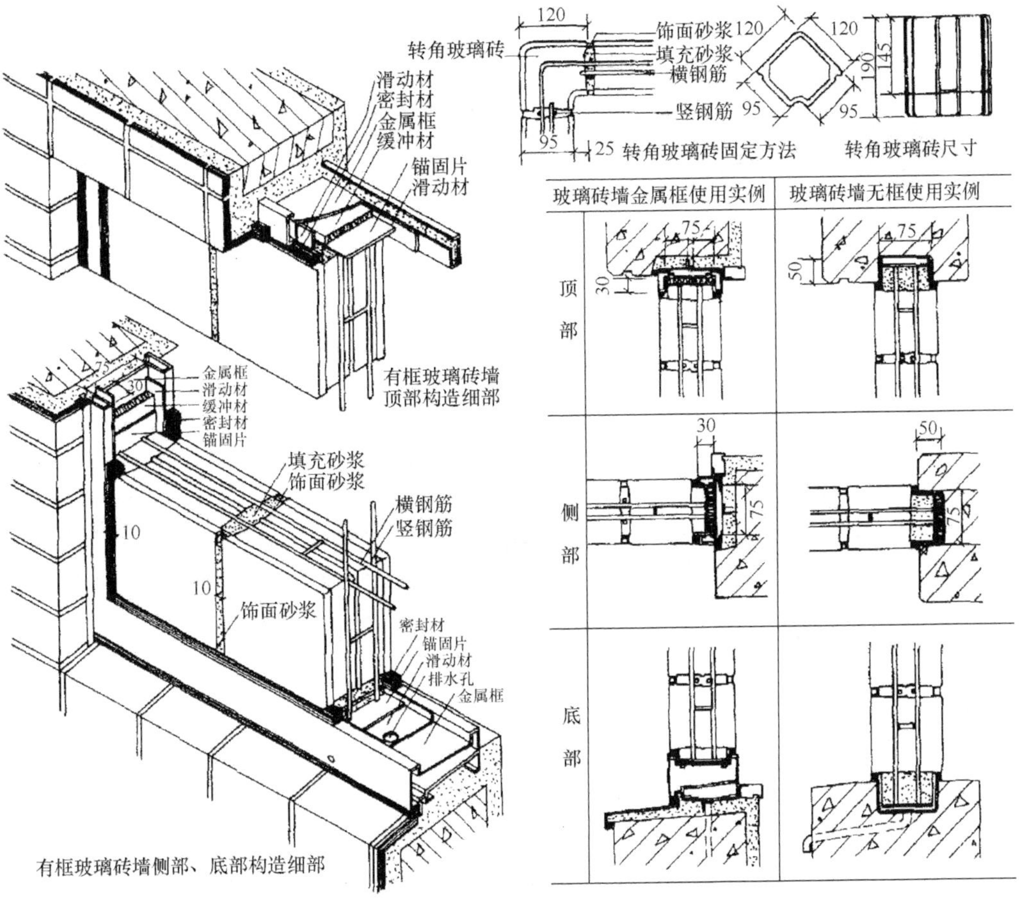

图 8.15　玻璃砖隔墙构造

8.1.6　混凝土及水磨石花格

混凝土及水磨石花格是一种经济美观、使用普遍的建筑装修配件，可以整体预制或用预制块拼砌。混凝土花格多用于室外，水磨石花格多用于室内。

混凝土花格是用 1∶2 水泥砂浆一次浇成，花格厚度大于 25mm 时亦可用 C20 细石混凝土。浇筑花格所用的模板要求表面光滑，浇筑前须涂脱模剂以便脱模。拼砌花格用 1∶2 水泥砂浆，花格表面做法有白色胶灰水刷面、水泥色刷面及无光油涂面等做法。

水磨石花格用 1∶1.25 白水泥或配色水泥大理石屑一次浇筑。初凝后可进行粗磨，拼装后用醋酸加适量清水进行细磨至光滑并用白蜡罩面。

混凝土及水磨石花格的造型及连接构造有一定的特点。花格一般由混凝土或水磨石竖板和花饰组成，如图 8.16 所示。图 8.17（A）为几种花饰的造型及断面形式，(B) 为实际中竖板的断面形式，(C) 为几种花饰式样及竖板连接节点构造。

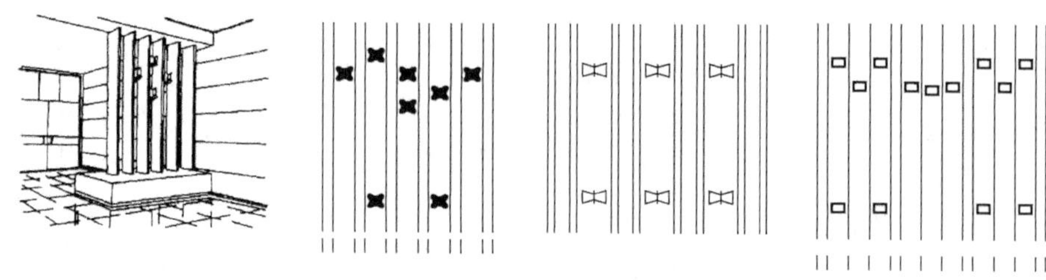

图 8.16　几种花格示例

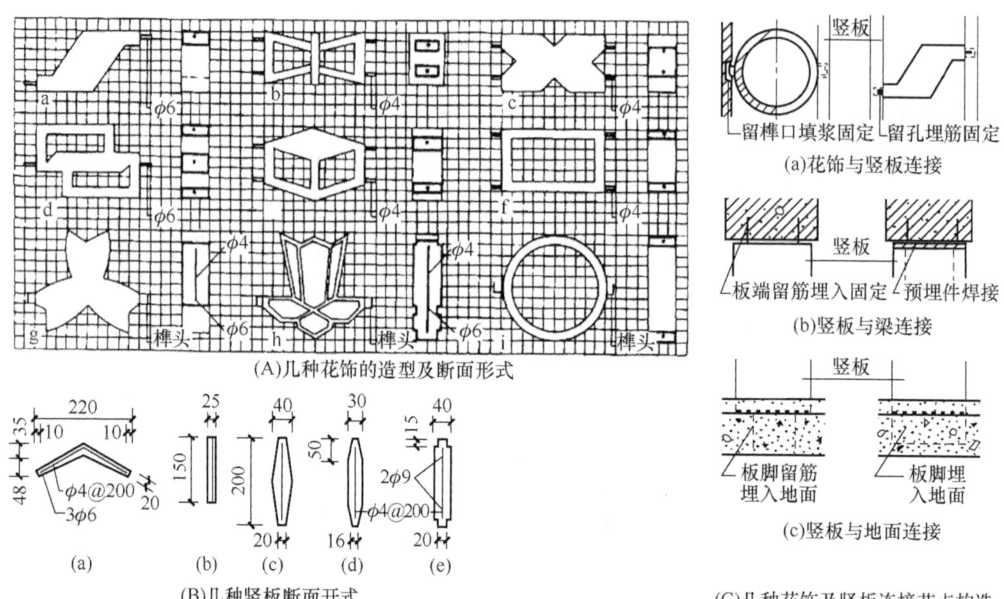

图 8.17　花饰、竖板及连接

水磨石花格的造型效果还可通过与其他材料的花饰结合或将花饰做成花盒以增加情趣，如图 8.18 所示。其中，图 8.18（a）为水磨石竖板花盒实例，花盒与竖板通过在预留的 $\phi10$ 孔中填水泥浆埋入 $\phi6$ 短钢筋连接；图 8.18（b）为水磨石竖板胶合板花饰实例，花饰与竖板的连接是通过 $\phi10$ 木螺钉穿过竖板的预留孔与花饰内的木框架进行固定。

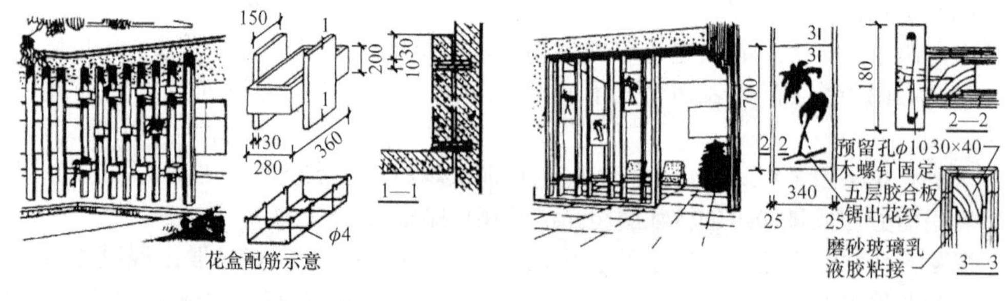

图 8.18　水磨石花格

8.1 随堂测试

8.2　广告、招牌装饰构造

不同的招牌安装方式

8.2.1　广告、招牌的作用和特点

广告招牌作为店面的重要组成部分，起着标志店名、装饰店面、吸引和招徕顾客的作用。

招牌的外观形式多种多样，按外形、体量等分为平面招牌、箱体招牌两种类型，按安装方式又可分为附贴式、外挑式、悬挂式、直立式等。

8.2.2　普通字牌式广告招牌构造

普通字牌式广告招牌属于平面招牌的类型，其基本组成有美术字、图案、店徽等，常用的材料有木材、有机片加聚氨酯泡沫、钢板、不锈钢镜面板、毛面不锈钢板、钛金板、铜板、玻璃钢、塑料、铝合金板等。近年来，更有用钢板字镀金或包贴金箔的招牌出现。

美术字的安装制作视所采用的材料和字体安装的招牌面板的不同而不同。无泡沫塑料衬底的有机玻璃字安装在有机玻璃面板上时，用氯仿或 502 胶粘贴；大型钢板凹形字固定在立式招牌的彩色钢扣板或铝合金扣板面上时用螺栓固定；有泡沫塑料衬底的有机玻璃安装在金属板、木板、有机玻璃面板及墙面上时，用白乳胶、环氧树脂或氯丁胶粘贴，同时用铁钉固定（钉完后将钉帽用钳子剪去），并将钉尾插入泡沫塑料，使之与黏结剂共同作用将字固定牢靠；带有侧缘的铜、不锈钢、铝合金板和塑料立体字安装在招牌面板和墙面上时，一般采取在招牌面板或墙面上先固定字和底板间起连接作用的镶嵌木块或铝合金连接角，再在字的侧缘钻孔，用木螺钉或自攻螺钉将字侧缘和已固定的镶嵌木块或铝合金连接角连接在一起，从而将字固定（图 8.19）。

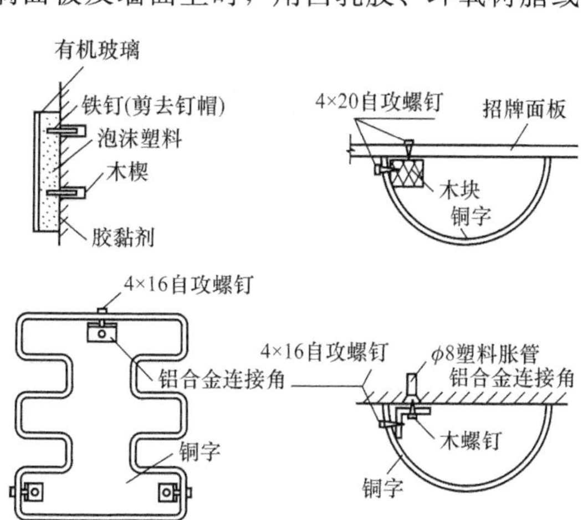

图 8.19　平面招牌美术字安装方式

8.2.3　雨篷式广告招牌构造

雨篷式招牌属箱式招牌，一般外挑或附贴在建筑物入口处墙面上，即起招牌作用，又起雨棚作用。它是以金属型材和木材作骨架，以木板、铝合金扣板、PVC 扣板、面砖、大理石、花岗石薄板、有机片等材料作为面板，再镶以用金属板、有机片、塑料等制作的美术字、店徽、饰件等，如图 8.20 所示。

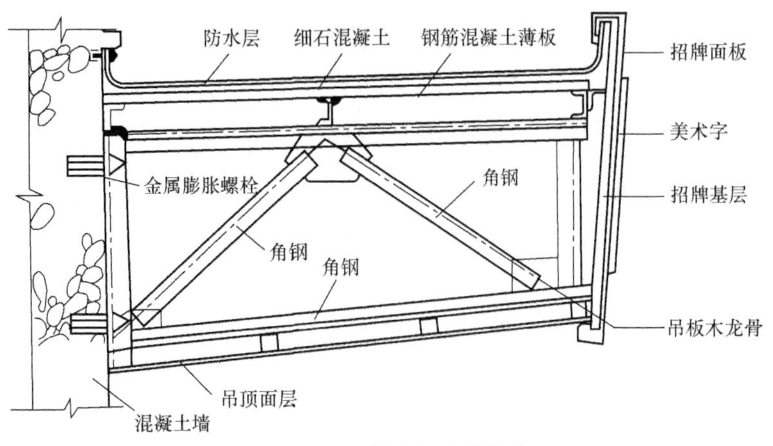

图 8.20　雨篷式招牌的构造

8.2.4　灯箱式广告招牌构造

灯箱是以悬挂、悬挑或附贴方式支撑在建筑物上，如图 8.21 所示。其内部装有灯具，面板用透明材料制成。通过灯光效果，强烈地显示出店徽、店面或广告内容，从而突出店面的识别性、装饰性，更有效地吸引顾客。

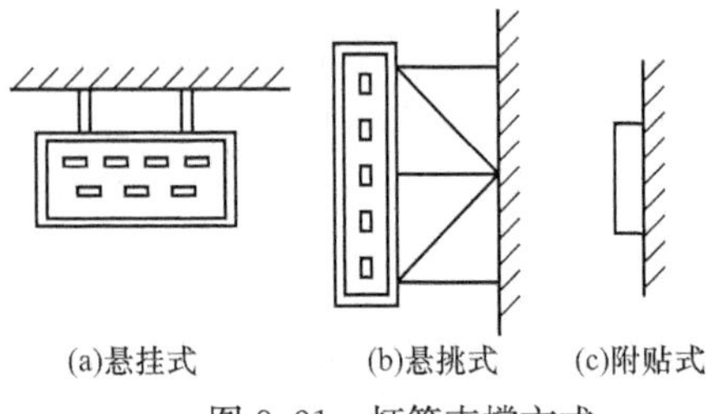

图 8.21　灯箱支撑方式

灯箱式广告招牌的构造做法与其他形式有所不同。按照灯箱大小不同，其骨架一般用金属型材（如角钢或铝合金型材）或木枋制作，以有机灯片、玻璃贴窗花等材料作面板，再以铝合金角线和不锈钢角线包覆装饰灯箱边缘。灯箱的构造要充分考虑灯具维修及更换的需要，能方便地打开面板，如图 8.22 所示。

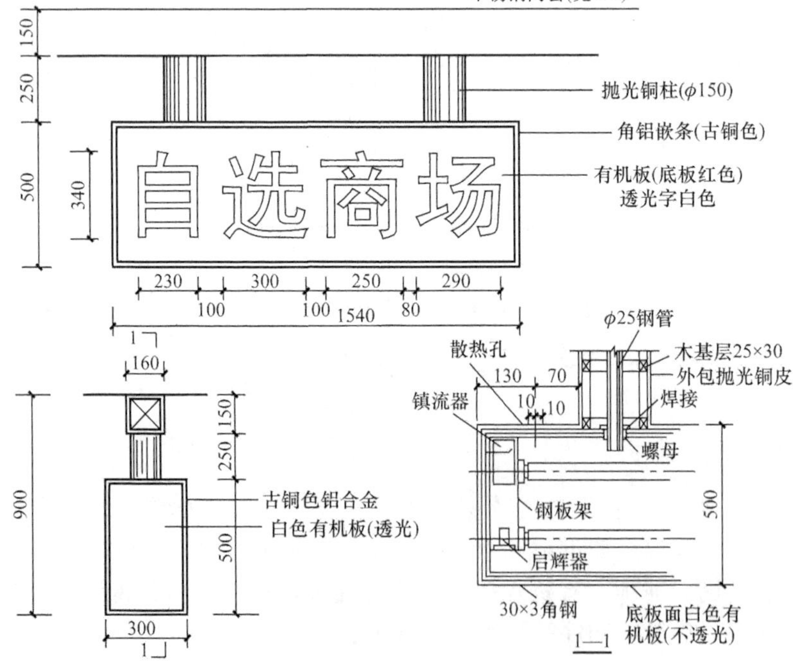

图 8.22　灯箱构造实例

8.3　柜台、吧台、收银台构造

柜台、吧台、收银台是商业建筑、旅馆建筑、机场、邮局、银行等公共建筑中必不可少的设施。柜台、服务台的构造设计首先必须满足使用要求。一般商业建筑的柜台只需考虑商品陈列、美观、牢固即可；而银行柜台保密、防盗、防抢的安全性要求则是必须首先满足的。

由于柜台、服务台、吧台等设施必须满足防火、防烫、耐磨、结构稳定和实用的功能要求，以及满足高雅、华贵的装饰效果的要求，因而这些设施多采用木结构、钢结构、砖砌体、混凝土结构、玻璃结构等组合构成。钢结构、砖砌体或混凝土结构作为基础骨架，可保证上述台、架的稳定性，木结构、厚玻璃结构可组成台、架功能使用部分。大理石、花岗岩、防火板、胶合饰面板等作为这些设施的表面装饰，不锈钢槽、管、钢条、木线条等则构成其面层点缀。

这种混合结构其各部分之间的连接方如下：

1）石板与钢管骨架之间采用钢丝网水泥镶贴，石板与木结构之间采用环氧树脂黏结；

2）钢骨架与木结构之间采用螺钉连接，砖、混凝土骨架与木结构之间采用预埋木砖、木楔、钉接；

柜台、吧台、收银台案例

3）厚玻璃结构间以及厚玻璃与其他结构间采用卡脚和玻璃胶固定；

4）不锈钢管、铜管架采用法兰座和螺栓固定，线脚类材料常采用钉接、黏结固定；

5）钢骨架与墙、地面的连接用膨胀螺栓或预埋铁件焊接。

8.3.1　零售柜台

零售柜台的作用是陈列和售卖商品，所以其高度一般为 1m 左右，所用材料多为玻璃，其构造如图 8.23 所示。

8.3.2　酒吧柜台

1. 设计要点

酒吧柜台是酒吧和咖啡厅内的核心设施。吧台的服务内容从调制花式香槟，加工冷热饮料，到配置冷拼糕点、供应苏打水，应有尽有。吧台的上翼台面兼作散席顾客放置酒具之用。吧台的上翼台面应采用耐磨、抗冲击、易清洁的材料，材料的表面易选深色，避免光反射，便于识别酒液纯度。吧台的功能按延长面可划分为：加工区、贮藏区和清洗区。吧台上方应有集中照明，照度一般取 100～1500lx，照明灯具应有防光设施，防止眩光。

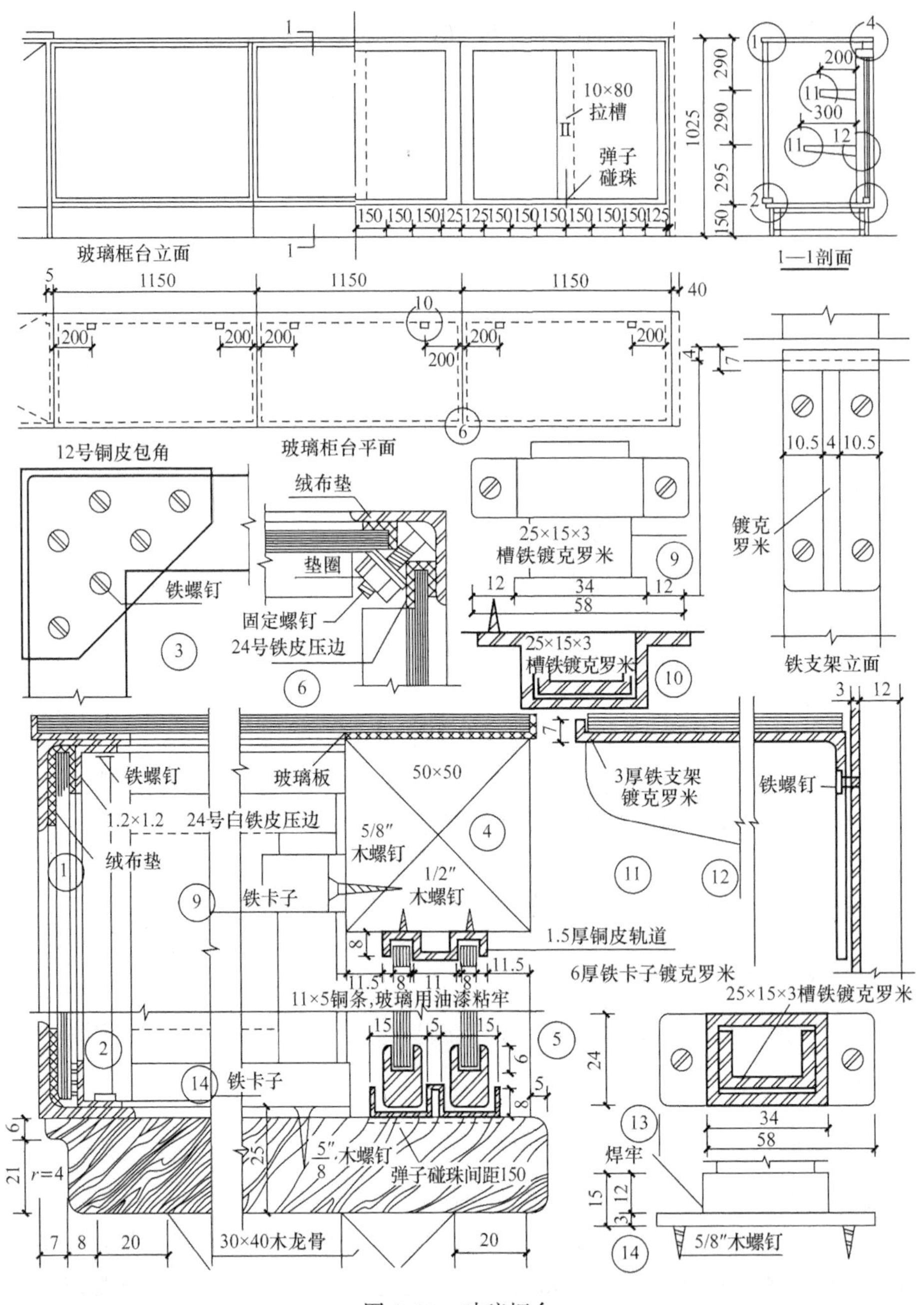

图 8.23　玻璃柜台

2. 吧台构造

吧台构造如图 8.24 所示，(a) 为吧台平面，(b) 为剖面示意。

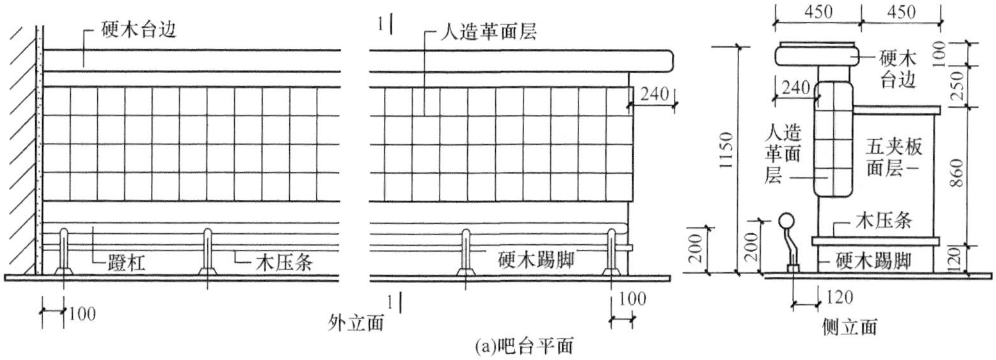

外立面

侧立面

(a)吧台平面

1—1

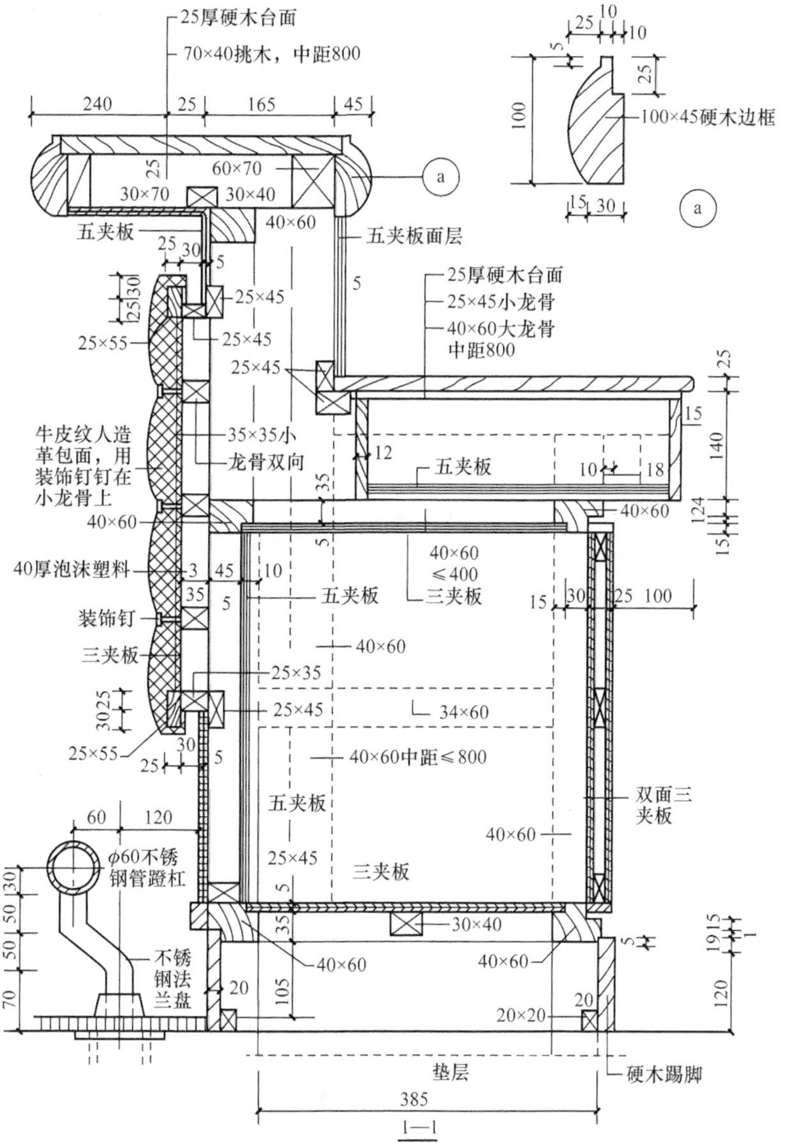

(b)吧台剖面示意图

图 8.24　吧台构造

8.3.3 收银台或接待服务台

收银台或接待服务台主要作用是问讯、接待、登记等，由于兼有书写功能，所以一般柜台高为1100～1200mm。一般具有代表性的收银台或接待服务台为旅馆大堂总服务台、餐厅服务台及收银台。

1. 旅馆总服务台

在许多大型旅馆，总服务台使用许多高级设备，利用计算机系统来完成简单的客房预订、现金结账，以及进行复杂的旅馆大楼管理、设备控制和安保监视。服务台长度根据旅馆等级和规模确定。一般情况下，客房数在200间以下，取0.05m/间；客房数在600间以下，取0.03m/间；客房数在600间以上，取0.02m/间。

总服务台的构造形式有两种，一种是固定式，一种是家具活动式。图8.25所示为服务台平、剖面图。

2. 餐厅服务台（收银台）

餐厅服务台是接待顾客入座、就餐、结账的设施。餐厅服务台位于餐厅入口的明显处，根据餐厅的档次和服务等级不同，服务台的功能也有简繁之分。一般餐厅服务台构造如图8.26所示。

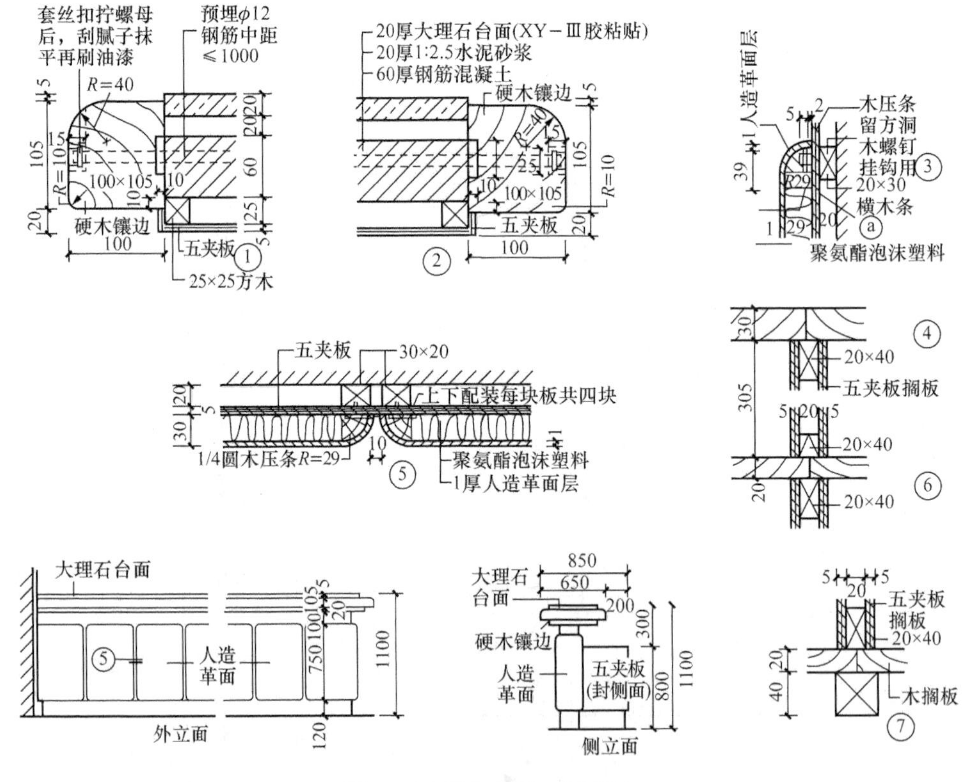

图8.25 服务台平、剖面图

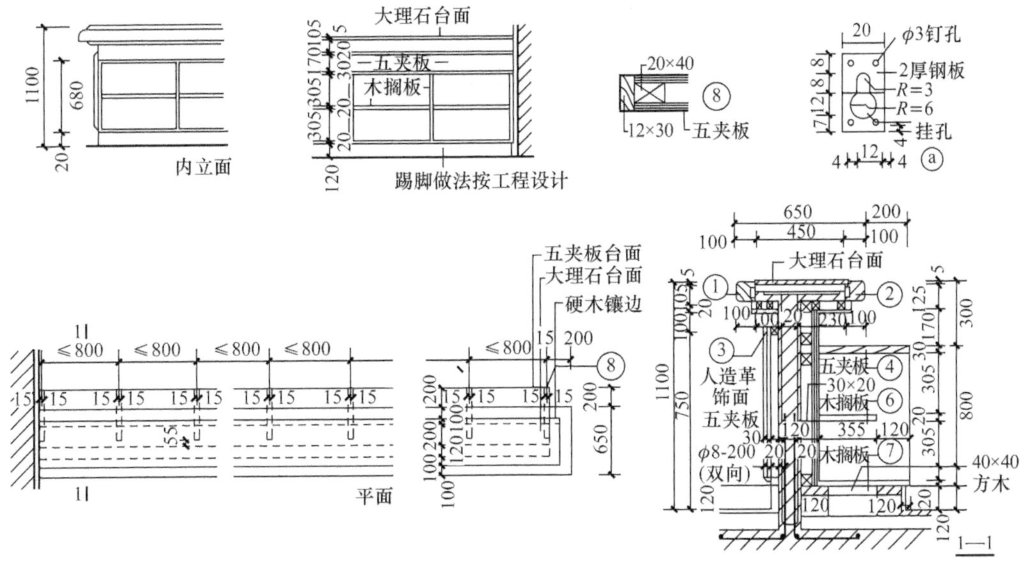

图 8.25（续）

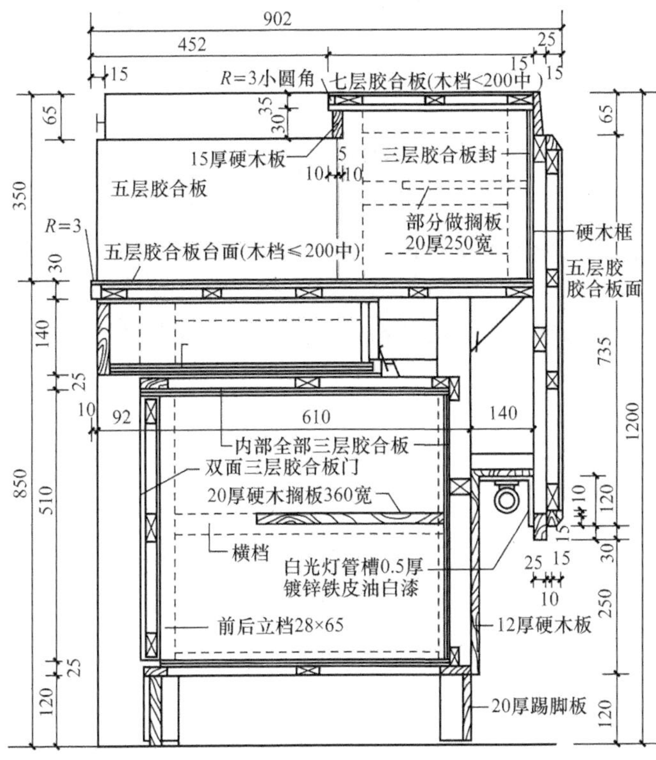

图 8.26　餐厅服务台构造

8.2、8.3随堂测试

小　结

建筑花格是建筑整体中的组成部分，又是建筑室内装饰不可缺少的一种形式，它起到联系和扩展空间的作用。广告招牌以安装方式分为附贴式、外挑式、悬挂式、直立式。柜台、吧台、收银台从选材和构造做法应满足防水、防烫、耐磨、结构稳定、实用的功能。

复习思考题

8.1　安装固定花格常用的材料有哪些?

8.2　金属花格的构造做法是什么?

8.3　广告招牌的作用和特点是什么?

8.4　酒吧柜台在构造设计中应注意哪些问题?

8.5　游泳池在构造设计中应注意哪些问题?

8.6　喷泉水井工程有哪些组成部分?

绘图实践作业

8.1　设计一大酒店中的金属花格，要求采用空腹铝合金与有机玻璃相结合，绘图表示其构造做法。

8.2　设计一运动服饰专卖店的灯箱式广告招牌，时尚美观，构思新颖，令人过目不忘，绘图表示其构造做法。

第9章 建筑装饰构造典型实例

9.1 概　　述

9.1.1 学习实例的目的和方法

建筑装饰构造是一门实践性很强的课程。本实例选择的是一个二层小别墅，内容较为丰富，构造较为复杂，如果能熟练读懂、真正理解这套图纸，基本能具备一般的住宅装饰构造图识读的能力。

1. 学习本实例的目的

学习本实例的目的是帮助学生理解构造原理，巩固和掌握已学内容，在应用已有知识理解本章内容的过程中培养三种能力：

1）识读装饰施工图的能力。

2）绘制装饰施工图的能力，包括根据已有施工图放大样、补充设计、变更材料或做法等。

3）审核装饰施工图的能力。发现施工图中的错误、疏漏以及与实际可能出入处。

这三种能力是互相联系的，又是递进的。

2. 学习本实例的方法

（1）读图的程序和方法

当我们识读一套图纸时，如果不注意方法，东看一下，西看一下，不分先后，不分主次，其结果必然是收效甚微。实践经验告诉我们，看图的方法一般是：由整体到局部，再由局部到整体。发现问题，敢于质疑，互相对照，逐一核实。读图的程序一般如下。

1）先看图纸目录，了解本套图纸的设计单位、建设单位、图纸类别（建筑、结构、设备、装饰……）及图纸数量等。中小型装饰工程可能只有装饰施工图。

2）按照图纸目录检查各类图纸是否齐全，图纸编号与图名是否符合，是否使用了标准图，标准图的类别及设计单位等。

3）看设计说明，了解工程概况、技术要求等。识读装饰施工图前，一般应先看懂建筑施工图，大中型装饰工程还有必要对照结构施工图、设备施工图的有关内容。

4）看建筑施工图，可按图纸目录的顺序识读，即平面图、立面图、剖面图、大样图等。平面图中的技术信息很多，应首先了解房屋的长度、宽度、轴线设置位置、轴线间尺寸（开间尺寸、进深尺寸等）、平面形状、各房间相邻关系等，然后以平面图为主，对照看立面图和剖面图，了解楼层标高、门窗标高、顶棚标高以及各结构构件和装饰构件的形状、尺寸、材料等。识读完平面图、立面图、剖面图后，头脑中应能产生这栋房屋的立体形象，能想象出它的规模和轮廓。

5）在对建筑有了总体的了解之后，可以具体看建筑装饰施工图部分。装饰施工图分为室内装饰施工图和室外装饰施工图。本实例仅有室内部分。装饰施工图大多没有结构部分，而设备部分随工程规模和装饰标准差异很大，通常由水、暖、电等各专业人员设计、专业公司施工，此处从略。

建筑装饰施工图有：①平面图（家具设备布置图）；②地坪平面图；③顶棚平面图（含灯具、空调、消防位置）；④放样图（局部平面图）；⑤房间展开立面图；⑥节点大样图（详图）；⑦其他（说明、门窗表等）。在按照此顺序通读的基础上，应反复互相对照，以确信正确理解无误。

（2）检验看图效果的方法

1）纸上施工法。

学习建筑装饰构造最有效的方法就是实践，但是由于各种各样的原因，学生在学期间往往无法进行真正的工程实践。那么，学习本实例便是介于理论教学和工程实践之间的一种实践，我们称之为纸上施工法。纸上施工法是一种可行的实践途径，有平面法和立体法。

平面法是在已有施工图的基础上步步深入地按比例绘制详图、大样图。由于近年来施工队伍素质的不断提高，图纸内容的表达渐渐简略起来，对施工人员不会误解的做法和要求，设计人员可能不再给出大样图。但是，这必须基于施工人员足够的实践经验和构造处理能力。对于在学期间的学生，这些省略了的大样图往往正是他们值得研究学习的内容。纸上施工法（平面法）一般可以将学生分为若干小组，指导老师给每个小组明确的工作任务，小组内同学协作完成。工作成果必须详细到可以施工，并可以施工至结束的地步。比如“客卧洗手间地面铺装”这个任务，学生应根据放样图所给细部尺寸及选定地砖的规格尺寸计算用砖数量、水泥砂浆用量。这个任务看起来很简单，其实里面有许多构造问题：①先施工墙面还是先做地面？地面四边紧贴砖墙的表面还是墙面找平层表面？或是墙面面层表面？②门洞处地面怎样处理？③大多地面尺寸不等于地砖尺寸的整倍数，出现小于半砖的尺寸时如何处理？④地面坡度怎样形成？⑤坐便器、面盆、浴缸处地面砖怎样铺贴？⑥地漏、立管处地面砖怎样铺贴？⑦客卧洗手间地面怎样防水？⑧地面砖之间需要留缝隙吗？留多大？……虽然纸上施工无法成为真正意义上的施工过程，但一定是深化设计的过程，这对于形成实际的施工能力和设计能力有直接的促进作用。

立体法是采用硬卡纸制作模型的方法。虽然费工费时，但由于是一个实际的制作过程，有助于培养学生认真细致的工作作风和应有的责任心。同时，制作形成的模型是立体的，可以很直观地理解各部分的构造关系。立体法较平面法更容易激发学生的学习兴趣，缺点是耗时，并且费用也较高。

2）答辩法。

学生在教师指导下或自行看图约 6 小时，然后由教师随机给出问题 3～6 个，不用再看图即可流利回答且大多正确者为优，需看图但可流利回答且大多正确者为良，看

图后尚需提示、引导方能回答且基本正确者为及格，以上均不能做到者为不及格。

9.1.2　本实例的特点分析

本建筑功能设施齐全，建筑面积较大，平面关系合理，采光通风考虑充分。立面造型丰富而有变化，装饰材料选择的实用而美观，室内装饰风格简约、大气，无堆砌材料之处。定位轴线均未标注，采用墙间净尺寸，与土建施工图深度要求有所不同，不利于承重构件划分。

平面凸凹变化较多，有些似乎并不必要。墙体厚度也未标注，无法施工。个别房间顶棚灯仅单向定位，应双向定位。

9.1.3　思考题、练习题

1）该建筑室内装饰共使用了几种装饰材料？请列出材料名称、所需数量及规格要求清单。

2）画图表示清楚卫生间中台面及面盆的安装固定构造。

3）画图表示清楚卫生间中浴盆、便器及梳妆镜的安装固定构造。

4）如果在该建筑中设置吊柜，宜设在哪个房间？什么位置？试画图表示其与墙体的连接构造。

5）试设计该建筑中柚木踢脚板、石膏顶角线、窗帘盒、窗帘杆安装固定构造。

6）简述上水、下水、采暖、通风、空调、照明用电、设备用电、电视、电话、电脑等设施的管线设置位置、敷设要求。如果管线露明敷设影响美观，将怎样巧妙地把它们隐蔽起来？又怎样考虑后期的维修问题？

7）试设计计算任一空间中地面铺地面砖的数量，注意铺地方式对用砖量的影响。

9.2　实　　例

某高档小区样板间图纸见附录。

附录　某高档小区样板间图纸

目录表

序号	图号	图名	备注	序号	图号	图名	备注
1	ML-01	目录表		22	E-05	主卧室A、B立面图	
2	SM-01	建筑装修设计说明（一）		23	E-06	主卧室C、D立面图	
3	SM-02	建筑装修设计说明（二）		24	E-07	茶室A、B立面图	
4	CL-01	材料表（一）		25	E-08	茶室C、D立面图	
5	CL-02	材料表（二）		26	E-09	书房A、B立面图	
6	MB-01	门表		27	E-10	书房C、D立面图	
7	P1-01	平面布置图		28	E-11	次卧A、B立面图	
8	P1-02	天花布置图		29	E-12	次卧C、D立面图	
9	P1-03	墙体定位图		30	E-13	主卫A、B、C、D立面图	
10	P1-04	灯具定位图		31	E-14	客卫A、B、C、D立面图	
11	P1-05	家具编号图		32	E-15	厨房A、B立面图	
12	P1-06	灯具编号图		33	E-16	阳台A、B、C、D立面图	
13	P1-07	地面铺装图		34	S-01	节点详图（一）	
14	P1-08	立面索引图		35	S-02	节点详图（二）	
15	P1-09	开关布置图		36	S-03	节点详图（三）	
16	P1-10	插座布置图		37	S-04	节点详图（四）	
17	P1-11	综合天花平面图		38	S-05	节点详图（五）	
18	E-01	客厅B、C立面图		39	S-06	节点详图（六）	
19	E-02	客厅D、过厅A、过厅E立面图		40	S-07	节点详图（七）	
20	E-03	餐厅A、B立面图		41	S-08	节点详图（八）	
21	E-04	过厅C、餐厅D立面图					

项目名称 PROJECT	样板间
阶段 STAGE	施工图
图纸名称 DRAWING TITLE	目录表
工程编号 JOB NO.	
比例 SCALE	
日期 DATE	
设计主持	
审定 APPROVED BY	
审核 APPROVED BY	
校对 CHECKED BY	
设计师 DESIGNER	
制图 DRAWER	
图纸编号 DWG No.	ML-01
页码 SHEET No.	

建筑装修设计说明（一）

一、设计依据

1. 本次装修工程根据业主单位提供的装修意见文件和设计任务书。
2. 国家现行相关规范设计要求。

二、工程概况

1.工程名称：样板间。
2.建设地点：×××××。
3.结构类型：×××××××。
4.本工程为内装饰装修工程内容包括：户型精装修范围。
5.建筑层数：×××。
6.本工程内外维护结构墙体设计标准及要求详见原建筑设计建筑施工图设计总说明。

三、设计说明

我们在着手室内设计时，通过认真解读建筑原创意图，从实际出发，根据不同的使用功能，深化室内设计。

四、建筑装饰材料使用标准

1. 所有建筑装饰材料必须符合装修材料燃烧性能等级:a.吊顶材料:必须满足A级防火要求;b.地面材料:必须满足B_1级防火要求;c.墙面材料:必须满足B_1级防火要求。
2. 本工程中出现的金属构件必须面刷三道防锈漆,裸露部分一底二度调合漆,颜色另定。
3. 本工程中出现的木装饰材料均需刷三度防火涂料;半成品木装饰材料防火等级必须达到规范要求,其他固定家具需达到B_2级防火要求;窗帘需达到B_1级防火要求;其他装饰材料需达到B_1级防火要求。
4. 本工程选用的装修材料必须符合《民用建筑工程室内环境污染控制标准》(GB 50325—2020)的有关规定。

五、室内装修的安全原则

1. 装修构造安全。
   1.1 装修不得破坏结构主体,施工中要充分考虑建筑结构体系与承载能力。
   1.2装修结构及选择材料要安全可靠,应避免脱落造成人员伤害和财产损失。
2. 装修设计应严格执行《建筑设计防火规范(2018年版)》(GB 50016—2014)中相应条款和《建筑内部装修设计防火规范》(GB 50222—2017)的规定。
3. 装修设计要根据建筑的防火等级选择装修材料。

3.1装修材料燃烧性能等级如下表所示。　(GB 50222—2017)

序号	等级	装修材料燃烧性能
1	A级	不燃性
2	B_1级	难燃性
3	B_2级	可燃性
4	B_3级	易燃性

3.2 装修材料燃烧性能等级如下表所示。　(GB 50222—2017)

建筑及场所	建筑规模、性质	装修材料燃烧性能等级							
		顶棚	墙面	地面	隔断	固定家具	装饰织物		其他装饰材料
							窗帘	帷幕	
办公场所	设置送回风道(管)的集中空气调节系统	A	B_1	B_1	B_1	B_2	B_2	—	B_2
	其他	B_1	B_1	B_2	B_2	B_2	—	—	—

六、常用建筑内部装修材料燃烧性能等级划分举例

1.常用建筑内部装修材料燃烧性能等级划分举例:

材料类别	级别	材料举例
各部位材料	A	花岗岩、大理石、水磨石、水泥制品、混凝土制品、石膏板、石灰制品、黏土制品、玻璃、瓷砖、马赛克、钢铁、铝、铜、铜合金等
顶棚材料	B_1	纸面石膏板、纤维石膏板、水泥刨花板、矿棉板、玻璃棉板、珍珠岩板、难燃胶合板、难燃中密度纤维板、岩棉装饰板、难燃木材、铝箔复合材料、难燃酚醛胶合板、铝箔玻璃钢复合材料等
墙面材料	B_1	纸面石膏板、纤维石膏板、水泥刨花板、矿棉板、玻璃棉板、珍珠岩板、难燃胶合板、难燃中密度纤维板、岩棉装饰板、防火塑料装饰板、难燃双面刨花板、多彩涂料、难燃壁纸、难燃仿花岗岩装饰板、氯氧镁水泥装配式墙板、难燃玻璃钢平板、PVC塑料护墙板、轻质高强度复合墙板、阻燃模压木质复合板材、彩色阻燃人造板、难燃玻璃等
	B_1	各类天然木材、木制人造板、竹板、纸制装饰板、装饰微薄木贴面板、印刷木纹人造板、塑料贴面装饰板、聚酯装饰板、复塑装饰板、塑纤板、胶合板、无纺贴墙布、墙布、复合壁纸、天然材料壁纸、人造革等
地面材料	B_1	硬PVC塑料地板、水泥刨花板、水泥木丝板、氯丁胶地板等
	B_1	半硬质PVC塑料地板、PVC卷材地板、木地板、氯纶地毯等
装饰织物	B_1	经阻燃处理的各类难燃的其他织物等
	B_1	纯毛装饰布、纯麻装饰布、经阻燃处理的其他织物等
其他装饰材料	B_1	聚氯乙烯塑料、酚醛塑料、聚碳酸酯塑料、聚四氟乙烯塑料、三聚氰胺、脲醛塑料、硅树脂塑料装饰板、聚氯乙烯塑料、经阻燃处理的各类织物等；另见顶棚装饰材料和墙面装饰材料内中的有关资料
	B_1	经阻燃处理的聚氯乙烯、聚丙烯料、氨氨酯、聚苯乙烯、玻璃钢、化纤物、木制品等

项目名称 PROJECT	样板间
阶段 STAGE	施工图
图纸名称 DRAWING TITLE	建筑装修设计说明（一）
工程编号 JOB NO.	
比例 SCALE	
日期 DATE	
设计主持 M.DESIGNER	
审定 APPROVED BY	
审核 APPROVED BY	
校对 CHECKED BY	
设计师 DESIGNER	
制图 DRAWER	
图纸编号 DWG No.	SM-01
页码 SHEET No.	

建筑装修设计说明（二）

七、石材干挂施工说明及施工注意事项

1.石材

1.1石材应符合现行国家标准《建筑材料放射性核素限量》(GB 6566—2010)A类装修材料的要求。

1.2石材加工应符合现行国家和建筑行业标准《天然花岗石建筑板材》(GB/T 18601—2009)、《天然大理石建筑板材》(GB/T 19766—2016)，板材的尺寸允许偏差应达到国家标准中优等品的要求。

1.3 钢材

1.3.1型材均采用Q235号钢，立柱宜选用槽钢，应用角码固定在土建承重结构上，横梁宜选用角钢。

1.3.2焊条:E4303碳钢焊条。

1.4填缝胶:应采用专用嵌缝剂填缝或按设计要求。

1.5不锈钢干挂件和锚固件:

1.5.1不锈钢的技术要求应符合现行国家标准《不锈钢冷轧钢板和钢带》(GB/T 3280—2015)或《不锈钢热轧钢板和钢带》(GB/T 4237—2015)的规定 。

1.5.2不锈钢干挂件受力托板厚度≥4mm，并应按有关规范进行截面验算。

1.6施工要求:

1.6.1钢立柱宜选用槽钢，以方便横梁的焊接，同时也可以避免角钢容易扭曲的缺陷。钢立柱必须与土建承重结构有良好的固定，轻质隔墙上梁高大于100mm的钢筋混凝土封闭圈梁(C20混凝土)可以作为钢立柱的侧向稳定支承点，立柱长细比不应大于150。

1.6.2钢立柱的间距宜与石材墙面竖向分缝位置相一致，并在同一工程中尽量能一致，以方便钢横梁的加工制作，同时也能减少石材的规格。

1.6.3钢立柱的施工应根据现场测量放线定位施工，一般先施工同一墙面的两端立柱，检验合格后再拉通线，然后顺序安装中间立柱。

1.6.4钢立柱全高垂直允许偏差≤2mm(双向)。

1.6.5钢横梁可采用角钢或槽钢，横梁面不宜小于∠50×4，横梁两端与钢立柱焊接，横梁挠度应≤L/400。

1.6.6钢横梁上安装不锈钢干挂件的螺孔应按设计尺寸预先用台钻钻孔，不得在现场用电焊烧孔。

1.6.7钢骨架的焊接均为构造单边围焊或双边焊缝，焊缝高度为4~5mm，焊接电流要适当，注意防止焊接烧咬.夹渣等缺陷，槽钢要四面围焊,角钢单边围焊。

1.6.8所有钢骨架焊接完毕，要经自检合格后，报请监理工程师检验。待按隐蔽工程检验合格后，才可涂刷防锈漆。防锈处理施工设计需说明。

1.6.9钢骨架型钢是否采用镀锌型材或普通碳素钢型材，可按工程设计。

1.6.10干粘法与干挂法的钢骨架施工方法基本相同。但应按本图集要求在设计干粘点位置加焊短角钢，短角钢面积大小和数量按设计或现场实际情况决定，短角钢粘胶面上需钻中心小孔。

1.6.11干挂石材圆柱的钢横梁型材应用专业机械滚弯成型。禁止采用现场将角钢切口弯曲手工焊接的做法。

1.6.12圆型石材柱头一般尺寸较大、自重较重，施工时必须特别注意防倾覆，以确保工程安全。

1.6.13首先对要安装的石材进行仔细检查，石材的编号和尺寸必须准确，石材四边不应有崩边、掉角、污渍等现象。

1.6.14墙面第一层石材施工时，下面应用铝方通或厚木板作临时支托。

1.6.15在干挂槽口内满注石材胶粘剂，安放就位后调节不锈钢干挂件固定螺栓，并用拉通线、铝方通和吊锤调平调直，调试平直后用小木楔和卡具临时固定。

1.6.16在墙面上有电气插座、电梯显示器等设备孔洞时，要仔细量好尺寸，精心切割孔洞，面板安装后不能见到石材切口缝隙。

1.6.17安装石材圆柱时应注意将拼缝与设计轴线对齐或对中。

1.6.18施工人员的手上应没有油污和余胶，以免污染石材表面，尤其在施工砂岩和浅米色石材时，更应格外注意。最好能在此类石材六面刷石材防护剂二遍。

八、一般说明

1. 图纸中所标注尺寸除标高及总平面以“米”为单位外，其他均以“毫米”为单位
2. 本工程所用材料规格、施工及验收要求，除注明外，均以国家现行要求规定办理。
3. 与各专业图纸密切配合施工，如预留孔洞及预埋件的规格和位置等，如遇图纸矛盾时，应与结构专业负责人或工程设计主持联系。
4. 预埋件做防锈处理，预埋木砖或靠墙木活须做防腐处理和防火处理。
5. 除已明确的内外装修做法外，其他用料、做法及色彩须先行进行选样，重点部位做出样板，样板确定后方可大面积施工。
6. 内部装修过程中所选用的主要材料在合理的价格下均须保证优良品质及环保特性，且要经过业主与我院设计主持单位认可后方可施工。
7. 图中所涉及的主要材料另见材料表。
8. 施工过程中本图中的施工节点与现场条件不符或深度不足时，由施工单位深化，但必须本院设计师确认后方可施工。
9. 选择石材等天然材料，应保证色泽均匀一致，最大限度减小色差。
10. 所有材料必须符合有关环保规范要求，根据《建筑装饰装修工程质量验收标准》(GB 50210—2018）进行必要的复检。

11.大力推广使用新材料、新工艺，严禁使用淘汰产品及伪劣产品。

12.本工程所用的建筑材料和装修材料必须符合《民用建筑工程室内环境污染控制标准》(GB 50325—2020)上的规定。

13.施工单位在具体施工中严格执行国家各项施工规范、技术要求和建筑工程质量验收规范。

14.图纸中所有标注的标高均为装饰完成面标高，标高±0.000为楼层装饰相对标高。

15.本工程中所有装饰材料品牌须经建设单位和设计单位协商后确定，其材料规格、样式和颜色等均由设计单位提供，最终经业主协商认可后封样(并据此验收)，施工方再根据业主提供的样品进行采购，认可和最后的施工。

16.图纸中特殊空间及材料需厂家深化设计。

17.防火门必须选用有资质的专业厂家产品。防火门在关闭后应能从任何一侧手动开启，楼梯间和前室的防火门应具有自行关闭的功能，双扇防火门当发生火灾时应具有自行关闭和信号反馈的功能。

18.吊顶工程中的预埋件、钢筋吊杆和型钢吊杆应进行防锈处理。

19.本工程中所有尺寸均为设计尺寸,如设计图纸中尺寸与现场尺寸不符合时(不能在图纸上直接量取)，以现场放样尺寸为准.各外定成品物件，均需厂家现场放样尺寸，并进行适当深化设计，由我院设计主持人认可方可施工。

20.施工图中的家具由家具专业公司提供专业图纸并制作安装，本图中所标注家具为示意。

21.安装天花罩面板和墙面成品饰面板前应完成吊顶内和墙面内的管道和设备的调试及验收。

22.吊杆距主龙骨端部距离不大于300mm，当大于300mm时，应增加吊杆。当吊杆长度大于1500mm时应设置反支撑。当吊杆与设备相遇时，应调整和增加吊杆。

23.石材干挂遇陶粒砌块墙体时吊顶高度小于6000mm时，采用8＃槽钢竖骨架。吊顶高度大于6000mm时，采用10＃槽钢竖骨架。并符合国家有关石材干挂施工技术规范。

24.本工程吊顶骨架主龙骨均为CB50/60主龙骨，副龙骨均为CB50副龙骨(03J502-2)(A04~05页)，吊杆为ϕ8通丝吊杆，如果吊杆长大于1500mm，需做反向支撑。

25.本工程在设计过程中由于室内房间使用功能的调整，对部分墙体调整与原建筑风格有变化，施工中可由业主对各专业施工项目进行协调，以满足室内功能需求和设计效果的要求,施工中如遇图纸与现场不相对的现象，以现场设计变更为准。

26.本装修项目中部分装修空间的木作饰面，采用的是干挂做法，基材和饰面材料及油漆在加工厂，成品现场安装，留缝大小按设计及要求，部分固定的木作家具制作和安装同此做法和要求。

27.图纸中特殊空间及材料需厂家深化设计。

28.其他说明见下表。

灯具图例

符号	编号	名称	规格	位置
	L1	投光灯	ϕ120	
	L2	暗藏T4灯管		
	L3	防水防雾筒灯		卫生间、厨房
	L4	防水防雾射灯		卫生间、厨房
	L5	吸顶灯	甲供(选型)	阳台厨房
	L6	吊灯	甲供(选型)	客厅
	L7	吊灯	甲供(选型)	餐厅
	L8	吊灯	甲供(选型)	次卧
	L9	射灯		客厅
	L10	浴霸		卫生间
		空调		

门表

编号	说明
D-01	700宽成品实木雕花门
D-02	750宽成品实木雕花门
D-03	850宽成品实木雕花门
D-04	1200宽成品原建筑入户门
D-05	1400宽成品实木推拉门
D-06	2400宽成品实木推拉门

项目名称 PROJECT	样板间
阶段 STAGE	施工图
图纸名称 DRAWING TITLE	建筑装修设计说明（二）
工程编号 JOB NO.	
比例 SCALE	
日期 DATE	
设计主持 M.DESIGNER	
审定 APPROVED BY	
审核 APPROVED BY	
校对 CHECKED BY	
设计师 DESIGNER	
制图 DRAWER	
图纸编号 DWG No.	SM-02
页码 SHEET No.	

材料表（一）

区域＼部位	地面	天花	墙面	门、门套	哑口套	窗台板	窗套	踢脚	过门石	备注
客厅	MB-01 600×600米色石材	GYP-01 石膏板白色乳胶漆	WD-01 氧化镁板	D-05 成品实木雕花推拉门	WD-05 实木饰面			WD-02 实木踢脚	MB-02 米黄石材	
			WD-05 成品木花格							
			GL-01 镜面							
主卧	WD-01 实木地板	GYP-01 石膏板白色乳胶漆	WC-01 壁纸饰面	D-03 成品实木雕花门		MB-03 米黄石材	WD-06 实木窗套	WD-02 实木踢脚	MB-02 米黄石材	
			WC-02 壁纸饰面							
			WD-03 成品木花格							
			WD-04 柚木饰面							
客卧	WD-01 实木地板	GYP-01 石膏板白色乳胶漆	WD-01 氧化镁板	D-03 成品实木雕花门		MB-03 米黄石材	WD-06 实木窗套	WD-02 实木踢脚	MB-02 米黄石材	
			WC-07 壁纸饰面							
书房	WD-01 实木地板	GYP-01 石膏板白色乳胶漆	WC-09 艺术壁纸	D-03 成品实木雕花门		MB-03 米黄石材	WD-06 实木窗套	WD-02 实木踢脚	MB-02 米黄石材	
			WC-08 壁纸饰面							
餐厅	MB-01 600×600米色石材	GYP-01 石膏板白色乳胶漆	WD-01 氧化镁板	D-02 成品实木雕花门			WD-06 实木窗套	WD-02 实木踢脚	MB-02 米黄石材	
茶室	WD-01 实木地板	GYP-01 石膏板白色乳胶漆	WC-05 壁纸饰面	D-03 成品实木雕花门		MB-03 米黄石材	WD-06 实木窗套	WD-02 实木踢脚	MB-02 米黄石材	
			WC-06 织物							
过厅	MB-01 600×600米色石材	GYP-01 石膏板白色乳胶漆	WD-01 氧化镁板	D-04 成品实木雕花门				WD-02 实木踢脚	MB-02 米黄石材	
			WC-03 壁纸饰面							
			WC-04 壁纸饰面							
			WD-07 成品木花格							
主卫	ST-01 300×300防滑地砖	GYP-02 防水石膏板白色乳胶漆	ST-05 300×600瓷砖	D-02 成品实木雕花门					MB-02 米黄石材	
			ST-06 300×600瓷砖							

项目名称 PROJECT	样板间
阶段 STAGE	施工图
图纸名称 DRAWING TITLE	材料表（一）
工程编号 JOB NO.	
比例 SCALE	
日期 DATE	
设计主持 M.DESIGNER	
审定 APPROVED BY	
审核 APPROVED BY	
校对 CHECKED BY	
设计师 DESIGNER	
制图 DRAWER	
图纸编号 DWG No.	CL-01
页码 SHEET No.	

材料表（二）

区域＼部位	地面	天花	墙面	门、门套	哑口套	窗台板	窗套	踢脚	过门石	备注
客卫	ST-02 300×300防滑地砖	GYP-02 防水石膏板白色乳胶漆	ST-07 300×600瓷砖	D-05 成品实木雕花门					MB-02 米黄石材	
			ST-08 300×600瓷砖							
厨房	ST-02 300×300防滑地砖	GYP-02 防水石膏板白色乳胶漆	ST-09 300×450瓷砖						MB-02 米黄石材	
主卧	WD-01 石材地砖	GYP-0 石膏板白色乳胶漆	ST-10 300×350瓷砖	D-03 成品实木雕花门						
	ST-05 防滑地砖		GYP-04 白色乳胶漆							

项目名称 PROJECT	样板间
阶段 STAGE	施工图
图纸名称 DRAWING TITLE	材料表（二）
工程编号 JOB NO.	
比例 SCALE	
日期 DATE	
设计主持 M.DESIGNER	
审定 APPROVED BY	
审核 APPROVED BY	
校对 CHECKED BY	
设计师 DESIGNER	
制图 DRAWER	
图纸编号 DWG No.	CL-02
页码 SHEET No.	

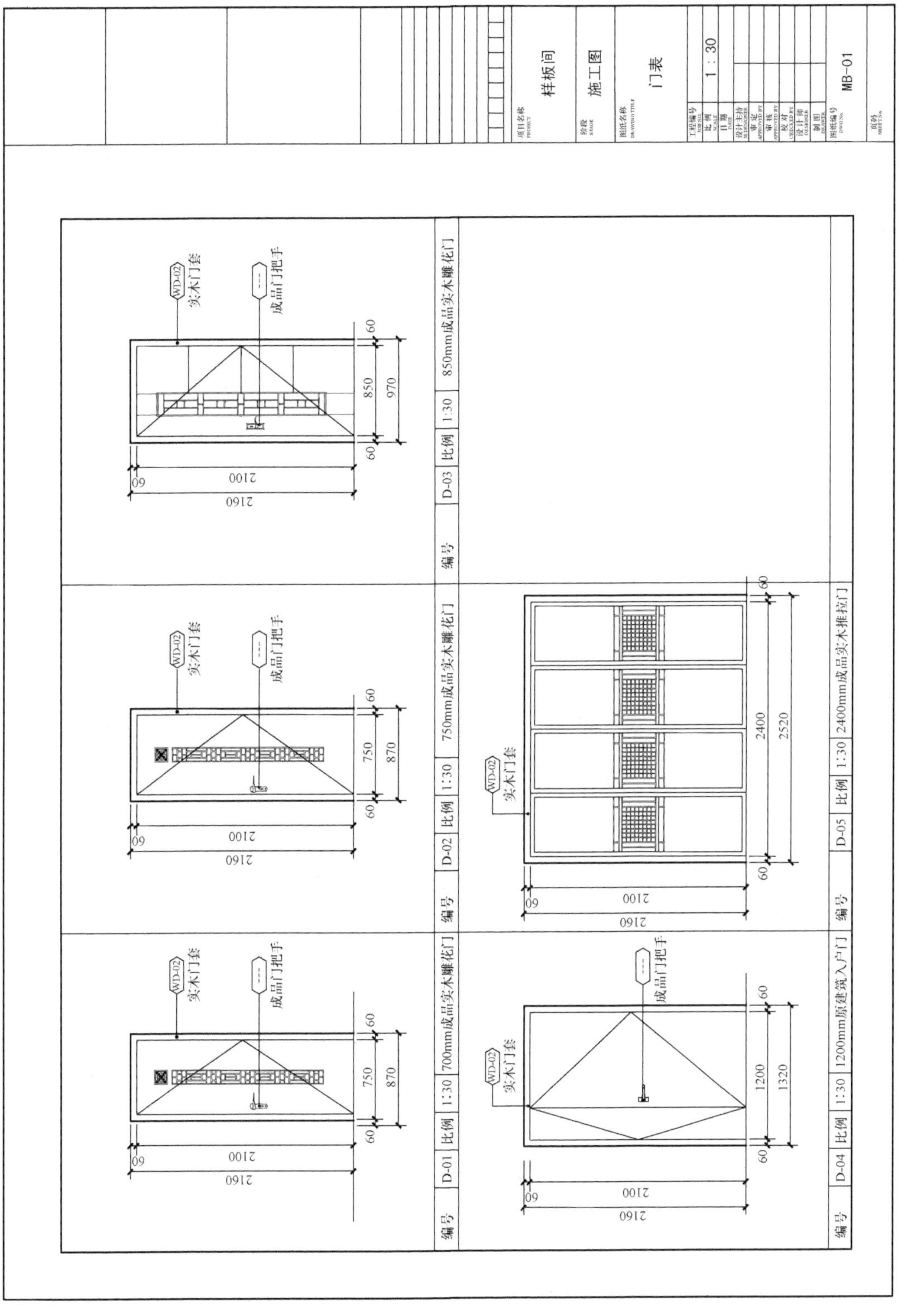

项目名称	阶段	图纸名称	比例	图纸编号
样板间	施工图	门表	1 : 30	MB-01

工程编号　比例　日期　设计主持　审定　审核　校对　设计师　制图　图纸编号　页码

编号	比例	名称
D-01	1:30	700mm成品实木雕花门
D-02	1:30	750mm成品实木雕花门
D-03	1:30	850mm成品实木雕花门
D-04	1:30	1200mm原建筑入户门
D-05	1:30	2400mm成品实木推拉门

D-01：WD-02 实木门套；成品门把手；60　750　60　870；60　2100　2160

D-02：WD-02 实木门套；成品门把手；60　750　60　870；60　2100　2160

D-03：WD-02 实木门套；成品门把手；60　850　60　970；60　2100　2160

D-04：WD-02 实木门套；成品门把手；60　1200　60　1320；60　2100　2160

D-05：WD-02 实木门套；60　2400　60　2520；60　2100　2160

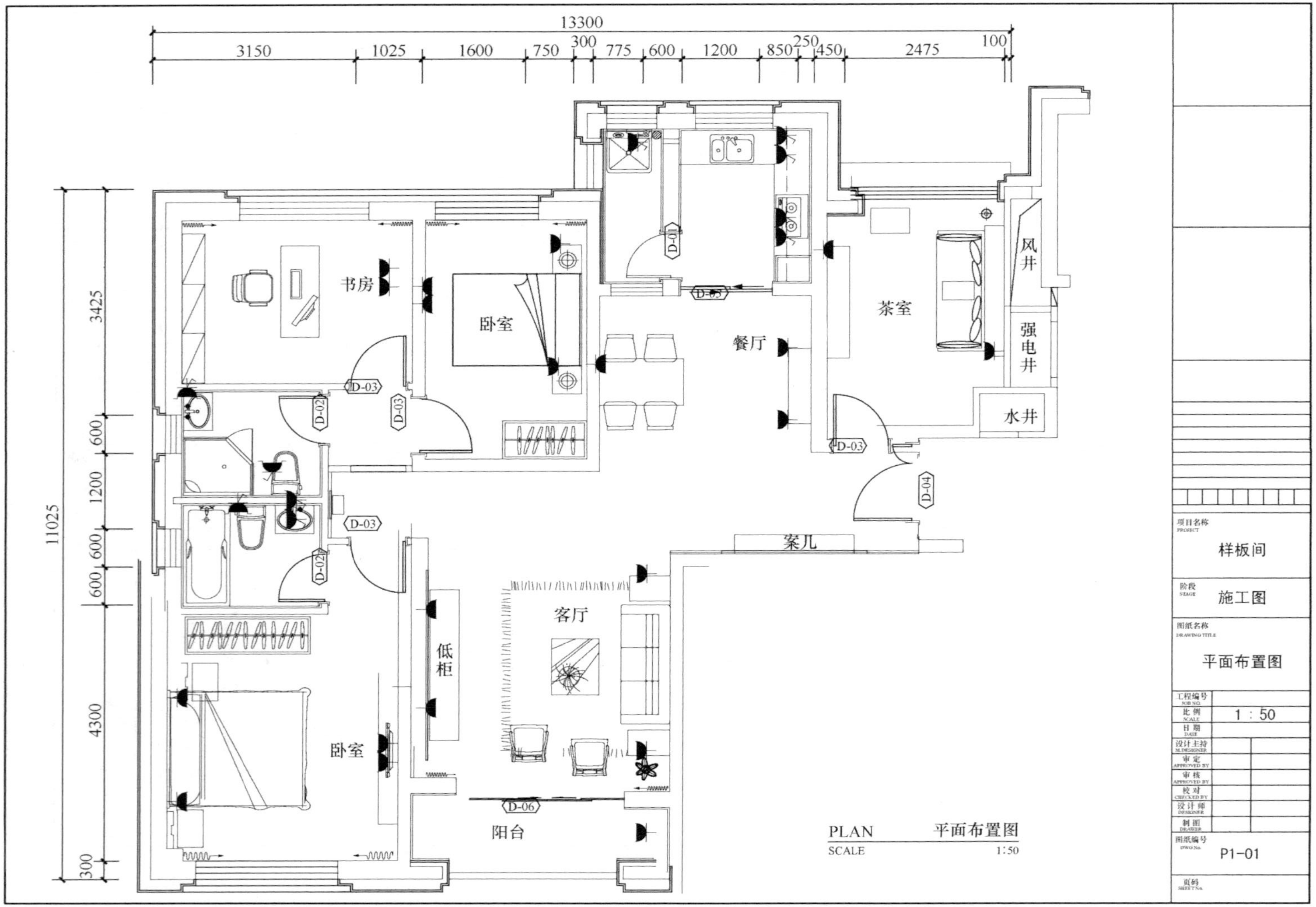
13300
3150
1025
1600
750
300
775
600
1200
850
250
450
2475
100
11025
3425
600
1200
600
600
4300
300
书房
卧室
餐厅
茶室
风井
强电井
水井
D-01
D-05
D-02
D-03
D-04
D-06
案几
客厅
低柜
卧室
阳台
PLAN 平面布置图
SCALE 1:50
项目名称 PROJECT
样板间
阶段 STAGE
施工图
图纸名称 DRAWING TITLE
平面布置图
工程编号 JOB NO.
比例 SCALE
1 : 50
日期 DATE
设计主持
审定 APPROVED BY
审核 APPROVED BY
校对 CHECKED BY
设计师 DESIGNER
制图 DRAWER
图纸编号 DWG No.
P1-01
页码 SHEET No.

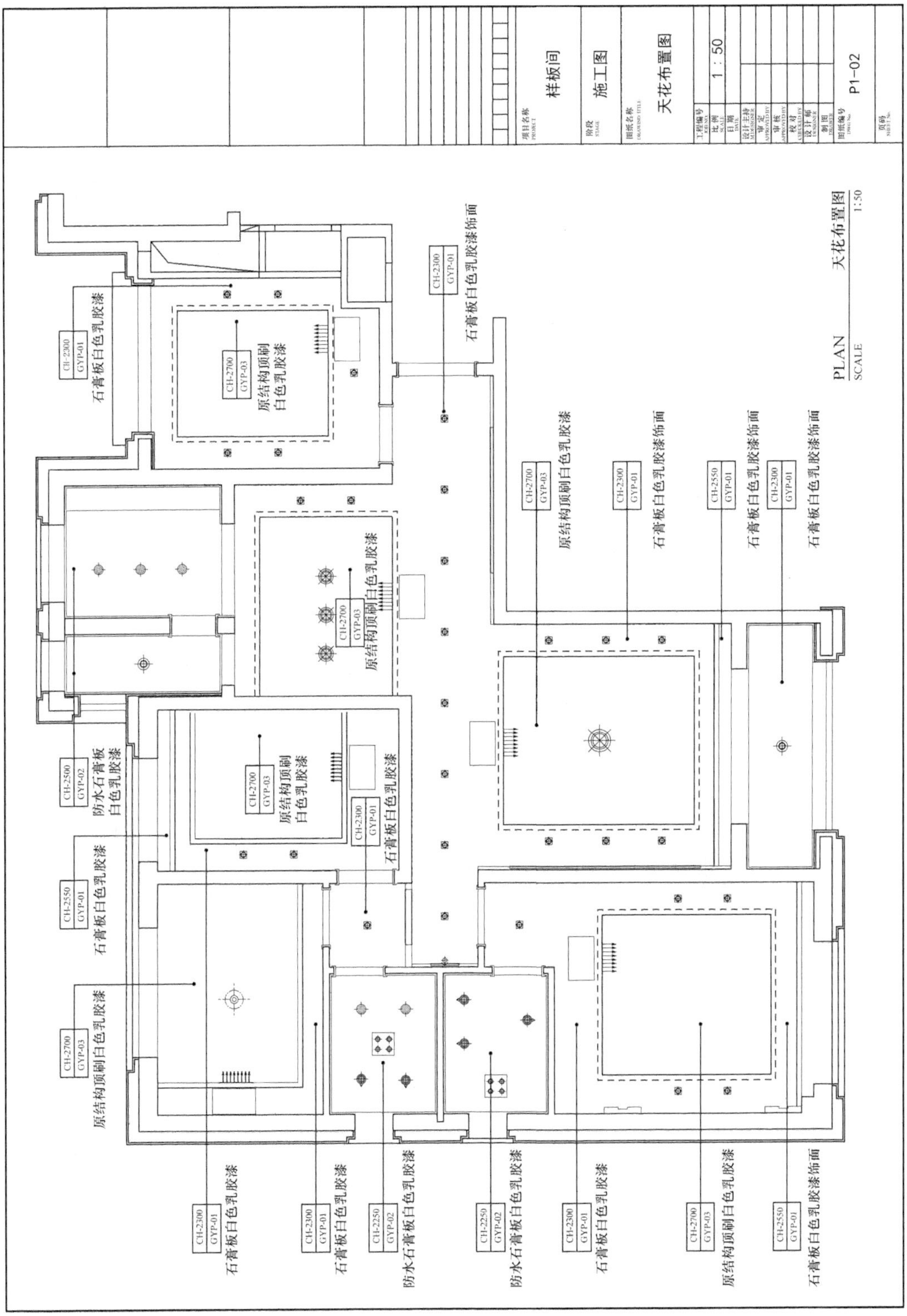

CH-2700 GYP-03
原结构顶刷白色乳胶漆
CH-2550 GYP-01
石膏板白色乳胶漆
CH-2500 GYP-02
防水石膏板白色乳胶漆
CH-2300 GYP-01
石膏板白色乳胶漆
CH-2300 GYP-01
石膏板白色乳胶漆
CH-2300 GYP-01
石膏板白色乳胶漆
CH-2700 GYP-03
原结构顶刷白色乳胶漆
CH-2700 GYP-03
原结构顶刷白色乳胶漆
CH-2300 GYP-01
石膏板白色乳胶漆
CH-2700 GYP-03
原结构顶刷白色乳胶漆
CH-2250 GYP-02
防水石膏板白色乳胶漆
CH-2300 GYP-01
石膏板白色乳胶漆饰面
CH-2250 GYP-02
防水石膏板白色乳胶漆
CH-2700 GYP-03
原结构顶刷白色乳胶漆
CH-2300 GYP-01
石膏板白色乳胶漆
CH-2300 GYP-01
石膏板白色乳胶漆饰面
CH-2700 GYP-03
原结构顶刷白色乳胶漆
CH-2550 GYP-01
石膏板白色乳胶漆饰面
CH-2550 GYP-01
石膏板白色乳胶漆饰面
CH-2300 GYP-01
石膏板白色乳胶漆饰面
PLAN 天花布置图
SCALE 1:50
项目名称 PROJECT 样板间
阶段 STAGE 施工图
图纸名称 DRAWING TITLE 天花布置图
工程编号 JOB NO.
比例 SCALE 1：50
日期 DATE
设计主持 M.DESIGNER
审定 APPROVED BY
审核 APPROVED BY
校对 CHECKED BY
设计师 DESIGNER
制图 DRAWER
图纸编号 DWG No. P1-02
页码 SHEET No.

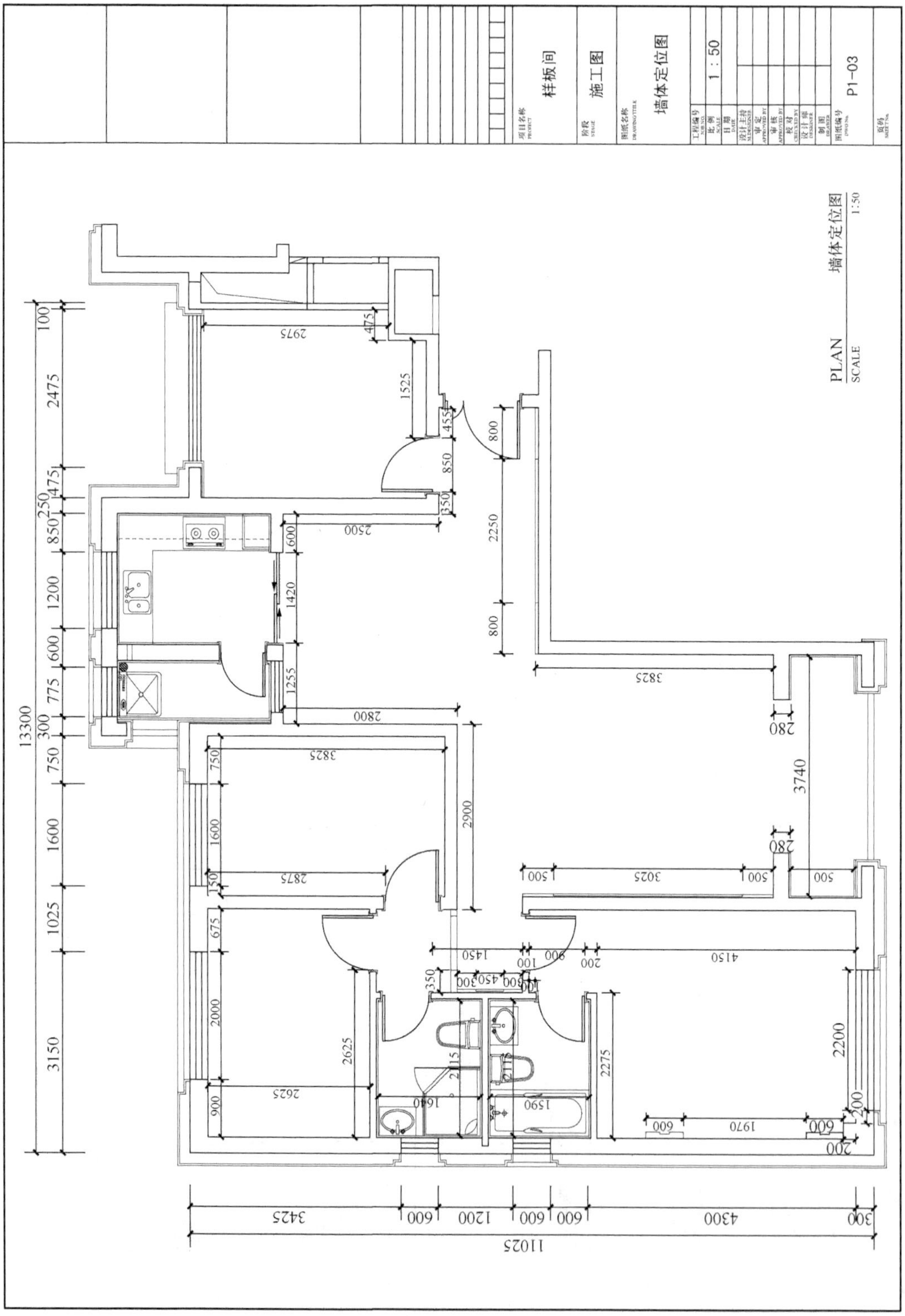

项目名称 PROJECT	样板间
阶段 STAGE	施工图
图纸名称 DRAWING TITLE	墙体定位图
工程编号 JOB NO.	
比例 SCALE	1：50
日期 DATE	
设计主持	
审定 APPROVED BY	
审核	
校对 CHECKED BY	
设计师 DESIGNER	
制图	
图纸编号 DWG No.	P1-03
版码	

墙体定位图 PLAN
SCALE 1:50

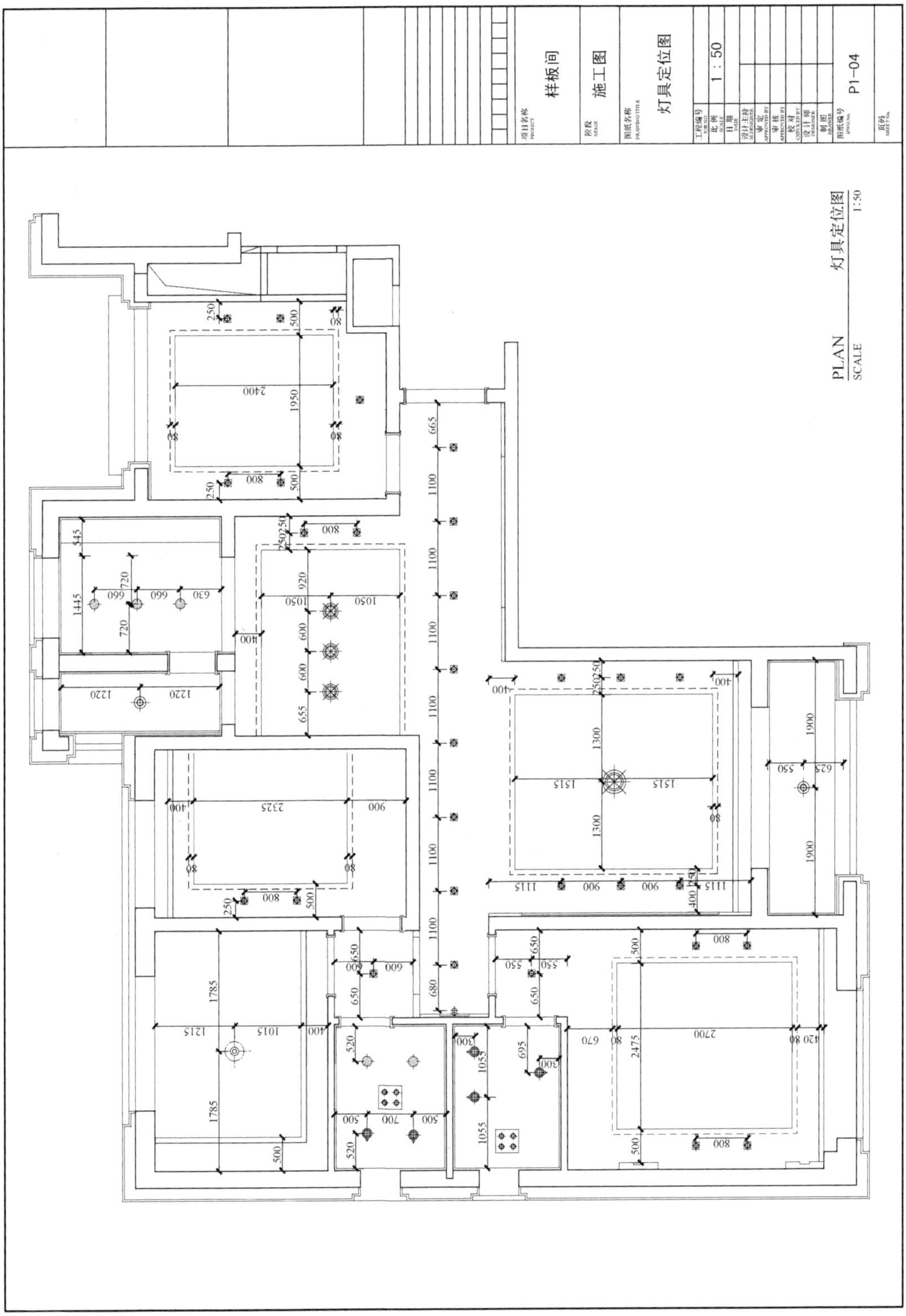

项目名称 PROJECT	样板间
阶段 STAGE	施工图
图纸名称 DRAWING TITLE	灯具定位图
工程编号 JOB NO.	
比例 SCALE	1：50
日期 DATE	
设计主持	
审定 APPROVED BY	
审核 APPROVED BY	
校对 CHECKED BY	
设计师 DESIGNER	
制图 DRAWER	
图纸编号 DWG No.	P1-04
页码 SHEET No.	

PLAN　灯具定位图

SCALE　1:50

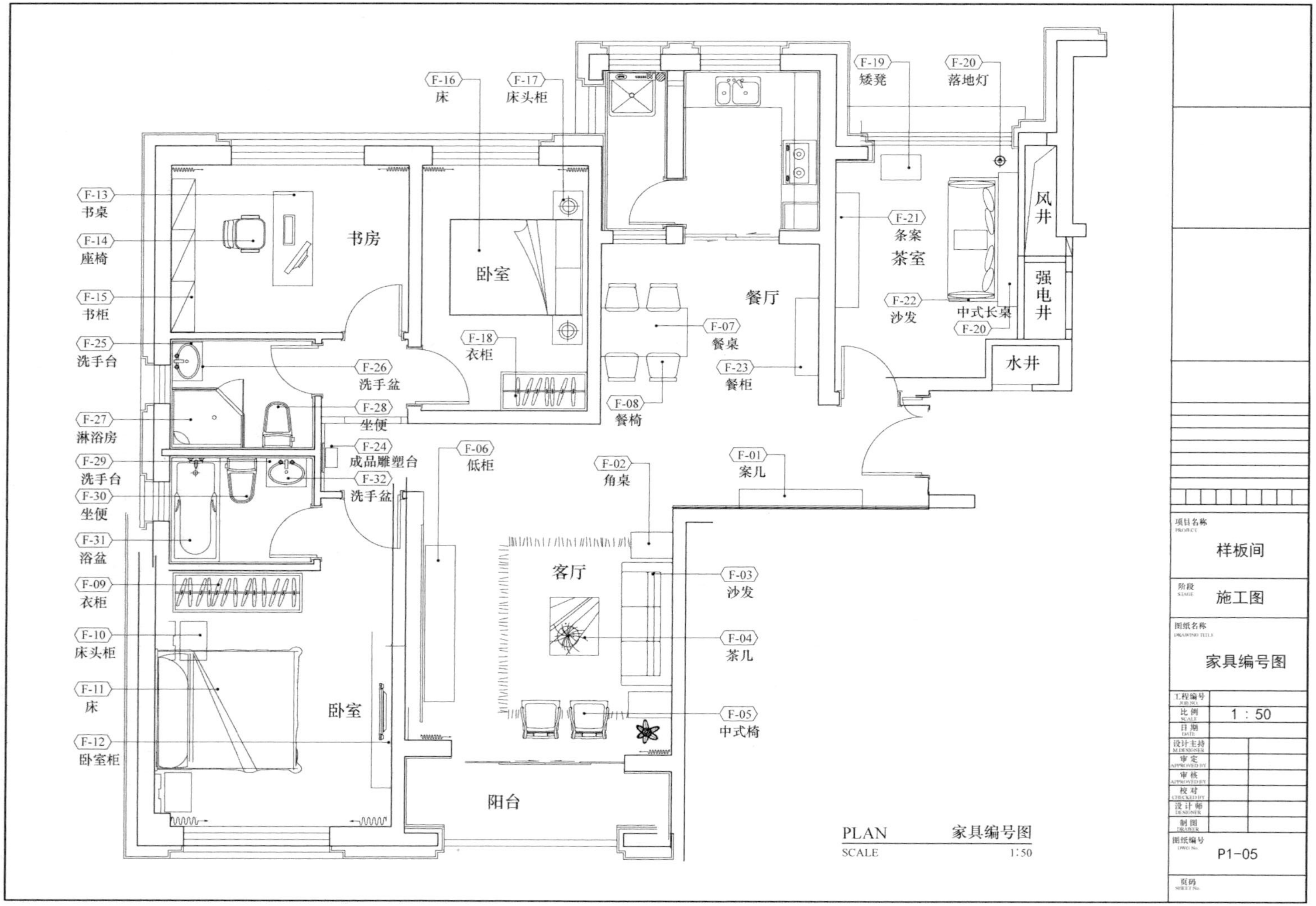
F-13 书桌
F-14 座椅
F-15 书柜
F-25 洗手台
F-26 洗手盆
F-27 淋浴房
F-28 坐便
F-24 成品雕塑台
F-29 洗手台
F-32 洗手盆
F-30 坐便
F-31 浴盆
F-09 衣柜
F-10 床头柜
F-11 床
F-12 卧室柜
F-16 床
F-17 床头柜
F-18 衣柜
F-06 低柜
F-07 餐桌
F-08 餐椅
F-23 餐柜
F-02 角桌
F-01 案几
F-03 沙发
F-04 茶几
F-05 中式椅
F-19 矮凳
F-20 落地灯
F-21 条案
F-22 沙发
中式长桌 F-20
书房
卧室
餐厅
茶室
客厅
阳台
风井
强电井
水井
PLAN 家具编号图
SCALE 1:50
项目名称 PROJECT 样板间
阶段 STAGE 施工图
图纸名称 DRAWING TITLE 家具编号图
工程编号 JOB NO.
比例 SCALE 1 : 50
日期 DATE
设计主持 M.DESIGNER
审定 APPROVED BY
审核 APPROVED BY
校对 CHECKED BY
设计师 DESIGNER
制图 DRAWER
图纸编号 DWG No. P1-05
页码 SHEET No.

PLAN　　灯具编号图

SCALE　　1:50

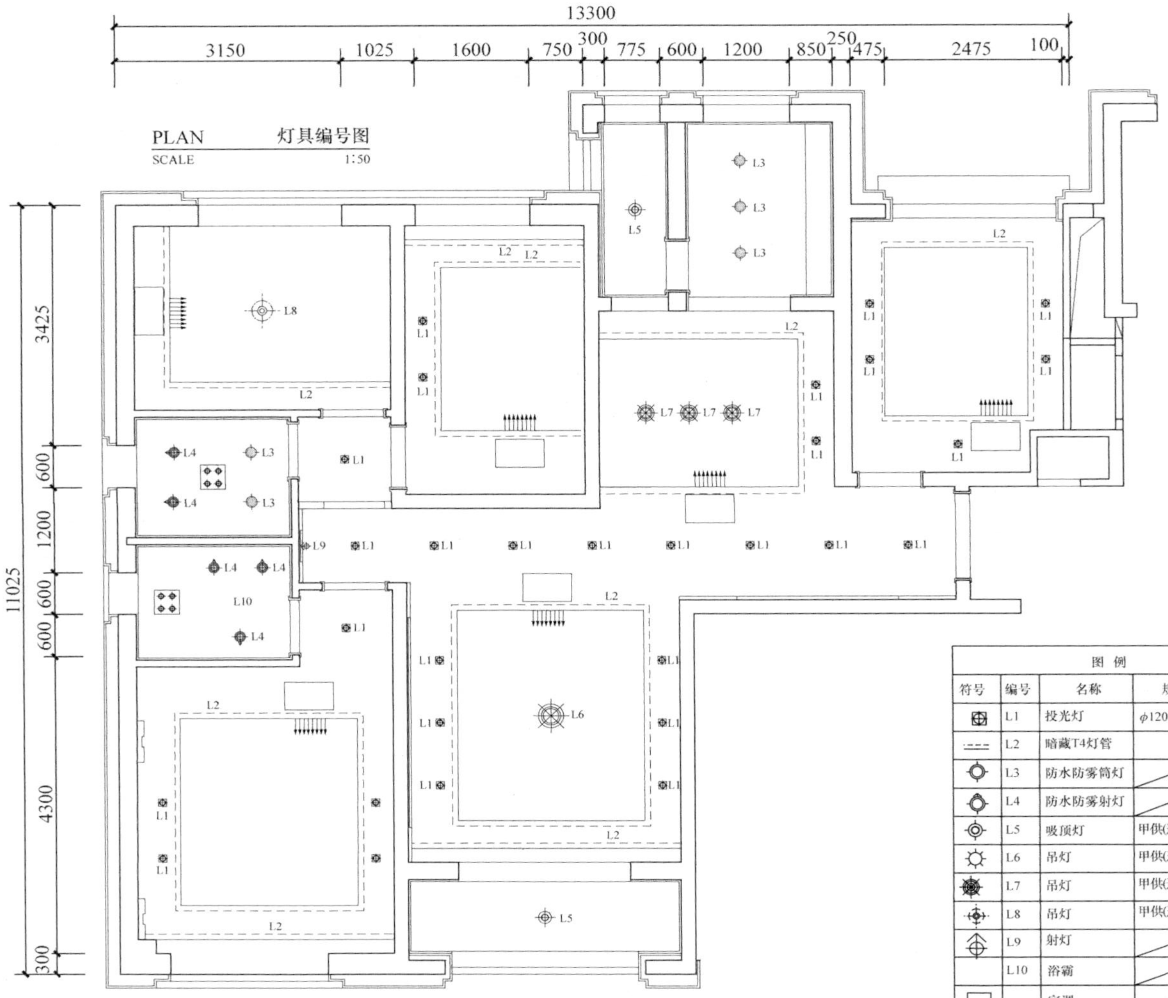

13300

3150　1025　1600　750　300　775　600　1200　850　250　475　2475　100

11025

3425　600　1200　600　600　4300　300

图例				
符号	编号	名称	规格	位置
	L1	投光灯	φ120	
	L2	暗藏T4灯管		
	L3	防水防雾筒灯		卫生间、厨房
	L4	防水防雾射灯		卫生间、厨房
	L5	吸顶灯	甲供(选型)	阳台、厨房
	L6	吊灯	甲供(选型)	客厅
	L7	吊灯	甲供(选型)	餐厅
	L8	吊灯	甲供(选型)	次卧
	L9	射灯		客厅
	L10	浴霸		卫生间
		空调		

项目名称 PROJECT	样板间
阶段 STAGE	施工图
图纸名称 DRAWING TITLE	灯具编号图
工程编号 JOB NO.	
比例 SCALE	1：50
日期 DATE	
设计主持 SCHDESIGNER	
审定 APPROVED BY	
审核 APPROVED BY	
校对 CHECKED BY	
设计师 DESIGNER	
制图 DRAWER	
图纸编号 DWG No.	P1-06
页码 SHEET No.	

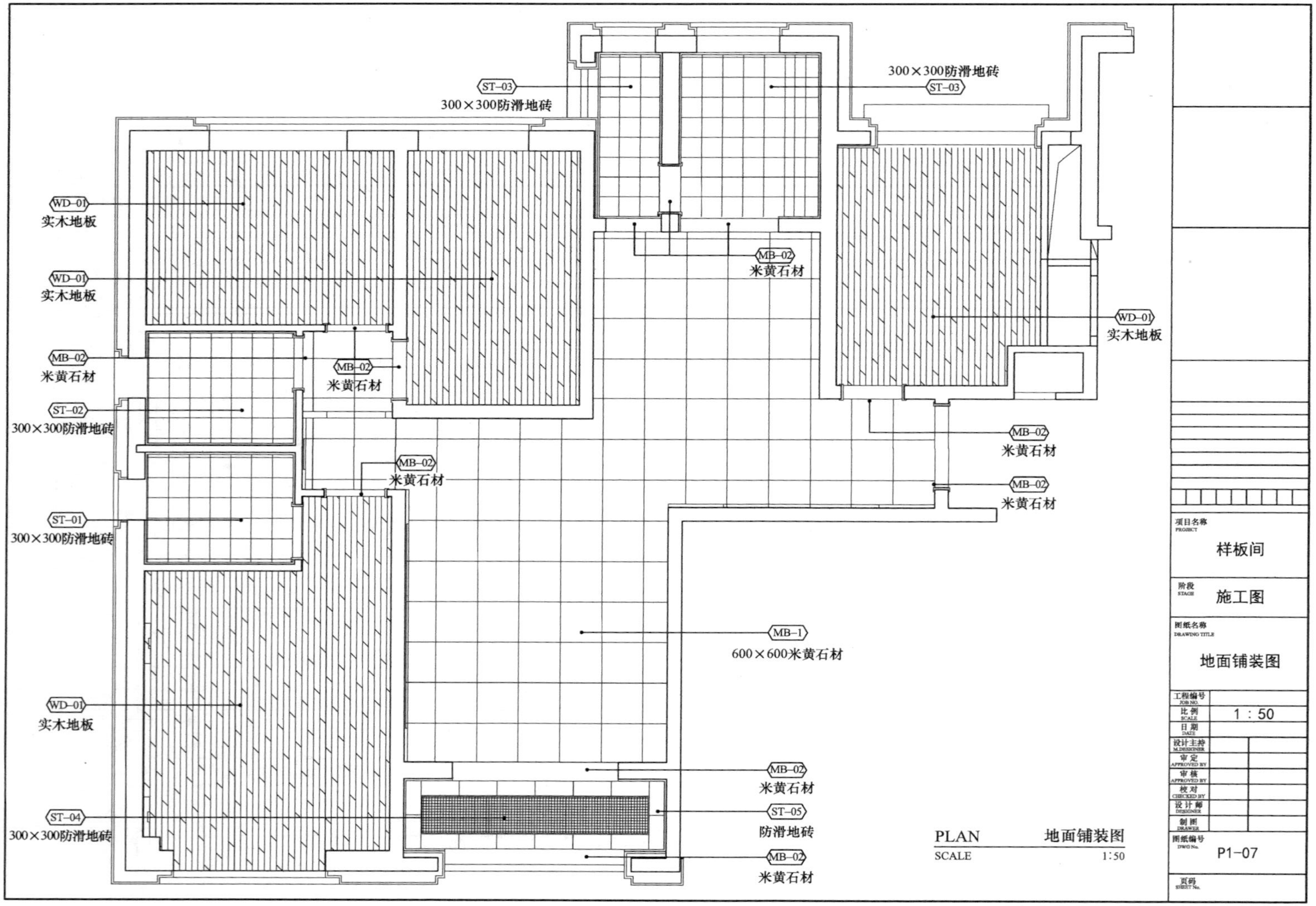
ST-03
300×300防滑地砖
300×300防滑地砖
ST-03
WD-01
实木地板
WD-01
实木地板
MB-02
米黄石材
MB-02
米黄石材
WD-01
实木地板
MB-02
米黄石材
ST-02
300×300防滑地砖
MB-02
米黄石材
MB-02
米黄石材
MB-02
米黄石材
ST-01
300×300防滑地砖
MB-1
600×600米黄石材
WD-01
实木地板
MB-02
米黄石材
ST-04
300×300防滑地砖
ST-05
防滑地砖
MB-02
米黄石材
PLAN 地面铺装图
SCALE 1:50
项目名称 PROJECT
样板间
阶段 STAGE
施工图
图纸名称 DRAWING TITLE
地面铺装图
工程编号 JOB NO.
比例 SCALE
1 : 50
日期 DATE
设计主持 M.DESIGNER
审定 APPROVED BY
审核 APPROVED BY
校对 CHECKED BY
设计师 DESIGNER
制图 DRAWER
图纸编号 DWG No.
P1-07
页码 SHEET No.

项目名称 PROJECT：样板间

阶段 STAGE：施工图

图纸名称 DRAWING TITLE：立面索引图

工程编号 JOB NO.

比例 SCALE：1：50

日期 DATE

设计主持 M.DESIGNER

审定 APPROVED BY

审核 APPROVED BY

校对 CHECKED BY

设计/制图 DESIGNER

制图 DRAWER

图纸编号 DWG No.：P1-08

页码 SHEET No.

PLAN 立面索引图

SCALE 1:50

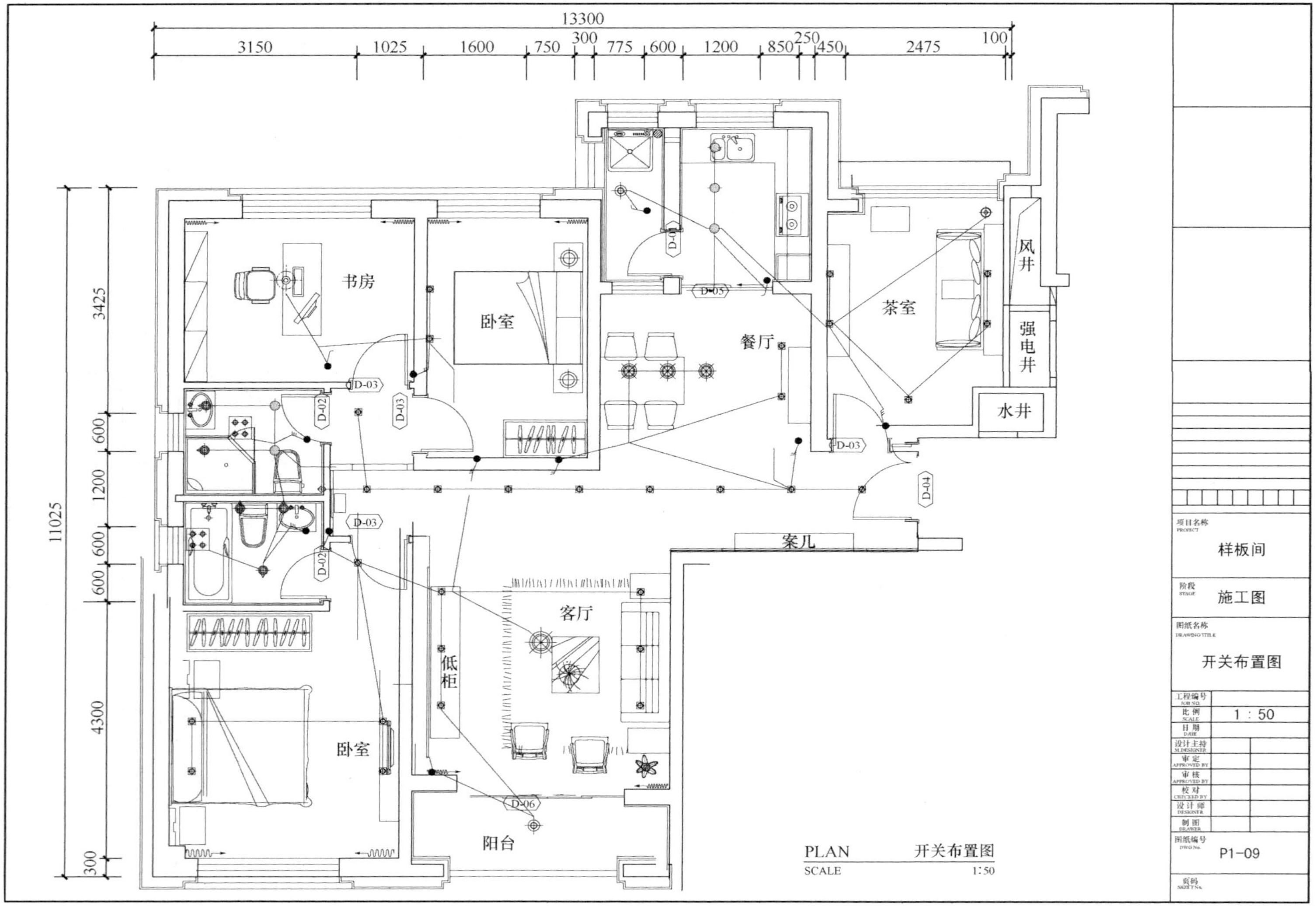
13300
3150
1025
1600
750
300
775
600
1200
850
250
450
2475
100
11025
3425
600
1200
600
600
4300
300
书房
卧室
餐厅
茶室
风井
强电井
水井
案儿
客厅
低柜
卧室
阳台
D-01
D-02
D-03
D-04
D-05
D-06
PLAN
SCALE
开关布置图
1:50
项目名称 PROJECT
样板间
阶段 STAGE
施工图
图纸名称 DRAWING TITLE
开关布置图
工程编号 JOB NO.
比例 SCALE
1 : 50
日期 DATE
设计主持
审定 APPROVED BY
审核 APPROVED BY
校对 CHECKED BY
设计师 DESIGNER
制图 DRAWER
图纸编号 DWG No.
P1-09
页码 SHEET No.

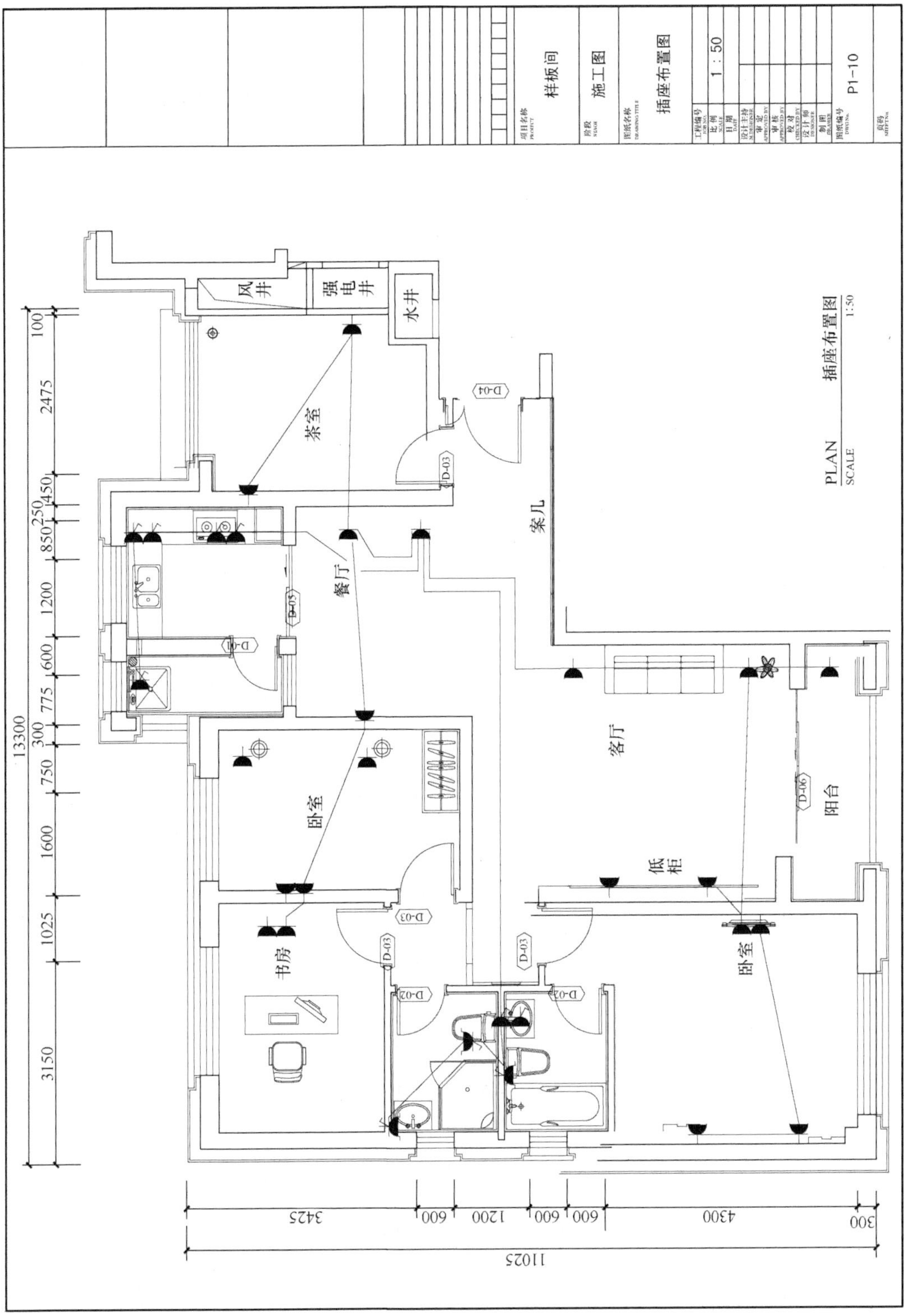

项目名称 PROJECT	样板间
阶段 STAGE	施工图
图纸名称 DRAWING TITLE	插座布置图
工程编号 JOB NO.	
比例 SCALE	1 : 50
日期 DATE	
设计主持 SCHDESIGNER	
审定 APPROVED BY	
审核 APPROVED BY	
校对 CHECKED BY	
设计师 DESIGNER	
制图 DRAWER	
图纸编号 DWG No.	P1-10
页码 SHEET No.	

风井
强电井
水井
茶室
案儿
餐厅
D-04
D-03
D-05
D-01
卧室
客厅
阳台
D-06
低柜
D-03
书房
卧室
D-02
D-02

100　2475　450　250　850　1200　600　775　300　750　1600　1025　3150

13300

3425　600　1200　600　600　4300　300

11025

PLAN　插座布置图

SCALE　1:50

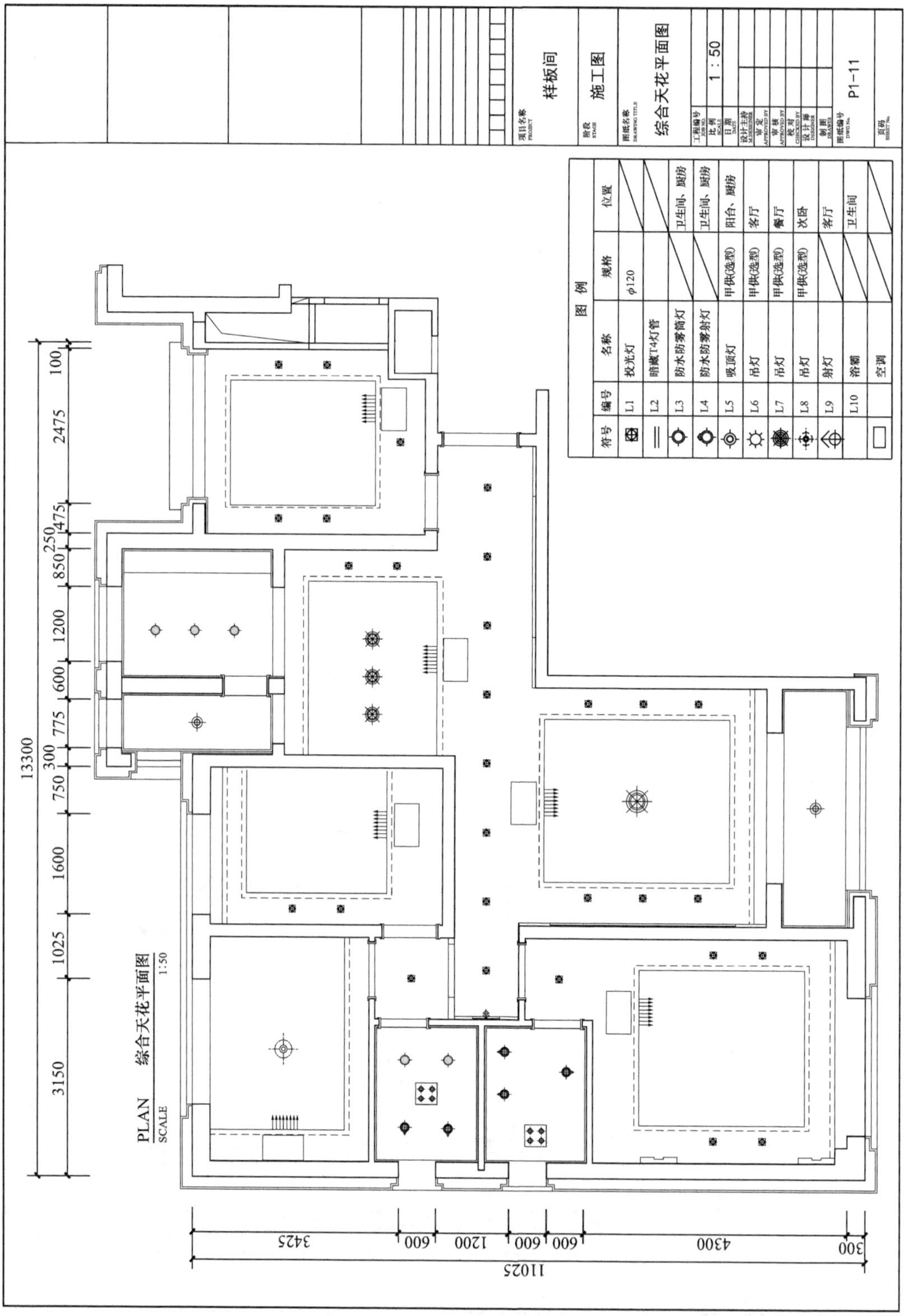

PLAN 综合天花平面图

SCALE 1:50

13300

3150 1025 1600 750 300 775 600 1200 850 250 475 2475 100

11025

3425 600 1200 600 600 4300 300

图例				
符号	编号	名称	规格	位置
	L1	投光灯	φ120	
	L2	暗藏T4灯管		
	L3	防水防雾筒灯		卫生间、厨房
	L4	防水防雾射灯		卫生间、厨房
	L5	吸顶灯	甲供(选型)	阳台、厨房
	L6	吊灯	甲供(选型)	客厅
	L7	吊灯	甲供(选型)	餐厅
	L8	吊灯	甲供(选型)	次卧
	L9	射灯		客厅
	L10	浴霸		卫生间
		空调		

项目名称 PROJECT 样板间

阶段 STAGE 施工图

图纸名称 DRAWING TITLE 综合天花平面图

工程编号 JOB NO.

比例 SCALE 1：50

日期 DATE

设计主持 M.DESIGNER

审定 APPROVED BY

审核 APPROVED BY

校对 CHECKED BY

设计师 DESIGNER

制图 DRAWER

图纸编号 DWG No. P1-11

页码 SHEET No.

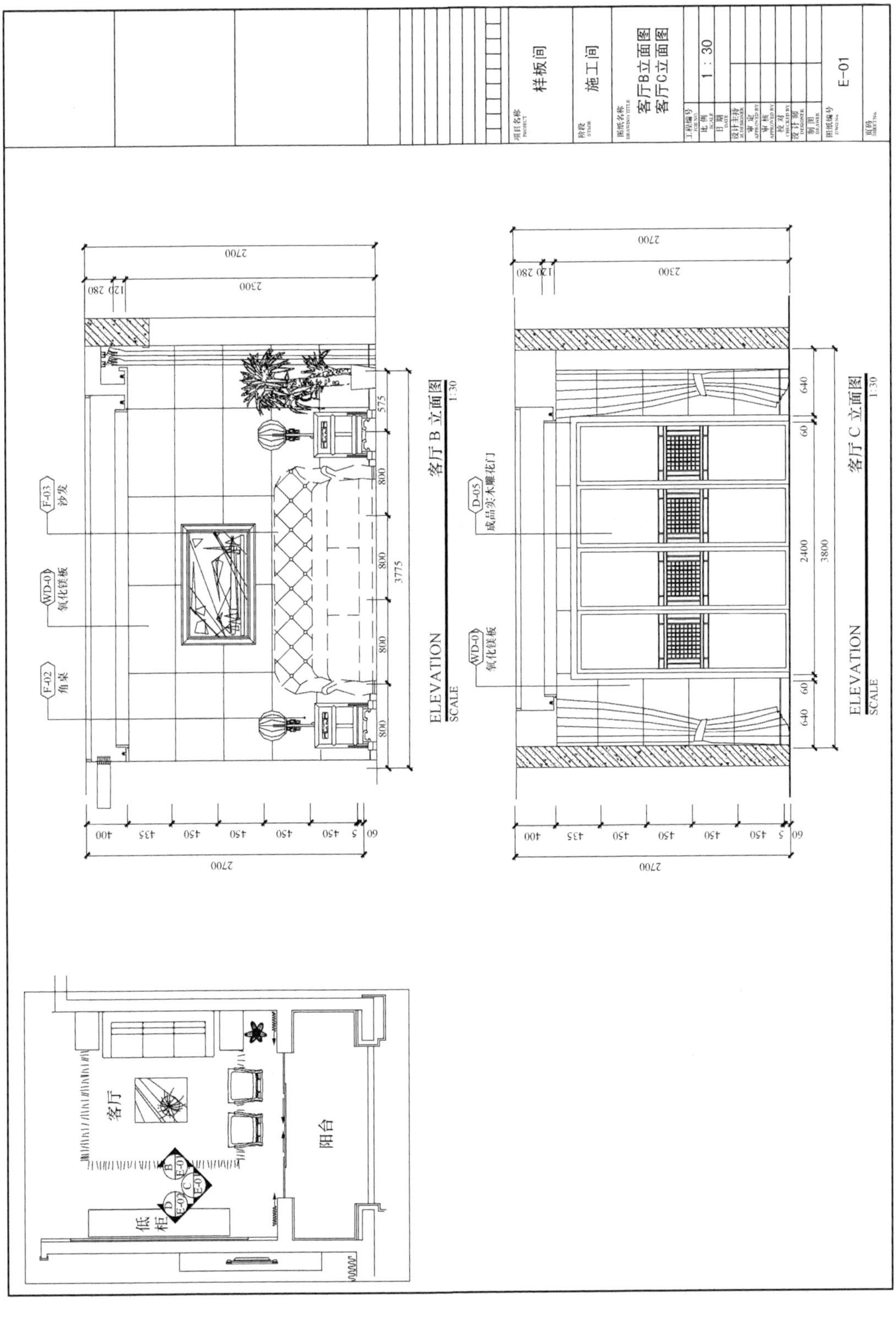

项目名称 PROJECT	样板间
阶段 STAGE	施工图
图纸名称 DRAWING TITLE	客厅B立面图 客厅C立面图
比例 SCALE	1：30
图纸编号 DWG No.	E-01

F-03 沙发

WD-0 氧化镁板

F-02 角桌

ELEVATION SCALE 客厅B立面图 1:30

D-05 成品实木雕花门

WD-0 氧化镁板

ELEVATION SCALE 客厅C立面图 1:30

客厅

阳台

低柜

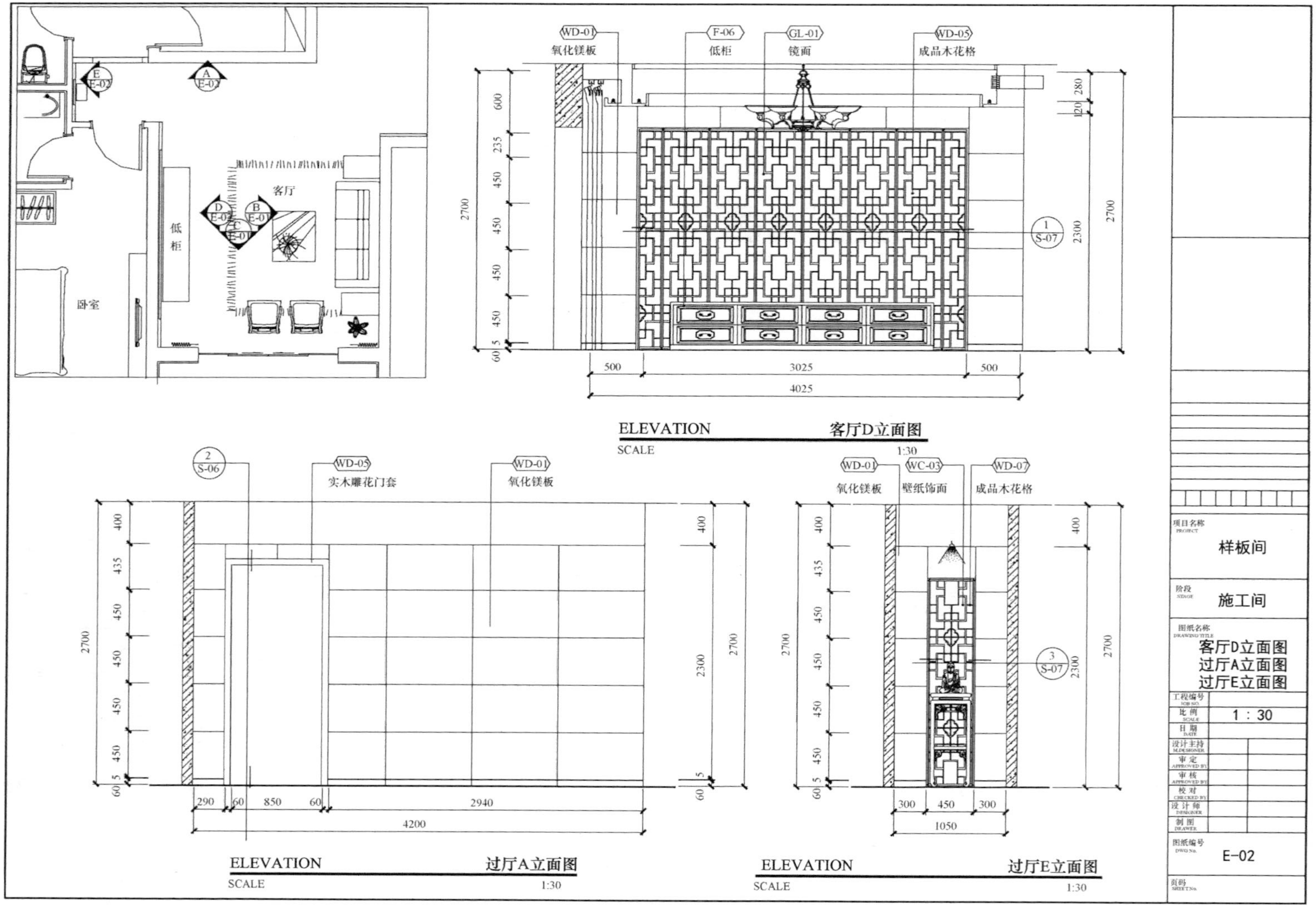
客厅
低柜
卧室
WD-01 氧化镁板
F-06 低柜
GL-01 镜面
WD-05 成品木花格
S-07
500
3025
4025
2700
2300
ELEVATION 客厅D立面图
SCALE 1:30
S-06
WD-05 实木雕花门套
WD-01 氧化镁板
290
850
2940
4200
ELEVATION 过厅A立面图
SCALE 1:30
WC-03 壁纸饰面
WD-07 成品木花格
300
450
1050
ELEVATION 过厅E立面图
SCALE 1:30
项目名称 PROJECT 样板间
阶段 STAGE 施工间
图纸名称 DRAWING TITLE 客厅D立面图 过厅A立面图 过厅E立面图
工程编号 JOB NO.
比例 SCALE 1 : 30
日期 DATE
设计主持
审定 APPROVED BY
审核 APPROVED BY
校对 CHECKED BY
设计师 DESIGNER
制图 DRAWER
图纸编号 DWG No. E-02
页码 SHEET No.

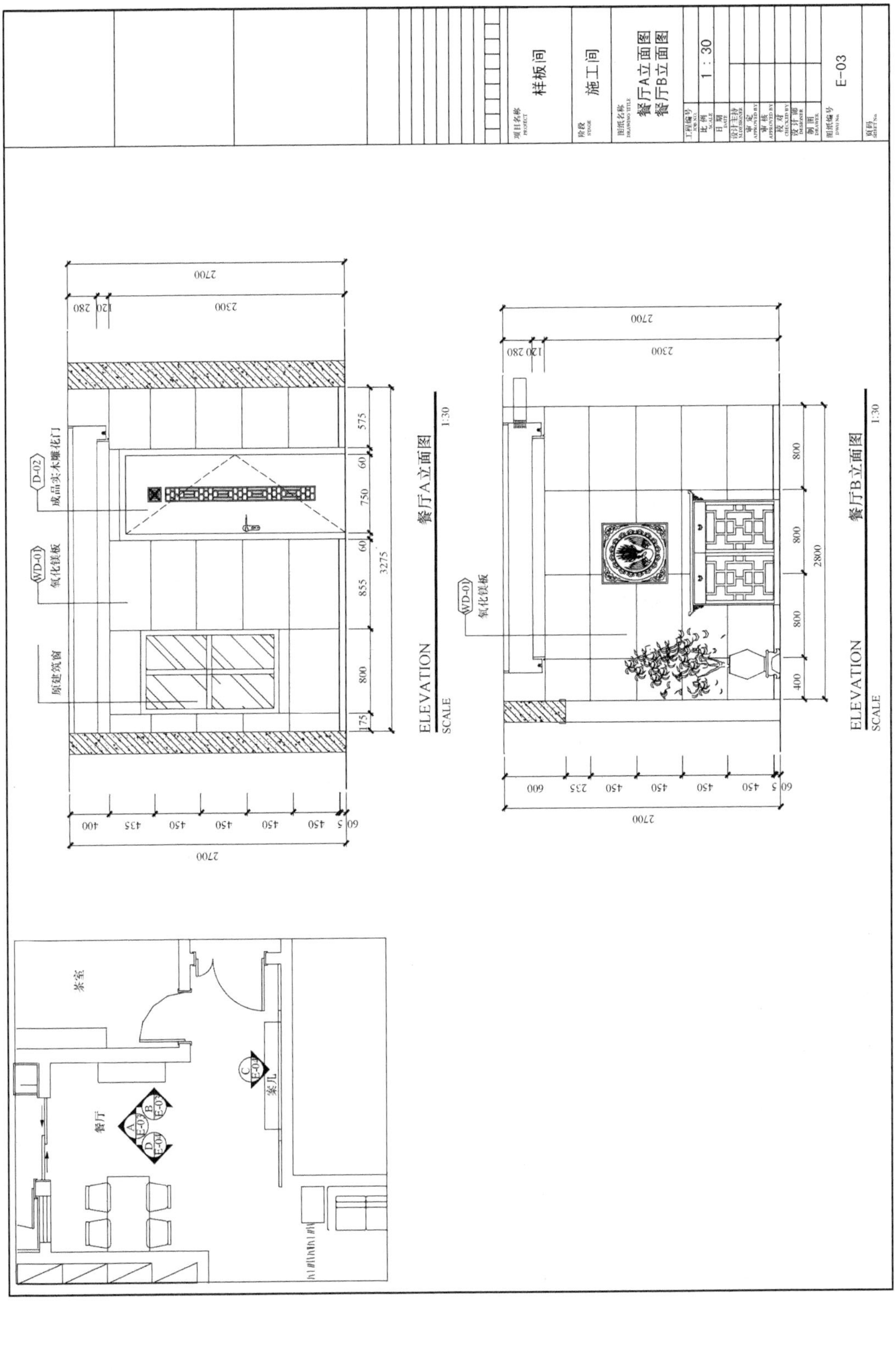

项目名称 PROJECT：样板间

阶段 STAGE：施工间

图纸名称 DRAWING TITLE：餐厅A立面图 餐厅B立面图

比例 SCALE：1：30

图纸编号 DWG No.：E-03

D-02 成品实木雕花门

WD-01 氧化镁板

原建筑窗

ELEVATION 餐厅A立面图 SCALE 1:30

WD-01 氧化镁板

ELEVATION 餐厅B立面图 SCALE 1:30

茶室

餐厅

案几

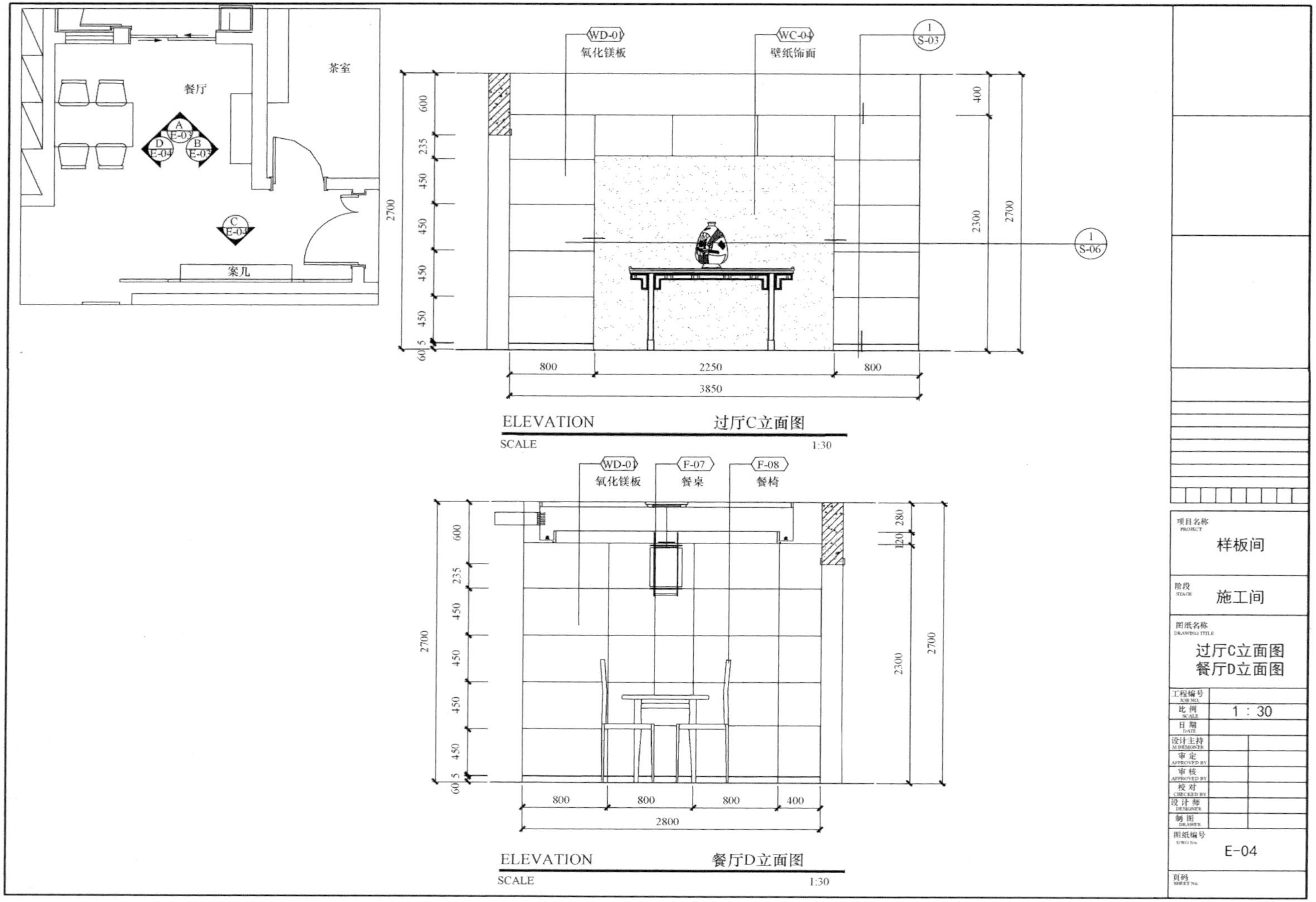

茶室
餐厅
案几
WD-01
氧化镁板
WC-04
壁纸饰面
S-03
S-06
800
2250
3850
2300
2700
400
600
235
450
60
5
ELEVATION
过厅C立面图
SCALE
1:30
F-07
餐桌
F-08
餐椅
280
120
2800
ELEVATION
餐厅D立面图
SCALE
1:30
项目名称 PROJECT
样板间
阶段 STAGE
施工间
图纸名称 DRAWING TITLE
过厅C立面图
餐厅D立面图
工程编号 JOB NO.
比例 SCALE
1 : 30
日期 DATE
设计主持 M.DESIGNER
审定 APPROVED BY
审核 APPROVED BY
校对 CHECKED BY
设计师 DESIGNER
制图 DRAWER
图纸编号 DWG No.
E-04
页码 SHEET No.

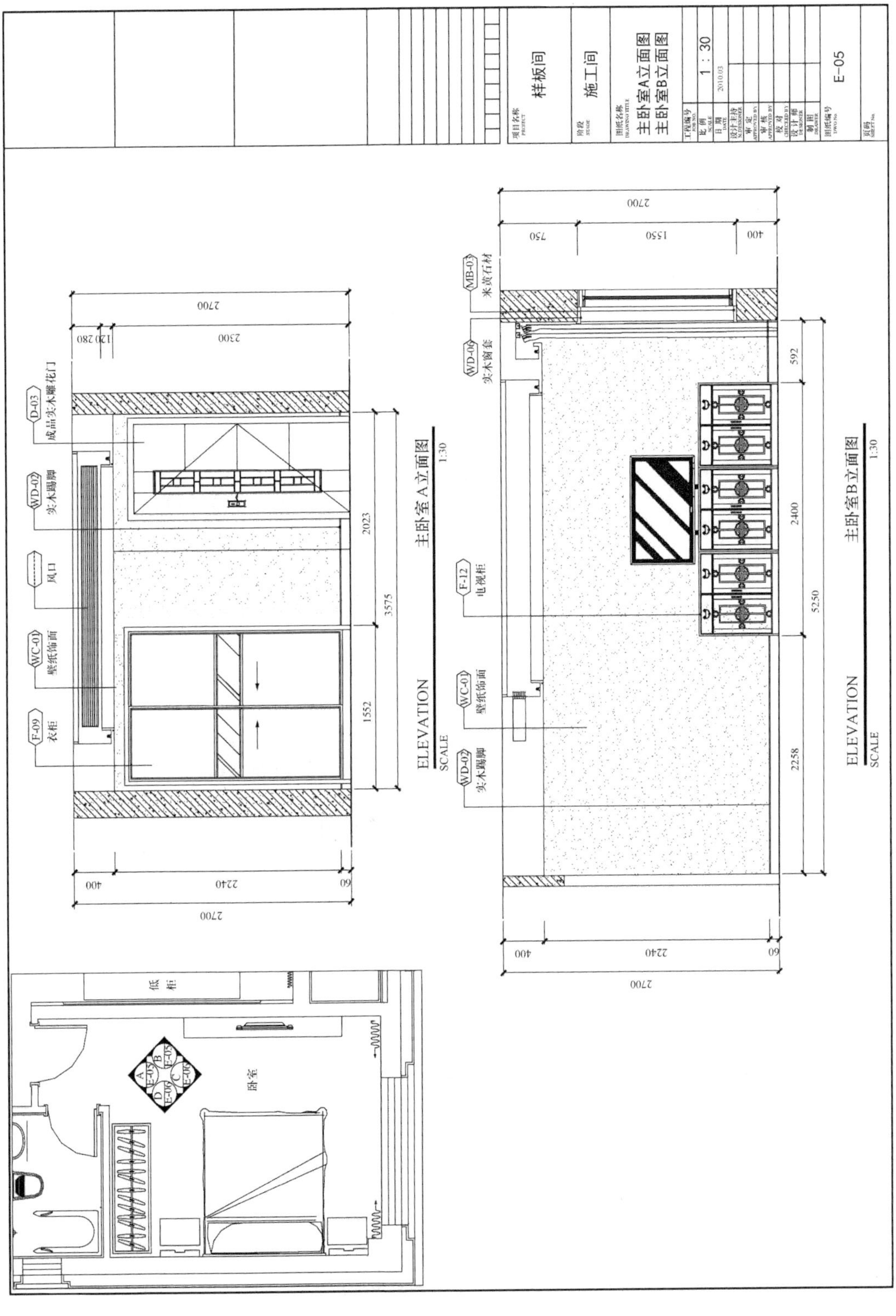

项目名称 PROJECT	样板间
阶段 STAGE	施工间
图纸名称 DRAWING TITLE	主卧室A立面图 主卧室B立面图
工程编号 JOB NO.	
比例 SCALE	1：30
日期 DATE	2010.03
设计主持	
审定	
审核	
校对	
设计师	
制图	
图纸编号 DWG No.	E-05
页码 SHEET No.	

D-03 成品实木雕花门
WD-02 实木踢脚
风口
WC-01 壁纸饰面
F-09 衣柜

2700　2300　120　280　2023　3575　1552　400　2240　60　2700

ELEVATION 主卧室A立面图
SCALE 1:30

MB-03 米黄石材
WD-06 实木窗套
F-12 电视柜
WC-01 壁纸饰面
WD-02 实木踢脚

2700　750　1550　400　592　2400　5250　2258　400　2240　60　2700

ELEVATION 主卧室B立面图
SCALE 1:30

低柜
卧室

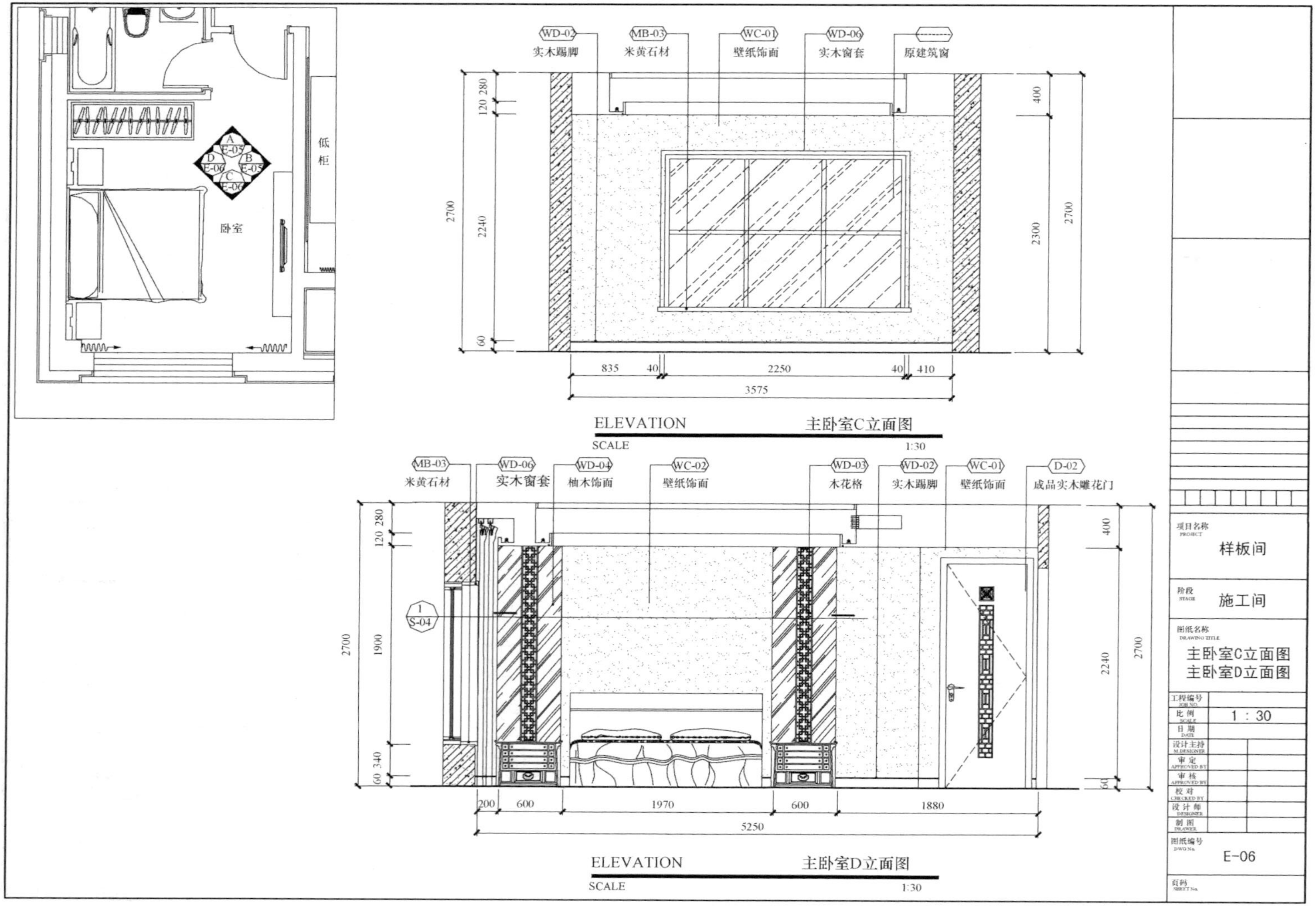
低柜
卧室
A E-05
B E-05
C E-06
D E-06
WD-02 实木踢脚
MB-03 米黄石材
WC-01 壁纸饰面
WD-06 实木窗套
原建筑窗
2700
120 280
2240
60
400
2300
835
40
2250
410
3575
ELEVATION 主卧室C立面图
SCALE 1:30
MB-03 米黄石材
WD-06 实木窗套
WD-04 柚木饰面
WC-02 壁纸饰面
WD-03 木花格
WD-02 实木踢脚
WC-01 壁纸饰面
D-02 成品实木雕花门
1 S-04
1900
60 340
200
600
1970
1880
5250
ELEVATION 主卧室D立面图
SCALE 1:30
项目名称 PROJECT
样板间
阶段 STAGE
施工间
图纸名称 DRAWING TITLE
主卧室C立面图
主卧室D立面图
工程编号 JOB NO.
比例 SCALE
1 : 30
日期 DATE
设计主持 M.DESIGNER
审定 APPROVED BY
审核 APPROVED BY
校对 CHECKED BY
设计师 DESIGNER
制图 DRAWER
图纸编号 DWG No.
E-06
页码 SHEET No.

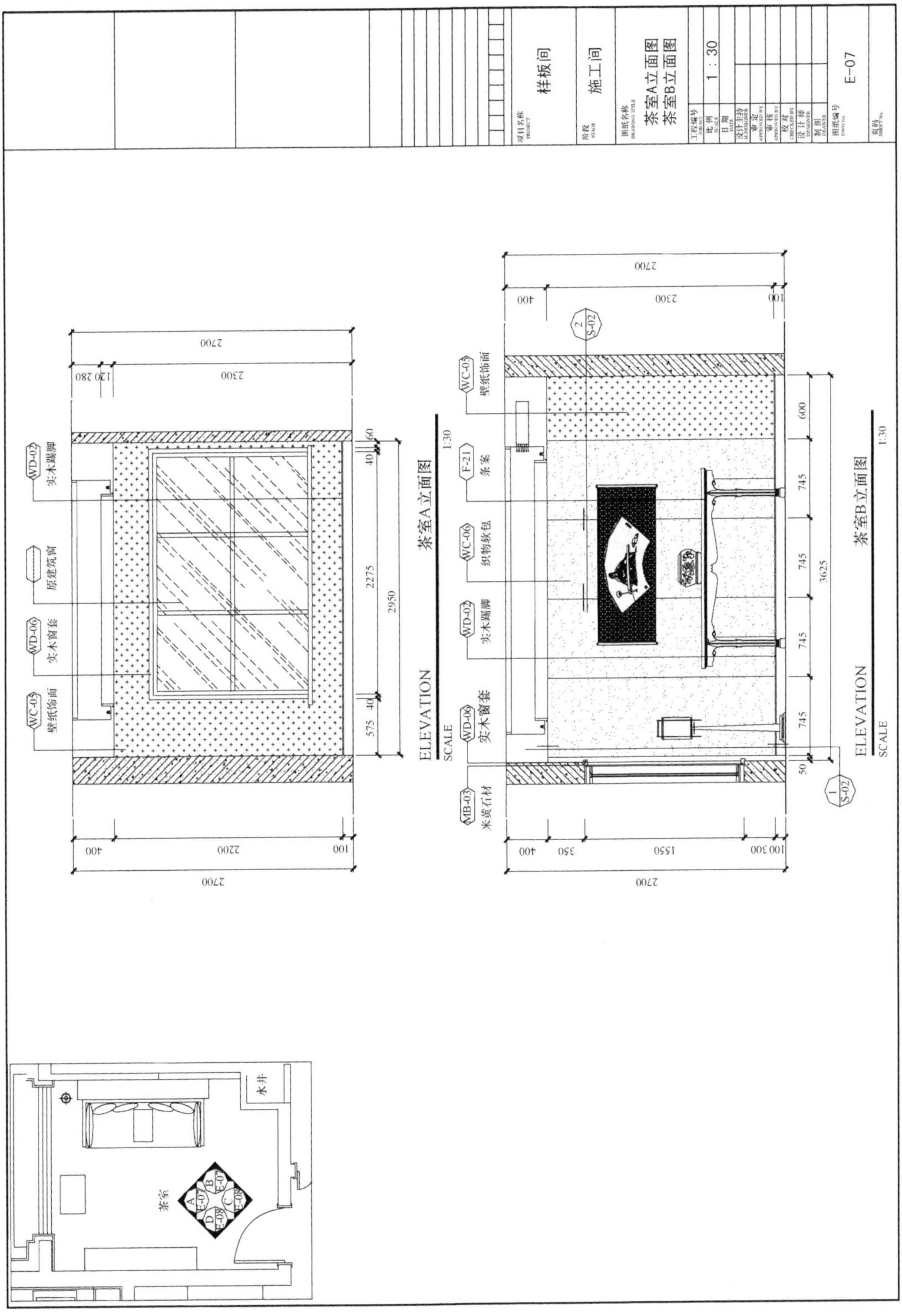

项目名称 PROJECT	样板间
阶段 STAGE	施工图
图纸名称 DRAWING TITLE	茶室A立面图 茶室B立面图
比例 SCALE	1：30
图纸编号 DWG No.	E-07

茶室A立面图 1:30
ELEVATION SCALE

WD-02 实木踢脚
原建筑窗
WD-06 实木窗套
WC-05 壁纸饰面

2700
120 280 2300
60 40 2275 2950 40 575
400 2200 100
2700

茶室B立面图 1:30
ELEVATION SCALE

WC-05 壁纸饰面
F-21 条案
WC-06 织物软包
WD-02 实木踢脚
WD-06 实木窗套
MB-03 米黄石材

2700
400 2300 100
600 745 745 745 745 3625 50
400 350 1550 100 300 100
2700

茶室
水井

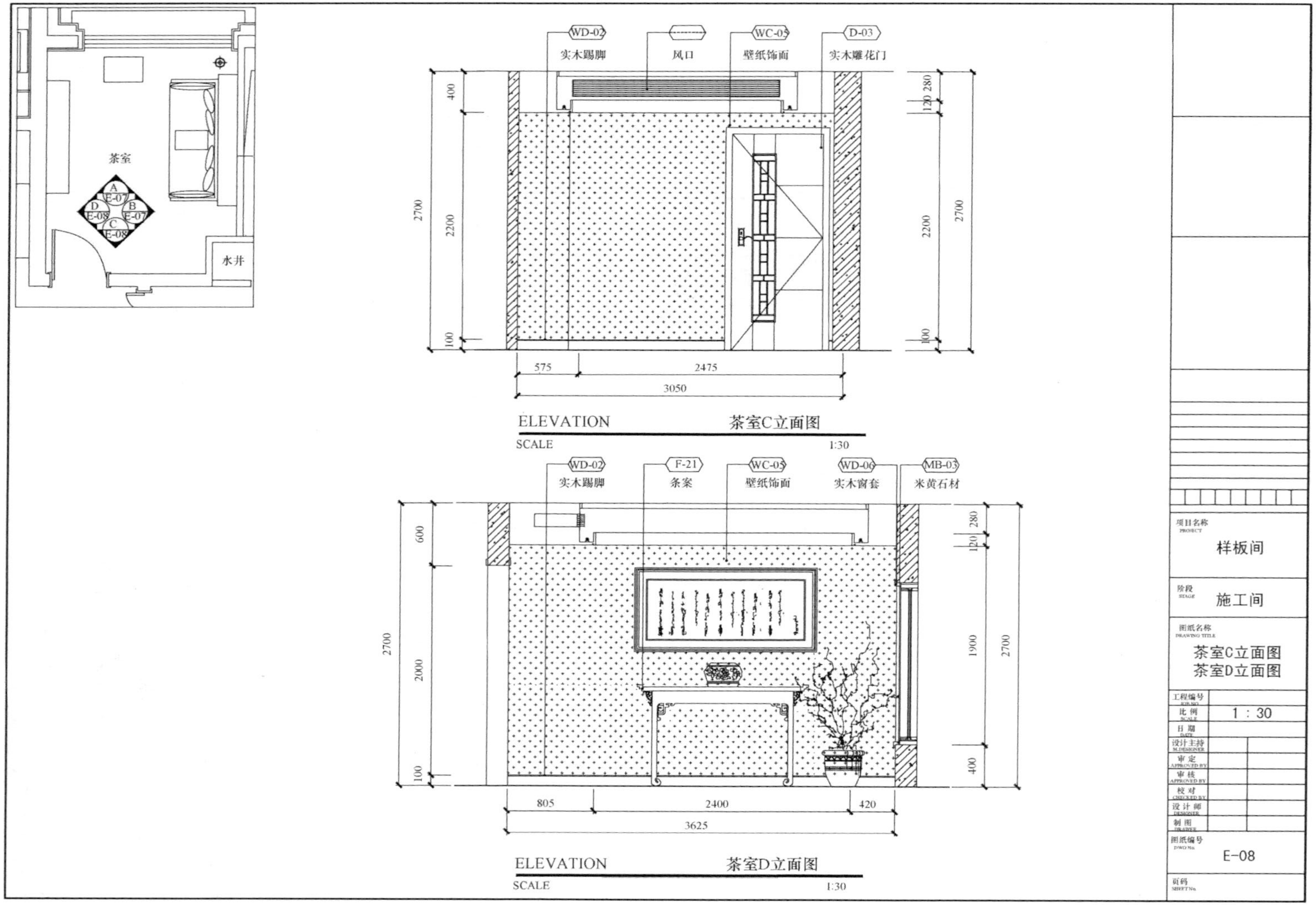
茶室
A E-07
B E-07
C E-08
D E-08
水井
WD-02 实木踢脚
风口
WC-05 壁纸饰面
D-03 实木雕花门
400
2200
100
2700
280
120
575
2475
3050
ELEVATION
SCALE
茶室C立面图
1:30
F-21 条案
WD-06 实木窗套
MB-03 米黄石材
600
2000
1900
805
2400
420
3625
茶室D立面图
项目名称 PROJECT
样板间
阶段 STAGE
施工间
图纸名称 DRAWING TITLE
茶室C立面图
茶室D立面图
工程编号
比例 SCALE
1 : 30
日期 DATE
设计主持
审定 APPROVED BY
审核 APPROVED BY
校对 CHECKED BY
设计师 DESIGNER
制图 DRAWER
图纸编号 DWG No.
E-08
页码 SHEET No.

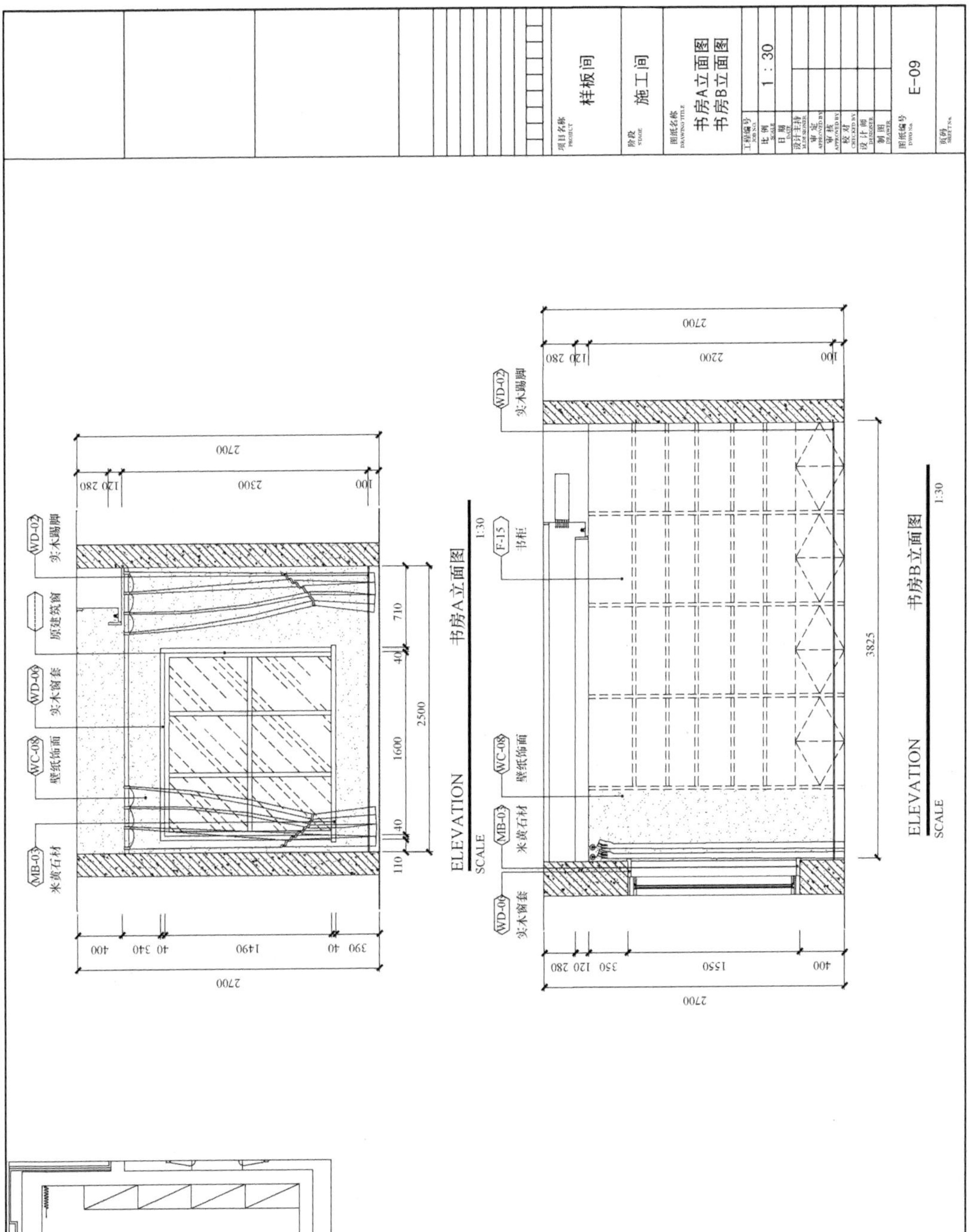

项目名称 PROJECT	样板间
阶段 STAGE	施工图
图纸名称 DRAWING TITLE	书房A立面图 书房B立面图
工程编号 JOB NO.	
比例 SCALE	1：30
日期 DATE	
设计主持	
审定 APPROVED BY	
校对 CHECKED BY	
设计师 DESIGNER	
制图 DRAWER	
图纸编号 DWG No.	E-09
页码 SHEET No.	

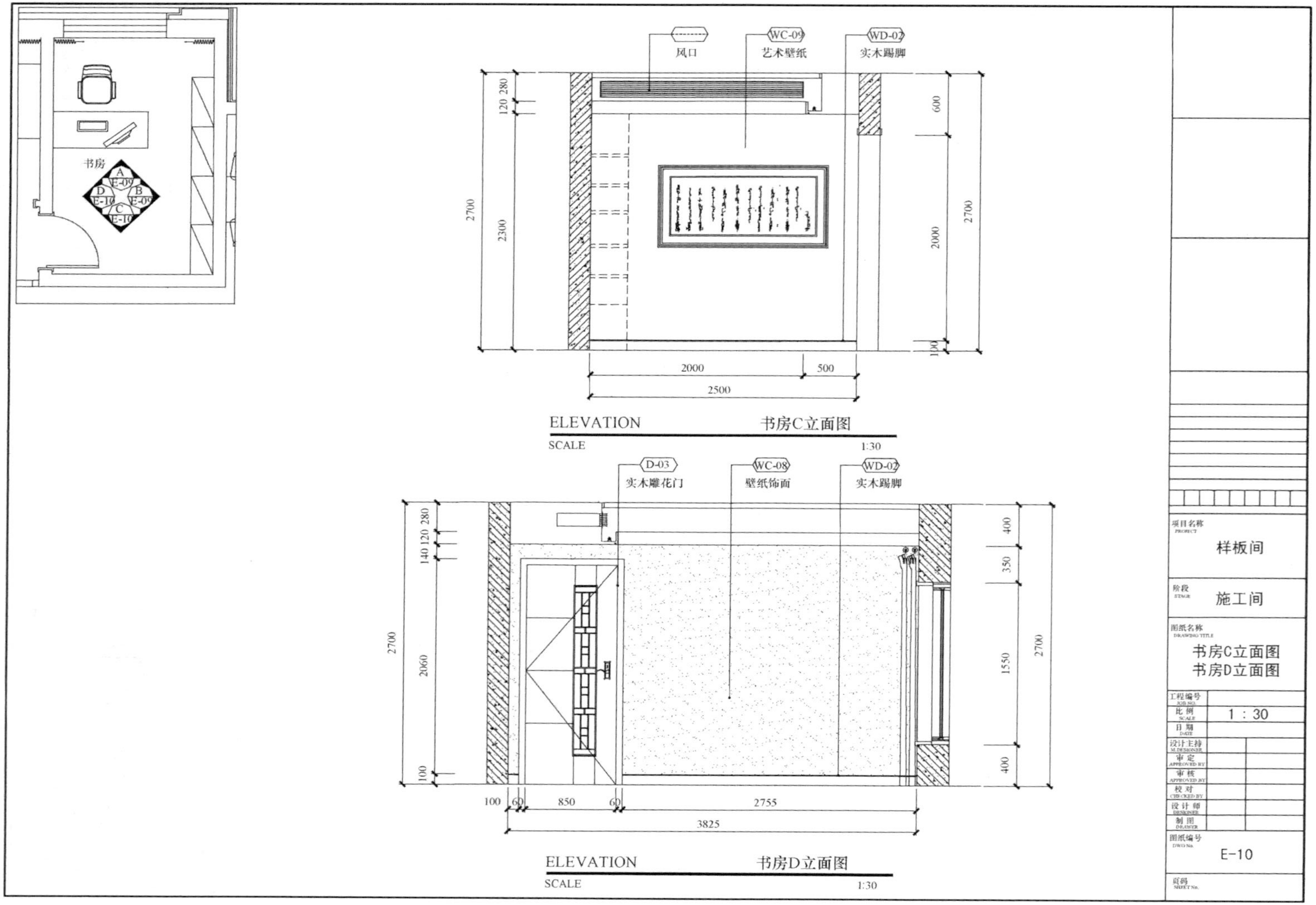
书房
风口
WC-09
艺术壁纸
WD-02
实木踢脚
ELEVATION
书房C立面图
SCALE
1:30
D-03
实木雕花门
WC-08
壁纸饰面
WD-02
实木踢脚
ELEVATION
书房D立面图
SCALE
1:30
项目名称 PROJECT
样板间
阶段 STAGE
施工间
图纸名称 DRAWING TITLE
书房C立面图
书房D立面图
工程编号 JOB NO.
比例 SCALE
1 : 30
日期 DATE
设计主持 M.DESIGNER
审定 APPROVED BY
审核 APPROVED BY
校对 CHECKED BY
设计师 DESIGNER
制图 DRAWER
图纸编号 DWG No.
E-10
页码 SHEET No.

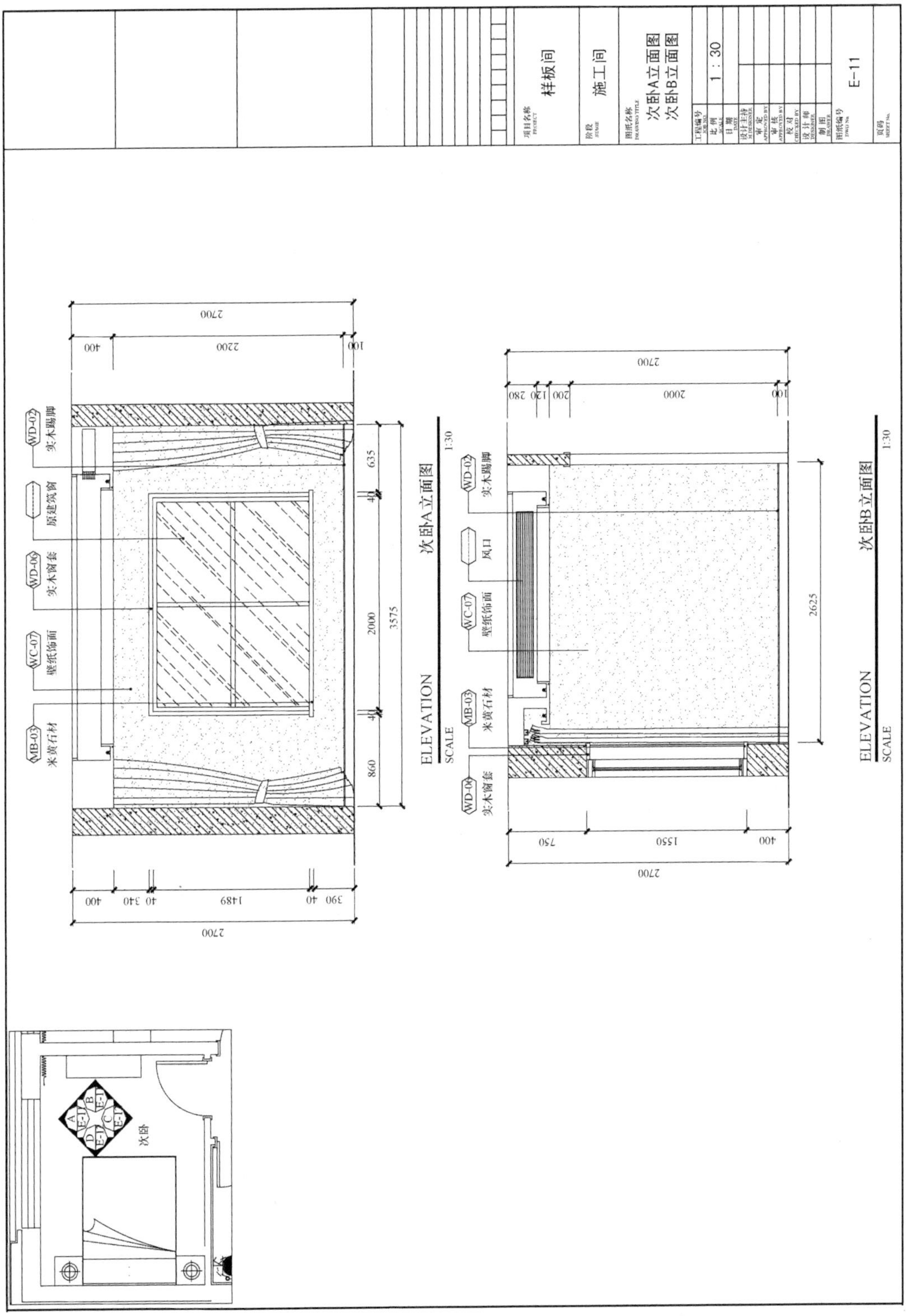

项目名称 PROJECT	样板间
阶段 STAGE	施工间
图纸名称 DRAWING TITLE	次卧A立面图 次卧B立面图
工程编号 JOB NO.	
比例 SCALE	1：30
日期 DATE	
设计主持	
审定 APPROVED BY	
审核 APPROVED BY	
校对 CHECKED BY	
设计师 DESIGNER	
制图 DRAWER	
图纸编号 DWG. No.	E-11
页码 SHEET No.	

WD-02 实木踢脚
原建筑窗
WD-06 实木窗套
WC-07 壁纸饰面
MB-03 米黄石材

2700
400　2200　100
635　40　2000　40　860　3575
400　340　40　1489　40　390
2700

ELEVATION　次卧A立面图
SCALE　1:30

WD-02 实木踢脚
风口
WC-07 壁纸饰面
MB-03 米黄石材
WD-06 实木窗套

2700
280　120　200　2000　100
2625
750　1550　400
2700

ELEVATION　次卧B立面图
SCALE　1:30

次卧
A　B　C　D
E-11　E-11　E-11　E-11

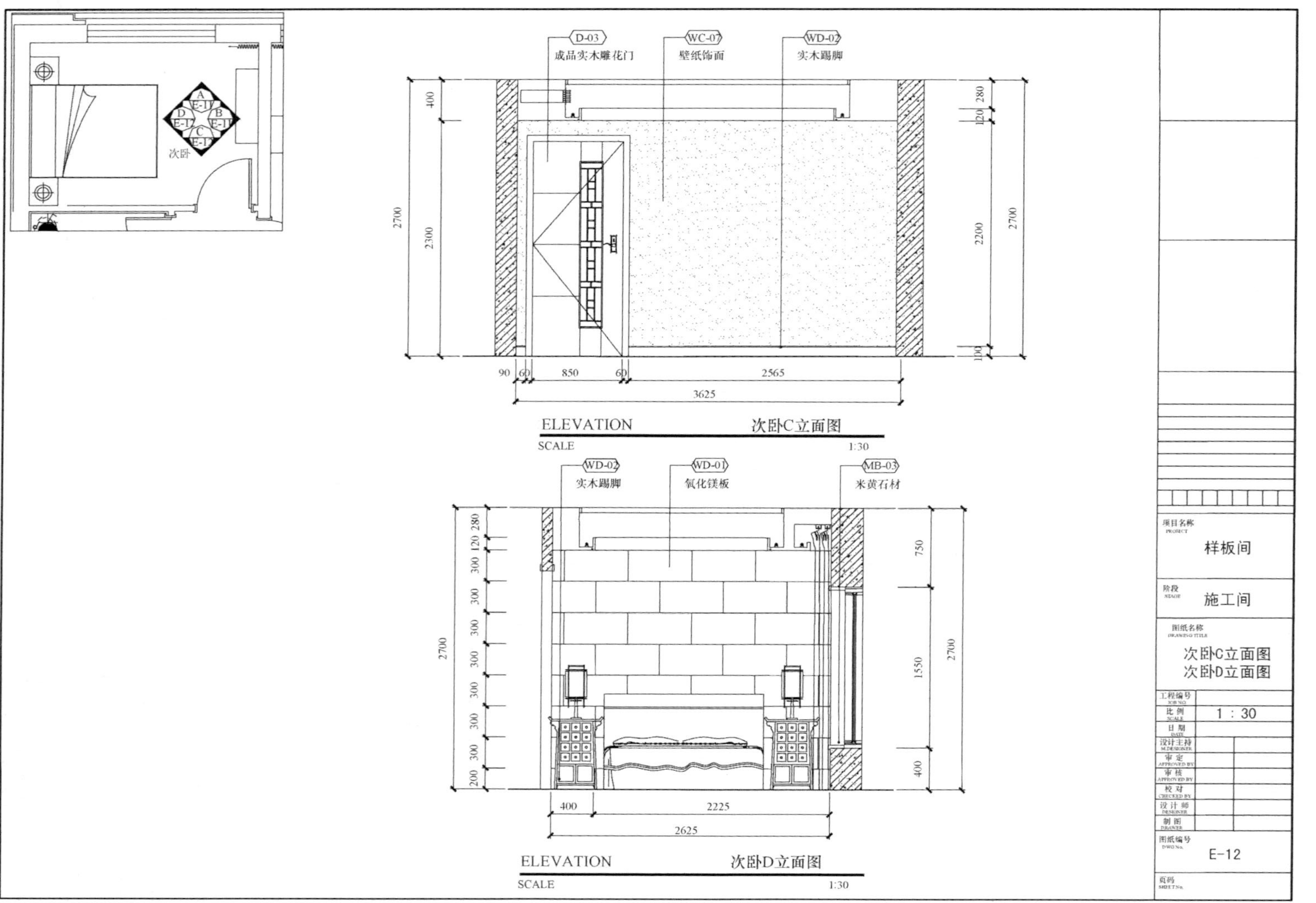
次卧
D-03
成品实木雕花门
WC-07
壁纸饰面
WD-02
实木踢脚
ELEVATION
次卧C立面图
SCALE
1:30
WD-02
实木踢脚
WD-01
氧化镁板
MB-03
米黄石材
ELEVATION
次卧D立面图
SCALE
1:30
项目名称
样板间
阶段
施工间
图纸名称
次卧C立面图
次卧D立面图
工程编号
比例
1：30
日期
设计主持
审定
审核
校对
设计师
制图
图纸编号
E-12
页码

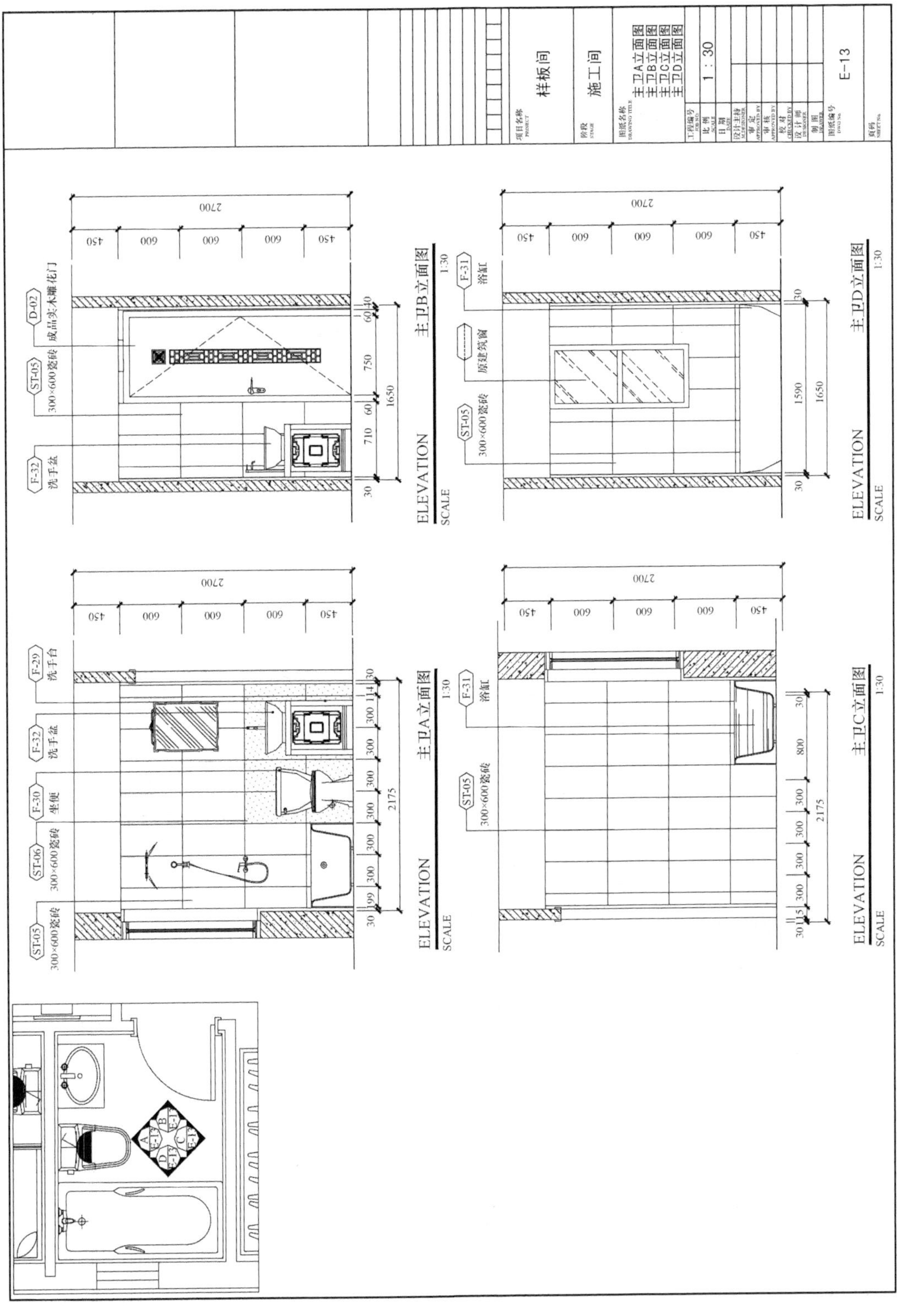

ST-05 300×600瓷砖　ST-06 300×600瓷砖　F-30 坐便　F-32 洗手盆　F-29 洗手台

450　600　600　600　450　2700

30　199　300　300　300　300　300　300　114　30　2175

ELEVATION　主卫A立面图
SCALE　1:30

F-32 洗手盆　ST-05 300×600瓷砖　D-02 成品实木雕花门

450　600　600　600　450　2700

30　710　60　750　60　40　1650

ELEVATION　主卫B立面图
SCALE　1:30

ST-05 300×600瓷砖　F-31 浴缸

450　600　600　600　450　2700

30　115　300　300　300　300　800　30　2175

ELEVATION　主卫C立面图
SCALE　1:30

ST-05 300×600瓷砖　原建筑窗　F-31 浴缸

450　600　600　600　450　2700

30　1590　30　1650

ELEVATION　主卫D立面图
SCALE　1:30

项目名称 PROJECT	样板间
阶段 STAGE	施工间
图纸名称 DRAWING TITLE	主卫A立面图 主卫B立面图 主卫C立面图 主卫D立面图
工程编号 JOB NO.	
比例 SCALE	1 : 30
日期 DATE	
设计主持 M.DESIGNER	
审定 APPROVED BY	
审核 APPROVED BY	
校对 CHECKED BY	
设计师 DESIGNER	
制图 DRAWER	
图纸编号 DWG No.	E-13
页码 SHEET No.	

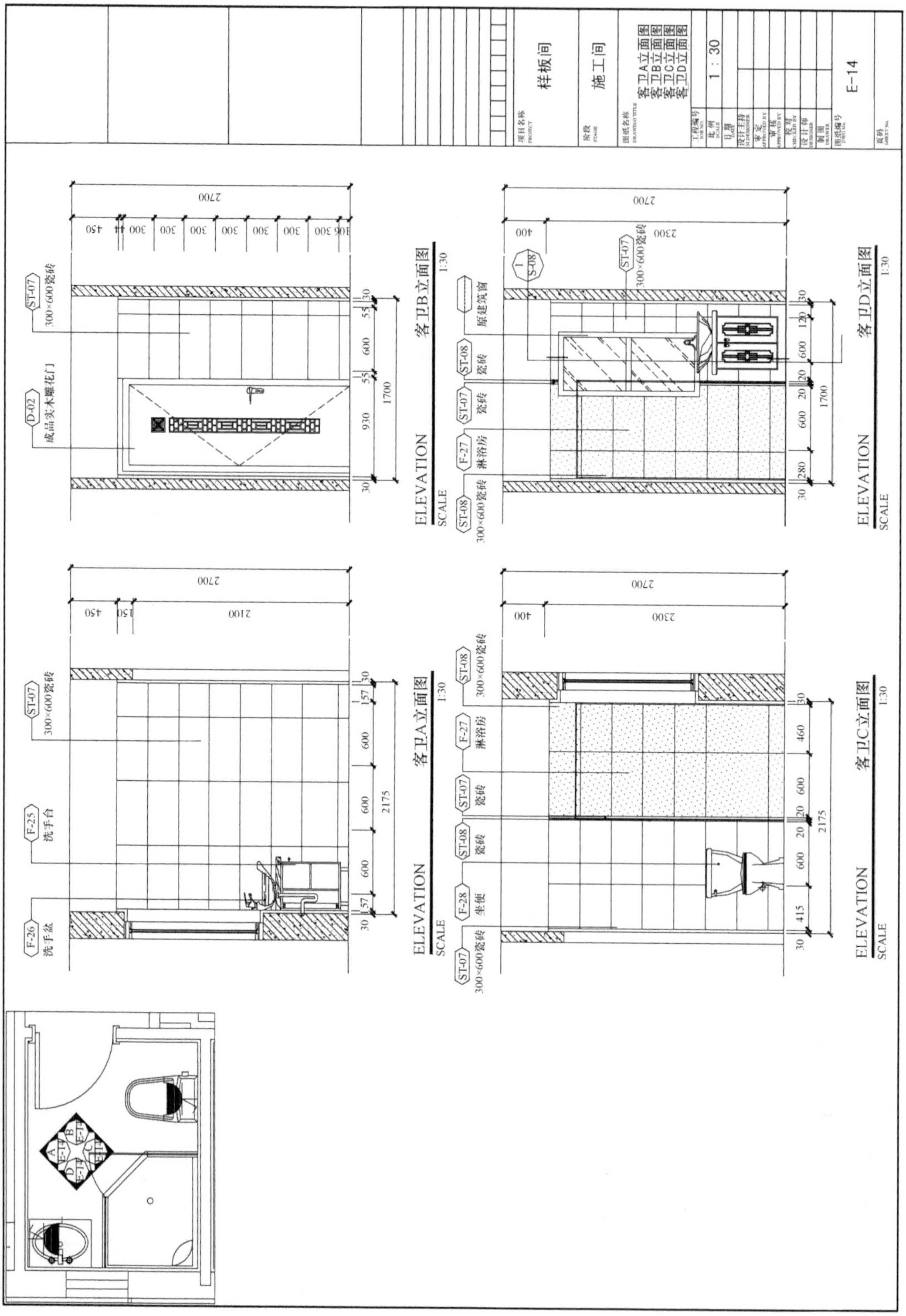

F-26 洗手盆
F-25 洗手台
ST-07 300×600瓷砖

450 150 2100 2700
30 57 600 600 600 157 30
2175

ELEVATION 客卫A立面图
SCALE 1:30

D-02 成品实木雕花门
ST-07 300×600瓷砖

450 300 300 300 300 300 300 300 106 2700
30 930 55 600 55 30
1700

ELEVATION 客卫B立面图
SCALE 1:30

ST-07 300×600瓷砖
F-28 坐便
ST-08 瓷砖
ST-07 瓷砖
F-27 淋浴房
ST-08 300×600瓷砖

400 2300 2700
30 415 600 20 20 600 460 30
2175

ELEVATION 客卫C立面图
SCALE 1:30

ST-08 300×600瓷砖
F-27 淋浴房
ST-07 瓷砖
ST-08 瓷砖
原建筑窗
1 S-08
ST-07 300×600瓷砖

400 2300 2700
30 280 600 20 20 600 120 30
1700

ELEVATION 客卫D立面图
SCALE 1:30

项目名称 PROJECT	样板间
阶段 STAGE	施工间
图纸名称 DRAWING TITLE	客卫A立面图 客卫B立面图 客卫C立面图 客卫D立面图
工程编号 JOB NO.	
比例 SCALE	1 : 30
日期 DATE	
设计主持 M.DESIGNER	
审定 APPROVED BY	
审核 APPROVED BY	
校对 CHECKED BY	
设计师 DESIGNER	
制图 DRAWER	
图纸编号 DWG No.	E-14
页码 SHEET No.	

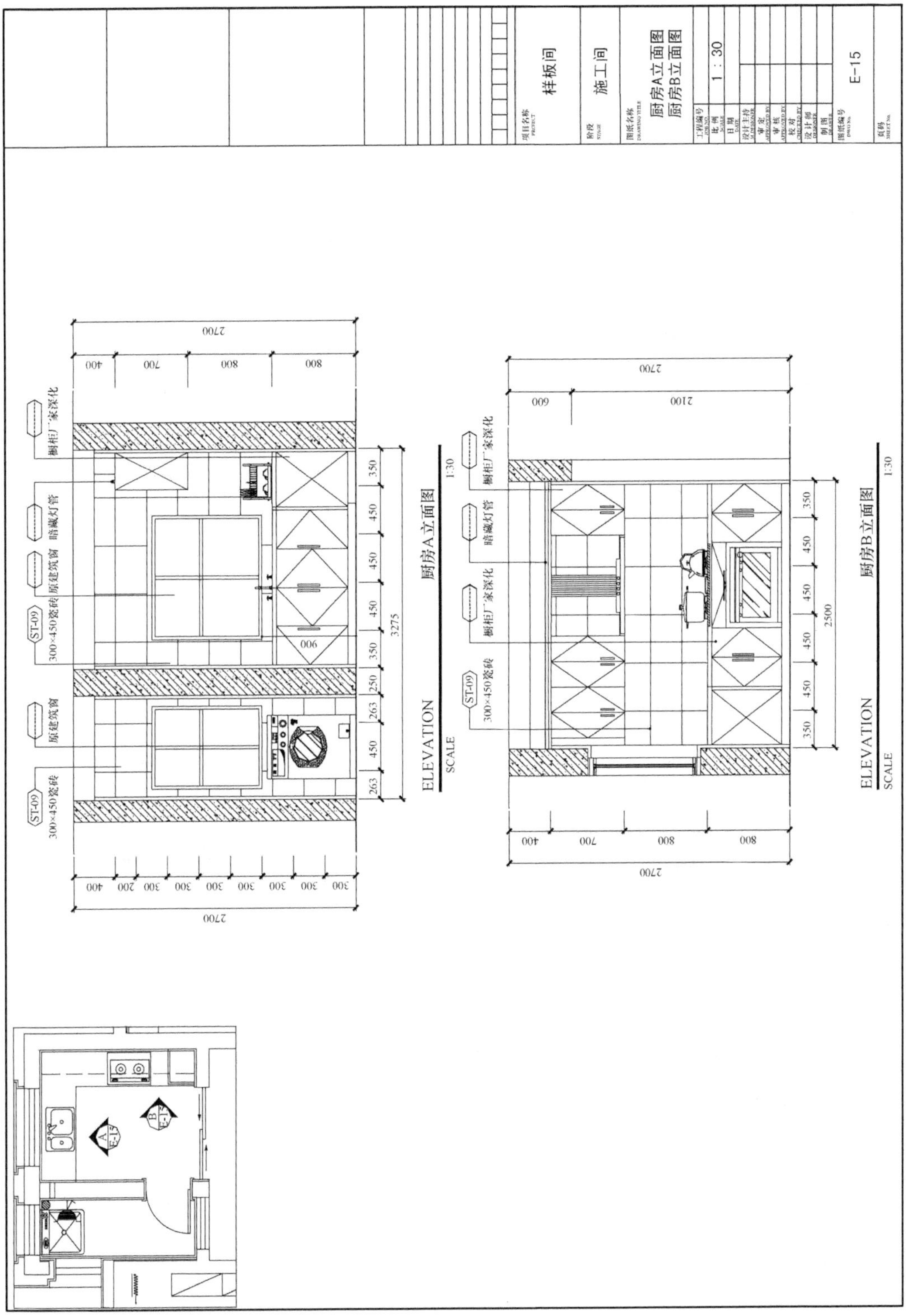

项目名称 PROJECT	样板间
阶段 STAGE	施工图
图纸名称 DRAWING TITLE	厨房A立面图 厨房B立面图
工程编号 JOB NO.	
比例 SCALE	1:30
日期 DATE	
设计主持	
审定	
审核	
校对	
设计师	
制图	
图纸编号 DWG No.	E-15
页码 SHEET No.	

ST-09 300×450瓷砖

原建筑窗

暗藏灯管

橱柜厂家深化

厨房A立面图
ELEVATION
SCALE 1:30

厨房B立面图
ELEVATION
SCALE 1:30

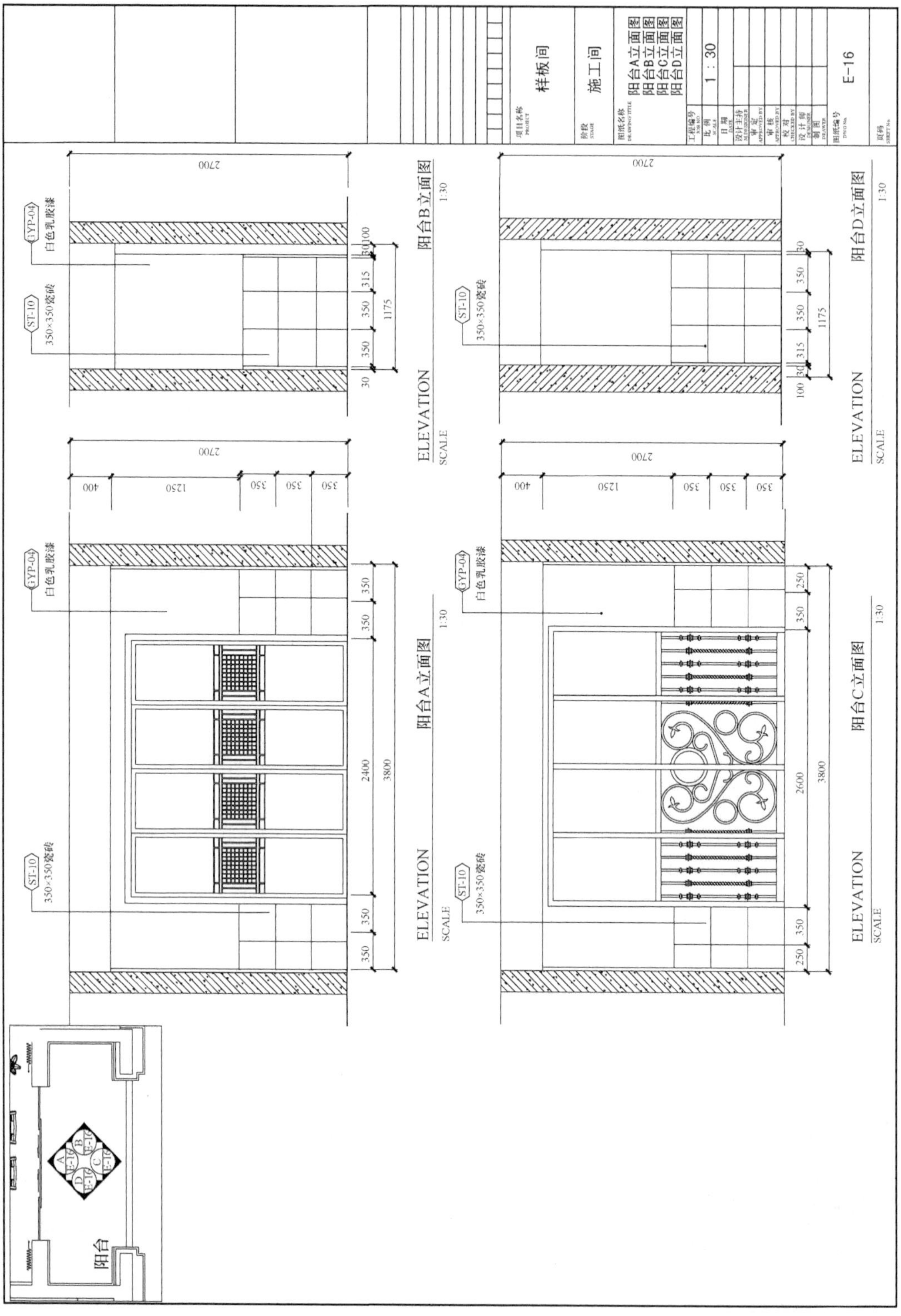

阳台

ST-10
350×350瓷砖
GYP-04
白色乳胶漆

400 1250 350 350 350 2700
350 350 2400 350 350
3800

ELEVATION 阳台A立面图
SCALE 1:30

ST-10
350×350瓷砖
GYP-04
白色乳胶漆

2700
30 350 350 315 30 100
1175

ELEVATION 阳台B立面图
SCALE 1:30

ST-10
350×350瓷砖
GYP-04
白色乳胶漆

400 1250 350 350 350 2700
250 350 2600 350 250
3800

ELEVATION 阳台C立面图
SCALE 1:30

ST-10
350×350瓷砖

2700
100 30 315 350 350 30
1175

ELEVATION 阳台D立面图
SCALE 1:30

项目名称 PROJECT	样板间
阶段 STAGE	施工间
图纸名称 DRAWING TITLE	阳台A立面图 阳台B立面图 阳台C立面图 阳台D立面图
工程编号 JOB NO	
比例 SCALE	1 : 30
日期 DATE	
设计主持 M.DESIGNER	
审定 APPROVED BY	
审核 APPROVED BY	
校对 CHECKED BY	
设计师 DESIGNER	
制图 DRAWER	
图纸编号 DWG No.	E-16
页码 SHEET No.	

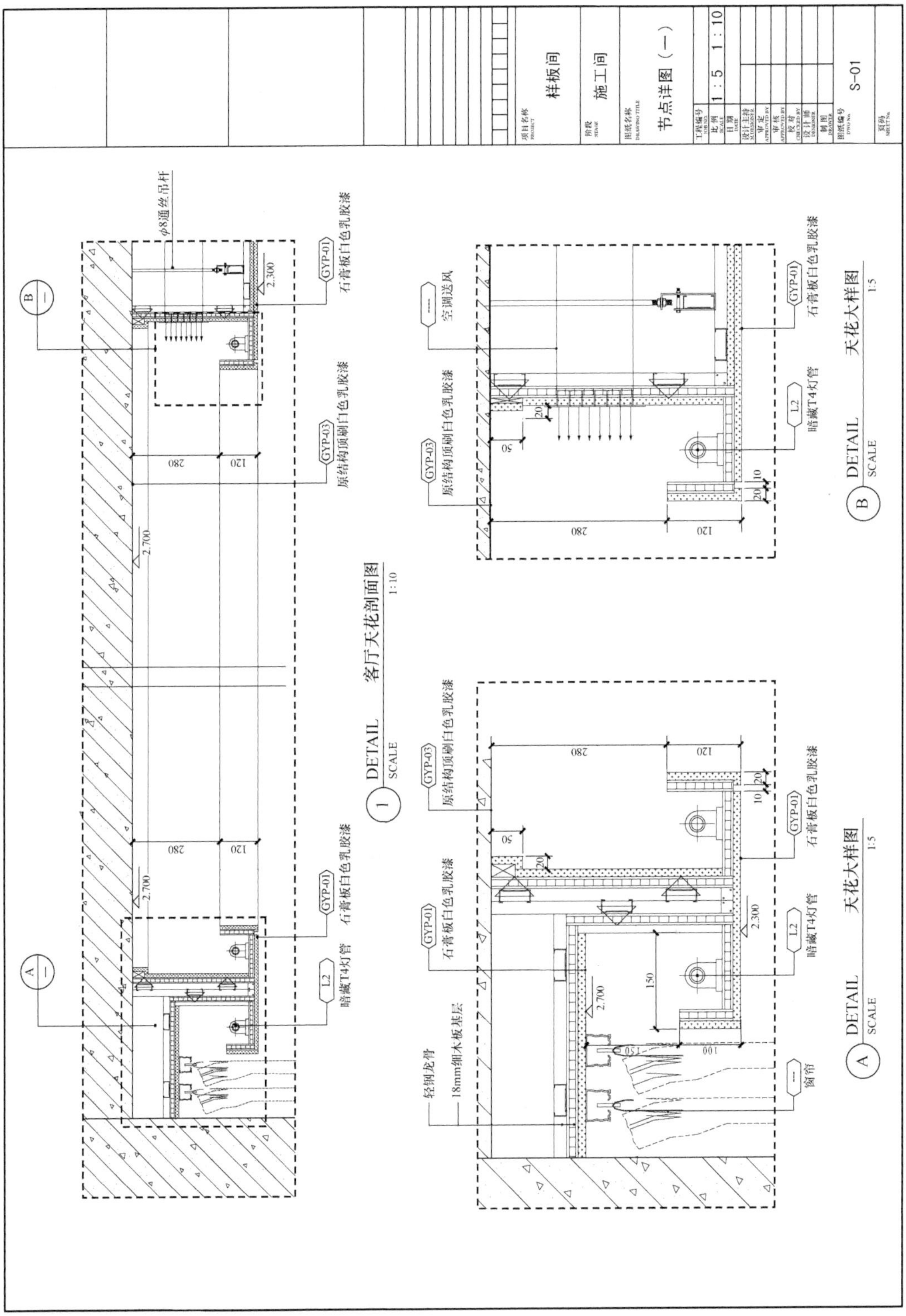

A
—
B
—
2.700
2.700
280
120
280
120
φ8通丝吊杆
2.300
L2
暗藏T4灯管
GYP-01
石膏板白色乳胶漆
GYP-03
原结构顶刷白色乳胶漆
GYP-01
石膏板白色乳胶漆

① DETAIL 客厅天花剖面图
SCALE 1:10

轻钢龙骨
18mm细木板基层
GYP-01
石膏板白色乳胶漆
GYP-03
原结构顶刷白色乳胶漆
50
20
280
2.700
150
150
100
120
2.300
10 20
—
窗帘
L2
暗藏T4灯管
GYP-01
石膏板白色乳胶漆

Ⓐ DETAIL 天花大样图
SCALE 1:5

GYP-03
原结构顶刷白色乳胶漆
—
空调送风
50
20
280
120
20 10
L2
暗藏T4灯管
GYP-01
石膏板白色乳胶漆

Ⓑ DETAIL 天花大样图
SCALE 1:5

项目名称 PROJECT	样板间
阶段 STAGE	施工间
图纸名称 DRAWING TITLE	节点详图（一）
工程编号 JOB NO.	
比例 SCALE	1：5 1：10
日期 DATE	
设计主持 M.DESIGNER	
审定 APPROVED BY	
审核 APPROVED BY	
校对 CHECKED BY	
设计师 DESIGNER	
制图 DRAWER	
图纸编号 DWG No.	S-01
页码 SHEET No.	

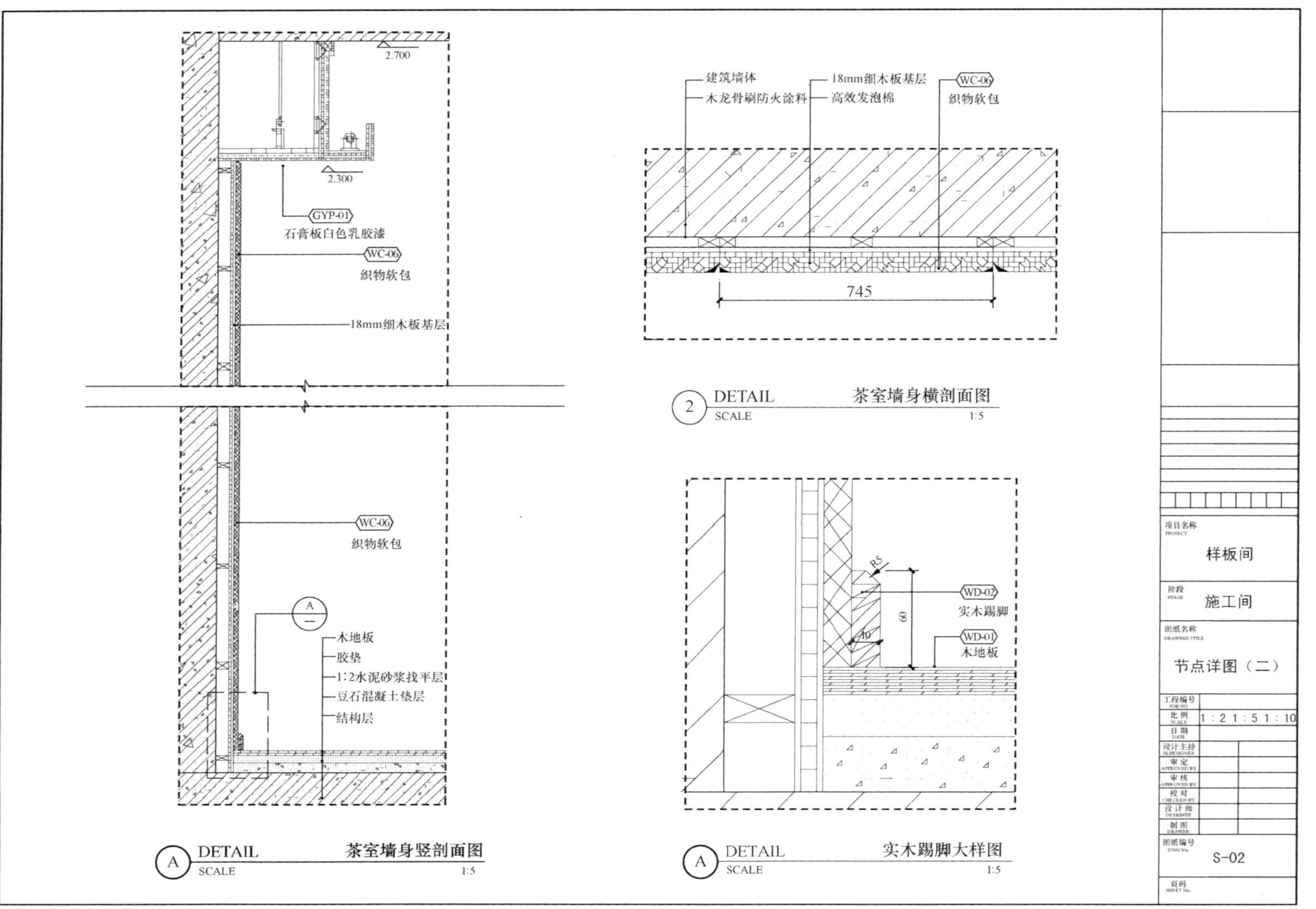
2.700
2.300
GYP-01
石膏板白色乳胶漆
WC-06
织物软包
18mm细木板基层
WC-06
织物软包
A
木地板
胶垫
1:2水泥砂浆找平层
豆石混凝土垫层
结构层
A DETAIL SCALE
茶室墙身竖剖面图
1:5
建筑墙体
木龙骨刷防火涂料
18mm细木板基层
高效发泡棉
WC-06
织物软包
745
2 DETAIL SCALE
茶室墙身横剖面图
1:5
R5
60
10
WD-02
实木踢脚
WD-01
木地板
A DETAIL SCALE
实木踢脚大样图
1:5
项目名称 PROJECT
样板间
阶段 STAGE
施工间
图纸名称 DRAWING TITLE
节点详图（二）
工程编号
比例
1：2 1：5 1：10
日期
设计主持
审定
审核
校对
设计师
制图
图纸编号
S-02
页码

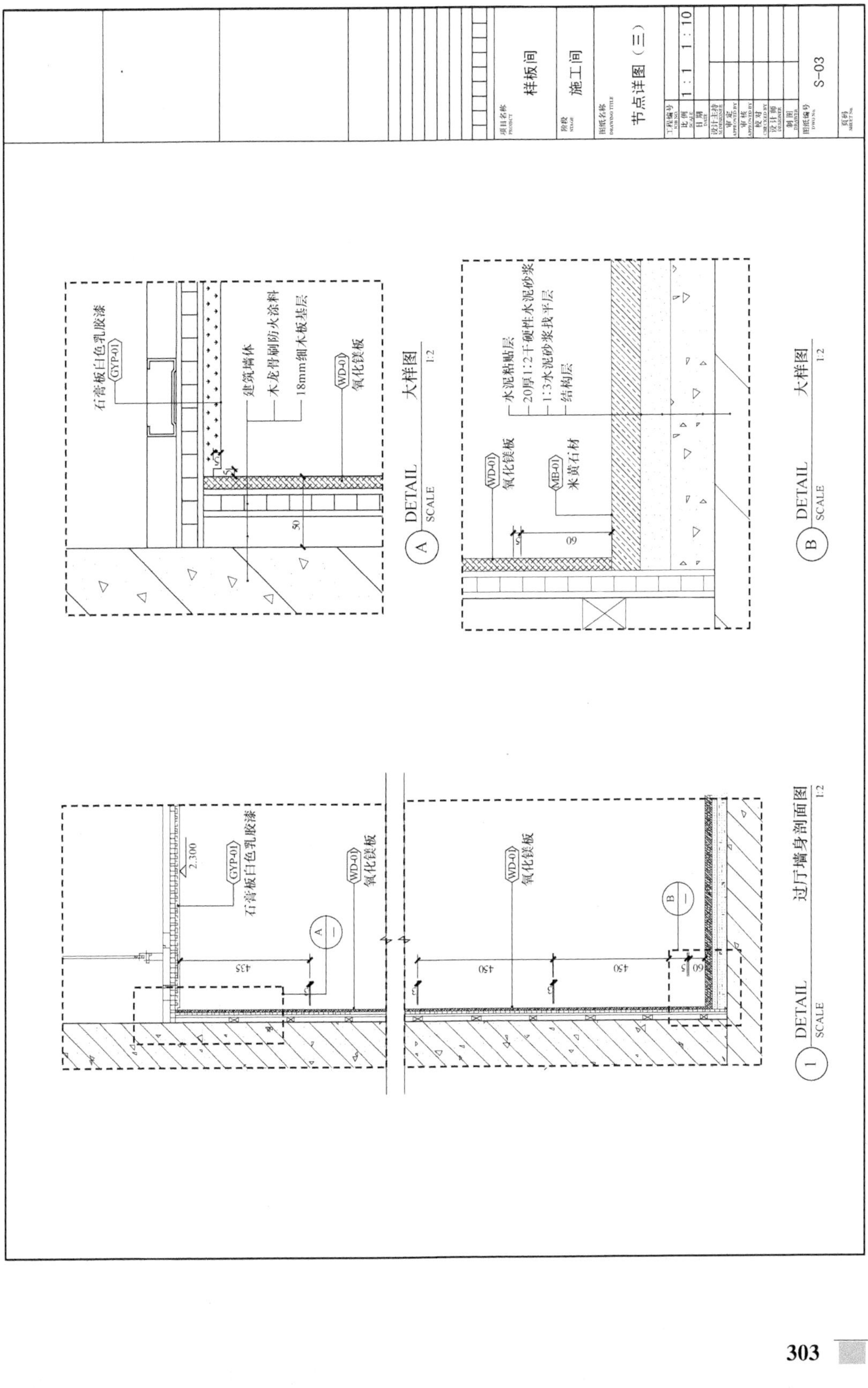

2.300

GYP-01 石膏板白色乳胶漆

435

A

WD-01 氧化镁板

450

WD-01 氧化镁板

450

B

5

60

1 DETAIL 过厅墙身剖面图

SCALE 1:2

石膏板白色乳胶漆 GYP-01

5

5

建筑墙体

木龙骨刷防火涂料

18mm细木板基层

50

WD-01 氧化镁板

A DETAIL 大样图

SCALE 1:2

WD-01 氧化镁板

5

MB-01 米黄石材

60

水泥粘贴层

20厚1:2干硬性水泥砂浆

1:3水泥砂浆找平层

结构层

B DETAIL 大样图

SCALE 1:2

项目名称 PROJECT	样板间
阶段 STAGE	施工间
图纸名称 DRAWING TITLE	节点详图（三）
工程编号 JOB NO.	
比例 SCALE	1：1　1：10
日期 DATE	
设计主持 M.DESIGNER	
审定 APPROVED BY	
审核 APPROVED BY	
校对 CHECKED BY	
设计师 DESIGNER	
制图 DRAWER	
图纸编号 DWG No.	S-03
页码 SHEET No.	

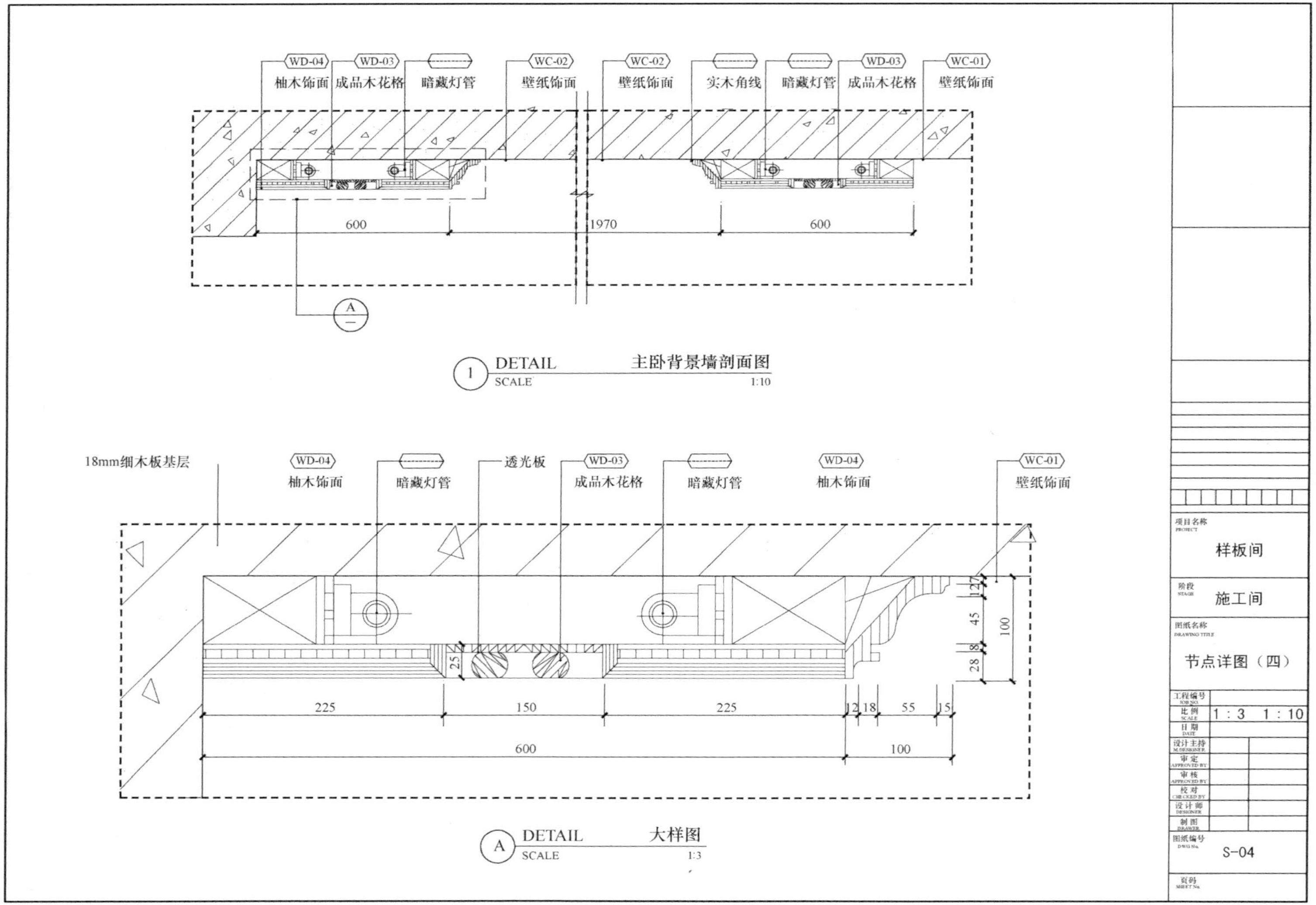

WD-04
柚木饰面
WD-03
成品木花格
暗藏灯管
WC-02
壁纸饰面
WC-02
壁纸饰面
实木角线
暗藏灯管
WD-03
成品木花格
WC-01
壁纸饰面
600
1970
600
A
1 DETAIL 主卧背景墙剖面图
SCALE 1:10
18mm细木板基层
WD-04
柚木饰面
暗藏灯管
透光板
WD-03
成品木花格
暗藏灯管
WD-04
柚木饰面
WC-01
壁纸饰面
12
45
8
28
100
25
225
150
225
12
18
55
15
600
100
A DETAIL 大样图
SCALE 1:3
项目名称 PROJECT
样板间
阶段 STAGE
施工间
图纸名称 DRAWING TITLE
节点详图（四）
工程编号 JOB NO.
比例 SCALE
1 : 3 1 : 10
日期 DATE
设计主持
审定 APPROVED BY
审核 APPROVED BY
校对 CHECKED BY
设计师 DESIGNER
制图 DRAWER
图纸编号 DWG No.
S-04
页码 SHEET No.

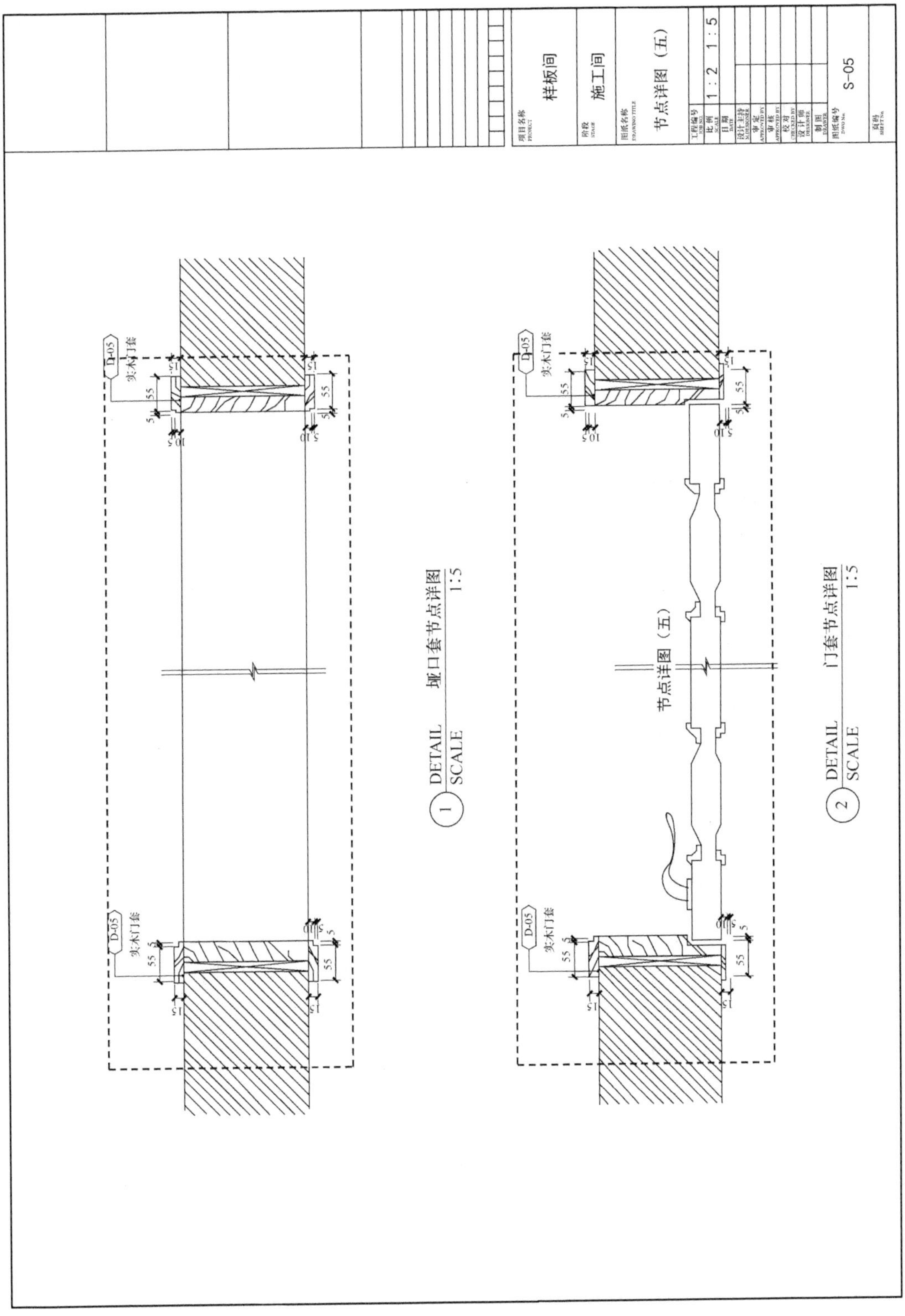

D-05
实木门套

55 5 15 55 15 5 10

D-05
实木门套

5 55 10 5 15 5 10 15 5 55

① DETAIL 垭口套节点详图
SCALE 1:5

D-05
实木门套

55 5 15 15 55 5 10 5

D-05
实木门套

5 55 10 5 15 5 10 15 5 55

节点详图（五）

② DETAIL 门套节点详图
SCALE 1:5

项目名称 PROJECT	样板间
阶段 STAGE	施工间
图纸名称 DRAWING TITLE	节点详图（五）
工程编号 JOB NO.	
比例 SCALE	1:2 1:5
日期 DATE	
设计主持 M.DESIGNER	
审定 APPROVED BY	
审核 APPROVED BY	
校对 CHECKED BY	
设计师 DESIGNER	
制图 DRAWER	
图纸编号 DWG No.	S-05
页码 SHEET No.	

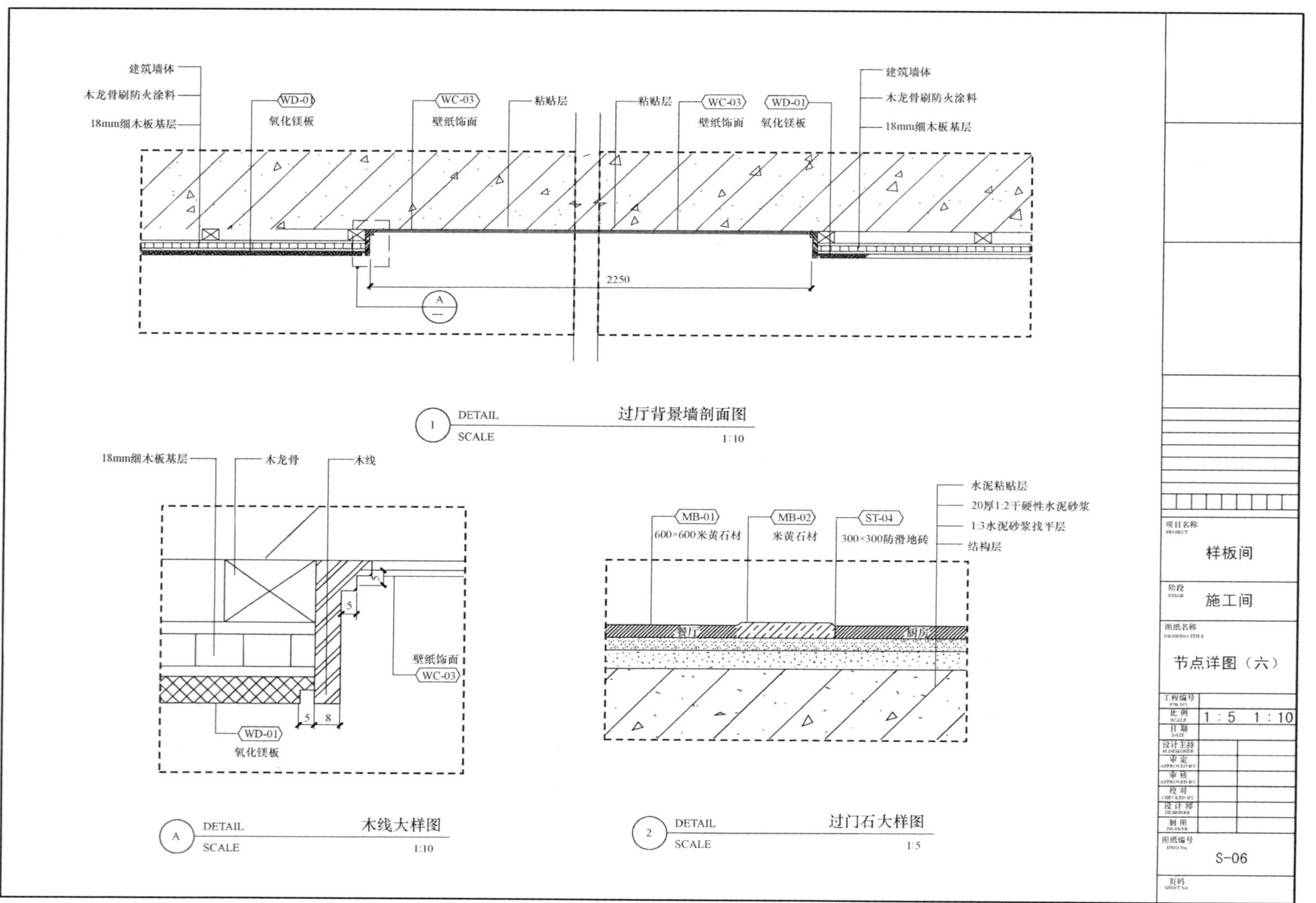
建筑墙体
木龙骨刷防火涂料
18mm细木板基层
WD-01
氧化镁板
WC-03
壁纸饰面
粘贴层
2250
A
1
DETAIL
SCALE
过厅背景墙剖面图
1:10
木龙骨
木线
5
8
壁纸饰面
水泥粘贴层
20厚1:2干硬性水泥砂浆
1:3水泥砂浆找平层
结构层
MB-01
600×600米黄石材
MB-02
米黄石材
ST-04
300×300防滑地砖
餐厅
厨房
木线大样图
1:10
2
过门石大样图
1:5
项目名称 PROJECT
样板间
阶段 STAGE
施工间
图纸名称 DRAWING TITLE
节点详图（六）
工程编号
比例
1：5 1：10
日期
设计主持
审定
审核
校对
设计师
制图
图纸编号
S-06
页码

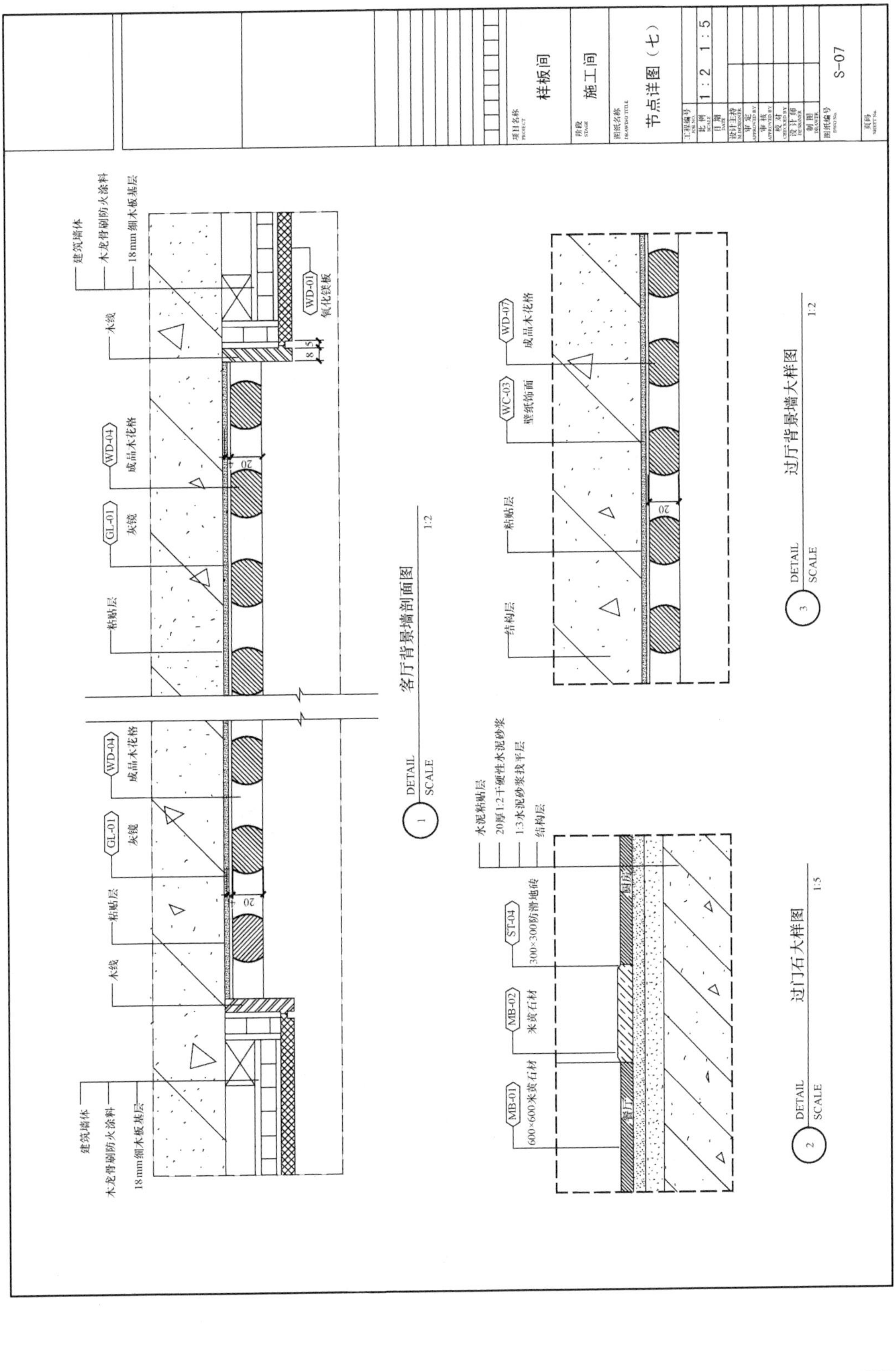

建筑墙体
木龙骨刷防火涂料
18mm细木板基层
木线
粘贴层
GL-01
灰镜
WD-04
成品木花格
20
粘贴层
GL-01
灰镜
WD-04
成品木花格
20
木线
建筑墙体
木龙骨刷防火涂料
18mm细木板基层
8 5
WD-01
氧化镁板

1 DETAIL 客厅背景墙剖面图
SCALE 1:2

水泥粘贴层
20厚1:2干硬性水泥砂浆
1:3水泥砂浆找平层
结构层
MB-01
600×600米黄石材
MB-02
米黄石材
ST-04
300×300防滑地砖
餐厅
厨房

2 DETAIL 过门石大样图
SCALE 1:5

结构层
粘贴层
WC-03
壁纸饰面
WD-07
成品木花格
20

3 DETAIL 过厅背景墙大样图
SCALE 1:2

项目名称 PROJECT	样板间
阶段 STAGE	施工间
图纸名称 DRAWING TITLE	节点详图（七）
工程编号 JOB NO.	
比例 SCALE	1：2　1：5
日期 DATE	
设计主持 M.DESIGNER	
审定 APPROVED BY	
审核 APPROVED BY	
校对 CHECKED BY	
设计师 DESIGNER	
制图 DRAWER	
图纸编号 DWG No.	S-07
页码 SHEET No.	

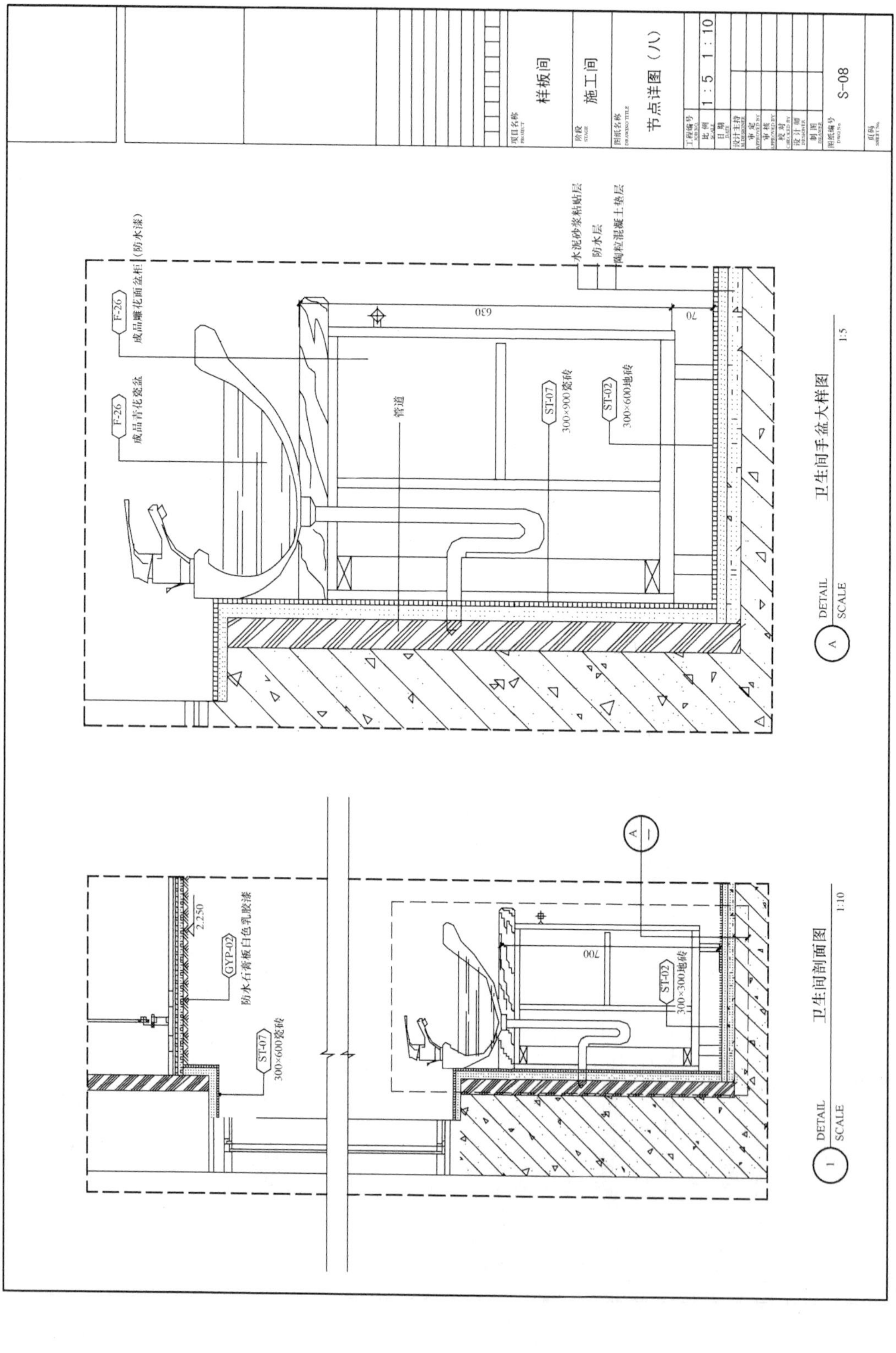

2.250
GYP-02
防水石膏板白色乳胶漆
ST-07
300×600瓷砖
700
A
ST-02
300×300地砖

DETAIL ① 卫生间剖面图
SCALE 1:10

F-26
成品青花瓷盆
F-26
成品雕花面盆柜（防水漆）
管道
630
ST-07
300×900瓷砖
ST-02
300×600地砖
70
水泥砂浆粘贴层
防水层
陶粒混凝土垫层

DETAIL Ⓐ 卫生间手盆大样图
SCALE 1:5

项目名称 PROJECT	样板间
阶段 STAGE	施工间
图纸名称 DRAWING TITLE	节点详图（八）
工程编号 JOB NO.	
比例 SCALE	1:5　1:10
日期 DATE	
设计主持	
审定 APPROVED BY	
审核 APPROVED BY	
校对 CHECKED BY	
设计师 DESIGNER	
制图 DRAWER	
图纸编号 DWG No.	S-08
页码 SHEET No.	

参考文献

艾伦·布兰克，西尔维娅·布兰克，2005. 楼梯：材料·形式·构造：原第2版［M］. 谢建军，英健，康竹，译. 北京：中国水利水电出版社.

邓学才，2007. 建筑地面与楼面手册［M］. 北京：中国建筑工业出版社.

杜继予，2019. 现代建筑门窗幕墙技术与应用：2019科源奖学术论文集［M］. 2版. 北京：北京大学出版社.

杜骏候，2009. 建筑装饰花格选［M］. 哈尔滨：黑龙江科学技术出版社.

方于升，黎楠，2007. 现代建筑屋顶、墙角设计精选［M］. 南京：江苏科学技术出版社.

胡敏. 建筑装饰构造［M］. 合肥：合肥工业大学出版社，2009.

李蔚，2015. 建筑装饰与装修构造：修订版［M］. 北京：科学出版社.

刘建荣，翁季，孙雁，2013. 建筑构造：下册［M］. 北京：中国建筑工业出版社.

泷泽健儿，2001. 国外建筑设计详图图集2·楼梯［M］. 程启明，等译. 北京：中国建筑工业出版社.

吕令毅，徐宁，2006. 点连接式玻璃幕墙的分析、设计、施工［M］. 南京：东南大学出版社.

孙勇，2007. 建筑装饰构造与识图［M］. 北京：化学工业出版社.

同济大学，西安建筑科济大学，东南大学，等，2006. 房屋建筑学［M］. 5版. 北京：中国建筑工业出版社.

万治华，2019. 建筑装饰装修构造与施工技术［M］. 北京：化学工业出版社.

王汉立，2004. 建筑装饰构造［M］. 武汉：武汉理工大学出版社.

王萱，王旭兴，2012. 建筑装饰构造［M］. 2版. 北京：化学工业出版社.

沃尔夫冈·努茨，2002. 室内装修设计手册［M］. 戴铭湖，等译. 北京：中国建筑工业出版社.

雍本，2000. 建筑装饰幕墙［M］. 成都：四川科学技术出版社.

赵志文，2016. 建筑装饰构造［M］. 2版. 北京：北京大学出版社.

郑成标，2005. 室内设计师专业实践手册［M］. 北京：中国计划出版社.

中国建筑装饰装修协会天花吊顶材料分会，2013. 建筑用集成吊顶应用指南和案例精选［M］. 北京：中国建材工业出版社.